安徽省高等学校省级规划教材

工科化学实验

第二版

陶庭先 主编

朱贤东 张 泽
杭志喜 高建纲 副主编

化学工业出版社

·北京·

本书是在第一版的基础上，增加了41个实验，修订了6个实验，增加了部分与新技术、新方法相关的内容。全书共分三个部分附录：第一部分包括化学实验室规则、化学实验室安全知识、实验预习/记录/报告等化学实验室一般知识。第二部分包括常用玻璃器皿、常用反应装置、常见基本操作等化学实验常用仪器及基本操作。第三部分包括无机化学实验、分析化学实验、有机化学实验、物理化学实验四个独立模块主体实验，每个模块分别设有基础实验、综合性实验和设计性实验三个层次三十个实验。附录部分包括化学实验中的常用数据与方法等。

本书注重学生基本技能训练，有利于培养学生分析和解决问题的能力以及科研与创新能力，可作为一般工科院校化学化工类、材料类、环境类、轻工类、矿冶类等专业学生的基础化学实验课程教材。

图书在版编目（CIP）数据

工科化学实验/陶庭先主编. —2版. —北京：化学工业出版社，2015.9（2024.9重印）
ISBN 978-7-122-24649-3

Ⅰ.①工… Ⅱ.①陶… Ⅲ.①化学实验-高等学校-教材 Ⅳ.①O6-3

中国版本图书馆CIP数据核字（2015）第161418号

责任编辑：李晓红　　装帧设计：刘亚婷
责任校对：宋　玮

出版发行：化学工业出版社（北京市东城区青年湖南街13号　邮政编码100011）
印　　装：北京科印技术咨询服务有限公司数码印刷分部
710mm×1000mm　1/16　印张 $21\frac{3}{4}$　字数436千字　2024年9月北京第2版第10次印刷

购书咨询：010-64518888　　售后服务：010-64518899
网　　址：http://www.cip.com.cn
凡购买本书，如有缺损质量问题，本社销售中心负责调换。

定　　价：49.00元

前言

《工科化学实验》（第一版）于2012年出版以来，以其注重实用、重视理论与实践结合、强调动手能力培养，得到了学生和教师们的普遍认可。然而，随着科学技术的快速发展和教育教学改革的不断深化，为进一步适应创新型工程技术人才的培养需要，让学生尽可能掌握比较前沿的新技术和新知识，进一步培养学生开拓创新和独立工作的能力，需要对第一版实验教材进行修订，查漏补缺的同时适当增加和更新部分实验内容。

在第一版教材编写和使用的基础上，《工科化学实验》（第二版）保持了原有的特色，结合学科前沿的发展以及学生实践动手能力培养的需求对教材进行改编、修订和扩充，并更新和修改了部分实验内容。共新增41个实验，修订改编实验6个，增加了部分与新技术、新方法密切相关的实验内容，更新了部分仪器的装置图和使用方法。

其中无机化学实验模块，新增了11个实验：实验三、实验十三～十五、实验十九～二十二、实验二十六～二十八。修订改编了5个实验：重新编写了“实验一　摩尔气体常数的测定”；将上版“实验四　酸碱解离平衡与氧化还原反应”和“实验五　配位化合物与沉淀-溶解平衡”重新组合，改编为新版“实验五　酸碱解离平衡与配位化合物”和“实验六　沉淀-溶解平衡与氧化还原反应”；将上版“实验十　钛、钒、铬、锰”和“实验十一　铁、钴、镍”合并，改编为新版“实验十一　d区金属元素化合物的性质”；将上版“实验十二　铜、银、锌、镉、汞”改编为新版“实验十二　ds区金属元素化合物的性质”。更改了4个实验名称：将上版“实验六　碱金属与碱土金属”名称更改为新版“实验七　s区金属元素化合物的性质”，上版“实验八　锡、铅、锑、铋”名称更改为新版“实验八　p区金属元素化合物的性质”，上版“实验七　硼、碳、硅、氮、磷”名称更改为新版“实验九　p区非金属元素化合物的性质（一）”，上版“实验九　氧、硫、氯、溴、碘”名称更改为新版“实验十　p区非金属元素化合物的性质（二）”。分析化学实验模块，新增了10个实验：实验四十三、实验四十五、实验四十九～五十二、实验五十四～五十六、实验六十。有机化学实验模块，新增了10个实验：实验六十三、实验六十五、实验六十九、实验七十一～七十三、实验七十八、实验八十一、实验八十三、实验八十四。物理化学实验模块，新增了10个实验：实验九十八～一百、实验一〇四、实验一〇五、实验一一二、实验一一七～一二〇；重新改编了上版“实验六十一　燃烧热的测定”为新版“实验九十一　燃烧热的测定”。附录部分增加了“附录十四　常用仪器使用方法索引”。

修订后的每个模块实验的安排遵循由浅入深，由易到难的次序，与理论课教学进度更为匹配。在实验内容的选择上，既有反映基础化学实验知识和基本操作的实验，也有反映现代化学新进展、新技术的实验，进一步突出了工科化学实验的特点。

全书在第一版基础上，由陶庭先承担主编工作，朱贤东和岳文瑾负责修订了无机化学实验部分的内容，傅应强和钱桂香负责修订了分析化学实验部分的内容，高建纲、张泽和宋庆平负责修订了有机化学实验部分的内容，杭志喜和陈志明负责修订了物理化学实验部分的内容，吴之传对本书的修订工作给予了指导。

本书的修订得到了安徽省高等学校省级规划教材（2013ghjc186）的立项资助，同时参阅了兄弟院校已经出版的相关教材、专著、中外文期刊等文献资料，部分设计性实验进一步融合了部分教师的科研成果，化学实验中心的老师们对第一版内容的勘误给予了帮助，在此一并表示感谢！

由于编者水平有限，难免存在错误与不妥之处，敬请读者批评指正。

安徽工程大学《工科化学实验》编写组

2015 年 5 月 28 日

第一版前言

本书是依据工科化学系列课程实验的教学基本要求，在我校近 30 年的实验教学实践基础上修改编写而成的工科化学实验教材。该教材可作为一般工科院校化学化工类、材料类、环境类、轻工类、矿冶类等专业学生的基础化学实验课程教材。

全书将无机化学实验、分析化学实验、有机化学实验和物理化学实验四大基础化学实验综合到一起。将四大化学实验的实验室一般知识、化学实验的基础知识、常用化合物物理常数及性质等内容进行整合，使内容更加简练。实验主体内容仍保持四大化学相对独立。力求简明实用。全书共分为四个部分：第一部分是化学实验室一般知识介绍；第二部分为化学实验常用仪器及基本操作；第三部分是四个模块实验的主体内容；第四部分为附录，列出了化学实验中的常用数据等材料。其中，第三部分内容按四大化学相对独立模块设置，每个模块精心挑选编排二十个实验项目，分别设有基础实验、综合性实验、设计性实验三个层次。具体内容上注重学生基本技能训练，培养学生分析问题和解决问题的能力，培养学生的科研能力和创新能力，以满足工科院校培养应用型人才的特点。

全书内容编写浅显易懂，特别是增加了数据记录与处理，使学生更能直观地把握好每个实验的目的、内容和任务。常用实验仪器的使用方法以附注形式编排在相应实验内容后面，方便学生及时阅读。

全书由吴之传承担主编工作，朱贤东、陶庭先、张泽、杭志喜分别组织编写第三部分中无机化学、分析化学、有机化学、物理化学的主体实验及相应的附录内容，高建纲负责第二部分化学实验常用仪器及基本操作的编写。参加主体实验编写的教师还有：金盈、王崇侠、王芬华、钱桂香、宋庆平、岳文瑾、李兴扬、欧阳明、张荣莉、张宏哲、王岚岚、陈阿娜、傅应强、刘荣梅、丁玉洁、张旭。

本书的编写是以本校曾经编写的实验讲义、使用的实验教材为基础，同时参阅了兄弟院校已经出版的教材、专著、中外文期刊等文献资料，设计性实验融合了部分教师的科研成果，在此一并表示感谢！

由于编者水平有限，难免存在不妥之处，敬请读者批评指正。

安徽工程大学《工科化学实验》编写组

2011 年 10 月

目　录

第一部分　化学实验室一般知识

第二部分　常用仪器及基本操作

第三部分　实验

附　录

参考书目

第一部分

化学实验室一般知识

一、化学实验室规则

（1）学生必须按时到实验室上课，不得迟到、早退。

（2）进入实验室必须遵守实验室的一切规章制度，要保持安静，不准高声谈笑，不准抽烟，不准随地吐痰和乱抛纸屑杂物，要保持实验室仪器设备的整齐清洁。实验时不允许嬉闹、高声喧哗，也不允许戴耳机边听边做实验。禁止在实验室内吃食品、喝水、咀嚼口香糖。

（3）爱护仪器设备，节约材料，使用前要详细检查，使用后要整理归位，未经许可不得动用与本实验无关的仪器设备及其他物品，不准将任何物品带出实验室外。

（4）实验前必须认真预习，复习有关基础理论，明确实验目的、步骤、原理，并接受教师的提问和检查。

（5）实验中必须严格遵守仪器设备的操作规程，服从指导教师的指导；一切准备工作就绪后，须经指导教师同意，方可动用仪器设备进行实验。

（6）实验中要细心观察，不得擅自离开操作岗位，认真记录各项实验数据，不准抄袭别组的实验数据；实验后要认真完成实验报告，包括分析结果、处理数据、绘制曲线及图表等。对不符合要求的实验报告应退回重做。

（7）实验时必须注意安全，防止人身和设备事故的发生。若发生事故应立即采取措施(如切断电源、气源等)，及时向指导教师报告，待指导教师查明原因排除故障后，方可继续实验。

（8）实验结束后，应将实验记录交指导教师检查，整理使用的仪器设备、工具、材料，清扫实验室，经同意后方可离开实验室。

（9）凡损坏仪器设备、工具、器皿者应主动说明原因，情节严重的写出情况报告并接受调查，由实验室根据情况进行处理。

（10）对违反实验室规章制度和操作规程、擅自动用与本实验无关的仪器设备、私自拆卸仪器设备而造成事故和损失的，肇事者必须写出书面检查，视情节轻重和认识程度按有关规定予以处理。

二、化学实验室的安全知识

1. 化学实验室的安全守则

（1）要严格遵守化学实验的安全操作规程和化学物品保管使用规则。

（2）有毒物品要集中存放和处理；任何化学物品一经放置于容器后，必须立即贴上标签；实验剩余或常用的少量易燃化学品，由专人保管。

（3）在实验台的范围内，不应放置任何与实验工作无关的化学物品，尤其是易燃易爆品。

(4) 有易燃易爆蒸气和可燃气体散发的实验室，所使用的电气设备应符合防爆要求。

(5) 往容器内灌装较大量的易燃、可燃液体时，要有防静电措施。

(6) 禁止使用没有绝缘隔热底座的电热仪器。

(7) 实验室内各种气体钢瓶要远离火源，应放置于阴凉、通风的地方。

(8) 要了解消防安全常识和必要的灭火器材的使用。

2. 化学药品的毒性及预防措施

毒性：化学药品具有腐蚀性、刺激性，对人体有毒性，特别是致癌性。使用不慎会造成中毒或化学灼伤事故。实验室中常用的化学药品多数对人体都有不同程度的毒害。化学中毒主要是由下列原因引起的：

(1) 由呼吸道吸入有毒物质的蒸气。

(2) 有毒药品通过皮肤吸收进入人体。

(3) 吃进被有毒物质污染的食物或饮料。

(4) 皮肤直接接触强腐蚀性物质，如强氧化剂、强还原剂(如浓酸、浓碱、氢氟酸、钠、溴)等引起局部外伤。

预防措施与急救：

(1) 尽量避免吸入任何药品和溶剂蒸气。处理具有刺激性的、恶臭的和有毒的化学药品时，必须在通风橱中进行。

(2) 禁止用手直接取用任何化学药品，使用有毒化学品时除用药匙、量器外，必须佩戴橡胶手套，实验后马上清洗仪器用具，立即用肥皂洗手。

(3) 实验室里须穿实验服，禁止赤膊、穿拖鞋。

(4) 一旦眼内溅入任何化学药品，应立即用大量水冲洗，然后迅速送往医院检查治疗。酸灼伤先用大量水冲洗，以免深度受伤，再用稀 $NaHCO_3$ 溶液或稀氨水浸洗，最后用水洗；碱灼伤先用大量水冲洗，再用1%硼酸或2% HAc 溶液浸洗，最后用水洗。若灼伤后创面起水泡，不宜将水泡挑破。

3. 火灾的防范与处理

火灾的防范：着火是化学实验室最容易发生的事故。多数着火事故是由于实验中加热或处理操作不当引起的，特别是加热或处理低沸点有机溶剂，如乙醚(bp 34.5℃)、丙酮(bp 56℃)、石油醚(bp 30～60℃)、甲醇(bp 65℃)、乙醇(bp 78℃)、苯(bp 80℃)和二硫化碳(bp 46℃)等最容易发生着火事故。

防火的基本原则：

(1) 操作易燃溶剂时应远离火源。严禁用明火对敞口容器中有机溶剂进行加热；加热易燃有机溶剂时，必须要有蒸气冷凝装置或合适的尾气排放装置。切勿使容器密闭，否则会引起爆炸。

(2) 废溶剂严禁倒入污物缸，应倒入回收瓶内再集中处理。燃着的或阴燃的火柴梗等应放在表面皿中，不得乱丢，实验结束后一并投入废物缸。

(3) 不得在烘箱内存放、干燥、烘焙易燃有机物。

(4) 金属钠严禁与水接触，废钠通常用乙醇销毁。

(5) 使用氧气钢瓶时，不得让氧气大量溢入室内。物质在含氧量约25%的大气中燃点要比在空气中低得多，并且燃烧剧烈，难以扑灭。

火灾的处理：

万一不慎着火，千万不要惊慌失措，要冷静沉着处理。首先应采取措施防止火势蔓延，立即熄灭附近所有火源(如酒精灯、电炉等)，切断电源，移开易燃易爆物品；并视火势大小采取不同的扑灭方法或报警。

化学实验室一般不用水灭火。因为水能和一些药品发生剧烈反应，会引起更大的火灾甚至爆炸；再者，大多数有机物不溶于水且比水轻，用水灭火时有机溶剂会漂浮在水面上，随水流动反而扩大火势。常用的灭火器材是砂子、灭火毯、灭火器等。

(1) 对在容器中(如烧杯、烧瓶、热水漏斗等)发生的局部小火，可用石棉网、表面皿或木块等盖灭。

(2) 有机溶剂在桌面或地面上蔓延燃烧时，不得用水冲，可撒上细沙或用灭火毯扑灭。

(3) 对钠、钾等金属着火，通常用干燥的细砂覆盖。不能用 CO_2 灭火器，严禁用水和 CCl_4 灭火器，否则会导致猛烈的爆炸。

(4) 若衣服着火，切勿奔跑，一般小火可用湿抹布、灭火毯等包裹灭火。必要时可就地卧倒，在地上压住着火处，使其熄火。若火势较大，可就近用水龙头浇灭。

(5) 若反应过程中反应体系着火，情况比较危险。用几层灭火毯包住着火部位，隔绝空气使其熄灭，必要时在灭火毯上撒些细砂。若仍不奏效，必须使用灭火器，由火场的周围逐渐向中心处扑灭。

4. 引起爆炸的常见原因及预防

爆炸的常见原因：

(1) 一些本身容易爆炸的化合物，如硝酸盐类、硝酸酯类、三碘化氮、芳香族多硝基化合物、乙炔及其重金属盐、重氮盐、叠氮化物、有机过氧化物(如过氧乙醚和过氧酸)等，受热或被敲击时会爆炸。

(2) 氧化剂和还原剂在混合时受热、摩擦或撞击可能会发生爆炸。如镁粉-重铬酸铵、镁粉-硫黄、镁粉-硝酸银、锌粉-硫黄、铝粉-氧化铜、铝粉-氧化铅、还原剂-硝酸铅、氯化亚锡-硝酸铋、浓硫酸-高锰酸钾、乙醇-浓硝酸等混合加热均易产生爆炸。

(3) 易燃易爆气体，如氢气、乙炔等烃类气体、有机蒸气等大量逸入空气，引起爆燃。

(4) 反应过于激烈而失去控制引起爆炸。

(5) 在密闭体系中进行蒸馏、回流等加热操作，来不及散热将引起爆炸。

预防：凡有爆炸危险的实验，在教材中均有具体的安全指导，应严格执行。

5. 其他意外事故处理

(1) 划(割)伤　化学实验中要用到各种玻璃仪器，不小心容易被碎玻璃划伤或割伤。应视伤口情况进行处理，若伤口内有碎玻璃碴或其他异物，应先取出，伤口较深出血较多时，可用止血带止血，并立即送医院救治。万一碎玻璃溅进眼里，千万不要揉擦，不转动眼球，任其流泪，速送医院处理。

(2) 烫伤　一旦被火焰、红热玻璃、高温陶器等烫伤，轻者可在伤处涂烫伤药膏，重者送医院救治。

(3) 触电　实验室频繁使用电器，因此，防止触电是实验安全的重要内容。

① 接好线路后再通电，用后先切断电源再拆线路。

② 已损坏的接头、插座、插头，或绝缘不良的电线，必须更换。

③ 不要用湿手接触或操作电器。

④ 一旦有人触电，应立即切断电源，尽快用绝缘物将触电者与电源隔开，切不可用手去拉触电者。

三、实验预习、实验记录和实验报告

1. 实验预习

实验前一定要预习实验内容。预习内容包括：实验目的、实验原理、实验所用仪器的结构和使用方法、所用试剂的物理化学性质(沸点、熔点、密度、折射率、毒性等)、实验装置、实验步骤等。认真写出预习报告，切忌照抄书本、做实验时“照方抓药”，要用自己理解后的语言写出实验过程。教材所选实验都是成熟的实验，按照实验步骤正确操作都能得到预期结果，所以实验目的不仅仅是按照步骤完成实验，还要找出在实验过程中巩固了哪些理论知识，运用了哪些化学原理，学习了哪些操作技术，学会了什么数据处理方法等。

2. 实验记录

实验过程中要及时准确地记录实验现象并妥善保存原始数据，实验结束后请教师检查签字，作为写实验报告的依据。实验记录不能随意记在纸片上或实验后补记，不能随意涂改，不能用铅笔记录，培养严谨的科学研究精神。实验过程中要善于观察、勤于思考，专心致志地观察实验现象，不要在实验等待的时间内做其他与实验无关的事情，养成良好的实验习惯。

3. 实验报告

实验报告是对实验内容和实验过程的概括和总结，是对所学知识进行归纳和提高的过程，也是培养严谨的科学态度和实事求是精神的重要途径。实验报告从一定角度反映一个学生的学习态度、实验水平与能力。

实验报告根据不同类型，实验格式有所不同，基本内容包括：实验目的、实验原理、实验仪器(厂家、型号、测量精度)和试剂(纯度)、实验装置图、实验步骤及现象、数据记录与处理、结果与讨论、实验体会等。实验数据处理宜采用作图和列表等方法，培养学生科学的思维方式。实验结果与讨论是实验报告的重要组成部分，包括实验结果的可靠性和合理性、实验关键点总结、实验特殊现象分析等，也可以评价实验的不足之处，提出改进意见，培养学生分析问题和思考问题的能力。

4. 实验报告举例

【例1】

实验报告

班级__________ 姓名__________ 成绩__________

日期__________ 指导教师__________

实验名称　酸碱反应

一、实验目的

1. 进一步理解和巩固酸碱反应的有关概念和原理(如同离子效应、盐类的水解及其影响因素)。

2. 学习试管实验的一些基本操作。

3. 进一步熟悉酸度计的使用方法。

二、实验原理

1. 同离子效应

强电解质在水中全部解离，弱电解质在水中部分解离。在一定温度下，弱酸、弱碱的解离平衡如下：

$$HA(aq) + H_2O(l) \rightleftharpoons H_3O^+(aq) + A^-(aq)$$

$$B^{2-}(aq) + H_2O(l) \rightleftharpoons BH^-(aq) + OH^-(aq)$$

在弱电解质溶液中，加入与弱电解质含有相同离子的强电解质，解离平衡向生成弱电解质的方向移动，使弱电解质的解离度下降。这种现象称为同离子效应。

2. 盐的水解

强酸强碱盐在水中不水解。强酸弱碱盐(如 NH_4Cl)水解，溶液显酸性；强碱弱酸盐(如 NaAc)水解，溶液显碱性；弱酸弱碱盐(如 NH_4Ac)水解，溶液的酸碱性取决于相应弱酸弱碱的相对强弱。例如：

$$Ac^-(aq) + H_2O(l) \rightleftharpoons HAc(aq) + OH^-(aq)$$

$$NH_4^+(aq) + H_2O(l) \rightleftharpoons NH_3 \cdot H_2O(l) + H^+(aq)$$

$$NH_4^+(aq) + Ac^-(aq) + H_2O(l) \rightleftharpoons NH_3 \cdot H_2O(l) + HAc(aq)$$

水解反应是酸碱中和反应的逆反应。中和反应是放热反应，水解反应是吸热反应，因此，升高温度有利于盐类的水解。

三、实验内容

实验步骤	实验现象记录	反应方程式、解释和结论
1. 同离子效应 取 0.20mol/L $NH_3 \cdot H_2O$，用 pH 试纸测其 pH 值，加 1 滴酚酞，再加少许 $NH_4Ac(s)$	pH ＝____ 溶液呈____色 颜色变为____色	$NH_3 \cdot H_2O \rightleftharpoons NH_4^+ + OH^-$ 加入 NH_4Ac，$c(NH_4^+)$增大，平衡向左移动，$c(OH^-)$减小
……	……	……

四、问题与讨论(略)

【例 2】

实验报告

班级________ 姓名________ 成绩________

日期________ 指导教师________

实验名称　正溴丁烷的合成

一、实验目的

1. 学习由醇制备卤代烃的方法。
2. 学习液液萃取的原理及分液漏斗的使用方法。
3. 掌握带有吸收有害气体装置的回流加热操作。

二、实验原理

主反应：$NaBr + H_2SO_4 \longrightarrow HBr + NaHSO_4$

$n\text{-}C_4H_9OH + HBr \rightleftharpoons n\text{-}C_4H_9Br + H_2O$

副反应：$n\text{-}C_4H_9OH \xrightarrow{H_2SO_4} CH_3CH_2CH{=}CH_2 + H_2O$

$2\,n\text{-}C_4H_9OH \xrightarrow{H_2SO_4} n\text{-}C_4H_9\text{-}O\text{-}C_4H_9\text{-}n + H_2O$

$2HBr + H_2SO_4 \longrightarrow Br_2 + SO_2 + 2H_2O$

HBr 易挥发，采取 NaBr 和浓 H_2SO_4 即时产生 HBr 反应。合成主反应是一个可逆反应，采用过量的 HBr 以增加正丁醇的转化率，同时反应过程中 HBr 会逸出，所以反应投料时 NaBr 和浓 H_2SO_4 应过量。各主要物质的物理性质见表 1。

表 1　实验中主要物质的物理性质

名称	相对分子质量	性状	折射率	相对密度	bp/℃	水中溶解度/(g/100mL)
正丁醇	74.12	无色透明液体	1.3993	0.81	117.7	7.290
正溴丁烷	137.03	无色透明液体	1.4398	1.30	101.6	不溶
浓硫酸	98.06	无色透明液体		1.84	338.0	∞
水	18.01	无色透明液体	1.3330	1.00	100.0	∞

三、实验装置图

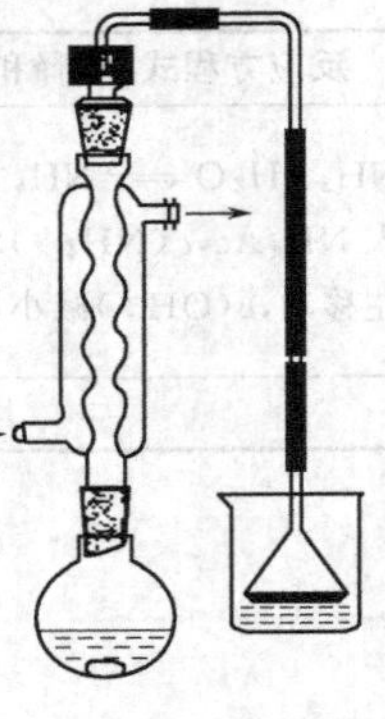

(a)

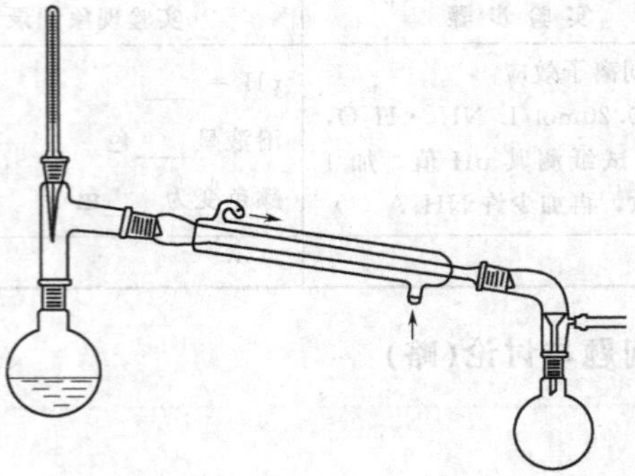

(b)

四、实验步骤

1. 投料反应

$14mLH_2O + 20mL$ 浓 $H_2SO_4 \xrightarrow{\text{摇匀}} \xrightarrow{\text{12.3mL 正丁醇}} \xrightarrow{\text{16.6gNaBr(研细)}} \xrightarrow{\text{摇动}} \xrightarrow{\text{几粒沸石}}$

$\xrightarrow{\text{回流反应}} \xrightarrow{\text{冷却}} \xrightarrow{\text{蒸馏}}$ 粗正溴丁烷混合物

2. 分离提纯

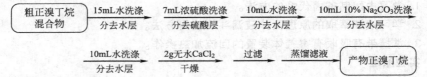

粗正溴丁烷混合物 $\xrightarrow[\text{分去水层}]{\text{15mL水洗涤}} \xrightarrow[\text{分去硫酸层}]{\text{7mL浓硫酸洗涤}} \xrightarrow[\text{分去水层}]{\text{10mL水洗涤}} \xrightarrow[\text{分去水层}]{\text{10mL 10\% Na}_2\text{CO}_3\text{洗涤}}$

$\xrightarrow[\text{分去水层}]{\text{10mL水洗涤}} \xrightarrow[\text{干燥}]{\text{2g无水CaCl}_2} \xrightarrow{\text{过滤}} \xrightarrow{\text{蒸馏滤液}}$ 产物正溴丁烷

五、实验记录

时间	步骤	现象	备注
14:30	按图(a)安装反应装置，向 250mL 的单口平底烧瓶中依次加入水 10mL、浓 H_2SO_4 14mL，振荡，水浴冷却，加 n-C_4H_9OH 9.2mL	放热，烧瓶烫手不分层	接收烧杯放 200mL 2% NaOH 溶液
14:55	搅拌下加入 NaBr 13g，放入几粒沸石，装上回流冷凝管和气体吸收装置	NaBr 没有完全溶解，瓶内出现白雾状	接收装置中三角漏斗口不能全部埋入溶液，以防倒吸
15:05	开始加热(1h)	沸腾，瓶中白雾状增多，并沿冷凝管上升，进入气体吸收装置。瓶中的液体由一层变成三层，上层开始极薄，中层为橙黄色，上层越来越厚，中层越来越薄，最后消失。上层颜色由淡黄变成橙黄色	
16:05	停止加热，稍冷，改成蒸馏装置，放入几粒沸石，小火加热，收集馏出物粗 n-C_4H_9Br，至蒸馏瓶中上层液消失后，过片刻停止蒸馏	馏出液浑浊 蒸馏瓶残液冷却后析出透明结晶产物	蒸馏时需要重新加入沸石。白色晶体为 $NaHSO_4$

续表

时间	步骤	现象	备注
16:55	粗产物依次用 15mL 水、10mL 浓 H_2SO_4、15mL 水、15mL 饱和 $NaHCO_3$、15mL 水洗涤，粗产物置于 50mL 锥形瓶中，加 2g $CaCl_2$ 干燥	产物视密度不同有时在上层，有时在下层	10mL 浓 H_2SO_4 洗涤要用干燥分液漏斗
17:55	产物滤入 150mL 平底烧瓶里，放几粒沸石，按装置(b)进行蒸馏，收集 99～103℃馏分，待蒸馏瓶中液体很少，停止蒸馏	99℃以前馏出液很少，长时间稳定在 101～102℃，后升至 103℃，温度下降，产物为无色透明液体	接收瓶称重 40g
18:55	蒸馏完毕	接收瓶+产物=48.5g 产物 n-C_4H_9Br 8.5g	计算产率
19:05	用阿贝折光仪测折射率	折射率为 1.4402	产物倒入回收瓶中
19:15	实验结束，整理仪器，打扫卫生		

六、产物分离纯化流程

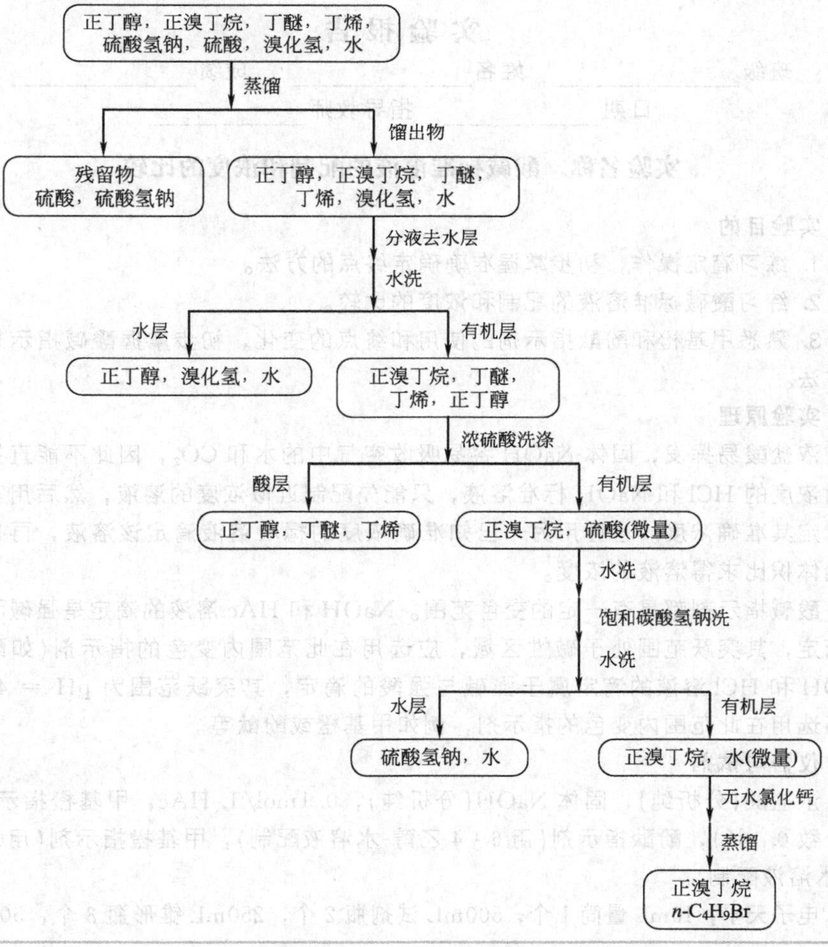

七、实验结果及计算

实际馏分 99～103℃(文献值 bp 101.6℃)；折射率 n_D^{20} 1.4402(文献值：1.4398)；产量 8.5g。

以不过量的正丁醇计算：理论产量＝0.1mol×137.07g/mol＝13.7g

产率＝8.5/13.7×100％＝62.04％

八、实验注意事项

1. 加料顺序不能颠倒。

2. 小火加热避免副反应，烧瓶距离石棉网有 4～5cm 高度。

3. 反应为非均相反应，应不停摇动反应装置。

九、思考题(略)

【例 3】

实验报告

班级__________ 姓名__________ 成绩__________

日期__________ 指导教师__________

实验名称 酸碱标准溶液的配制和浓度的比较

一、实验目的

1. 练习滴定操作，初步掌握准确确定终点的方法。

2. 练习酸碱标准溶液的配制和浓度的比较。

3. 熟悉甲基橙和酚酞指示剂的使用和终点的变化，初步掌握酸碱指示剂的选择方法。

二、实验原理

浓盐酸易挥发，固体 NaOH 容易吸收空气中的水和 CO_2，因此不能直接配制准确浓度的 HCl 和 NaOH 标准溶液，只能先配制近似浓度的溶液，然后用基准物质标定其准确浓度。也可用另一已知准确浓度的标准溶液滴定该溶液，再根据它们的体积比求得溶液的浓度。

酸碱指示剂都具有一定的变色范围。NaOH 和 HAc 溶液的滴定是强碱和弱酸的滴定，其突跃范围处于碱性区域，应选用在此范围内变色的指示剂(如酚酞)。NaOH 和 HCl 溶液的滴定属于强碱与强酸的滴定，其突跃范围为 pH ＝ 4～10，应当选用在此范围内变色的指示剂，例如甲基橙或酚酞等。

三、仪器与试剂

浓盐酸(分析纯)，固体 NaOH(分析纯)，0.1mol/L HAc，甲基橙指示剂(质量分数 0.1％)，酚酞指示剂(用 6∶4 乙醇-水溶液配制)，甲基橙指示剂(用6∶4乙醇-水溶液配制)。

电子天平，10mL 量筒 1 个，500mL 试剂瓶 2 个，250mL 锥形瓶 3 个，50mL 酸

式滴定管1支，50mL碱式滴定管1支，250mL烧杯1只，500mL烧杯1只，标签纸。

四、实验步骤(简要步骤)

1. 配制1L 0.1mol/L HCl溶液；
2. 配制1L 0.1mol/L NaOH溶液；
3. 以酚酞为指示剂，以NaOH溶液滴定HCl溶液；
4. 以甲基橙为指示剂，以HCl溶液滴定NaOH溶液；
5. 计算NaOH溶液与HCl溶液的体积比(V_{NaOH}/V_{HCl})。

五、数据记录及处理

1. 500mL 0.1mol/L HCl溶液的配制

需量取浓盐酸的体积＝　　　　　　(列出算式并算出答案)

2. 500mL 0.1mol/L NaOH溶液的配制

需称取固体NaOH的质量＝　　　　　(列出算式并算出答案)

3. NaOH滴定HCl

记录项目	序次		
	1	2	3
V_{NaOH}/mL	25.00	25.00	25.00
HCl终读数			
HCl初读数			
V_{HCl}/mL			
V_{NaOH}/V_{HCl}			
$\overline{V}_{NaOH}/\overline{V}_{HCl}$			
个别测定的绝对偏差			
相对平均偏差			

4. HCl滴定NaOH

记录项目	序次		
	1	2	3
V_{HCl}/mL	25.00	25.00	25.00
NaOH终读数			
NaOH初读数			
V_{NaOH}/mL			
V_{NaOH}/V_{HCl}			
$\overline{V}_{NaOH}/\overline{V}_{HCl}$			
个别测定的绝对偏差			
相对平均偏差			

六、讨论

(内容可以是实验中发现的问题、误差分析、经验教训，对指导教师或实验室的意见和建议等)

【例 4】

实验报告

班级__________ 姓名__________ 成绩__________

日期__________ 指导教师__________

实验名称 旋光度法测定蔗糖转化反应的速率常数

一、目的要求

1. 测定蔗糖转化反应的速率常数和半衰期。

2. 了解该反应的反应物浓度与旋光度之间的关系。

3. 了解旋光仪的基本原理，掌握旋光仪的正确使用方法。

二、基本原理

溶液的旋光度与浓度的关系：$[\alpha]_D^{20}=\dfrac{\alpha\times100}{lc}$，$\alpha=\{[\alpha]_D^{20}\times l/100\}c=\beta c$。

蔗糖水解反应：属于假一级反应，速率方程为 $\ln c=-kt+\ln c_0$

$$C_{12}H_{22}O_{11}+H_2O\xrightarrow{H^+}C_6H_{12}O_6+C_6H_{12}O_6$$

	（蔗糖）	（葡萄糖）	（果糖）	
$t=0$	c_0	0	0	$\alpha_0=\beta_{反}c_0$
$t=t$	c	c_0-c	c_0-c	$\alpha_t=\beta_{反}c+\beta_{生}(c_0-c)$
$t=\infty$	0	c_0	c_0	$\alpha_\infty=\beta_{生}c_0$

整理得：

$$c_0=\frac{\alpha_0-\alpha_\infty}{\beta_{反}-\beta_{生}}=\beta'(\alpha_0-\alpha_\infty)\qquad c_0=\frac{\alpha_t-\alpha_\infty}{\beta_{反}-\beta_{生}}=\beta'(\alpha_t-\alpha_\infty)$$

速率方程表达为：$\ln(\alpha_t-\alpha_\infty)=-kt+\ln(\alpha_0-\alpha_\infty)$

用 Guggenheim 处理方法，得

$$\ln(\alpha_t-\alpha_{t+\Delta t})=-kt+\ln(1-e^{-k\Delta t})(\alpha_0-\alpha_\infty)$$

以 $\ln(\alpha_t-\alpha_{t+\Delta t})-t$ 作图，可得一直线，斜率为 $-k$；半衰期 $t_{1/2}=\ln k/2$

三、仪器与试剂

自动指示旋光仪，HH-6 恒温水浴锅，25mL 移液管 2 支，150mL 锥形瓶，蔗糖(分析纯)，葡萄糖(分析纯)，2mol/ L HCl 溶液。

四、实验步骤

1. 配制反应溶液：称取 20g 蔗糖，加入 100mL 蒸馏水，使蔗糖完全溶解，用移液管吸取 25mL 蔗糖溶液于锥形瓶内，再用移液管加入 25mL 4.00mol/L 的 HCl 溶液，同时开始计时，迅速混合均匀，装入旋光管中(装前用此溶液荡洗旋光管数次)，放入旋光仪内。

2. 用旋光仪测定反应液的旋光度与时间关系值。

t/min	α_t	$(t+\Delta t)$/min	$\alpha_{t+\Delta t}$	$\alpha_t-\alpha_{t+\Delta t}$	$\ln(\alpha_t-\alpha_{t+\Delta t})$
5		35			
10		40			
15		45			
20		50			
25		55			
30		60			

五、数据处理

1. 以 $\ln(\alpha_t-\alpha_{t+\Delta t})$-$t$ 作图，得直线，斜率$-k$，得出速率常数 k。

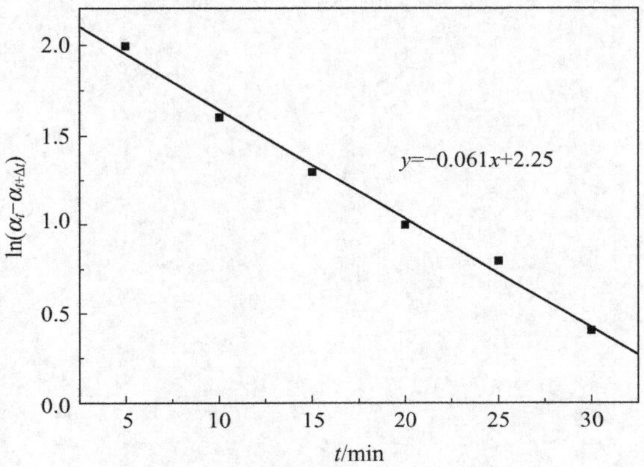

作图求速率常数示例图

由图知，直线斜率为-0.061，所以速率常数 $k=0.061\text{min}^{-1}$。

2. 由速率常数 k 求出半衰期：

$$t_{1/2}=\ln k/2=11.36\text{min}$$

六、讨论(略)

七、思考题(略)

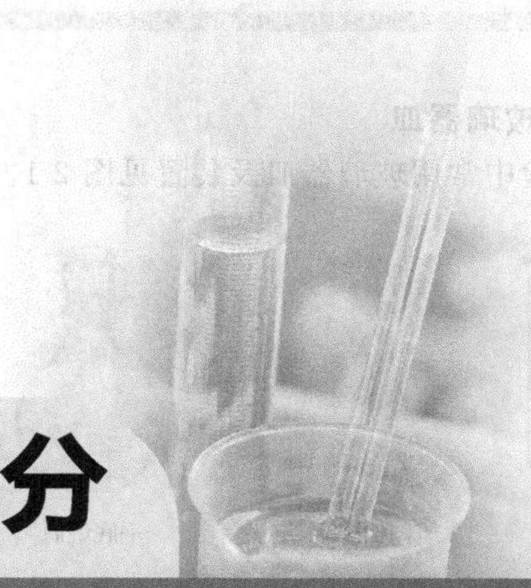

第二部分

常用仪器及基本操作

一、 常用玻璃器皿

1. 普通玻璃器皿

化学实验中常用玻璃器皿及装置见图 2-1。

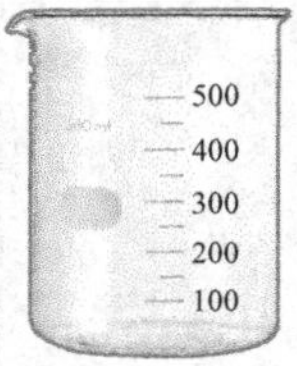

烧杯

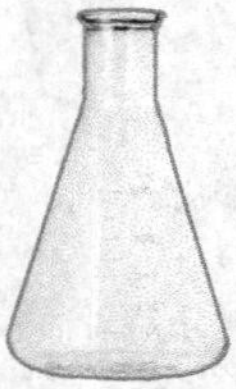

锥形瓶

平底烧瓶

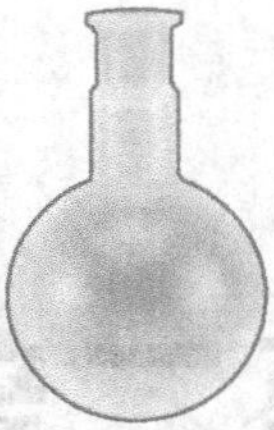

圆底烧瓶

短颈三角漏斗

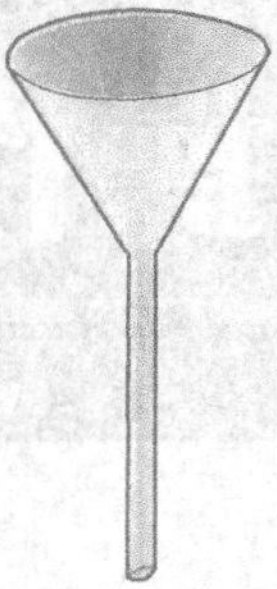

长颈三角漏斗

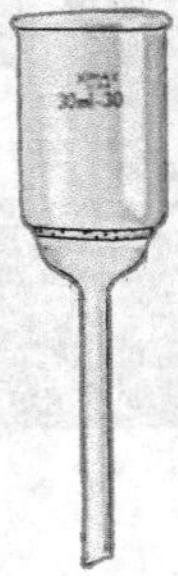

砂芯漏斗

分液漏斗

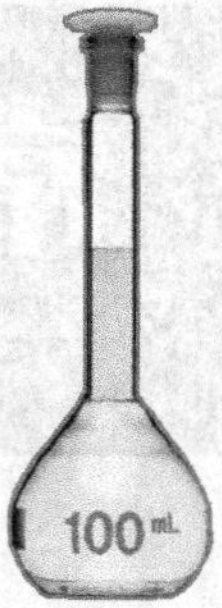

容量瓶

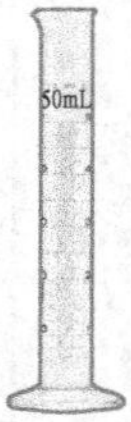

量筒

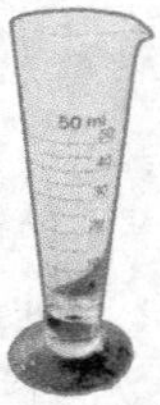

量杯

试管、离心管

滴瓶

抽滤瓶

表面皿

玻璃研钵

称量瓶

广口瓶

细口瓶

干燥器

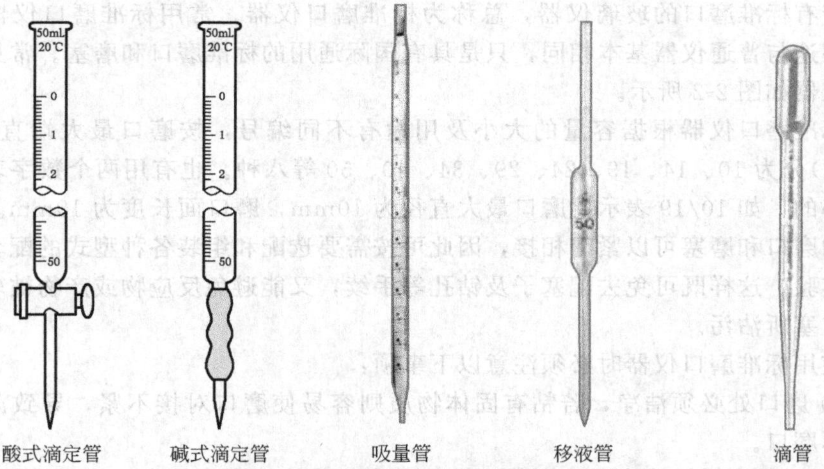

图 2-1　化学实验中常用玻璃器皿及装置

2. 标准磨口仪器

常见标准磨口玻璃仪器见图 2-2。

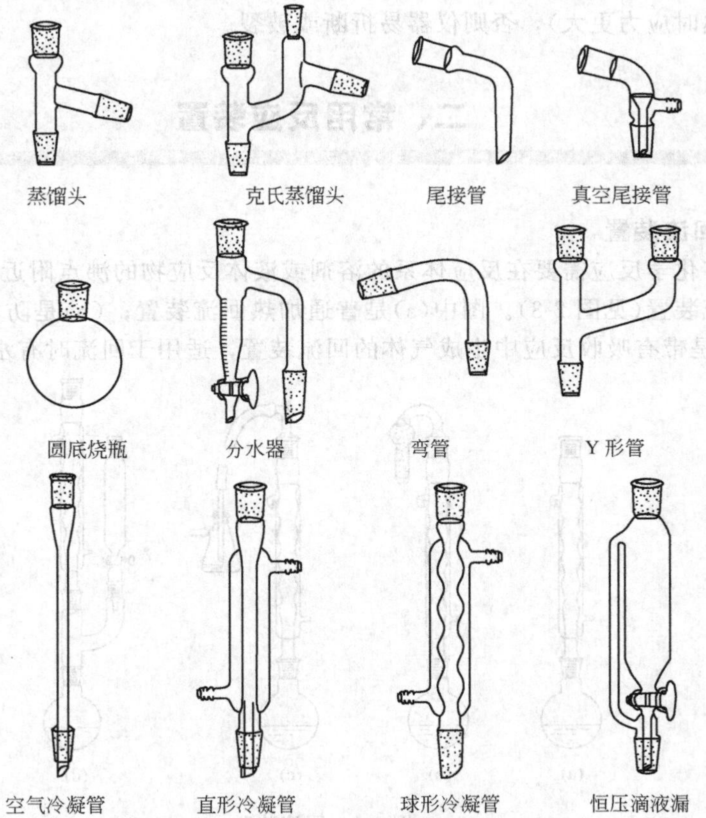

图 2-2　常见标准磨口玻璃仪器

带有标准磨口的玻璃仪器，总称为标准磨口仪器。常用标准磨口仪器的形状、用途与普通仪器基本相同，只是具有国际通用的标准磨口和磨塞。常见标准磨口仪器如图 2-2 所示。

标准磨口仪器根据容量的大小及用途有不同编号，按磨口最大端直径(以mm 计)分为 10、14、19、24、29、34、40、50 等八种。也有用两个数字表示磨口大小的，如 10/19 表示此磨口最大直径为 10mm，磨口面长度为 19mm。相同编号的磨口和磨塞可以紧密相接，因此可按需要选配和组装各种型式的配套仪器进行实验。这样既可免去配塞子及钻孔等手续，又能避免反应物或产物被软木塞或橡皮塞所沾污。

使用标准磨口仪器时必须注意以下事项：

① 磨口处必须洁净，若粘有固体物质则容易使磨口对接不紧，导致漏气甚至损坏磨口。

② 用后应拆卸洗净，否则长久放置后磨口连接处常会粘住，难以拆开。

③ 一般使用时磨口处无需涂润滑剂，以免沾污反应物或产物。若反应物中有强碱则应涂润滑剂，以免磨口连接处因碱腐蚀而粘住，无法拆开。

④ 安装时应注意磨口编号，装配要正确、整齐，使磨口连接处不受应力(特别在受热时应力更大)，否则仪器易折断或破裂。

二、常用反应装置

1. 回流装置

很多化学反应需要在反应体系的溶剂或液体反应物的沸点附近进行，这时就要用回流装置(见图 2-3)。图中(a)是普通加热回流装置；(b)是防潮加热回流装置；(c)是带有吸收反应中生成气体的回流装置，适用于回流时有水溶性气体(如

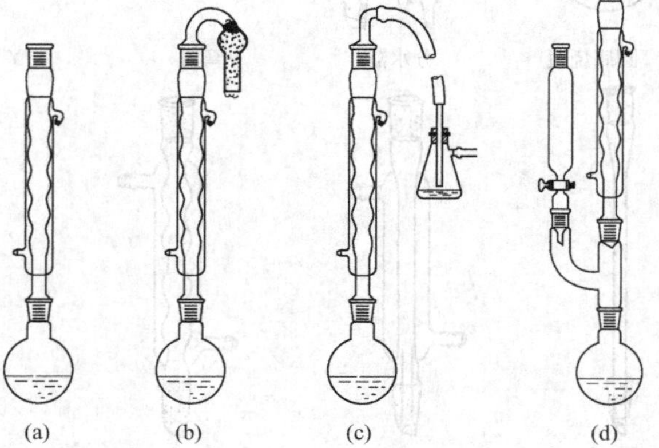

图 2-3 回流装置

HCl、HBr、SO_2 等)产生的实验；(d)是回流时可以同时滴加液体的装置。回流加热前应先放入沸石，根据瓶内液体的沸点，可选用水浴、油浴或石棉网直接加热等方式。在条件允许下，一般不采用隔石棉网直接用明火加热的方式。回流的速度应控制在液体蒸汽浸润不超过一个半球为宜。

2. 蒸馏装置

蒸馏是分离两种以上沸点相差较大的液体和除去或回收有机溶剂的常用方法。几种常用的蒸馏装置(见图 2-4)可用于不同要求的场合。(a)是最常用的蒸馏装置，由于这种装置出口处与大气相通，可能逸出馏液蒸气，若蒸馏易挥发的低沸点液体时，需将接液管的支管连上橡皮管，通向水槽或室外。支管口接上干燥管，可用作防潮蒸馏。(b)是使用空气冷凝管的蒸馏装置，常用于蒸馏沸点在140℃以上的液体。若使用直形冷凝管，由于液体蒸气温度较高而会使冷凝管炸裂。(c)为蒸除较大量溶剂的装置，由于液体可自滴液漏斗中不断地加入，既可调节滴入和蒸出的速度，又可避免使用较大的蒸馏瓶。

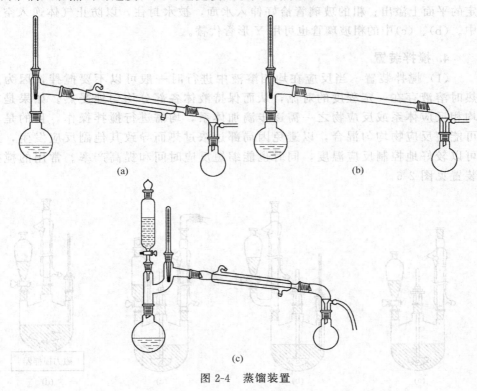

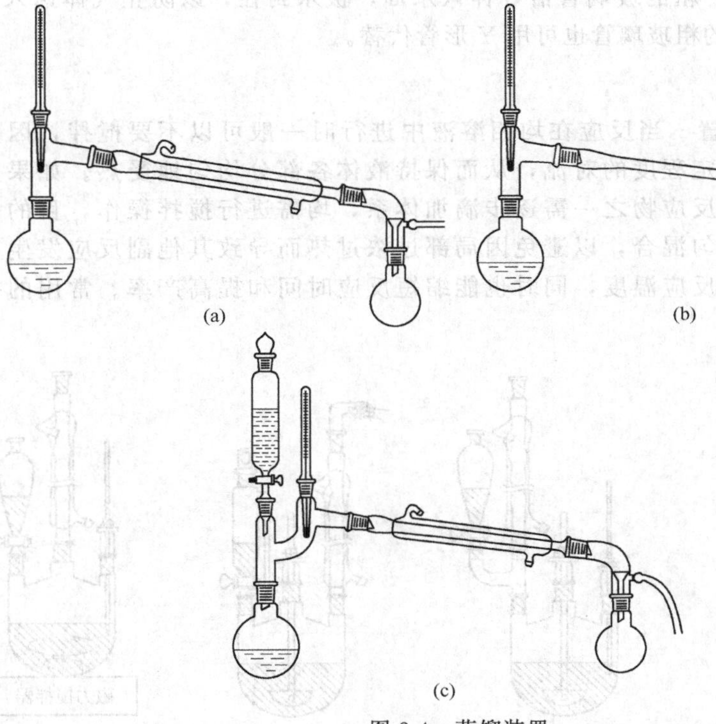

图 2-4　蒸馏装置

3. 气体吸收装置

气体吸收装置(见图 2-5)用于吸收反应过程中生成的有刺激性和水溶性的气体(如 HCl、HBr、SO_2 等)。图中(a)和(b)可作少量气体的吸收装置；(a)中的

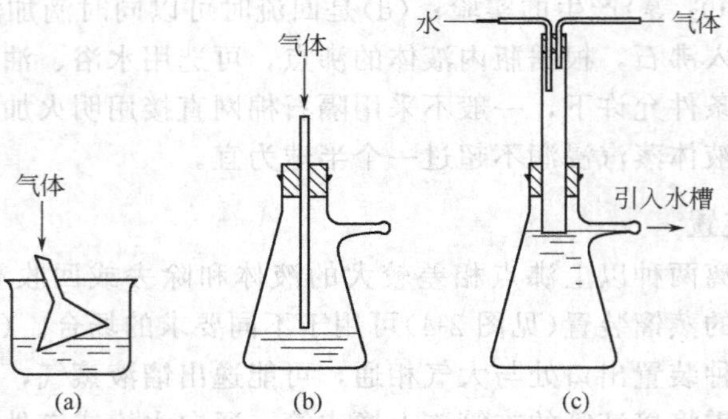

图 2-5　气体吸收装置

玻璃漏斗应略微倾斜使漏斗口一半在水中，一半在水面上；这样既能防止气体逸出，亦可防止水被倒吸至反应瓶中。若反应过程中有大量气体生成或气体逸出很快时，可使用装置(c)。水自上端流入(可利用冷凝管流出的水)抽滤瓶中，在恒定的平面上溢出；粗的玻璃管恰好伸入水面，被水封住，以防止气体逸入空气中。(b)、(c)中的粗玻璃管也可用Y形管代替。

4. 搅拌装置

(1) 搅拌装置　当反应在均相溶液中进行时一般可以不要搅拌，因为加热时溶液存在一定程度的对流，从而保持液体各部分均匀地受热。如果是非均相反应体系或反应物之一需逐步滴加体系，均需进行搅拌操作，目的是尽可能使反应物均匀混合，以避免因局部过浓过热而导致其他副反应发生，且可以较好地控制反应温度，同时也能缩短反应时间和提高产率。常用的搅拌装置见图 2-6。

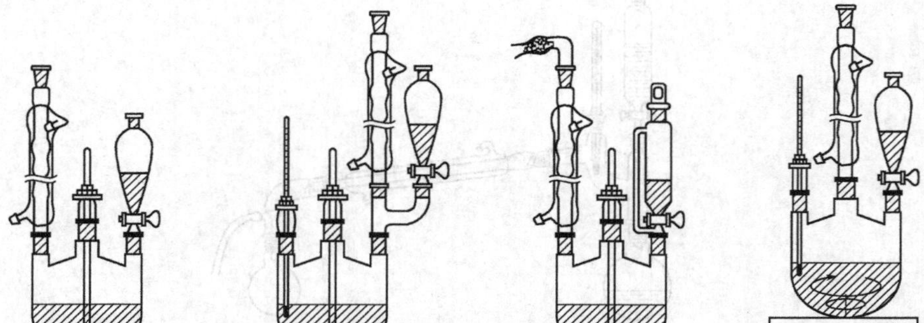

图 2-6　搅拌装置

图 2-6 中，(a)是可同时进行搅拌、回流和自滴液漏斗中加入液体的实验装置；(b)还可同时测量反应的温度；(c)是带干燥管的搅拌装置；(d)中则带有磁力搅拌。

(2) 搅拌棒　搅拌所用的搅拌棒式样很多，常用的见图 2-7。其中(a)、(b)两种搅拌棒可以容易地用玻璃棒弯制；(c)、(d)的优点是可以伸入狭颈的瓶中，且搅拌效果较好；(e)为筒形搅拌棒，适用于两相不混溶的体系，其优点是搅拌平稳，搅拌效果好。

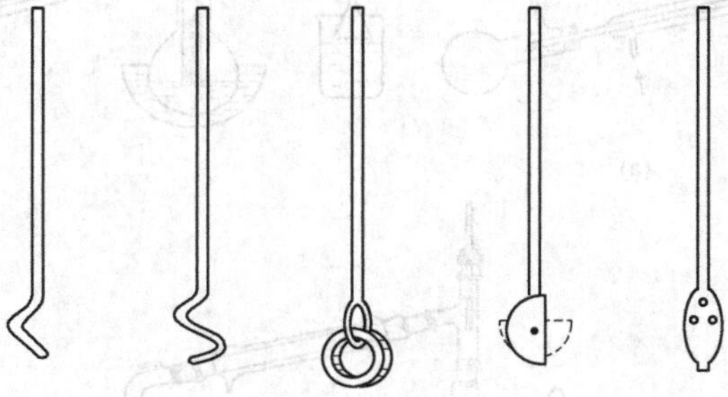

图 2-7　各种不同类型的搅拌棒

需要将搅拌棒连接到搅拌器上时，可在搅拌装置电动机的轴头和搅拌棒之间通过两节真空橡皮管和一段玻璃棒连接，这样搅拌器导管不致磨损或折断(见图 2-8)。

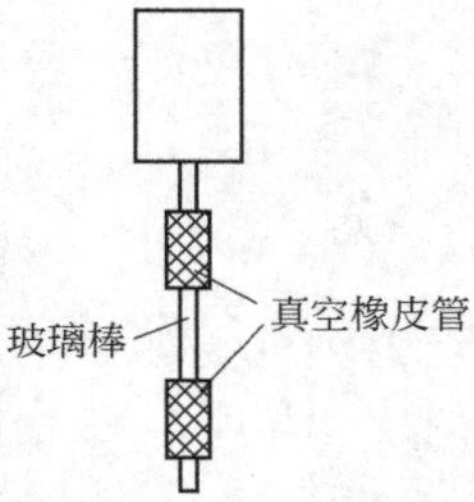

图 2-8　搅拌棒的连接

5. 其他反应装置

在需要进行某些具有可逆平衡性质的反应时，可将反应产物或其中之一不断从反应混合物体系中除去，以提高正反应进行的程度。图 2-9 和图 2-10 是常用来进行这种操作的实验装置。在图 2-9 的装置中，反应产物可单独或通过形成恒沸物不断在反应过程中蒸馏出去，并可通过滴液漏斗将一种试剂滴加进去，以控制反应速度或使之消耗完全。在图 2-10 的装置中有一分水器，回流下来的蒸气冷凝液进入分水器，分层后有机层逐渐积累并被自动送回烧瓶，而生成的水可从分水器下口放出，可使某些生成水的可逆反应进行到底。

6. 仪器装配方法

常用的玻璃仪器装置，一般需用铁夹将其依次固定于铁架台上。铁夹的双钳应贴有橡皮、绒布等软性物质，或缠上石棉绳、布条等，防止铁钳直接夹住玻璃仪器将其夹坏。用铁夹夹玻璃器皿时，先将双钳夹紧，再拧紧铁夹螺丝，做到夹物不松不紧。

安装成套玻璃仪器装置遵循的原则是：①先下后上，从左到右；拆卸时则从右至左，从上到下；②正确、整齐、稳妥、端正，安装后整套装置的轴线应与实验台边沿平行。磨口仪器装配时磨口和磨塞应轻轻对旋连接，不要用力过猛或在有角度偏差时硬性装卸，以免造成应力集中使仪器损坏。

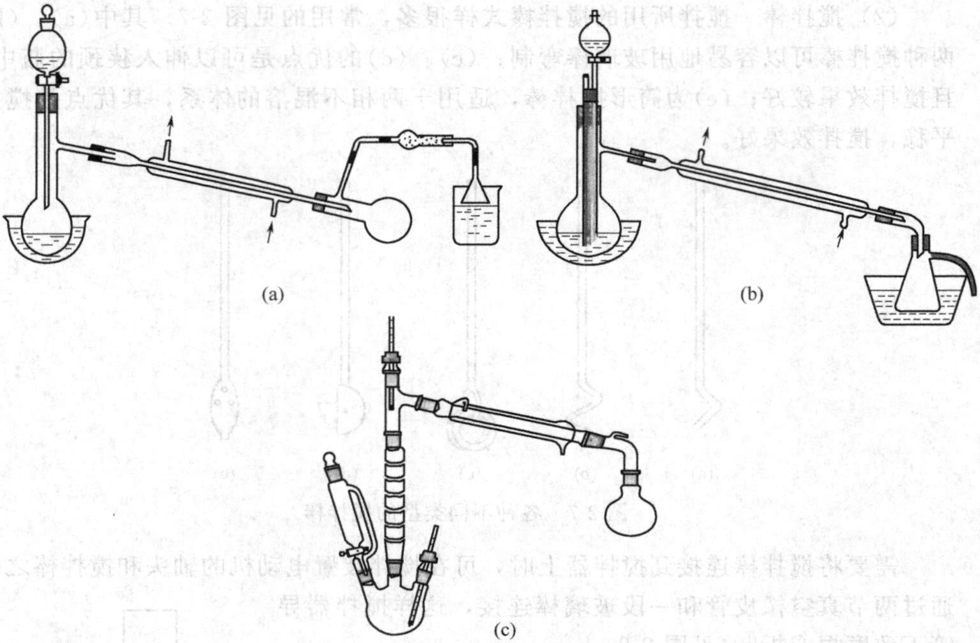

图 2-9　滴加和蒸出反应装置

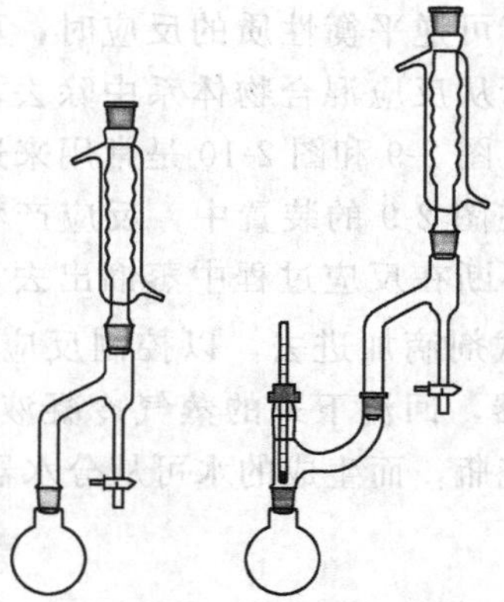

图 2-10　回流分水装置

三、常见基本操作

1. 玻璃仪器的洗涤与干燥

（1）玻璃仪器的洗涤

在实验室中经常使用各种玻璃器皿，而这些器皿是否干净常常会影响到实验结果的准确性。因此，化学实验使用的玻璃器皿必须洗涤干净。一般来说，附着在器皿上的污物既可能有可溶性物质，也可能有灰尘和其他不溶性物质以及油污等有机物。洗涤时应根据实验的要求、污物的性质和程度，采用适当的洗涤方法。

① 用水刷洗　借助于毛刷等工具用水刷洗器皿，既可使可溶性杂质溶解，也可使附在器皿上的灰尘和大多数不溶物质脱落下来，但往往难以将油污等有机物质洗掉。

② 用洗涤剂洗　常用的洗涤剂包括去污粉、肥皂和合成洗涤剂，洗涤剂可除去油污等有机物质。使用时首先用自来水洗，然后用毛刷蘸少许去污粉等洗涤剂在润湿的器皿内外壁上擦洗，最后用自来水冲洗干净，必要时用蒸馏水或去离子水润洗 2～3 次。需要注意的是容量瓶、移液管等有刻度、容积精密的仪器不宜用洗涤剂刷洗。

③ 用铬酸洗液洗　对一些容积精确或形状特殊不便刷洗的仪器，可用铬酸洗液(浓硫酸和重铬酸钾饱和溶液等体积配制成)清洗，方法是往仪器内加入少量洗液，将仪器倾斜慢慢转动，使内壁全部被洗液浸润，反复操作数次后把洗液倒回原瓶，然后用自来水清洗，必要时用蒸馏水或去离子水再润洗 2～3 次。

仪器是否洗涤干净可通过器壁是否挂水珠来检查。将洗净后的仪器倒置，如果器壁透明，不挂水珠，则说明已洗净；如器壁有不透明处或附着水珠或有油斑，则未洗净，应予重洗。

(2) 玻璃仪器的干燥

实验时所用的玻璃仪器除必须洗净外，有时还要求干燥。不同实验使用的玻璃仪器对干燥有不同的要求，应根据不同要求来决定是否干燥仪器。一般定量分析中的烧杯、锥形瓶等洗净即可使用，而用于有机合成的仪器很多要求干燥，有的要求无水迹，有的要求无水。

① 晾干　不急用的或要求一般干燥的玻璃仪器，可在水刷洗、蒸馏水洗后在无尘处倒置晾干水分，然后自然干燥。

② 烘干　通过外加热源烘干的方法，适用于一般玻璃仪器。洗净的仪器控去水分，放在鼓风干燥箱中 1h 左右即可烘干，烘箱设定温度一般为 105～120℃。急需使用的仪器，可放在红外快速干燥箱中迅速烘干。需要注意的是，称量用的称量瓶等烘干后要放在干燥器中冷却和保存；带实心玻璃塞及厚壁仪器烘干时要注意慢慢升温并且温度不可过高，以免烘裂；量器则不可放于烘箱中烘干。硬质试管可用酒精灯烘干，要从底部烘起并把试管口向下，以免水珠倒流把试管炸裂；烘到无水珠时再把试管口向上赶净水汽。

③ 热(冷)风吹干　对于急需干燥的仪器，也可用电吹风或吹风机吹干。对一些不能受热的容量仪器，通常往仪器内倒入少量乙醇、丙酮等低沸点的有机溶剂，将仪器倾斜、转动，使水与有机溶剂混溶后倒出混合液；再将仪器口朝上任有机溶剂挥发，或向仪器内吹入冷空气使挥发快些。

2. 常用气体的储存及气体钢瓶

实验室常用到各种气体，例如 N_2、H_2、O_2、CO_2、Cl_2 等，常用钢瓶储存。钢瓶气体可满足用量较大、气体纯度和压力较高且长期使用的要求。气体钢瓶是储存压缩气体或液化气体的特制耐压钢瓶。当气体钢瓶内充满气体时，最大工作压力可达 15MPa。为了降低压力并控制气体流量，使用时必须安装减压阀(气压表)。非可燃性气体钢瓶的气门螺纹则是正扣的(即顺时针拧紧，如氮气瓶)，可燃性气体钢瓶的气门螺纹是反扣的(即逆时针拧紧，如氢气瓶)，各种气体的减压阀不得混用。为了避免储存不同气体的钢瓶混淆，通常在其外壳涂以特定颜色以示区别，并在瓶上写明气体的种类。对此国家有统一的规定，如表 2-1 所示。

表 2-1　我国气体钢瓶常用标记

气体类别	瓶身颜色	标字颜色	字样
压缩空气	黑	白	压缩空气
氮气(N_2)	黑	黄	氮
氧气(O_2)	天蓝	黑	氧
二氧化碳(CO_2)	黑	黄	二氧化碳
氢气(H_2)	深蓝	红	氢
氯(Cl_2)	草绿	白	氯
乙炔(C_2H_2)	白	红	乙炔
氦(He)	棕	白	氦
液氨(NH_3)	黄	黑	氨

气体钢瓶应存放在阴凉、通风、远离热源(如阳光、暖气、炉火等)的地方，并加以固定。可燃性气体钢瓶与氧气瓶严禁在同一实验室存放与使用。绝对避免油、易燃物和有机物沾在气体钢瓶上(特别是气门嘴和减压阀处)，也不得用棉、麻等物堵漏，以防燃烧。钢瓶内的气体不能全部用完，剩余残压应不少于 0.05MPa，一般可燃性气体应保留 0.2～0.3MPa，氢气的剩余残压则应保留更高，以防再次灌气时发生危险。

3. 化学试剂的取用和配制

(1) 化学试剂的规格

化学试剂按其纯度(杂质含量的多少)，一般可划分为四个等级，其规格及适用范围见表 2-2。

表 2-2　化学试剂纯度级别及英文代号

纯度等级	实验试剂	化学纯	分析纯	优级纯
英文代号	L. R. (Laboratory Reagent)	C. P. (Chemical Pure)	A. R. (Analytical Reagent)	G. R. (Guarantee Reagent)
瓶签颜色	黄色	蓝色	红色	绿色
适用范围	用于一般的实验和要求不高的科学实验	用于要求较高的无机和有机化学实验，或要求不高的分析检验	用于一般科学研究和分析实验	用作基准物质，主要用于精密科学研究和分析实验

实验时应根据不同要求选用不同级别的试剂。在一般无机化学和有机化学实验中，化学纯试剂就基本能符合要求，而分析化学和物理化学实验往往需要分析纯试剂。

常用化学试剂多为固态或液态。为了保存及取用方便，常将固体试剂装于广口试剂瓶中，液体试剂则装在细口试剂瓶或带有滴管的滴瓶中。由于试剂性质的不同，存放试剂的瓶子其质料、颜色各有差别。如见光易分解的试剂需保存在棕色瓶中，含氟类试剂常保存于塑料瓶中。

(2) 固体试剂的称取

固体试剂的称取可通过托盘天平、电子天平等称量完成。常用的称量方法有直接称量法和减量法两种。

① 托盘天平　实验中物质用量较多、称量的精度要求不高时常用托盘天平进行称量操作。托盘天平(见图 2-11)主要由天平和砝码两部分组成，天平部分主要有托盘、指针、刻度盘、标尺、游码、调平螺丝等构件。称量前把天平平放在桌面上，将托盘擦净，将游码拨到标尺的最左端零位，调节调平螺丝，使指针在停止摆动时正好对准刻度盘的中央红线。天平调平后，将待称试剂放在左盘中，用镊子在右盘中由大到小加放砝码，最后移动游码使之平衡，此时试剂的质量等于砝码质量与游码所指质量之和。

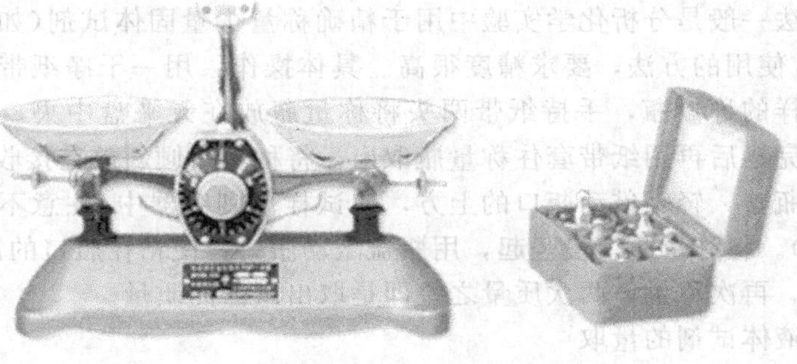

图 2-11　托盘天平

② 电子天平　见图 2-12，电子天平是比较精密的称量仪器，实验中试剂用量较少或称量的精度要求较高(如化学分析)时，需用电子天平进行称量。电子天平精度从 0.02g 至 0.0002g 不等。电子天平在使用前应先检查水准器，如气泡偏移，需调节底部的水平调节脚使水泡位于水准器中心。称量前必须预先开机并保证预热 20min 以上，注意天平不能过载。称量中按下“ON/OFF”键，接通显示屏并等待天平自检，显示屏示“0”后才可开始称量。放置称量纸，按“Tare”键去皮清零后，加入所需称量的试剂并记录质量。称量完毕按“ON/OFF”键关闭天平门，切断电源，并罩上防尘罩。

注意： 称量过程中关好天平门，严禁不用称量纸或容器直接称量。称量完毕后应清理称量盘，天平玻璃框内需放防潮剂(如变色硅胶)并注意定期更换。

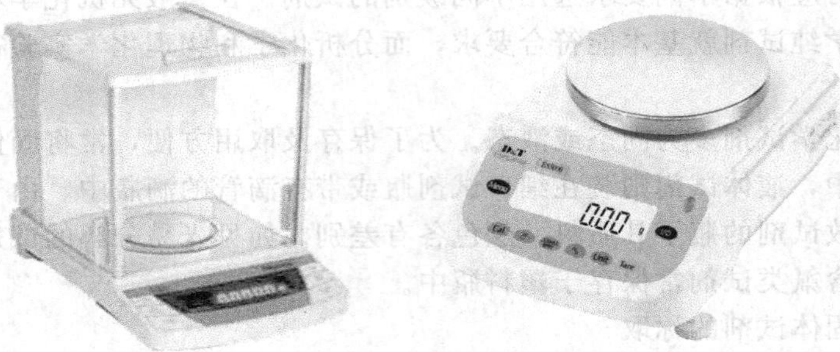

图 2-12　不同精度的电子天平

③ 直接称量法　先称出空器皿质量，再将试样放入已知质量的器皿中，两次质量之差即是取出试样的质量。固体药品用药匙取出，放在称量纸、表面皿或烧杯内称量。药匙应专匙专用并保持清洁干燥，取出试剂后应立即盖紧瓶盖并将用过的药匙洗净、擦干。此法用于称取不易吸湿、在空气中稳定的试样，如金属、矿石等固体。

④ 减量法　先称量装有一定质量试样的称量瓶质量，取出称量瓶倾倒出部分试样后，再称量剩余试样和称量瓶质量，两次质量之差即是取出试样的质量。此法用于称取易吸湿、易氧化、易与二氧化碳反应的物质。

减量法一般是分析化学实验中用于精确称量少量固体试剂(如基准物、待测样品)经常使用的方法，要求精度很高。具体操作：用一干净纸带套住已装有一定质量试样的称量瓶，手持纸带两头将称量瓶放在天平盘中央，拿去纸带，称重；称量完毕后再用纸带套住称量瓶取出，将称量瓶倾斜放在接收试样的容器上方，打开瓶盖，轻轻敲动瓶口的上方，使试样落到容器中(注意不要让试样撒落到容器外)。将称量瓶缓慢竖起，用瓶盖敲动瓶口，使粘在瓶口的试样落回瓶中，盖好瓶盖，再次称量，两次质量之差即是取出试样的质量。

(3) 液体试剂的量取

① 从滴瓶中吸取少量液体试剂　将滴管提起至液面以上，捏瘪橡胶滴头，赶出滴管中的空气；然后伸入试剂中，放开手指利用滴头内外的压差吸入试剂；垂直提出滴管，置于试管口的上方滴入试剂；最后将滴管插回原来的滴瓶中(见图 2-13)。该过程中，绝对禁止将滴管伸入试管内与器壁接触，更不允许用其他滴管到滴瓶中取液，以免污染试剂。

② 从细口瓶中倾出液体试剂　从细口瓶中取用液体试剂一般采用倾注法(见图 2-14)。先将瓶塞取下，倒放在实验台上；用左手拿住容器(如量筒)，用右手掌心对着标签处拿住细口瓶，倾出所需量取的试剂。倾出所需量后，将试剂瓶口在容器上靠一下，使残余试剂流尽，再使细口瓶竖直，盖上瓶塞后放回原处。

③ 定量量取液体试剂　根据要求可选用一定规格和准确度的量具。一般情况下可使用量筒或量杯，精确定量分析时用移液管、吸量管等进行量取，精确定量量取过程具体见“7. 精密容量器皿及使用方法”。

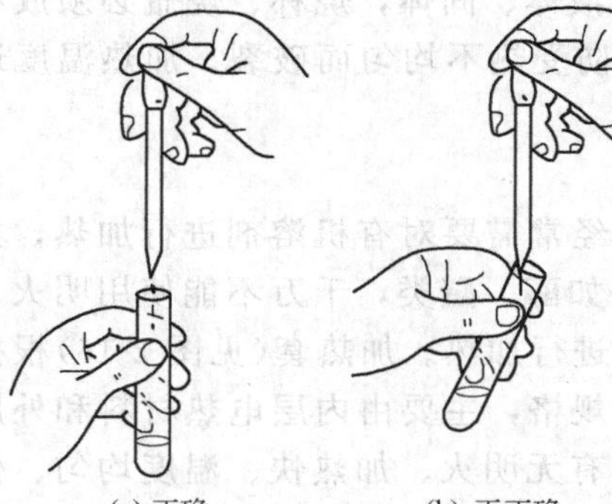

(a) 正确　　(b) 不正确

图 2-13　用滴管滴加试剂

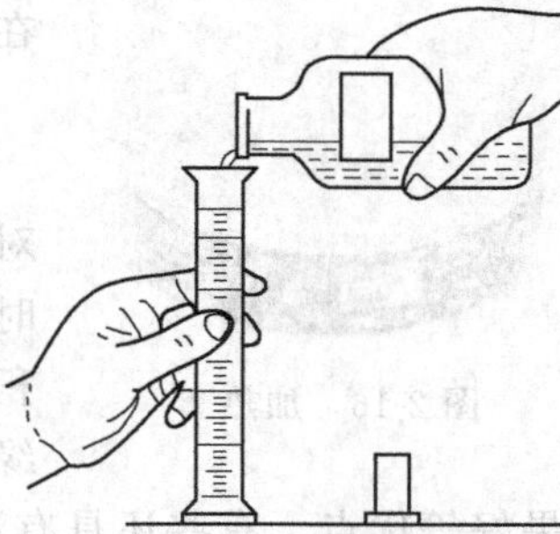

图 2-14　用量筒量取液体试剂

（4）溶液的配制

溶液配制一般是指把固态试剂溶于溶剂（通常是水）配制成溶液，或把液态试剂（或浓溶液）加溶剂稀释至所需浓度得到稀溶液。

① 固体配制溶液　粗略配制溶液（以水溶液为例）时，先算出所需固体试剂的质量，用天平称取后置于烧杯中，加少量水搅拌溶解（必要时可加热促溶），再加水至所需的体积，混合均匀，即得所配制的溶液。配制饱和溶液时，所用溶质质量应比计算量稍多，加热使之溶解后冷却，待过量部分结晶析出后，取用上层清液，以保证溶液饱和。

② 液体配制溶液　将液体试剂（或浓溶液）稀释时，先根据试剂的密度（或浓度）算出所需的体积，用量筒量取后加溶剂至所需的体积，混合均匀即可。

准确配制一定浓度的溶液，需用到更精确的容量器皿如移液管、容量瓶等，其具体操作见“7. 精密容量器皿及使用方法”。

4. 加热装置和加热方法

实验室中常用的加热装置有酒精灯、电炉、电加热套、水浴锅（油浴锅）、烘箱、马弗炉（箱式电炉）等。根据实验对温度控制要求的不同，可以选用不同的加热装置加热。实验室中常用的加热方法有如下几种。

（1）酒精灯

见图 2-15，酒精灯由灯座、灯芯和灯罩组成，是最常用的加热工具，可直

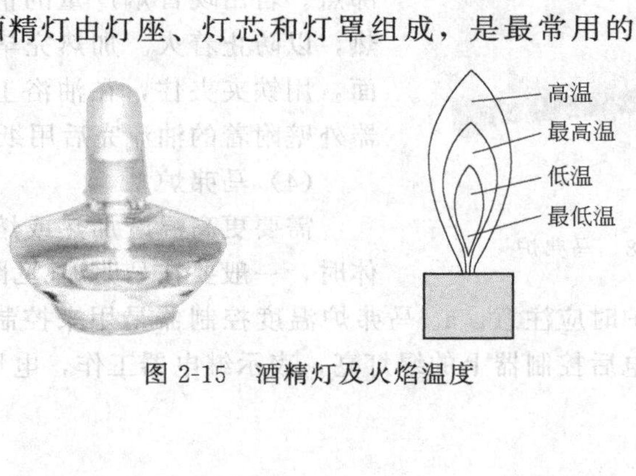

图 2-15　酒精灯及火焰温度

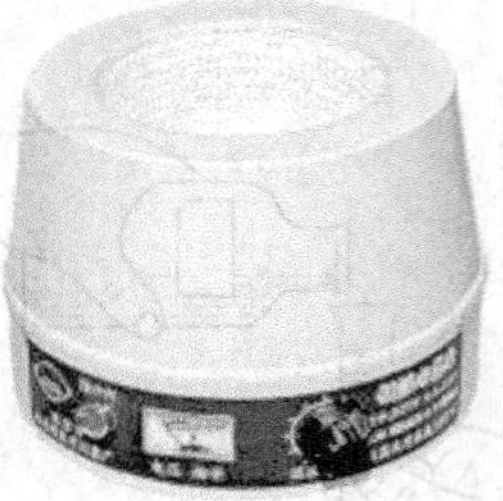

图 2-16　加热套

接加热试管中的液体、固体，烧杯、烧瓶必须放在石棉网上加热，以防受热不均匀而破裂。加热温度通常在 400～500℃。

(2) 加热套

化学实验中经常需要对有机溶剂进行加热，尤其对于低沸点溶剂如醇、醚类，千万不能使用明火，此时可采用加热套进行加热。加热套(见图 2-16)根据容积不同有不同的规格，主要由内层电热材料和外层绝缘材料组成，具有无明火、加热快、温度均匀、保温效果好等优点，有些还具有温度设定、自动控温、数字显示温度等附加功能。使用时，将装有溶剂的烧瓶等容器直接放置于加热套的内腔中，设定好温度(有的需放置热电偶)或电压即可加热，因此加热套是实验室中最安全方便的热源。

(3) 水浴或油浴

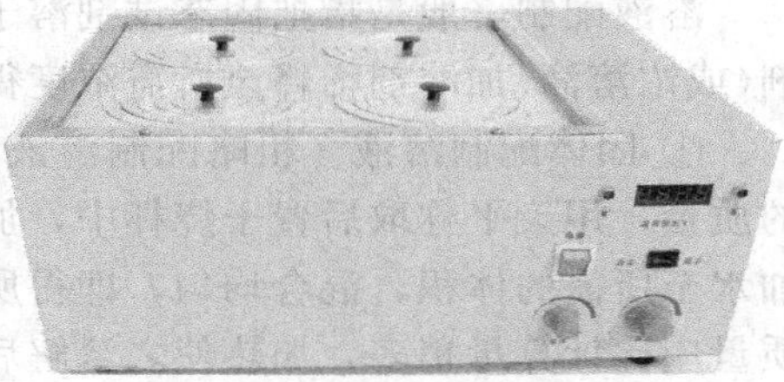

图 2-17　水浴锅

当被加热的物质需要受热均匀而又不能超过一定的温度时，可使用水浴或油浴加热。

① 水浴　当被加热物质要求受热均匀而温度又不超过 100℃时，可用水浴加热。水浴加热可在水浴锅(见图 2-17)中进行。在浴锅中加水(一般不超过 2/3 的容量)，将要加热的容器如烧杯、锥形瓶浸入水中(不能触及锅底，水面应略高于容器内的被加热物质)，就可在一定温度下加热。加热时需注意随时向锅中补水，保持水量，切勿烧干。

② 油浴　当被加热物质要求受热均匀且加热温度高于 100℃时，可使用油浴加热。油浴以油代替水浴中的水，一般加热温度的范围可在 100～250℃。常用的油有甘油(＜150℃)、石蜡(＜200℃)、硅油(＜300℃)等。油浴加热时需小心，加热温度要低于油的沸点。若出现冒烟严重的情况时应立即停止加热，以防止着火。加热完毕把容器提离油浴液面，用铁夹夹住，在油浴上方放置片刻，待容器外壁附着的油流完后用纸或干布将容器擦净。

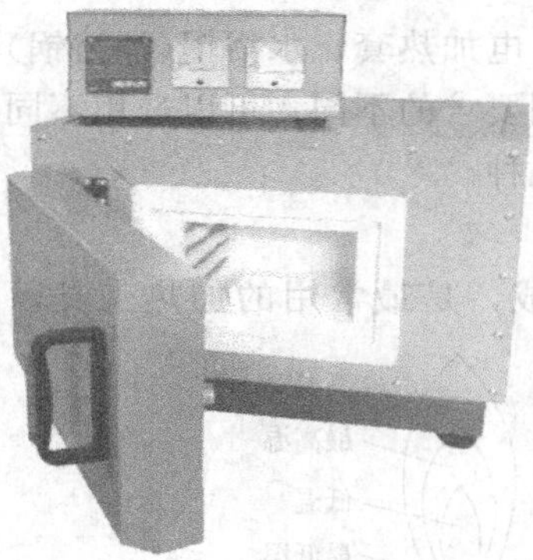

图 2-18　马弗炉

(4) 马弗炉

需要更高温度加热或熔融固体以及灼烧固体时，一般要在马弗炉(见图 2-18)中进行。

使用马弗炉时应注意：a. 马弗炉温度控制器是用来控制和显示炉内加热温度的装置，通电后控制器上的绿灯亮，表示继电器工作，电炉通电，电流表有电流显示，随着电炉内部温度的升高，显示数值也逐渐上升。b. 温度控制器放置应避免震动，且与电炉不能太近，防止因过热而造成内部元件不能正常工作。c. 程序设定温度不得高于电炉参数温度。d. 电炉工作时不得打开炉门，炉温低于 100℃方可取产品。e. 升温加热时，加热功率不得超过额定功率，否则将损伤加热元件。

由于马弗炉灼烧温度很高，需选用极耐火材料制成的坩埚装载固体物质。常见的有石英坩埚、刚玉坩埚、石墨坩埚或较难熔化的金属坩埚等(见图 2-19)，其加热或灼烧的温度可达 1700℃以上。

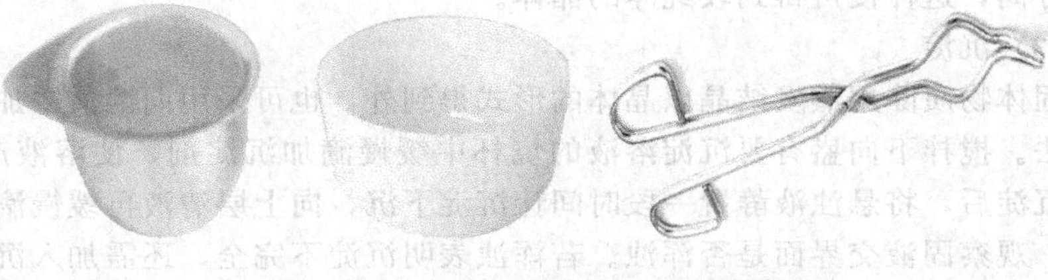

图 2-19　镍坩埚、石英坩埚和不锈钢坩埚钳

坩埚也可直接在酒精灯或加热套上进行加热或灼烧。坩埚加热后不可立即放在冷的物体上，避免它因骤冷而破裂。移动坩埚时必须使用坩埚钳，夹取灼热的坩埚时钳头需预热；坩埚钳用后应擦净，钳头朝上平放在石棉板上。

坩埚加热或灼烧时，如需定量分析固体前后的质量变化，通常将坩埚盖斜放在坩埚上，防止受热物高温逸出。

5. 固体物质的溶解、蒸发结晶、沉淀及分离

固体物质的溶解、蒸发、结晶、沉淀及固液分离是各种制备、提纯实验中经常用到的基本操作。

(1) 溶解

将固体物质溶解于溶剂中时，①选取合适的溶剂，确保能够溶解固体但不与固体发生反应。②加热和搅拌促进固体物质的溶解。加热可在水浴锅或加热套内进行。搅拌时不要用力过猛，也不要使搅拌棒碰到器壁上，以免发出响声，损坏容器。③如果固体颗粒太大，应预先研细。④溶解产生气体的试样时，称取样品放入烧杯中，先用少量水将样品润湿，表面皿凹面向上盖在烧杯上。用滴管或沿玻璃棒将溶剂自烧杯嘴与表面皿之间的孔隙缓慢加入，以防猛烈产生气体。加完试剂后，用水吹洗表面皿的凸面，流下来的水应沿烧杯内壁流入烧杯中，用洗瓶吹洗烧杯内壁。

较为精确的重量分析法中，溶解所用的玻璃仪器内壁(与溶液接触面)不能有划痕，搅拌用玻璃棒两头应烧圆，以防黏附沉淀物。

(2) 蒸发和结晶

为了溶质从溶液中结晶出来，经常采用的方法是加热蒸发溶剂，浓缩溶液到一定程度后进行冷却，溶质从溶液中结晶出来。蒸发浓缩的程度取决于待结晶物质低温下的溶解度。如果物质低温下的溶解度较大，必须蒸发到液体表面出现一层薄薄的结晶再开始冷却；如果物质低温下的溶解度较小，则不必蒸发到液体表面出现晶膜即可冷却、结晶。

蒸发浓缩的过程在蒸发皿中完成，蒸发皿中盛放的溶液体积不能超过其容积的 2/3。根据物质的稳定性可选用酒精灯直接加热或加热套、热浴间接加热。

晶体的疏密程度及颗粒大小与结晶条件有关。溶液的浓度大、溶质的溶解度小、冷却的速度较快等容易得到细晶；反之，则得到较大颗粒的晶体。

若一次得到的晶体纯度不符合要求，可将所得晶体再进行溶解、蒸发、结晶、分离，这样便可得到较纯净的晶体。

(3) 沉淀

固体物质除用蒸发结晶以晶体的形式得到外，也可采用向溶液中加入沉淀剂的方法。搅拌下向盛有要沉淀溶液的烧杯中缓慢滴加沉淀剂，使溶液产生沉淀。出现沉淀后，将悬浊液静置一段时间让沉淀下沉，向上层清液再缓慢滴加一滴沉淀剂，观察固液交界面是否浑浊。若浑浊表明沉淀不完全，还需加入沉淀剂；若清亮则表明已经沉淀完全。沉淀完全后陈化 1h(盖上表面皿，放置一段时间或热浴保温静置)，让沉淀的小晶体长成大晶体，不完整的晶体转为完整的晶体。

重量分析法中，溶液加热时不得使溶液沸腾，否则会引起水溅或产生泡沫飞散，造成被测物的损失。

(4) 固液分离

溶液和沉淀分离的方法通常有倾析法、离心分离法和过滤法三种。

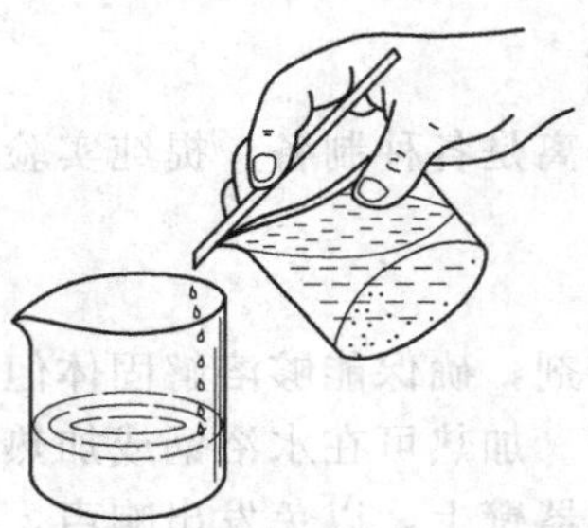

图 2-20 倾析法分离

① 倾析法 当沉淀的结晶颗粒较大或相对密度较大，静置后能自然沉降至容器的底部时，常用倾析法进行分离。操作时将静置后的上层清液沿玻璃棒倾入另一容器内，即可使沉淀分离，如图 2-20 所示。若需洗涤沉淀，则向容器内加入少量洗涤液(去离子水或溶剂)，经充分搅拌、静置沉降，再次倾出上层清液。如此重复几次，即可洗净沉淀。

② 离心分离法 少量溶液与沉淀的分离常用离心分离法。离心分离在离心机(见图 2-21)中进行。进行离心分离时，将盛有溶液和沉淀混合物的离心试管对称地放置于离心机的试管套中(若只有一支混合物离心试管，需取一支盛有相应质量水的试管放置于对称位置，以保证离心机的平衡)，启动离心机(应先慢后快，逐渐加速，一般速度调至 2～3 挡即可)，离心约 2min 后，关闭电源，待离心机自然停止后方可取出离心试管(切勿用手强行停止)。从套管中取出离心试管，再取一干净滴管，先捏紧橡皮头排出空气，稍稍倾斜离心试管，将滴管插入清液中，然后慢慢放松橡皮头，吸取清液(注意勿使滴管头触及沉淀)(见图 2-22)，即可实现少量沉淀的固液分离。如需洗涤沉淀

淀，则向离心试管内再加入少量洗涤液(去离子水或溶剂)，重复离心操作。

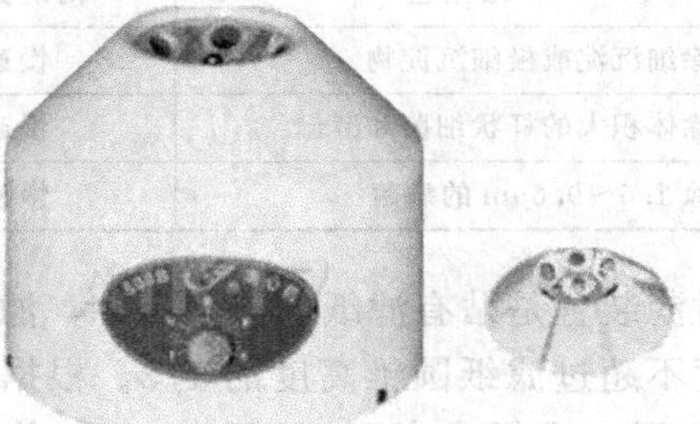

图 2-21 电动离心机

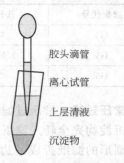

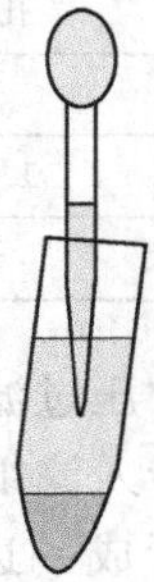

图 2-22 用滴管吸取滤液

③ 过滤法 当沉淀的结晶颗粒较细或相对密度较小时，需用过滤的方法进行固液分离。过滤常用的材料和仪器包括滤纸、三角漏斗、砂芯漏斗、布氏漏斗、配抽滤瓶等。过滤方法主要有常压过滤和减压过滤。

滤纸：一般是圆形，按直径大小分为 4cm、7cm、9cm 和 11cm 等规格，按过滤速度可分为快、中、慢三种，按使用要求可分为定性滤纸和定量滤纸(见表 2-3)两大类。一般过滤使用的滤纸为定性滤纸，重量分析法中使用定量滤纸。定量滤纸经灼烧后，灰分小于 0.0001g 者称“无灰滤纸”，其质量可忽略不计；若灼烧后灰分质量偏大，必须在分析前后扣除滤纸灰分的质量。

表 2-3 国产定量滤纸的型号与性质

分类与标志	型号	灰分/(mg/张)	孔径/μm	过滤物晶形	适应过滤的沉淀举例
快速 黑色或白色纸带	201	<0.10	80～120	胶状沉淀物	$Fe(OH)_3$, H_2SiO_3
中速 蓝色纸带	202	<0.10	30～50	一般结晶形沉淀	SiO_2, $MgNH_4PO_4$
慢速 红色或橙色纸带	203	0.10	1～3	较细结晶形沉淀	$BaSO_4$, CaC_2O_4

砂芯漏斗：采用优良硬质高硼玻璃制成，可以过滤酸液、强氧化性溶液。重量分析法中，对于烘干后即可称量的沉淀，也应在玻璃砂芯漏斗内进行过滤。砂芯漏斗不宜过滤氢氟酸、热浓磷酸或浓碱液，需抽滤时滤板两面压差不得大于一个大气压。过滤或抽滤过程中如需加热和冷却，应缓慢进行。新购置的砂芯漏斗使用前需用酸液进行抽滤，并用蒸馏水冲洗干净，烘干后使用。在烘干过程中，要待烘箱降至室温后再打开烘箱取出，以防炸裂。砂芯漏斗的砂芯滤板是由烧结玻璃料制成的，根据其孔径大小可分成 G1～G6 六种不同的规格(见表 2-4)。

表 2-4 砂芯漏斗型号及用途

滤板代号	孔径/μm	一般用途	对应滤纸
G1	20～30	滤除粗沉淀物及胶状沉淀物	快速
G2	10～15	滤除粗沉淀物及气体洗涤	快速
G3	4.5～9	滤除细沉淀物，过滤水银	中速

续表

滤板代号	孔径/μm	一般用途	对应滤纸
G4	3～4	滤除细沉淀或极细沉淀物	慢速
G5	1.5～2.5	滤除体积大的杆状细菌和酵母	慢速
G6	<1.5	滤除 1.5～0.6μm 的病菌	慢速

常压过滤：常压过滤中最常用的过滤装置是贴有滤纸的三角漏斗，滤纸大小要求沉淀物完全转入滤纸中后，其高度不超过滤纸圆锥高度的 1/3。根据不同要求将圆形的滤纸折成一边一层、一边三层，或折成扇形(见图 2-23)，使过滤速度更快。过滤时先将大部分清液沿着玻璃棒慢慢倾入漏斗中，玻璃棒下端靠近三层滤纸处，但不要碰到滤纸。然后将剩下的溶液连同沉淀一起转移到滤纸上，再用少量去离子水(溶剂)淋洗盛放沉淀的容器及玻璃棒，洗涤液也全部转移到滤纸上。最后对滤纸上的沉淀进行洗涤，以除去沉淀表面吸附的杂质和残留母液。每次倾入溶液时应使液面低于滤纸边缘约 1cm，以防部分沉淀因毛细管作用而越过滤纸上缘造成损失(见图 2-24)。

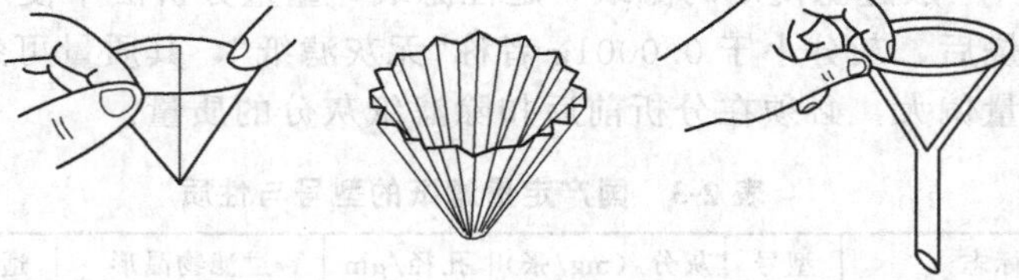

图 2-23　滤纸的折叠与安放

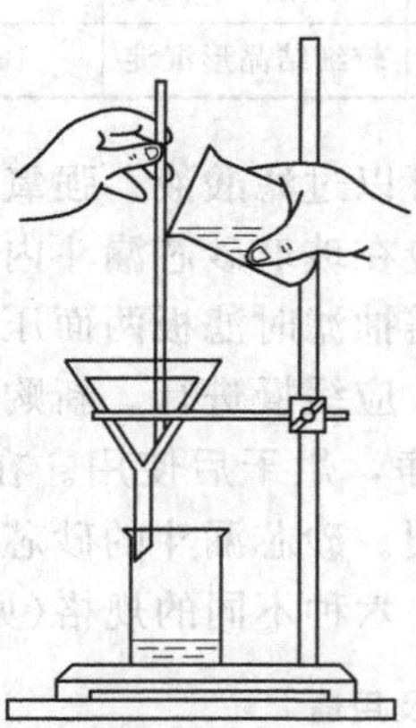

图 2-24　常压过滤

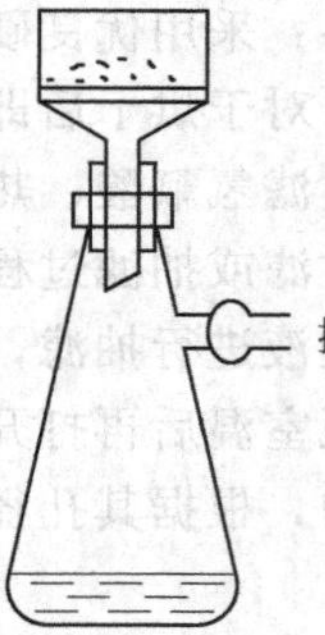

图 2-25　减压过滤

减压过滤：为了加速大量溶液与沉淀的分离，常采用减压过滤。减压抽滤过滤速度快，并能使沉淀抽得较干，但不宜过滤颗粒太小的沉淀和胶体沉淀。图 2-25 是常用的减压过滤装置，由布氏漏斗、抽滤瓶和泵(如循环水泵)组成，布氏漏斗和抽滤之间用橡皮塞连接。操作中利用泵把抽滤瓶中的空气抽走，使瓶内压力小于布氏漏斗液面上的压力，从而加快过滤速度。安装时使布氏漏斗的颈口斜面与抽滤瓶的支管相对，贴好滤纸并用少量去离子水润湿(滤纸要盖满漏斗瓷板上的所有小孔，但不能翘起)，微微抽气使滤纸紧贴在漏斗的瓷板上(3～5s，防止吸通滤纸)。用倾析法先转移清液，再转移沉淀；每次倒入的溶液量不超过漏斗容积的 2/3，抽滤瓶内的液面应低于支管的位置，以防被泵抽出。停止抽滤时应先拔下抽滤瓶支口上的橡皮管，然后关泵，顺序不能颠倒，以防止倒吸。

(5) 沉淀的洗涤

为得到纯净的沉淀组分，将沉淀从母液中分离出来后，需用适当的洗涤液将沉淀表面黏附或中间夹杂的残留液除去。

沉淀全部转移至滤纸上后，按照图 2-26 所示的操作方法，将洗涤液从滤纸的多重边缘开始淋入，使液流螺旋形地往下移动，最后到漏斗底部，沥干后再行洗涤。如此反复多次，直至沉淀洗净为止。在布氏漏斗、砂芯漏斗上分离得到的沉淀物，同样可按照少量多次的方法用洗涤液洗涤。

图 2-26　在滤纸上洗涤沉淀

需要注意的是，过滤沉淀和洗涤操作必须不间断地一次完成。若时间间隔过久，沉淀易干涸而粘成一团，将几乎无法洗涤干净。

如需定量分析，无论是盛着沉淀还是盛着滤液的烧杯，都应该用表面皿盖好，以防落入灰尘，影响结果。

(6) 沉淀的烘干和灼烧

为准确称量固体沉淀的质量以便计算产率，或在定量分析法中需要获得组成恒定、与化学式完全一致的沉淀，对沉淀需进一步进行烘干、灼烧等加热处理。

① 沉淀的烘干　烘干一般是在 250℃以下进行。凡是用玻璃砂芯漏斗过滤的沉淀，可用烘干方法处理。其方法是将沉淀连同砂芯漏斗放在搪瓷托盘上，置于烘箱中(见图 2-27)，选择合适温度直接烘干。沉淀烘干后置于干燥器中冷至室温后称重。如此反复操作几次，直至恒重为止。注意每次操作条件要保持一致，第一次烘干时间可稍长(如 2h)，第二次烘干时间可缩短为 40min。

图 2-27　恒温干燥箱

烘箱使用注意事项：a. 烘箱应安放在室内干燥和水平处，防止振动和腐蚀。b. 试品放入烘箱内应注意排列不能太密，散热板上不要放物品，以免影响热气流向上流动。c. 禁止烘焙易燃、易爆、易挥发及有腐蚀性的物品。d. 开启电源，红色指示灯亮表示箱内已加热，绿灯亮表示恒温，但要经常观看，防止温控失灵。e. 使用温度不能超过烘箱的最高额定温度。f. 有鼓风的烘箱，在加热和恒温的过程中必须打开鼓风机，使工作室温度均匀，防止损坏加热元件。g. 工作完毕后应及时切断电源，确保安全。

图 2-28　沉淀的包裹

② 沉淀的灼烧　灼烧是指在高于 250℃以上温度下进行的热处理。尤其是用定量滤纸过滤所得的沉淀，其灼烧包括沉淀的包裹、干燥、炭化与灼烧，在预先已烧至恒重的瓷坩埚中进行。灼烧前要对沉淀进行包裹，可用玻璃棒将滤纸的三层部分挑起，向中间折叠，将沉淀全部盖住，如图 2-28 所示。再用玻璃棒轻轻转动滤纸包，以便擦净漏斗内壁上可能粘有的沉淀，然后将滤纸包转移至已恒重的坩埚中。

灼烧时将放有滤纸包的坩埚倾斜置于泥三角上，酒精灯加热坩埚，控制火焰温度，使滤纸包慢慢烘干，滤纸层变黑而炭化(控制滤纸只冒烟而不着火)，滤纸全部炭化后，逐渐加大火焰或升高温度，使氧化焰完全包住坩埚烧至红热，把炭完全变为二氧化碳除去，其余部分则烧成灰(灰化)。

滤纸灰化后，将坩埚移入高温炉中，盖上坩埚盖(需留有空隙)。在需要的温度下灼烧 40min 左右，取出移入干燥器中，冷至室温后称重。然后进行第二次、第三次灼烧，直至相邻两次灼烧后的称量差值不大于 0.2mg，即恒重为止。一般第二次以后灼烧约 20min 即可。恒重后的样品，可进一步用重量分析法分析。

6. 试纸的使用方法

实验室经常使用某些试纸来定性检验一些溶液的酸碱性或鉴定某些气体物质的存在。这种方法操作简单，使用方便。实验室中常用的试纸有石蕊试纸、pH 试纸、淀粉-碘化钾试纸及醋酸铅试纸等。

(1) pH 试纸

pH 试纸用于检验溶液的 pH 值，按照测量范围一般分为两类。一类是广泛 pH 试纸，变色范围为 pH＝1～14；另一类是精密 pH 试纸，常见变色范围有 pH＝2.7～4.7，3.8～5.4，5.4～7.0，6.8～8.4，8.2～10.0，9.5～13.0 不等，该试纸在 pH 值变化较小时就有颜色变化，可较精确地检验溶液的 pH 值。

pH 试纸的使用方法：先将试纸剪成小段，放在干燥清洁的表面皿或点滴板上，再用玻璃棒蘸取要试验的溶液滴在试纸上(不可直接将试纸投入溶液中进行检测)，然后观察试纸的颜色，将试纸所显示的颜色与附带的标准比色卡比较，方可测得溶液的 pH 值，如图 2-29 所示。

(2) 石蕊试纸

石蕊试纸可用于检验溶液或气体的酸碱性。检验溶液酸碱性的方法与 pH 试纸相同，由试纸的颜色确定其酸碱性。检验气体时则先将试纸用去离子水润湿，用玻璃棒的一端蘸上后置于容器口上方，观察试纸颜色的变化。

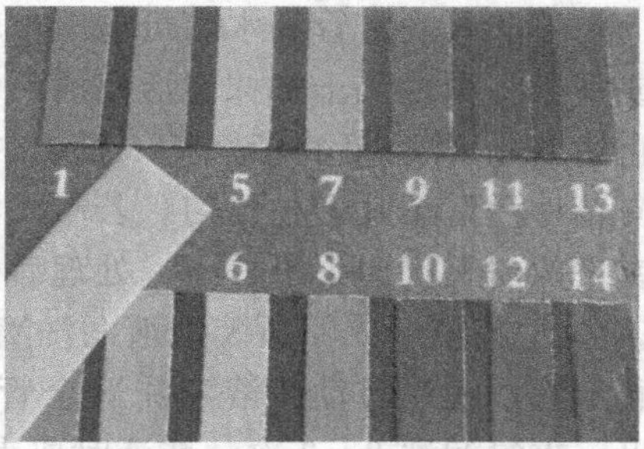

图 2-29　pH 试纸与比色卡对照图

（3）其他专用试纸

在定性检验某种气体时，常需用淀粉-碘化钾、醋酸铅等专用试纸。例如，碘化钾-淀粉试纸用于定性检验 Cl_2、Br_2 等氧化性气体的存在，醋酸铅试纸用于检验是否有 H_2S 气体。专用试纸的使用方法与石蕊试纸检验气体的酸碱性相同。

7. 精密容量器皿及使用方法

（1）滴定管

滴定管一般分为酸式和碱式两种，如图 2-30 所示。酸式滴定管下端带有玻璃活塞，用于盛放酸性或具有氧化性的溶液。碱式滴定管下端连接一段橡胶管，内放一玻璃珠以控制溶液的流速，橡皮管下端再连接一个尖嘴玻璃管，用于盛放碱类溶液。酸式滴定管不能存放碱性溶液，防止碱与玻璃塞作用使旋塞黏结。碱式滴定管不能盛装氧化性溶液，防止橡胶管老化。

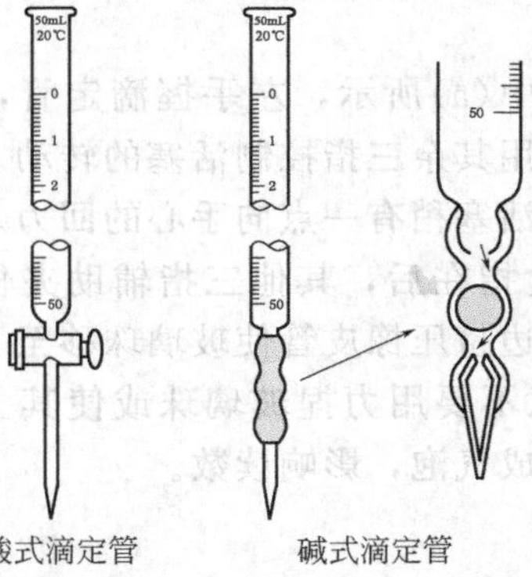

图 2-30　酸式和碱式滴定管

常用酸碱滴定管的容积一般为 25.00mL、50.00mL，管壁刻度的数值上小下大，最小刻度为 0.1mL，读数可估计到 0.01mL。

滴定管的使用步骤分为洗涤、查漏、装液、排气、滴定和读数六个步骤，具体如下。

① 洗涤　滴定管使用前必须洗涤干净，要求洗涤到装满水后再放出时管的内壁不挂有水珠。无明显油污的滴定管，可直接用自来水冲洗。若有油污，则用铬酸洗液洗涤，洗涤时应事先关好活塞，每次将 10～15mL 洗液倒入滴定管中，两手平端滴定管，并不断转动，直至洗液布满全管为止，然后打开活塞，将洗液放回原瓶中(若油污严重，可倒入温洗液浸泡一段时间)。用洗液洗过的滴定管，先用自来水冲洗，再用少量蒸馏水润洗几次。碱式滴定管的洗涤方法同上，但要注意铬酸洗液不能直接接触橡皮管，可将碱式滴定管倒立于装有铬酸洗液的玻璃槽内浸泡一段时间后，再把洗液放回原瓶中，然后用自来水冲洗，蒸馏水润洗几次。

② 查漏　将已洗净的滴定管装满水，安置在滴定管架上直立静置 2min，观察有无水滴漏下。酸式滴定管还需将活塞旋转 180°，再静置 2min，观察有无水滴漏下。如均不漏水，滴定管即可使用。

若酸式滴定管漏水，可取下玻璃活塞，用滤纸擦干活塞及活塞槽。用玻璃棒或手指将少量凡士林抹在活塞的两端，沿圆周涂一薄层(孔的近旁不宜涂多，防止堵塞)。涂完后将活塞插入槽内(插时活塞孔应与滴定管平行)，然后沿一个方向转动活塞至凡士林均匀。若碱式滴定管漏水，可将橡皮管中的玻璃珠稍加转动或略微向上或向下推一下，处理后仍然漏水，则要更换玻璃珠或橡皮管。

③ 装液　先用所装溶液润洗滴定管，注入所装溶液 5～6mL，然后两手平端滴定管，慢慢转动使溶液流遍全管，打开滴定的活塞，使润洗液从管口下端流出。重复润洗 2～3 次。装液时要直接从试剂瓶注入滴定管，不要再经过漏斗等其他容器。

④ 排气　当溶液装入滴定管时，出口管没有充满溶液，此时将酸式滴定管倾斜约 30°，左手迅速打开活塞使溶液冲出，就能充满全部出口管。如是碱式滴定管，则把橡皮管向上弯曲，玻璃尖嘴斜向上方，用两指挤压玻璃珠，使溶液从出口管喷出，气泡随之逸出，如图 2-31 所示。气泡排除后，加入溶液至刻度以上，再转动活塞或挤捏玻璃珠，把液面调节在 0.00 刻度处或略低于此刻度处。

⑤ 滴定　使用酸式滴定管时，如图 2-31 中(a)所示，左手握滴定管，无名指和小指向手心弯曲，轻轻地贴着出口部分，用其余三指控制活塞的转动。注意不要向外用力，以免推出活塞造成漏水，应使活塞稍有一点向手心的回力。使用碱式滴定管时，仍以左手握管，拇指在前，食指在后，其他三指辅助夹住出口管。用拇指和食指捏住玻璃珠所在部位，向右边挤压橡皮管使玻璃珠移至手心一侧，这样溶液可从玻璃珠旁边空隙流出。注意不要用力捏玻璃珠或使其上下移动，也不要紧捏下部橡皮管，以免空气进入形成气泡，影响读数。

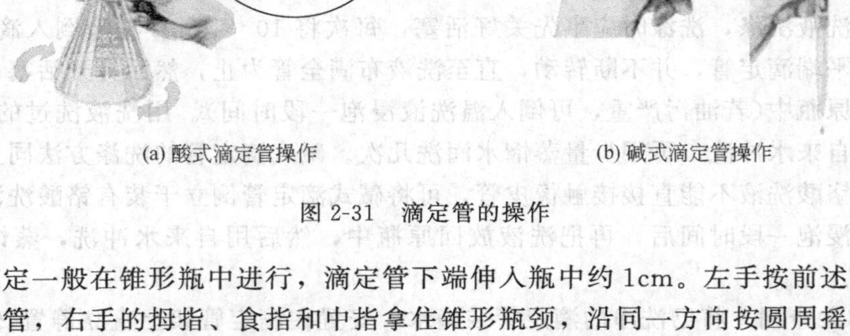

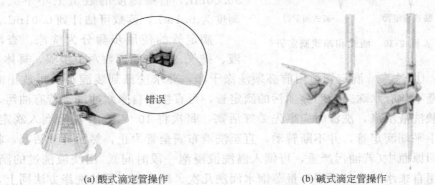

(a) 酸式滴定管操作　　(b) 碱式滴定管操作

图 2-31　滴定管的操作

滴定一般在锥形瓶中进行，滴定管下端伸入瓶中约 1cm。左手按前述方法操作滴定管，右手的拇指、食指和中指拿住锥形瓶颈，沿同一方向按圆周摇动锥形瓶(不要前后振动)，两手协同配合，边滴边摇。开始滴定时，锥形瓶中溶液无明显颜色变化，滴加速度可以快一些，一般控制在 3～4 滴/s(必须成滴而不能成线状流出)。随着滴定的进行，溶液的滴落点周围将出现暂时性的颜色变化(局部颜色出现)，但摇动锥形瓶后颜色很快消失。当接近终点时颜色变化较慢，这时应逐滴加入，加一滴后将溶液摇匀，观察颜色变化情况再决定是否还要滴加溶液。最后应控制液滴悬而不落，用锥形瓶内壁把液滴靠下来(这时加入的是半滴溶液)，用洗瓶吹洗锥形瓶内壁，摇匀。如此重复操作直至颜色变化 30s 不消失为止，即可到达终点。一次滴定结束后，如果继续进行第二次重复滴定，可直接向滴定管中加溶液至满刻度进行滴定。

⑥ 读数　读数时要把滴定管从架上取下，用右手大拇指和食指夹持在滴定管液面上方，使滴定管与地面呈垂直状态。

读数时视线必须与液面保持在同一水平面上。对于无色或浅色溶液，读它们的弯月面下缘最低点的刻度。对于深色溶液，如高锰酸钾、碘水等，可读两侧最高点的刻度。若滴定管的背后有一条蓝带，无色溶液这时就形成了两个弯月面，并且相交于蓝线的中线上，读数时即读此交点的刻度。深色溶液，则仍读液面两侧最高点的刻度(为了使读数清晰，也可在滴定管后衬一张纸片为背景，形成较深的弯月面)。每次滴定最好都是将溶液装至滴定管的“0.00”刻度或稍下一点开始，这样可消除因上下刻度不均匀所引起的误差。读数应读至毫升小数后第二位，即要求估读到 0.01mL。

滴定完成后滴定管内剩余的溶液应弃去，不要倒回原瓶中。依次用自来水、蒸馏水冲洗数次，倒立夹在滴定管架上。或洗后装入蒸馏水至刻度以上，再用小烧杯倒盖在管口上，以免滴定管污染。

(2) 移液管

移液管和吸量管是用来准确移取一定体积液体的量器，移取液体的体积可准确到 0.01mL。移液管通常是一根中间有一膨大部分的细长玻璃管(见图 2-1)，下端呈尖嘴状，上端管颈处刻有一条标志准确体积的标线。常用的移液管有 5mL、10mL、25mL 和 50mL 等规格。吸量管通常是具有刻度的直形玻璃管，常用的吸量管有 1mL、2mL、5mL 和 10mL 等规格。

根据实验所需使用的溶液体积，选择合适规格的移液管或吸量管做移取操作，其使用方法和步骤如下：

① 检查管口和尖嘴有无破损，若有破损则体积不准，不能使用。

② 洗涤　参见玻璃仪器的洗涤方法。

③ 操作方法　移液管或吸量管的操作方法如图 2-32 所示。用右手拇指、中指和无名指握住移液管或吸量管上端合适位置，食指靠近管上口。左手掌中握洗耳球，尖口向下，

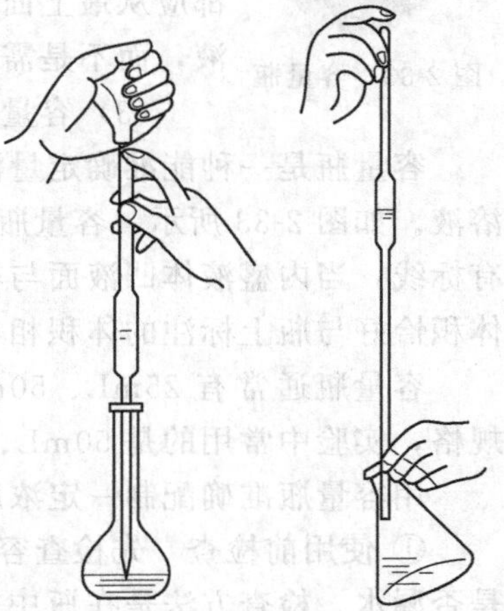

图 2-32　移液管的移液操作

握紧排出球内空气，将洗耳球尖口插入管的上口(注意不能漏气)。慢慢松开左手手指，将洗涤液慢慢吸入管内，直至液面超过刻度线。移开洗耳球，迅速用右手食指堵住上口。

④ 吸取溶液　将待吸液润洗过的移液管或吸量管插入待吸液面下 1～2cm 处，用洗耳球按上述操作方法吸取溶液(注意管尖插入溶液不能太深)。当管内液面上升至标线以上 1～2cm 处时，迅速用右手食指堵住管口(如果溶液下落至标线以下，应重新吸取)，将管提出待吸液面，并使管尖端接触待吸液容器内壁片刻后提起(在移动移液管或吸量管时，应将管身保持竖直，不能倾斜)。

⑤ 调节液面　左手另取一干净小烧杯，将管尖紧靠小烧杯内壁，适当倾斜小烧杯并使管身保持垂直，刻度线和视线保持水平(左手不能接触移液管)。稍稍松开食指(可微微转动移液管或吸量管)，使管内溶液慢慢从下口流出，液面将至刻度线时，按紧右手食指，停顿片刻，再按上法将溶液的弯月面底线放至与标线上缘相切为止，立即用食指压紧管口。将尖口处紧靠烧杯内壁，向烧杯口移动少许，去掉尖口处的液滴。将移液管或吸量管小心移至承接溶液的容器中。

⑥ 放出溶液　将移液管或吸量管直立，接收器倾斜，管下端紧靠接收器内壁，放开食指，让溶液沿接收器内壁流下，管内溶液流完后，保持放液状态停留 15s，将管尖在接收器靠点处前后小距离滑动几下(或将管尖靠接收器内壁旋转一周)，移走移液管或吸量管(残留在管尖内壁处的少量溶液，不可用外力强使其流出，因移液管或吸量管校准时，已考虑了尖端内壁处保留溶液的体积。若管身标有“吹”字，可用洗耳球吹出，不允许保留)，移液操作结束。

图 2-33　容量瓶

移液管或吸量管在使用过程中，不应在烘箱中烘干，不能移取太热或太冷的溶液，同一实验中应尽可能使用同一支移液管，以减小误差。在使用吸量管时，为了减少测量误差，每次都应从最上面刻度(0 刻度)处为起始点，往下放出所需体积的溶液，而不是需要多少体积就吸取多少体积。

(3) 容量瓶

容量瓶是一种能准确定量液体体积的容量器皿，常用于准确配制一定浓度的溶液。如图 2-33 所示，容量瓶带有磨口玻璃塞，瓶身标有温度和容量，瓶颈上有标线，当内盛液体凹液面与容量瓶颈部的标线相切时，表示在所指温度下液体体积恰好与瓶上标注的体积相等。

容量瓶通常有 25mL、50mL、100mL、250mL、500mL 和 1000mL 等多种规格，实验中常用的是 50mL、100mL 和 250mL 的容量瓶。

用容量瓶准确配制一定浓度的溶液时，其操作步骤如下。

① 使用前检查　先检查容量瓶容积与要求是否一致；再检查瓶塞是否严密、是否漏水。检查方法是在瓶中放水到标线附近，塞紧瓶塞，使其倒立 2min，用干滤纸片沿瓶口缝处检查，看有无水珠渗出。如果不漏，再把塞子旋转 180°塞

紧，倒置后试验有无渗漏，重复一次。容量瓶配套使用的瓶塞必须妥为保存，最好用绳将其系在对应的瓶颈上，以防跌碎或与其他容量瓶搞混。

② 洗涤　参见玻璃仪器的洗涤方法。

③ 配制溶液　容量瓶配制精确浓度的溶液，其过程如图 2-34 所示。先将精确称重的试样放在小烧杯中，加入少量溶剂，搅拌使其溶解(若难溶，可盖上表面皿稍加热)。然后把溶液沿玻璃棒转移到容量瓶里(必须放冷后才能转移)。为保证溶质能全部转移到容量瓶中，要用溶剂多次洗涤烧杯，并把洗涤溶液全部转移到容量瓶里。当溶液加到瓶中 2/3 处以后，将容量瓶水平方向摇转几周(勿倒转)，使溶液大体混匀。然后把容量瓶平放在桌子上，慢慢加溶剂到距标线 2～3cm，等待 1～2min，使黏附在瓶颈内壁的溶液流下，改用胶头滴管伸入瓶颈接近液面处，眼睛平视标线，加水至溶液凹液面底部与标线相切。

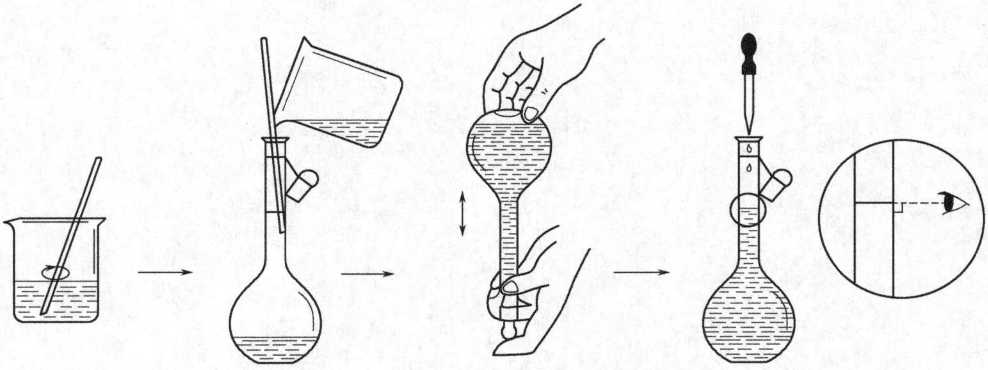

图 2-34　容量瓶及标准溶液的配制

立即盖好瓶塞，用掌心顶住瓶塞，另一只手的手指托住瓶底，将容量瓶倒转，使气泡上升到顶，振荡数次。再倒转过来，仍使气泡上升到顶，振荡。如此反复 10 次以上，使得溶液完全混合均匀。注意不要用手掌握住瓶身，以免体温使液体膨胀，影响容积的准确。

使用容量瓶时应严格注意以下几点：a. 不能在容量瓶里进行溶质的溶解，应在烧杯中溶解后转移到容量瓶里；b. 容量瓶不能进行加热。如果在溶解过程中放热，要待溶液冷却后再进行转移，因为温度升高瓶体将膨胀，所量体积就会不准确；c. 用于洗涤烧杯的溶剂总量不能超过容量瓶的标线，一旦超过必须重新进行配制；d. 容量瓶只能用于配制溶液，不能储存溶液，防止溶液对瓶体有腐蚀而使容量瓶的精度受到影响；e. 容量瓶用完应及时洗涤干净，塞上瓶塞，并在塞子与瓶口之间夹一纸条，防止瓶塞与瓶口粘连；f. 容量瓶只能配制一定容量的溶液，一般保留 4 位有效数字(如：250.0mL)，不能因为溶液超过或者没有达到刻度线而估算小数点后面的数字。

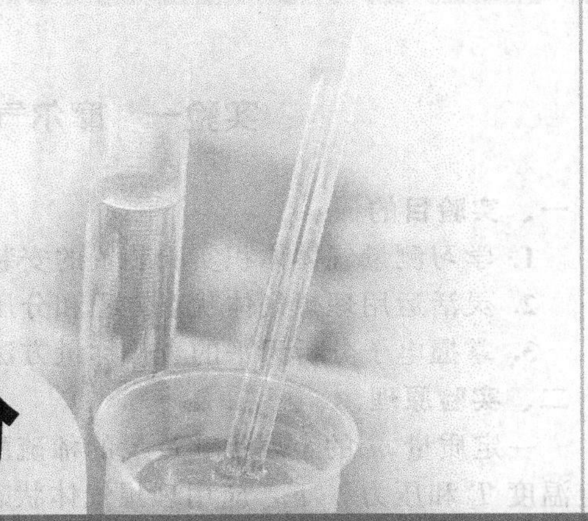

第三部分

实　　验

一、无机化学实验

实验一　摩尔气体常数的测定

一、实验目的

1. 学习测量气体体积实验装置的安装、检漏、量气管液面的读数等操作。

2. 灵活运用理想气体状态方程和分压定律。

3. 掌握电子分析天平的直接称量方法。

二、实验原理

一定质量 m 的金属铝和过量的稀硫酸反应，生成一定体积 V 的氢气，在一定温度 T 和压力 p 下，应用理想气体状态方程，计算摩尔气体常数 R。

金属铝和稀硫酸反应的方程式为：

$$2Al(s) + 3H_2SO_4(aq) = Al_2(SO_4)_3(aq) + 3H_2(g)$$

通过特定的实验装置可以测得生成的氢气体积 $V(H_2)$，根据反应计量关系由铝的质量求得氢气的物质的量 $n(H_2)$。实验时的温度 T、压力 p 可分别由温度计、压力计测得。实验中采取排水集气法收集氢气，故氢气中还含有水蒸气。根据分压定律，可算出氢气的分压

$$p(H_2) = p - p(H_2O)$$

$p(H_2O)$可根据实验时的温度 T 从表 3-1 中查得。将以上数据代入理想气体方程式

$$p(H_2)V(H_2) = n(H_2)RT$$

即可算出 R。

表 3-1　不同温度下水的饱和蒸汽压

温度/℃	压力/Pa	温度/℃	压力/Pa	温度/℃	压力/Pa	温度/℃	压力/Pa
6	935	13	1497	20	2338	27	3565
7	1002	14	1598	21	2486	28	3779
8	1073	15	1705	22	2643	29	4005
9	1148	16	1817	23	2809	30	4242
10	1228	17	1937	24	2984	31	4492
11	1312	18	2063	25	3167	32	4754
12	1402	19	2197	26	3361	33	5030

三、仪器与试剂

1. 仪器：铁架台，铁圈，蝴蝶夹，量气管，水准管(或漏斗)，试管，橡皮塞，乳胶管，电子分析天平。

2. 试剂：H_2SO_4(3mol/L)，铝片。

四、实验步骤

1. 称量试样质量

在电子分析天平上采用直接称量法准确称取已除去表面氧化膜的铝片0.0220～0.0300g，记录质量后，用纸包好。平行称量2～3份。

2. 安装实验装置

洗净漏斗、试管和量气管，依图3-1所示安装好实验装置。打开试管的橡皮塞，由漏斗往量气管内加水。调整漏斗高度，使量气管液面保持在略低于零刻度，然后固定漏斗位置。

3. 检漏

塞紧橡皮塞，将漏斗向下(或向上)移动一段距离，使漏斗液面与量气管液面维持一定的液面差，并固定漏斗位置。观察量气管液面是否有变化。如液面位置恒定，表示装置不漏气，可以进行下一步实验；如液面随之下降(或上升)，表示装置漏气，此时应检查各连接处是否严密，重新调试直至装置不再漏气。

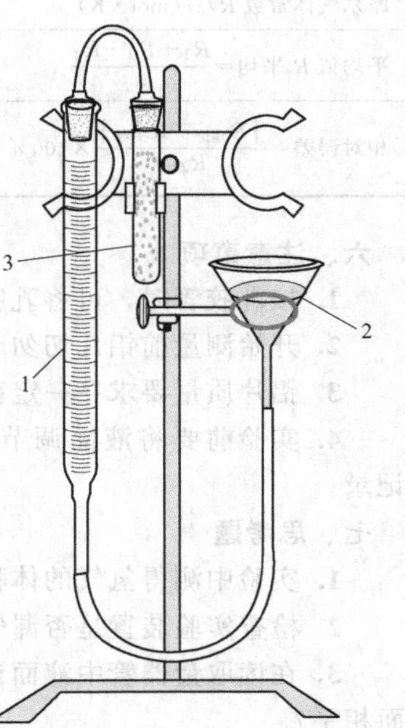

图3-1　测定摩尔气体常数的装置

1—量气管；2—水准管(或漏斗)；3—试管

4. 测定

(1) 用长滴管取3 mL 3mol/L H_2SO_4，直插到试管底部加入(切勿使酸沾在试管壁上)，将已准确称量的铝片用少量水贴在试管上部壁上。

(2) 调整漏斗高度，使量气管液面保持在略低于零刻度，塞紧橡皮塞，再次检查气密性。

(3) 调整漏斗高度，使量气管和漏斗内液面保持同一水平，准确读取并记录量气管液面读数V_1。轻轻摇动试管，使铝片掉入试管底部并与酸反应放出氢气，量气管液面开始下降。为了不使量气管内压力过大而造成漏气，应慢慢降低漏斗位置，使量气管和漏斗两液面大体在同一水平面上。

(4) 反应停止后，待试管冷却至室温，慢慢下移漏斗使两液面再次保持同一水平，准确读取并记录量气管液面读数V_2。

(5) 记录实验时的室温T和大气压力p。本实验平行测定2～3次。

五、数据记录与处理

实验序号	1	2	3
铝片质量 m（Al）/g			
氢气的物质的量 $n(H_2)$ / mol			
反应前量气管中液面读数 V_1/mL			
反应后量气管中液面读数 V_2/mL			
氢气体积 $V(H_2)$ /mL			
室温 T/K			
大气压力 p/Pa			
室温时水的饱和蒸气压 $p(H_2O)$/Pa			
氢气分压 $p(H_2)$/Pa			
摩尔气体常数 R/J/(mol·K)			
平均值 R 平均$=\frac{R_1+R_2+R_3}{3}$			
相对误差$=\frac{\lvert R_{理论}-R_{平均}\rvert}{R_{理论}}\times 100\%$			

六、注意事项

1. 接乳胶管时，可将乳胶管两头蘸少量的水。

2. 开始测量前铝片切勿与稀硫酸接触。

3. 铝片质量要求在一定范围，称量多或少对实验都有影响。

4. 实验前要将液面调节到略低于零刻度，实验时要等试管冷却至室温再记录。

七、思考题

1. 实验中测得氢气的体积与相同条件下干燥氢气的体积是否相同？

2. 检查实验装置是否漏气的原理是什么？

3. 在读取量器管中液面读数时，为什么要使漏斗中的水面与量气管中的水面相平？

4. 讨论下列情况对实验结果有何影响：(1)量气管中的气泡未赶净；(2)反应过程中实验装置漏气；(3)铝片表面有氧化膜；(4)反应过程中从量气管中压入漏斗的水过多而使水从漏斗中溢出。

实验二　化学反应速率与活化能的测定

一、实验目的

1. 掌握浓度、温度和催化剂对化学反应速率的影响。

2. 学习测定以过二硫酸铵与碘化钾反应的反应速率常数的方法。

3. 利用实验数据计算反应级数、反应速率常数及反应活化能。

二、实验原理

在水溶液中过二硫酸铵与碘化钾会发生如下反应：

$$(NH_4)_2S_2O_8(aq) + 3KI(aq) = (NH_4)_2SO_4(aq) + K_2SO_4(aq) + KI_3(aq)$$

其离子反应方程式为：

$$S_2O_8^{2-}(aq) + 3I^-(aq) = 2SO_4^{2-}(aq) + I_3^-(aq) \quad (1)$$

该反应的反应速率方程可用下式表示：

$$v = kc^{\alpha}_{S_2O_8^{2-}}c^{\beta}_{I^-}$$

在实验中只能测定出一段时间内反应的平均速率：

$$\bar{v} = \frac{-\Delta c_{S_2O_8^{2-}}}{\Delta t}$$

式中，$\bar{v}$ 为反应的平均反应速率；$\Delta c_{S_2O_8^{2-}}$ 为 Δt 时间内 $S_2O_8^{2-}$ 的浓度变化；$c_{S_2O_8^{2-}(始)}$、$c_{I^-(始)}$ 分别为 $S_2O_8^{2-}$、I^- 的起始浓度；k 为该反应的速率常数；α、β 为反应物 $S_2O_8^{2-}$、I^- 的反应级数；则 $\alpha + \beta$ 为该反应的总级数。

为了能测出反应在 Δt 时间内 $S_2O_8^{2-}$ 浓度的改变量，需要在混合 $(NH_4)_2S_2O_8$ 和 KI 溶液的同时，加入一定体积的已知浓度的 $Na_2S_2O_3$ 溶液和淀粉溶液，这样在反应(1)进行的同时还进行着另一反应(2)：

$$2S_2O_3^{2-}(aq) + I_3^-(aq) = S_4O_6^{2-}(aq) + 3I^-(aq) \quad (2)$$

此反应几乎是瞬间完成的，反应(1)比反应(2)慢得多。因此，反应(1)生成的 I_3^- 立即与 $S_2O_3^{2-}$ 反应，生成无色 $S_4O_6^{2-}$ 和 I^-，而观察不到碘与淀粉呈现的特征蓝色。当 $S_2O_3^{2-}$ 消耗尽，反应(2)不能进行，但反应(1)还在进行，则生成的 I_3^- 遇淀粉呈蓝色。

从反应开始到溶液出现蓝色这一段时间 Δt 里，$S_2O_3^{2-}$ 浓度的改变值为：

$$-\Delta c_{S_2O_3^{2-}} = -[c_{S_2O_3^{2-}(终)} - c_{S_2O_3^{2-}(始)}] = c_{S_2O_3^{2-}(始)}$$

再从反应(1)和反应(2)的计量关系可以看出：

$$-\Delta c_{S_2O_8^{2-}} = \frac{c_{S_2O_3^{2-}(始)}}{2}$$

这样，在 $S_2O_3^{2-}$ 初始浓度已知的情况下，只要测出从反应开始到反应出现蓝色所需的时间间隔 Δt，即可算出一定温度下该反应的平均速率：

$$\bar{v} = \frac{-\Delta c_{S_2O_8^{2-}}}{\Delta t} = \frac{-\Delta c_{S_2O_3^{2-}}}{2\Delta t} = \frac{c_{S_2O_3^{2-}(始)}}{2\Delta t}$$

根据初始速率法，保持其他条件相同，在不同的反应物浓度下测出一系列反应速率，便可研究浓度对反应速率的影响，并求出该反应的反应级数和反应速率常数。

保持其他条件相同，在不同的温度条件下测量一系列反应速率，可以了解温度对反应速率的影响，进而求出反应的活化能。

三、仪器与试剂

1. 仪器：量筒，烧杯，秒表，温度计，玻璃棒，恒温水浴锅。

2. 试剂：KI(0.20mol/L)、$Na_2S_2O_3$(0.05mol/L)、$(NH_4)_2S_2O_8$(0.20mol/L)、KNO_3(0.20mol/L)、$(NH_4)_2SO_4$(0.20mol/L)、$Cu(NO_3)_2$(0.02mol/L)、淀粉溶液(0.2%)。

四、实验步骤

1. 浓度对化学反应速率的影响

在室温下，按照表 3-2 所列用量分别量取一定体积的 0.20mol/L KI 溶液、0.05mol/L $Na_2S_2O_3$ 溶液、0.2%淀粉溶液、KNO_3 溶液或$(NH_4)_2SO_4$ 溶液，均加到 150mL 烧杯中，混合均匀。再用另一量筒取 0.20mol/L$(NH_4)_2S_2O_8$ 溶液，快速加到烧杯中，同时按动秒表，并不断搅拌。当溶液刚出现蓝色时，立即停秒表，记录反应时间及室温。

表 3-2　浓度对反应速率的影响　　　　室温＿＿℃

实验序号		1	2	3	4	5
试剂用量/mL	0.20mol/L $(NH_4)_2S_2O_8$	10	5	2.5	10	10
	0.20mol/L KI	10	10	10	5	2.5
	0.05mol/L $Na_2S_2O_3$	3	3	3	3	3
	0.2%淀粉溶液	1	1	1	1	1
	0.20mol/L KNO_3	0	0	0	5	7.5
	0.20mol/L $(NH_4)_2SO_4$	0	5	7.5	0	0
混合液中反应物起始浓度/(mol/L)	$(NH_4)_2S_2O_8$					
	KI					
	$Na_2S_2O_3$					
反应时间 Δt/s						
$S_2O_3^{2-}$ 的浓度变化 $\Delta c_{S_2O_3^{2-}(始)}$/(mol/L)						
反应速率 v/[mol/(L·s)]						
反应级数 α						
反应级数 β						
速率常数 k/[$(mol\cdot L^{-1})^{1-\alpha-\beta}\cdot s^{-1}$]						

2. 温度对化学反应速率的影响

按表 3-2 实验 1 中的试剂用量，把 KI、$Na_2S_2O_3$ 和淀粉的混合溶液加到 150mL 烧杯中，混合均匀。把$(NH_4)_2S_2O_8$ 溶液加到另一个烧杯中，并将两个烧杯放入冰水浴中冷却。待烧杯中的溶液都冷到 0℃时，把$(NH_4)_2S_2O_8$ 溶液加到上述混合溶液中，同时按动秒表，并不断搅拌，当溶液刚出现蓝色时，记下反应时间。

利用热水浴在高于室温 20℃的条件下，重复上述实验。将实验结果填入表 3-3 中。

表 3-3　温度对反应速率的影响

实验序号	1	6	7
反应温度 T/K			
反应时间 Δt/s			
反应速率 v/[mol/(L·s)]			
速率常数 k/[$(\mathrm{mol\cdot L^{-1}})^{1-\alpha-\beta}\cdot\mathrm{s^{-1}}$]			
$\lg k$			
$(1/T)/\mathrm{K^{-1}}$			

3. 催化剂对反应速率的影响

按表 3-2 实验 1 中的试剂用量，把 KI、$Na_2S_2O_3$ 和淀粉的混合溶液加到 150mL 烧杯中，再分别加入 1 滴、5 滴、10 滴 0.02mol/L $Cu(NO_3)_2$ 溶液[为使总体积和离子强度一致，不足 10 滴的用 0.20mol/L$(NH_4)_2SO_4$ 补充]，混合均匀。然后迅速加入 10mL 0.20mol/L$(NH_4)_2S_2O_8$ 溶液，同时按动秒表，并不断搅拌，当溶液出现蓝色时，记下反应时间。将实验结果填入表 3-4 中。

表 3-4　催化剂对反应速率的影响

实验序号	9	10	11
加入 $Cu(NO_3)_2$ 溶液的滴数	1	5	10
反应时间 Δt/s			
反应速率 v/[mol/(L·s)]			

五、数据记录与处理

1. 浓度对化学反应速率的影响，反应级数与反应速率常数的计算

计算每次实验的反应速率 v，然后根据实验 1，2，3 的数据，利用初始速率法求出 α，用实验 1，4，5 的数据求出 β，得到反应的总级数 $\alpha+\beta$。最后根据速率方程即可求得反应速率常数 k。

2. 温度对化学反应速率的影响，反应活化能的求算

首先计算每次实验的反应速率 v，再求出不同温度下的速率常数 k，以 $\lg k$ 对 $1/T$ 作图，得一直线，由直线的斜率 $-\dfrac{E_a}{2.303R}$ 可求得反应(1)的活化能。

3. 催化剂对反应速率的影响

首先计算每次实验的反应速率 v，并与前面不加催化剂的实验 1 进行比较，给出结论。

六、注意事项

1. 每次实验中 KI、$Na_2S_2O_3$、淀粉、KNO_3 或$(NH_4)_2SO_4$ 混合均匀后，要迅速将$(NH_4)_2S_2O_8$ 溶液倒入上述混合液中。

2. 研究温度对化学反应速率的影响时，KI、$Na_2S_2O_3$、淀粉、KNO_3 或$(NH_4)_2SO_4$ 的混合溶液要同时与$(NH_4)_2S_2O_8$ 溶液冷却或加热至一定温度后再合并反应。

七、思考题

1. 反应液中为什么要加入 KNO_3 或$(NH_4)_2SO_4$ 溶液？

2. 实验中，当出现蓝色时，反应是否就终止了？

3. 催化剂 $Cu(NO_3)_2$ 为何能够加快该化学反应的速率？

实验三　醋酸解离常数的测定(pH 计法)

一、实验目的

1. 学习溶液的配制方法。

2. 学习醋酸解离常数的测定方法。

3. 学习 pH 计的使用方法。

二、实验原理

醋酸(CH_3COOH，简写为 HAc)是一元弱酸，在水溶液中存在如下解离平衡：

$$HAc(aq) + H_2O(l) \rightleftharpoons H_3O^+(aq) + Ac^-(aq)$$

其解离常数的表达式为 $K_a^\ominus(HAc)=\frac{[c(H_3O^+)/c^\ominus][c(Ac^-)/c^\ominus]}{c(HAc)/c^\ominus}$

若弱酸 HAc 的初始浓度为 c_0，并且忽略水的解离，则平衡时：

$$c(HAc) = (c_0 - x)\text{mol/L}，c(H_3O^+) = c(Ac^-) = x\,\text{mol/L}$$

则　$$K_a^\ominus(HAc)=\frac{x^2}{c_0-x}$$

在一定温度下，用 pH 计测定一系列已知浓度的醋酸溶液的 pH 值。根据 $pH = -\lg[c(H_3O^+)/c^\ominus]$，求出 $c(H_3O^+)$，即 x，代入上式，可求出一系列的 $K_a^\ominus(HAc)$，取其平均值，即为该温度下醋酸的解离常数。

三、仪器和试剂

1. 仪器：pHS-3C 酸度计，滴定管(酸式)，烧杯(50 mL、洁净、干燥)。

2. 试剂：HAc(0.1mol/L)，标准缓冲溶液(pH=4.00，pH=6.86)。

四、实验步骤

1. 不同浓度醋酸溶液的配制

将 4 只洁净干燥的烧杯编成 1～4 号，然后按下表标识的体积用两支滴定管分别准确移去已知浓度的醋酸溶液和去离子水。

2. 不同浓度醋酸溶液 pH 的测定

用 pH 计逐个测定 1～4 号醋酸溶液的 pH 值，记录数据。

五、数据记录与处理

温度________℃，pH 计编号________，标准醋酸溶液浓度________mol/L，HAc 的解离平衡常数________

编号	$V(HAc)/mL$	$V(水)/mL$	$c(HAc)(mol/L)$	pH	$c_{(H^+)}$	$K(HAc)=\frac{x^2}{c_0-x}$
1	3.00	45.00				
2	6.00	42.00				
3	12.00	36.00				
4	24.00	24.00				

六、注意事项

用 pH 计测定醋酸溶液的 pH 值时，应按由稀到浓的顺序进行测定。

七、思考题

1. 实验中所用的烧杯、滴定管分别用哪种醋酸溶液润洗？为什么？

2. 测定醋酸溶液的 pH 值时，为什么要按醋酸浓度由小到大的顺序测定？

3. 实验所测的 4 种醋酸溶液的解离度各为多少？由此可得出什么结论？

附： 酸度计（pH 计）的使用方法

对于精密级的 pH 计（见图 3-2），除了设有“定位”和“温度补偿”调节外，还设有电极“斜率”调节，这就需要用两种标准缓冲液进行校准。一般先以 pH=6.86 或 pH=7.00 进行“定位”校准，然后根据测试溶液的酸碱情况，选用 pH=4.00（酸性）或 pH=9.18 和 pH=10.01（碱性）缓冲溶液进行“斜率”校正。具体操作步骤如下。

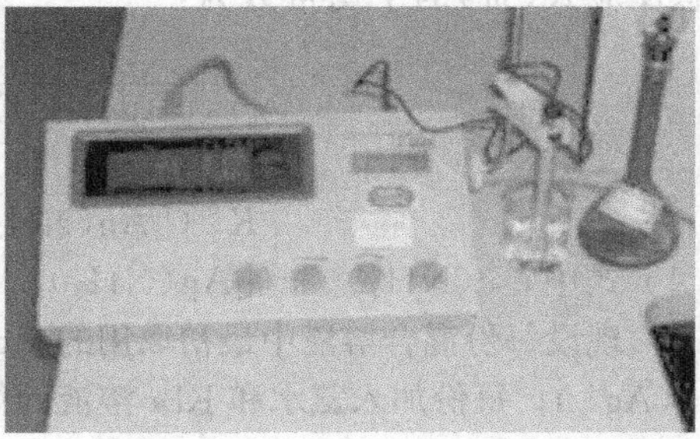

图 3-2　pH 计

（1）电极洗净并擦干，浸入 pH=6.86或 pH=7.00 标准溶液中，仪器温度补偿旋钮置于溶液温度处。待示值稳定后，调节定位旋钮使仪器示值为标准溶液的 pH_s 值。

（2）取出电极洗净擦干，浸入第二种标准溶液中。待示值稳定后，调节仪器斜率旋钮，使仪器示值为第二种标准溶液的 pH_s 值。

（3）取出电极洗净并擦干，再浸入 pH=6.86 或 pH=7.00 缓冲溶液中。如果误差超过 0.02pH，则重复步骤(1)、(2)，直至在两种标准溶液中不需要调节旋钮都能显示正确的 pH 值。

（4）取出电极并擦干，将 pH 温度补偿旋钮调节至样品溶液温度，将电极浸入样品溶液，晃动后静置放置，显示稳定后读数。

实验四　银氨配离子配位数及稳定常数的测定

一、实验目的

1. 应用配位平衡和溶度积原理测定$[Ag(NH_3)_n]^+$的配位数 n 及其稳定常

数 $K_f^\ominus$。

2. 熟练掌握吸量管的基本操作、滴定终点的判断。

3. 掌握利用作图法求算配离子配位数的方法。

二、实验原理

向 $AgNO_3$ 溶液中加入过量的氨水，生成稳定的银氨配离子$[Ag(NH_3)_n]^+$。此时溶液中存在着下列配位平衡：

$$Ag^+(aq) + nNH_3(aq) \rightleftharpoons [Ag(NH_3)_n]^+(aq) \qquad (\text{I})$$

$$K_f^\ominus([Ag(NH_3)_n]^+) = \frac{c([Ag(NH_3)_n]^+)/c^\ominus}{[c(Ag^+)/c^\ominus][c(NH_3)/c^\ominus]^n} \qquad (1)$$

若再向此溶液中加入 KBr 溶液，直至开始有淡黄色 AgBr 沉淀出现为止。此时在混合溶液中还同时存在着另一个平衡——沉淀-溶解平衡：

$$Ag^+(aq) + Br^-(aq) \rightleftharpoons AgBr(s) \qquad (\text{II})$$

$$K_{sp}^\ominus(AgBr) = [c(Ag^+)/c^\ominus][c(Br^-)/c^\ominus] \qquad (2)$$

将反应式(Ⅰ)与式(Ⅱ)合并，即反应式(Ⅱ)减去反应式(Ⅰ)得到：

$$[Ag(NH_3)_n]^+(aq) + Br^-(aq) \rightleftharpoons AgBr(s) + nNH_3(aq) \qquad (\text{III})$$

总反应式(Ⅲ)的平衡常数为：

$$K^\ominus = \frac{[c(NH_3)/c^\ominus]^n}{[c([Ag(NH_3)_n]^+)/c^\ominus][c(Br^-)/c^\ominus]}$$

$$= \frac{1}{K_f^\ominus([Ag(NH_3)_n]^+)K_{sp}^\ominus(AgBr)} \qquad (3)$$

式中，$c(NH_3)$、$c([Ag(NH_3)_n]^+)$及 $c(Br^-)$均为平衡时的浓度。

现设每份混合溶液中最初取用的 $AgNO_3$ 溶液的体积 $V(Ag^+)$均相同，其浓度为 $c_0(Ag^+)$；每份加入氨水和 KBr 溶液的体积分别是 $V(NH_3)$和 $V(Br^-)$，它们的浓度分别为 $c_0(NH_3)$和 $c_0(Br^-)$；混合溶液的总体积为 $V_总$，则混合后达到平衡时 $c(NH_3)$、$c([Ag(NH_3)_n]^+)$及 $c(Br^-)$可以通过如下近似计算求得。

假设加入的氨水远远过量，且系统中只生成$[Ag(NH_3)_n]^+$单核配离子和 AgBr 沉淀，无其他副反应发生。由于 $c_0(NH_3) \gg c_0(Ag^+)$，所以 $V(Ag^+)$中的 Ag^+ 可认为全部被 NH_3 配合为$[Ag(NH_3)_n]^+$，故：

$$c([Ag(NH_3)_n]^+) \approx \frac{c_0(Ag^+)V(Ag^+)}{V_总} \qquad (4)$$

$$c(NH_3) \approx \frac{c_0(NH_3)V(NH_3)}{V_总} \qquad (5)$$

$$c(Br^-) \approx \frac{c_0(Br^-)V(Br^-)}{V_总} \qquad (6)$$

将以上三式代入式(3)并整理得：

$$V(Br^-) = \frac{K_{sp}^\ominus(AgBr)K_f^\ominus([Ag(NH_3)_n]^+)\left[\dfrac{c_0(NH_3)}{c^\ominus V_总}\right]^n}{\dfrac{c_0(Ag^+)V(Ag^+)}{c^\ominus V_总}\dfrac{c_0(Br^-)}{c^\ominus V_总}}[V(NH_3)]^n \qquad (7)$$

式(7)等号右边除$[V(NH_3)]^n$外，其他各项都是常数或已知量，故式(7)可写为：

$$V(Br^-)=K'[V(NH_3)]^n \tag{8}$$

对式(8)两边取对数，得直线方程：

$$\lg\{V(Br^-)\} = n\lg\{V(NH_3)\} + \lg\{K'\} \tag{9}$$

以$\lg\{V(NH_3)\}$为横坐标，$\lg\{V(Br^-)\}$为纵坐标作图，求出直线的斜率n，即得$[Ag(NH_3)_n]^+$的配位数n。由直线在$\lg\{V(Br^-)\}$轴上的截距便可求出K'，而利用式(7)可进一步得出$[Ag(NH_3)_n]^+$的稳定常数$K_f^\ominus([Ag(NH_3)_n]^+)$。

三、仪器与试剂

1. 仪器：吸量管(10mL)2个，量筒(10mL 1个，25mL 1个)，锥形瓶(125mL)8只。

2. 试剂：$AgNO_3$(0.010mol/L)，$NH_3 \cdot H_2O$(2.0mol/L)，KBr(0.010mol/L)。

四、实验步骤

1. 用吸量管量取4.00mL 0.010mol/L $AgNO_3$溶液于125mL锥形瓶中，再依次向其中加入10.00mL 2.0mol/L $NH_3 \cdot H_2O$和10.00mL去离子水，混合均匀。然后在不断振荡下，取另一移液管替代酸式滴定管进行滴定操作，逐滴加入0.010mol/L KBr溶液，直至开始出现沉淀，使整个溶液呈现很浅的乳浊色并不再消失为止。记下此时所消耗的KBr溶液的体积$V(Br^-)$和溶液的总体积$V_总$。

2. 改变加入$NH_3 \cdot H_2O$的体积分别为9.00mL、8.00mL、7.00mL、6.00mL、5.00mL、4.00mL和3.00mL，重复上述操作。在进行重复操作时，为保证溶液的总体积与第一次滴定的总体积基本相同，还要在接近滴定终点时补加适量去离子水，补加的水体积等于第一次消耗的KBr溶液的体积与此次接近终点时所消耗的KBr溶液的体积之差。记下滴定终点时所消耗的KBr溶液的体积$V(Br^-)$及所补加的去离子水的体积。

3. 根据记录的数据分别计算出$\lg\{V(NH_3)\}$和$\lg\{V(Br^-)\}$的值，并以$\lg\{V(NH_3)\}$为横坐标，$\lg\{V(Br^-)\}$为纵坐标作图，得一直线，求出直线的斜率，从而得出$[Ag(NH_3)_n]^+$的配位数n；由直线在纵坐标上的截距$\lg K'$求算K'，并利用已求出的配位数n及式(7)进一步求出稳定常数$K_f^\ominus([Ag(NH_3)_n]^+)$[已知25℃时，$K_{sp}^\ominus(AgBr)=5.3\times10^{-13}$]。

五、数据记录与处理

1. 原始数据记录

实验编号	$V(Ag^+)$/mL	$V(NH_3)$/mL	$V(Br^-)$/mL	$V(H_2O)$/mL	$V_总$/mL	$\lg\{V(NH_3)\}$	$\lg\{V(Br^-)\}$
1	4.00	10.00		10			
2	4.00	9.00		11+			
3	4.00	8.00		12+			

续表

实验编号	$V(Ag^+)/mL$	$V(NH_3)/mL$	$V(Br^-)/mL$	$V(H_2O)/mL$	$V_{总}/mL$	$\lg\{V(NH_3)\}$	$\lg\{V(Br^-)\}$
4	4.00	7.00		13＋			
5	4.00	6.00		14＋			
6	4.00	5.00		15＋			
7	4.00	4.00		16＋			
8	4.00	3.00		17＋			

2. 以 $\lg V(NH_3)$为横坐标，$\lg V(Br^-)$为纵坐标作图。

3. 计算配位数 n 和稳定常数 $K_f^{\ominus}$。

六、注意事项

1. 在本次实验中，用吸量管代替滴定管进行滴定操作，注意吸量管的使用。

2. 注意把握滴定终点的准确判断。开始滴定时，离终点很远，滴入 KBr 溶液时一般无明显沉淀生成，可以边滴边摇锥形瓶，但滴到后来，滴落点周围便出现浑浊而又很快消失，随着离终点越来越近，浑浊消失逐渐变慢。在接近终点时，新出现的浑浊暂时地扩散到较大范围，但摇动锥形瓶后浑浊仍完全消失。此时，应注意滴一滴，摇几下，当滴入最后一滴或者半滴时，整个溶液呈现很浅的乳浊色并不再消失，则表示终点已到达。

七、思考题

1. 在计算平衡浓度 $c(NH_3)$、$c([Ag(NH_3)_n]^+)$和 $c(Br^-)$时，是如何进行近似计算求得的？

2. 在滴定过程中，能否用水将溅在瓶壁上的溶液洗下去？为什么？

实验五　酸碱解离平衡与配位化合物

一、实验目的

1. 深入了解同离子效应对酸碱解离平衡及其移动的影响。

2. 了解缓冲溶液的缓冲性能，加深理解盐类水解及其影响因素。

3. 理解配位化合物的组成和配位化合物形成时的特征。

4. 掌握配位化合物的稳定性和配位平衡移动的方法。

5. 掌握试管实验的基本操作和酸碱指示剂、pH 试纸的使用方法。

二、实验原理

1. 弱酸、弱碱的解离平衡与同离子效应

强电解质在水溶液中全部解离，而弱酸、弱碱等弱电解质在水溶液中大部分以分子形式存在于水溶液中，只有部分与水发生质子转移反应解离为阴、阳离子。

$$HA(aq)+H_2O(l)\rightleftharpoons H_3O^+(aq)+A^-(aq)$$

$$B(aq)+H_2O(l)\rightleftharpoons BH^+(aq)+OH^-(aq)$$

在弱酸或弱碱溶液中，加入与这种酸或碱含有相同离子的易溶强电解质，解离平衡向生成弱电解质的方向移动，从而使弱酸或弱碱的解离度降低，这种作用称为同离子效应。

某些盐溶解于水时，它们解离的一种或多种离子能与水发生质子转移反应，这类反应称为盐类的水解。发生水解的盐有强酸弱碱盐(如 NH_4Cl)、弱酸强碱盐(如 NaAc)、弱酸弱碱盐(如 NH_4Ac)等。这些能与水发生质子转移反应的物种也称为离子酸或离子碱。它们的溶液酸碱性取决于这些离子酸和离子碱的相对强弱。影响盐类水解平衡的因素主要是温度和浓度，升高温度或稀释溶液都有利于盐类的水解。

2. 缓冲溶液

当往某些溶液中加入一定量的酸或碱时，有阻碍溶液 pH 变化的作用，称为缓冲作用，这样的溶液叫做缓冲溶液。弱酸及其盐的混合溶液(如 HAc 与 NaAc)、弱碱及其盐的混合溶液(如 $NH_3 \cdot H_2O$ 与 NH_4Cl)等都是缓冲溶液。

由弱酸 HA 及其盐 NaA 所组成的缓冲溶液对酸的缓冲作用，是由于溶液中存在足够量的碱 A^- 的缘故。当向这种溶液中加入一定量的强酸时，H^+ 离子基本上被 A^- 离子消耗：

$$A^- + H^+ \rightleftharpoons HA$$

所以溶液的 pH 值几乎不变；当加入一定量强碱时，溶液中存在的弱酸 HA 消耗 OH^- 离子而阻碍 pH 的变化：

$$HA + OH^- \rightleftharpoons A^- + H_2O$$

由弱酸 HA 及其盐 NaA 所组成的缓冲溶液的 pH 值可通过下面方程计算：

$$pH = pK_a^{\ominus} + \lg \frac{c(\text{盐})}{c(\text{酸})}$$

缓冲溶液的 pH 值还可以用 pH 试纸或 pH 计来测定。

3. 配位解离平衡

配位化合物(简称配合物)一般是由中心离子、配位体和外界所构成。中心离子和配位体组成配位离子(内界)，例如：

$$[Cu(NH_3)_4]SO_4 = [Cu(NH_3)_4]^{2+} + SO_4^{2-} \quad (\text{完全解离})$$

$$[Cu(NH_3)_4]^{2+} \rightleftharpoons Cu^{2+} + 4NH_3 \quad (\text{部分解离})$$

$[Cu(NH_3)_4]^{2+}$ 称为配位离子(内界)，其中 Cu^{2+} 为中心离子，NH_3 为配位体，SO_4^{2-} 为外界。配位化合物中的内界和外界可以用实验来确定。

配位离子的解离平衡也是一种动态平衡，能向着生成更难解离或更难溶解的物质的方向移动。配合物形成时往往伴随溶液颜色、酸碱性、难溶电解质溶解度、中心离子氧化还原性的改变等特征。

三、仪器与试剂

1. 仪器：试管，试管架，点滴板，量筒，试管夹，酒精灯。

2. 试剂：HCl(0.1mol/L、6mol/L)，HNO_3(2mol/L)，HAc(0.1mol/L、

1mol/L)，$NH_3 \cdot H_2O$（0.1mol/L、2mol/L、6mol/L），NaOH（0.1mol/L、2mol/L），NaCl(0.1mol/L)，NaAc(0.1mol/L、1mol/L)，NH_4Cl(0.1mol/L、1mol/L)，NaF（0.5mol/L），$Na_2S_2O_3$（0.1mol/L），Na_2CO_3（0.1mol/L），KSCN（0.1mol/L），KBr（0.1mol/L），KI（0.1mol/L、2mol/L），$CaCl_2$（0.1mol/L），$BaCl_2$（0.1mol/L），$BiCl_3$（0.1mol/L），$CrCl_3$（0.1mol/L），$CuSO_4$(0.1mol/L)，$FeCl_3$(0.1mol/L)，$AgNO_3$(0.1mol/L)，$CoCl_2$(0.1mol/L)，$Na_2H_2Y_2$(0.1mol/L)，H_2O_2(3%)，NaAc(s)，NH_4Cl(s)，$FeNO_3$(s)，甲基橙指示剂(0.1%)，酚酞试剂(0.1%)。

3. 材料：pH 试纸。

四、实验步骤

1. 弱酸、弱碱的解离平衡与同离子效应

(1) 在试管中加入 10 滴 0.1mol/L HAc 溶液和 1 滴 0.1%甲基橙指示剂，摇匀，观察溶液的颜色。然后加入少量的 NaAc 固体，观察溶液颜色的变化，并解释原因。

(2) 用 0.1mol/L $NH_3 \cdot H_2O$ 溶液代替 0.1mol/L HAc，用 0.1%酚酞指示剂代替 0.1%甲基橙指示剂，用 NH_4Cl 固体代替 NaAc 固体，重复以上实验。

2. 盐类的水解

(1) A、B、C、D 是四种失去标签的盐溶液，已知它们是浓度为 0.1mol/L 的 NaCl、NaAc、NH_4Cl、Na_2CO_3 溶液，试通过测定其 pH 值并结合计算值确定 A、B、C、D 各为何物。

(2) 在试管中加入少量 $Fe(NO_3)_3$ 晶体，用去离子水溶解，观察溶液的颜色。然后将其分装在 2 支试管中，第 1 支试管加入几滴 2mol/L HNO_3 溶液，第 2 支试管用小火加热。分别观察溶液颜色的变化，解释原因并写出反应方程式。

(3) 在试管中加入 2 滴 0.1mol/L $BiCl_3$ 溶液，用滴管加水稀释，观察现象。再逐滴加入 8～10 滴 6mol/L HCl，观察有何变化，并写出反应方程式。

(4) 在试管中加入 2 滴 0.1mol/L $CrCl_3$ 溶液和 3 滴 0.1mol/L Na_2CO_3 溶液，观察现象，并写出反应方程式。

3. 缓冲溶液

(1) 在 2 支试管中各加入 3ml 去离子水，用 pH 试纸测定其 pH 值，再分别加入 5 滴 0.1mol/L HCl 溶液或 0.1mol/L NaOH 溶液，测定它们的 pH 值。

(2) 往 1 只小烧杯中加入 1mol/L HAc 溶液和 1mol/L NaAc 溶液各 5ml(用量筒尽可能准确量取)，用玻璃棒搅拌均匀，配置成 HAc-NaAc 缓冲溶液，用 pH 试纸测定其 pH 值，并与计算值进行比较。

(3) 取 3 支试管，分别加入上述缓冲溶液 3mL，然后向第 1 支试管中加入 5 滴 0.1mol/L HCl 溶液，第 2 支试管中加入 5 滴 0.1mol/L NaOH 溶液，第 3 支试管中加入 5 滴蒸馏水，分别用 pH 试纸测定它们的 pH 值，并与原缓冲溶液进行比较。

4. 配位化合物的形成与颜色的变化

(1) 在 0.1mol/L $CuSO_4$ 溶液中滴加 6mol/L $NH_3 \cdot H_2O$ 至生成深蓝色溶液，然后将溶液分盛在两支试管中，分别加入 0.1mol/L $BaCl_2$ 溶液和 2mol/L NaOH 溶液，观察是否有沉淀生成，解释现象，并写出反应方程式。

(2) 在试管中加入 2 滴 0.1mol/L $FeCl_3$ 溶液，加入 1 滴 0.1mol/L KSCN 溶液，观察现象(这是检验 Fe^{3+} 的方法之一)。然后将溶液用少量水稀释，加入几滴 0.5mol/L NaF 溶液，观察现象，并写出反应方程式。

5. 配合物形成时难溶物溶解度的改变

在 3 支试管中分别加入 3 滴 0.1mol/L NaCl 溶液，3 滴 0.1mol/L KBr 溶液，3 滴 0.1mol/L KI 溶液，再各加入 3 滴 0.1mol/L $AgNO_3$ 溶液，观察沉淀的颜色。离心分离，弃去清液。在沉淀中再分别加入 2mol/L $NH_3 \cdot H_2O$，0.1mol/L $Na_2S_2O_3$ 溶液，2mol/L KI 溶液，振荡试管，观察沉淀的溶解，写出反应方程式。

6. 配合物形成时溶液 pH 的改变

取一条完整的 pH 试纸，在它的一端滴上半滴 0.1mol/L $CaCl_2$ 溶液，记下被 $CaCl_2$ 溶液浸润处的 pH 值，待 $CaCl_2$ 溶液不再扩散时，在距离 $CaCl_2$ 溶液扩散边缘 0.5～1.0cm 干试纸处，滴上半滴 0.1mol/L Na_2H_2Y 溶液，待 Na_2H_2Y 溶液扩散到 $CaCl_2$ 溶液区形成重叠时，记下重叠与未重叠处的 pH 值。说明 pH 值变化的原因，并写出反应方程式。

7. 配合物形成时中心离子氧化还原性的改变

(1) 在 0.1mol/L $CoCl_2$ 溶液中滴加 3% H_2O_2 溶液，观察有无变化。

(2) 在 0.1mol/L $CoCl_2$ 溶液中加几滴 1mol/L NH_4Cl 溶液，再滴加 6mol/L $NH_3 \cdot H_2O$ 溶液，观察现象。然后滴加 3% H_2O_2 溶液，观察溶液颜色的变化。写出有关的反应方程式。

由(1)、(2)两个实验可以得出什么结论？

五、数据记录与处理

实验步骤	实验现象	反应方程式、解释和结论
1. 同离子效应 (1)取 10 滴 0.1mol/L HAc 及 1 滴 0.1%甲基橙指示剂，观察溶液颜色。再加入少许 NaAc(s)，观察颜色变化	溶液呈____色 颜色变为____色	$HAc \rightleftharpoons H^+ + Ac^-$ 加入 NaAc(s)，$c(Ac^-)$增大，平衡向左移动，$c(H^+)$减小 ……
……	……	

六、注意事项

1. 观察单质碘的生成可加 CCl_4 观察溶液上、下层颜色的变化。

七、思考题

1. 如何配制 $SnCl_3$、$SbCl_3$、$Bi(NO_3)_3$ 溶液？能否直接用蒸馏水配制？

2. 缓冲溶液的 pH 由哪些因素决定，其中主要的决定因素是什么？

3. 比较$[FeCl_4]^-$、$[Fe(NCS)_6]^{3-}$和$[FeF_6]^{3-}$的稳定性。

实验六　沉淀-溶解平衡与氧化还原反应

一、实验目的

1. 了解沉淀-溶解平衡和溶度积的概念，掌握溶度积规则及其应用。
2. 理解沉淀生成、溶解的条件以及沉淀的转化。
3. 深入理解电极电势的相对大小与氧化还原能力的关系。
4. 了解反应物浓度、介质酸度、温度对氧化还原反应的影响。
5. 掌握离心机的使用方法和固-液分离操作。

二、实验原理

1. 沉淀-溶解平衡

在含有难溶电解质的饱和溶液中，未溶解的难溶电解质和溶液中相应的离子之间建立了多相离子平衡。例如在 PbI_2 饱和溶液中，建立了如下平衡：

$$PbI_2(\text{固}) \rightleftharpoons Pb^{2+} + 2I^-$$

其平衡常数的表达式为 $K_{sp}^{\ominus}=c(Pb^{2+}) \cdot c(I^-)^2$，称为溶度积。

根据溶度积规则可判断沉淀的生成和溶解，当将 $Pb(Ac)_2$ 和 KI 两种溶液混合时，如果：

(1) $c(Pb^{2+}) \cdot c(I^-)^2 > K_{sp}^{\ominus}$　则溶液过饱和，有沉淀析出；

(2) $c(Pb^{2+}) \cdot c(I^-)^2 = K_{sp}^{\ominus}$　则溶液饱和；

(3) $c(Pb^{2+}) \cdot c(I^-)^2 < K_{sp}^{\ominus}$　则溶液未饱和，无沉淀析出。

溶液 pH 值的改变、配合物的形成或发生氧化还原反应，往往会引起难溶电解质溶解度的改变。

使一种难溶电解质转化为另一种难溶电解质，即把一种沉淀转化为另一种沉淀的过程称为沉淀的转化。对于同一种类型的沉淀，溶度积大的难溶电解质易转化为溶度积小的难溶电解质。对于不同类型的沉淀，能否进行转化，要具体计算溶解度。

2. 氧化还原反应

氧化还原反应是参加反应的元素中有氧化数发生变化的一类反应，其实质是氧化剂和还原剂之间发生了电子转移或强烈偏移的结果。任何一个自发的氧化还原反应在原则上都可以组成一个原电池。

物质氧化还原能力的大小，可以由相应电对电极电势的大小来判断。电极电势越大，表示电对中氧化型物质的氧化能力越强；电极电势越小，表示电对中还原型物质的还原能力越强。反之，根据组成氧化还原反应的两个电对电极电势的相对大小，可以判断氧化还原反应进行的方向。

由电极反应的能斯特方程式可以看出浓度对电极电势的影响，在 298K 时：

$$E=E^{\ominus}+\frac{0.059}{z}\lg\frac{c(\text{氧化型})}{c(\text{还原型})}$$

反应介质的酸碱性会影响某些电对的电极电势，进而影响氧化还原反应的方向。溶液的 pH 值也会影响某些氧化还原反应的产物。

三、仪器与试剂

1. 仪器：试管，试管架，点滴板，离心管，电动离心机，水浴锅。

2. 试剂：HCl（6mol/L），H_2SO_4（2mol/L），HNO_3（6mol/L），HAc（1mol/L），$H_2C_2O_4$（0.1mol/L），NaOH（2mol/L、6mol/L），NaCl（0.1mol/L），Na_2S（0.1mol/L），Na_2SO_3（0.1mol/L），Na_2SiO_3（0.5mol/L），KBr（0.1mol/L），KI（0.02mol/L、0.1mol/L、2mol/L），K_2CrO_4（0.1mol/L），$KMnO_4$（0.01mol/L），KIO_3（0.01mol/L），$Pb(Ac)_2$（0.01mol/L），$PbNO_3$（0.1mol/L、0.5mol/L、1mol/L），$AgNO_3$（0.1mol/L），$FeCl_3$（0.1mol/L），H_2O_2（3%），$NaNO_3$(s)，CCl_4。

3. 材料：pH 试纸，锌片。

四、实验步骤

1. 沉淀的生成与溶解

(1) 在 3 支试管中各加入 2 滴 0.01mol/L $Pb(Ac)_2$ 和 2 滴 0.02mol/L KI 溶液，振荡，观察现象。在第 1 支试管中加入 5mL 去离子水，振摇，观察现象；在第 2 支试管中加入少量 $NaNO_3$ 固体，摇荡，观察现象；在第 3 支试管中加入过量的 2mol/L KI 溶液，观察现象。分别解释这 3 支试管中观察到的现象。

(2) 在 2 支试管中各加入 1 滴 0.1mol/L Na_2S 溶液和 1 滴 0.1mol/L $Pb(NO_3)_2$ 溶液，观察现象。在 1 支试管中加入 6mol/L HCl 溶液，另 1 支试管中加入 6mol/L HNO_3 溶液，振摇，观察现象，写出反应方程式。

2. 分步沉淀

(1) 在试管中加入 1 滴 0.1mol/L Na_2S 溶液和 1 滴 0.1mol/L K_2CrO_4 溶液，用去离子水稀释至 5mL，摇匀。先加入 1 滴 0.1mol/L $Pb(NO_3)_2$ 溶液，摇匀，观察沉淀的颜色。离心分离，然后再向清液中继续滴加 $Pb(NO_3)_2$ 溶液，观察此时生成沉淀的颜色。写出反应方程式，并说明判断两种沉淀先后析出的理由。

(2) 在试管中加入 2 滴 0.1mol/L $AgNO_3$ 溶液和 1 滴 0.1mol/L $Pb(NO_3)_2$ 溶液，用去离子水稀释至 5mL，摇匀。逐滴加入 0.1mol/L K_2CrO_4 溶液（每加 1 滴都要充分振荡），观察现象，解释并写出反应方程式。

3. 沉淀的转化

在 6 滴 0.1mol/L $AgNO_3$ 溶液中加 3 滴 0.1mol/L K_2CrO_4 溶液，观察现象。再逐滴加入 0.1mol/L NaCl 溶液，充分振摇，观察有何变化，写出反应方程式，并计算沉淀转化反应的标准平衡常数 $K^{\ominus}$。

4. 氧化还原反应与电极电势的相对大小

(1) 在试管中加入 5 滴 0.1mol/L KI 和 2～3 滴 0.1mol/L $FeCl_3$ 溶液，摇匀后有何现象？再加入 5 滴 CCl_4 充分振荡后，有何现象？写出反应方程式。

(2) 用 0.1mol/L KBr 替代 0.1mol/L KI 能否反应？

根据实验(1)和(2)，比较电对(I_2-I^-)、(Br_2-Br^-)和(Fe^{3+}-Fe^{2+})电极电势的高低，并找出其中最强的氧化剂和最强的还原剂。

(3) 在试管中加入10滴0.1mol/L KI及2～3滴2mol/L H_2SO_4溶液，再加入2滴3% H_2O_2溶液，振荡均匀后，加入15滴CCl_4观察现象，写出反应方程式。

(4) 在试管中加入2～3滴0.01mol/L $KMnO_4$及2～3滴2mol/L H_2SO_4，再加入2滴3% H_2O_2溶液，振荡均匀后，观察现象，写出反应方程式。

比较实验(3)和(4)，指出H_2O_2在实验中的作用。

5. 介质的酸碱性对氧化还原反应产物及方向的影响

(1) 介质的酸碱性对氧化还原反应产物的影响　在3支试管中各滴加5滴0.01mol/L $KMnO_4$溶液，再分别加入3滴2mol/L H_2SO_4溶液、3滴蒸馏水、3滴6mol/L NaOH溶液，最后各加入几滴0.1mol/L Na_2SO_3溶液，观察颜色变化。解释并写出反应方程式。

(2) 溶液的pH值对氧化还原反应方向的影响　将0.01mol/L KIO_3溶液和0.02mol/L KI溶液混合，观察有无变化；再滴入几滴2mol/L H_2SO_4溶液，观察有何变化；再加入2mol/L NaOH溶液使溶液呈碱性，观察又有何变化。解释并写出反应方程式。

6. 浓度、温度对氧化还原反应速率的影响

(1) 浓度对氧化还原反应速率的影响　在2支试管中分别加入5滴0.5mol/L $Pb(NO_3)_2$溶液和5滴1mol/L $Pb(NO_3)_2$溶液，各加入30滴1mol/L HAc溶液摇匀，再逐滴加入25滴左右的0.5mol/L Na_2SiO_3溶液，用蓝色石蕊试纸检验溶液依然为酸性，置于90℃水浴锅中加热直至试管中出现乳白色透明凝胶，取出试管，冷却至室温。在两支试管中同时插入面积相同的锌片，静置一段时间，观察两支试管中“铅树”生长速度的快慢，写出有关方程式。

(2) 温度对氧化还原反应速率的影响　取2支试管分别加入10滴0.01mol/L $KMnO_4$溶液和10滴0.1mol/L $H_2C_2O_4$溶液，并在装有$KMnO_4$溶液的试管中加入2滴2mol/L H_2SO_4溶液，置于90℃水浴锅中加热5min左右取出，将其中一支试管倒入另一支试管中，观察并记录溶液褪色所需的时间。

另取两支试管，在室温下，重复以上实验，并解释之。

五、数据记录与处理

实验步骤	实验现象	反应方程式、解释和结论

六、注意事项

分步沉淀中的K_2CrO_4溶液一定要缓慢滴加，每加1滴，都要充分摇荡。

七、思考题

1. 是否一定要在碱性条件下，才能生成氢氧化物沉淀？不同浓度的金属离

子溶液，开始生成氢氧化物沉淀时，溶液的pH值是否相同？

2. H_2O_2既可作氧化剂，也可作还原剂，请问它在什么时候是氧化剂？什么时候是还原剂？

实验七　s区金属元素化合物的性质

一、实验目的

1. 学习钠、钾、镁、钙单质的主要性质。

2. 比较镁、钙、钡难溶盐的生成和性质。

3. 观察焰色反应并掌握其实验方法。

二、实验原理

周期系第ⅠA族元素称为碱金属，价电子层结构为ns^1；周期系第ⅡA族元素称为碱土金属，价电子层结构为ns^2。这两组元素是周期系中最典型的金属元素，化学性质非常活泼，其单质都是强还原剂。

除LiOH为中强碱外，碱金属氢氧化物都是易溶的强碱。碱土金属氢氧化物的碱性小于碱金属氢氧化物，在水中的溶解度也较小，都能从溶液中沉淀析出。

碱金属盐多数易溶于水，只有少数几种盐难溶，可利用它们的难溶性来鉴定K^+、Na^+。

在碱土金属盐中，硝酸盐、卤化物、醋酸盐易溶于水；碳酸盐、草酸盐等难溶。可利用难溶盐的生成和溶解性差异来鉴定Mg^{2+}、Ca^{2+}。

碱金属和碱土金属盐类呈现特征的焰色反应（见表3-5）。

表3-5　碱金属和碱土金属盐类的焰色反应特征

盐类	锂	钠	钾	钙	锶	钡
特征焰色	红	黄	紫	橙红	洋红	绿

三、仪器与试剂

1. 仪器：烧杯(100mL)，小试管，坩埚，漏斗，镊子，镍丝，钴玻璃，滴管，试管夹，pH试纸，砂纸，滤纸，红色石蕊试纸。

2. 试剂：钠，钾，镁粉，钙，酚酞溶液，H_2SO_4(0.2mol/L)，HCl(2mol/L)，HAc(2mol/L)，$KMnO_4$(0.01mol/L)，NaCl(0.01mol/L、1mol/L)，$MgCl_2$(0.1mol/L)，Na_2CO_3(饱和)，$CaCl_2$(0.1mol/L、0.5mol/L)，$BaCl_2$(0.1mol/L、0.5mol/L)，K_2CrO_4(0.5mol/L)，Na_2SO_4(0.5mol/L)，LiCl(2mol/L)，NaF(1mol/L)，Na_3PO_4(1mol/L)，KCl(1mol/L)，$SrCl_2$(0.5mol/L)。

四、实验步骤

1. 钠、钾、镁、钙在空气中的燃烧反应

(1) 用镊子取黄豆粒大小金属钠，用滤纸吸干表面上的煤油，立即放入坩埚中，加热到钠开始燃烧时停止加热，观察焰色，冷却到室温，观察产物的颜色；

加 2mL 去离子水使产物溶解，再加 2 滴酚酞试液，观察溶液的颜色；加 0.2mol/L H_2SO_4 溶液酸化后，再加 1 滴 0.01mol/L $KMnO_4$ 溶液，观察反应现象，写出有关反应方程式。

(2) 用镊子取黄豆粒大小金属钾，用滤纸吸干表面上的煤油，立即放入坩埚中，加热到钾开始燃烧时停止加热，观察焰色，冷却到室温，观察产物的颜色；加 2mL 去离子水使产物溶解，再加 2 滴酚酞试液，观察溶液的颜色，写出有关反应方程式。

(3) 取 0.3g 左右镁粉，放入坩埚中加热使镁粉燃烧，反应完全后，冷却到接近室温，观察产物的颜色；将产物转移到试管中，加 2mL 去离子水，立即用湿润的红色石蕊试纸检查逸出的气体，然后用酚酞溶液检查溶液的酸碱性，写出有关反应方程式。

(4) 用镊子取一小块金属钙，用滤纸吸干表面上的煤油后，直接在氧化焰中加热，反应完全后，重复(3)的实验内容。

2. 金属与水反应

(1) 钠、钾与水反应　用镊子分别取一小块金属钠和钾，用滤纸吸干它们表面的煤油，分别放入盛水的烧杯中，观察反应情况(为了安全，最好事先准备好一个合适的漏斗，当金属块放入水后，立即将漏斗覆盖在烧杯上)。检验反应后水溶液的碱性，比较二者与水反应的剧烈程度，写出反应式。

(2) 在两支试管中各加 2mL 水，一支不加热，另一支加热至沸腾，取两根镁条，用砂纸擦去氧化膜，将镁条分别放入两支试管中，比较反应的剧烈程度，检验溶液的酸碱性。

(3) 取一小块金属钙，用滤纸吸干煤油，使其与冷水反应，比较镁、钙与水反应的剧烈程度。

3. 盐类的溶解性

(1) 取 3 支试管，分别加入 0.1mol/L $MgCl_2$ 溶液、0.1mol/L $CaCl_2$ 溶液、0.1mol/L $BaCl_2$ 溶液各 5 滴，再各加入 5 滴饱和的 Na_2CO_3 溶液，观察现象。静置，弃去清液，试验各沉淀物是否溶于约 10 滴 2.0mol/L HAc，观察现象，并写出反应式。

(2) 取 3 支试管，分别加入 0.1mol/L $MgCl_2$ 溶液、0.1mol/L $CaCl_2$ 溶液、0.1mol/L $BaCl_2$ 溶液各 5 滴，再各加入 5 滴 0.5mol/L K_2CrO_4，观察现象。若有沉淀生成，则分别试验沉淀是否溶于 2.0mol/L HAc 溶液和 2.0mol/L HCl。

(3) 以 0.5mol/L Na_2SO_4 代替 K_2CrO_4 溶液，重复上述(2)的实验。

(4) 取 2 支试管，分别加入 0.5mL 2mol/L LiCl 溶液、0.1mol/L $MgCl_2$ 溶液，再各加入 0.5mL 1.0mol/L NaF 溶液，观察有无沉淀生成。用饱和的 Na_2CO_3 溶液代替 NaF 溶液，重复这一实验内容，观察有无沉淀产生，若无沉淀，可加热观察是否产生沉淀。以 1.0mol/L Na_3PO_4 溶液代替 Na_2CO_3 溶液重复上述的实验，观察现象。

4. 焰色反应

取一条镍丝，蘸浓 HCl 溶液在氧化焰中烧至近无色，再蘸 2mol/L LiCl 溶液，在氧化焰中灼烧，观察火焰颜色。实验完毕，再蘸浓 HCl 溶液，并烧至近无色。以同法实验 1mol/L NaCl 溶液、1mol/L KCl 溶液、0.5mol/L $CaCl_2$ 溶液、0.5mol/L $SrCl_2$ 溶液、0.5mol/L $BaCl_2$ 溶液。比较 0.01mol/L NaCl 溶液、1mol/L 和 0.5mol/L Na_2SO_4 溶液焰色反应持续时间的长短。

五、数据记录与处理

实验步骤	实验现象	反应方程式、解释和结论

六、注意事项

1. 在使用金属钠、钾时要注意安全。

2. 在焰色反应中，试验钾盐的焰色时要用一块蓝色钴玻璃滤掉钠光后观察。

七、思考题

1. 为什么碱金属和碱土金属单质一般都放在煤油中保存？它们的化学活泼性如何递变？

2. 为什么说焰色是由金属离子而不是非金属离子引起的？

实验八　p 区金属元素化合物的性质

一、实验目的

1. 掌握 Sn、Pb、Sb、Bi 氢氧化物的酸碱性。

2. 掌握 Sn(Ⅱ)、Sb(Ⅲ)、Bi(Ⅲ)盐的水解性。

3. 掌握 Sn(Ⅱ)的还原性和 Pb(Ⅳ)、Bi(Ⅴ)的氧化性。

4. 了解 Sn、Pb、Sb、Bi 硫化物及难溶盐的生成条件和性质。

5. 掌握 Sn^{2+}、Pb^{2+}、Sb^{3+}、Bi^{3+} 的鉴定方法。

二、实验原理

1. 锡与铅、锑、铋分别是周期系ⅣA，ⅤA 族元素。锡、铅形成氧化值为＋2、＋4 的化合物，锑、铋形成氧化值为＋3、＋5 的化合物。除 $Bi(OH)_3$ 外，$Sn(OH)_2$、$Pb(OH)_2$ 和 $Sb(OH)_3$ 都具有两性，既溶于酸又溶于碱。

2. 锡盐、铅盐和氧化值为＋3 的锑盐和铋盐具有较强的水解作用，因此配制盐溶液时必须溶解在相应的酸溶液中以抑制水解。

3. Sn(Ⅱ)是一种较强的还原剂，易被空气中的氧所氧化，配制时应加入锡粒以防止氧化。Pb(Ⅳ)和 Bi(Ⅴ)是强氧化剂，在酸性介质中能与 Mn^{2+}、Cl^- 等弱还原剂发生反应。

4. Sn、Pb、Sb、Bi 硫化物都不溶于水和非氧化性稀酸，能溶于浓 HCl 和稀 HNO_3 中。硫化物的酸碱性与相应的氧化物相似，凡两性或两性偏酸性的硫化物可溶于碱金属硫化物 Na_2S 或 $(NH_4)_2S$ 中生成相应的硫代酸盐。所有硫代酸盐只能存在于中性或碱性介质中，遇酸生成不稳定的硫代酸，继而分解为相应的硫化物和硫化氢。

5. 铅的许多盐都难溶于水，$PbCl_2$ 能溶于热水中。利用 Pb^{2+} 和 CrO_4^{2-} 的反应可以鉴定 Pb^{2+}。

三、仪器与试剂

1. 仪器：离心机，点滴板。

2. 试剂：HCl 溶液（1mol/L、2mol/L、6mol/L，浓），HNO_3（6mol/L、浓），H_2SO_4（1mol/L），H_2S（饱和），NaOH（2mol/L、6mol/L），$SnCl_2$（0.1mol/L、0.5mol/L），$Pb(NO_3)_2$（0.1mol/L、0.5mol/L），$SnCl_4$（0.5mol/L），$SbCl_3$（0.1mol/L、0.5mol/L），$BiCl_3$（0.1mol/L、0.5mol/L），$HgCl_2$（0.1mol/L），$MnSO_4$（0.002mol/L），Na_2S（0.5mol/L），Na_2S_x（0.5mol/L），KI（0.1mol/L），K_2CrO_4（0.1mol/L），NH_4Ac（饱和），锡片，$SnCl_2 \cdot 6H_2O$（s），PbO_2（s），$NaBiO_3$（s），PbO_2（s）。

3. 材料：淀粉-KI 试纸。

四、实验步骤

1. Sn、Pb、Sb、Bi 氢氧化物酸碱性

在 4 支试管中，分别加入浓度均为 0.5mol/L 的 $SnCl_2$、$Pb(NO_3)_2$、$SbCl_3$、$Bi(NO_3)_3$ 溶液各 0.5mL，后加入等体积新配制的 2mol/L NaOH 溶液，观察沉淀的生成并写出反应方程式。选择适当的试剂分别试验它们的酸碱性，写出反应方程式。

2. Sn(Ⅱ)、Sb(Ⅲ)和 Bi(Ⅲ)盐的水解性

(1) 取少量 $SnCl_2 \cdot 6H_2O$ 晶体放入试管中，加入 1～2mL 去离子水，观察现象，写出有关的反应方程式。

(2) 取少量 0.1mol/L $SbCl_3$ 溶液和 0.1mol/L $BiCl_3$ 溶液，分别加水稀释，观察现象，再分别加入 6mol/L HCl 溶液，观察有何变化，写出有关的反应方程式。

3. Sn、Pb、Sb、Bi 化合物的氧化还原性

(1) Sn(Ⅱ)的还原性　取少量（1～2 滴）0.1mol/L $HgCl_2$ 溶液，逐滴加入 0.1mol/L $SnCl_2$ 溶液，观察现象，写出反应方程式。

(2) Pb(Ⅳ)的氧化性　取米粒大小 PbO_2 固体，加入 10 滴 1mol/L H_2SO_4 及 1 滴 0.002mol/L $MnSO_4$ 溶液，微热后静置片刻，观察现象，写出反应方程式。

(3) Sb(Ⅲ)的氧化性　在点滴板上放一小块光亮的锡片，然后加 1 滴 0.1mol/L $SbCl_3$ 溶液，观察锡片表面的变化，写出反应方程式。

(4) Bi(Ⅴ)的氧化性　在 1 滴 0.002mol/L $MnSO_4$ 溶液中，加入 5 滴 6mol/L HNO_3 溶液，再加入绿豆大小的固体 $NaBiO_3$，微热试管，观察现象，写出反应的离子方程式。

4. Sn、Pb、Sb、Bi 硫化物生成与溶解

(1) 在 2 支试管中分别加入 0.5mL 0.5mol/L $SnCl_2$ 溶液和 $SnCl_4$ 溶液，然后分别加入少许饱和 H_2S 溶液，观察沉淀的颜色有何不同，再分别加入 1mol/L HCl、0.5mol/L Na_2S 和 Na_2S_x 溶液，写出相关的反应方程式。

(2) 在 3 支试管中分别加入 0.5mL 0.1mol/L 的 $Pb(NO_3)_2$、$SbCl_3$、$Bi(NO_3)_3$，再各加入少许 0.1mol/L 饱和 H_2S 溶液，分别观察沉淀的颜色。然后将沉淀分离后，分别试验沉淀物与浓 HCl、2mol/L NaOH、0.5mol/L Na_2S 和 Na_2S_x 溶液、浓 HNO_3 溶液的反应，写出相关的反应方程式。

5. 铅(Ⅱ)难溶盐的生成与溶解

(1) 在 0.5mL 蒸馏水中滴入 2 滴 0.5mol/L $Pb(NO_3)_2$ 溶液，再滴入 2 滴 2mol/L HCl，观察沉淀颜色，并分别试验其在热水和浓盐酸中的溶解情况。

(2) 制取少量 PbI_2，试验它在冷水和热水中的溶解情况。

(3) 制取少量 $PbSO_4$ 沉淀，观察其颜色，试验其在饱和 NH_4Ac 溶液中的溶解情况。

(4) 制取少量 $PbCrO_4$ 沉淀，观察其颜色，分别试验其在 6mol/L HNO_3 和 6mol/L NaOH 溶液中的溶解情况。

五、数据记录与处理

实验步骤	实验现象	反应方程式、解释和结论

六、注意事项

1. 试验氢氧化物的溶解性时，制得沉淀的量尽量要少，否则易得出错误的结论。

2. 试验 Bi(Ⅴ)氧化性的实验中，如现象不明显，可增加酸度或加热、离心沉降后，观察上层清液的颜色。

3. 试验硫化物在浓 HCl、稀 HNO_3 和 Na_2S 中的溶解性时，应离心分离，吸取上层清液，否则会使现象不明显。

七、思考题

1. 检验 $Pb(OH)_2$ 碱性时，应该用什么酸？为什么不能用稀盐酸或稀硫酸？

2. 用 PbO_2 和 $MnSO_4$ 溶液反应时为什么用硝酸酸化而不用盐酸酸化？

3. 实验室如何配制 $SnCl_2$、$SbCl_3$ 和 $Bi(NO_3)_3$ 溶液？

4. 为什么 SnS 不溶于 Na_2S，而 SnS_2 可溶于 Na_2S？

实验九 p区非金属元素化合物的性质(一)

一、实验目的

1. 掌握硼酸和硼砂的重要性质与鉴定，了解碳酸盐和硅酸盐的水解特性，学习利用硼砂珠实验进行元素鉴定。

2. 掌握不同氧化态氮的化合物的主要性质。

3. 了解磷酸盐的酸碱性和溶解性。

4. 掌握NH_4^+、NO_3^-、NO_2^-、PO_4^{3-}等常见离子的鉴定方法。

二、实验原理

1. 硼酸是一元弱酸，它在水溶液中的解离不同于一般的一元弱酸。硼酸是Lewis酸，能与多羟基醇发生加合反应，使溶液的酸性增强。硼砂的水溶液因水解而呈碱性，硼砂溶液与酸反应可析出硼酸。硼砂受强热脱水熔化为玻璃体，与不同金属的氧化物或盐类熔融生成具有不同特征颜色的偏硼酸复盐，即硼砂珠实验。

2. 碳酸盐的一个重要特征就是其水解作用明显，大多数碳酸盐难溶于水，且易水解。

3. 硅酸钠的水解作用也很明显，硅酸溶液因能形成凝胶而具有特殊的性质。

4. 鉴定NH_4^+的常用方法是与奈斯勒(Nessler)试剂($K_2[HgI_4]$的碱性溶液)反应，生成红棕色沉淀$[Hg_2ONH_2]I$。

5. 硝酸具有强氧化性，能与许多金属、非金属反应。浓硝酸与金属反应主要生成NO_2，稀硝酸与金属反应通常生成NO，活泼金属能将稀硝酸还原为NH_4^+。

6. 亚硝酸极不稳定。亚硝酸盐溶液与强酸反应生成的亚硝酸分解为N_2O_3和H_2O，N_2O_3又能分解为NO和NO_2。亚硝酸盐中氮的氧化值为+3，它在酸性溶液中作氧化剂，一般被还原为NO；与强氧化剂作用时则生成硝酸盐。

7. NO_3^-与$FeSO_4$溶液在浓H_2SO_4介质中反应生成棕色$[Fe(NO)]^{2+}$，在溶液与浓H_2SO_4液层界面处生成的$[Fe(NO)]^{2+}$呈棕色环状，此方法用于鉴定NO_3^-，称为“棕色环法”。NO_2^-在HAc介质中与对氨基苯磺酸和α-萘胺反应生成红色溶液，此方法用于鉴定NO_2^-。

8. 碱金属(Li除外)和铵的磷酸盐、磷酸一氢盐易溶于水，溶于水后，由于水解程度不同，溶液酸碱性不同。其他磷酸盐难溶于水，但能溶于酸。焦磷酸盐和三聚磷酸盐都具有配位作用。PO_4^{3-}与$(NH_4)_2MoO_4$溶液在硝酸介质中反应，生成黄色的磷钼酸铵沉淀，此反应可用于鉴定PO_4^{3-}。

三、仪器与试剂

1. 仪器：点滴板，水浴锅。

2. 试剂：HCl溶液(6mol/L，浓)，HNO_3(2mol/L、浓)，H_2SO_4(3mol/L、

6mol/L、浓），HAc（6mol/L），$CuSO_4$（0.1mol/L），Na_2CO_3（0.1mol/L），Na_2SiO_3（0.5mol/L，20%），NH_4Cl（0.1mol/L），$NaNO_2$（0.5mol/L、1mol/L），KI（0.1mol/L），$KMnO_4$（0.1mol/L），$NaNO_3$（0.5mol/L），Na_3PO_4（0.1mol/L），Na_2HPO_4（0.1mol/L），NaH_2PO_4（0.1mol/L），$AgNO_3$（0.1mol/L），$CuSO_4$（0.1mol/L），$FeSO_4$（0.5mol/L），$CaCl_2$（0.1mol/L），$Na_4P_2O_7$（0.5mol/L），$Na_5P_3O_{10}$（0.1mol/L），$Na_2B_4O_7 \cdot 10H_2O$(s)，H_3BO_3(s)，$Co(NO_3)_2 \cdot 6H_2O$(s)，Cr_2O_3(s)，锌粉，铜屑，甘油，对氨基苯磺酸，α-萘胺，甲基橙指示剂，酚酞试液，奈斯勒试剂，钼酸铵试剂。

3. 材料：pH 试纸，红色石蕊试纸，镍铬丝(一端做成环状)。

四、实验步骤

1. 硼酸和硼砂的性质

(1) 在试管中加入豆粒大小的硼酸晶体和 1mL 去离子水，观察溶解情况，微热后再观察其溶解情况，冷至室温，用 pH 试纸测定其 pH 值。然后在溶液中加入 1 滴甲基橙指示剂，并将溶液分成两份，其中一份中加入 10 滴甘油，混合均匀，与另一份不加甘油的溶液进行比较。写出有关反应的离子方程式。

(2) 在试管中加入约 1g 硼砂和 2mL 去离子水，微热使其溶解，用 pH 试纸测定溶液的 pH 值。然后加入 1mL 6mol/L H_2SO_4 溶液，将试管放在冷水中冷却，并用玻璃棒不断搅拌，片刻后观察硼酸晶体的析出。写出反应有关的离子方程式。

(3) 硼砂珠试验　用环形镍铬丝蘸取浓盐酸(盛在试管中)，在氧化焰中灼烧，一端取一些硼砂固体，在氧化焰上灼烧并熔融成圆珠，观察硼砂珠的颜色和状态。用烧红的硼砂珠蘸取少量 $Co(NO_3)_2 \cdot 6H_2O$ 固体，在氧化焰中烧至熔融，观察它们在热和冷时的颜色。轻轻振动玻璃棒，使熔珠落下，然后重新制作硼砂珠，把 $Co(NO_3)_2 \cdot 6H_2O$ 换成 Cr_2O_3，再实验，写出反应方程式。实验完毕后，把硼砂珠处理掉，镍铬丝处理干净，以便再用。

2. 碳酸盐的性质

往 2 滴 0.1mol/L $CuSO_4$ 溶液中，滴入 2 滴 0.1mol/L 的 Na_2CO_3 溶液，观察现象，写出反应方程式。

3. 硅酸盐的性质

往 1mL 0.5mol/L Na_2SiO_3 溶液中加入 1 滴酚酞溶液，然后逐渐加入 6mol/L HCl 溶液，边滴加边振荡试管，当溶液的颜色刚要褪去时，观察硅酸凝胶的生成(若无现象可微热)。如 HCl 过量，溶液完全褪色时凝胶不能生成，可用 Na_2SiO_3 溶液反调 pH 值，直到溶液刚出现粉红色为止。

4. NH_4^+ 的鉴定

取 1 滴 0.1mol/L NH_4Cl，滴入点滴板中，加入 2 滴奈斯勒试剂，观察现象，写出反应方程式。

5. 硝酸的氧化性

（1）在试管内放入1小块铜屑，加入5滴浓HNO_3，观察气体和溶液的颜色，写出反应方程式，然后迅速加水稀释，倒掉溶液，回收铜屑。

（2）在试管中放入少量锌粉，加入1mL 2mol/L HNO_3溶液，放置片刻后，取清液检验是否有NH_4^+生成。写出有关反应方程式(如不反应可微热)。

6. 亚硝酸及其盐的性质

（1）在冰水冷却的试管中加入0.5mL 1mol/L $NaNO_2$溶液，然后滴加6mol/L H_2SO_4溶液，观察反应情况和产物的颜色。将试管从冰水中取出，放置片刻，观察有何现象发生，写出相应的反应方程式。

（2）在2支试管中分别加入1～2滴0.1mol/L KI溶液和$KMnO_4$溶液，用3mol/L H_2SO_4酸化，然后分别滴加0.5mol/L $NaNO_2$溶液，观察现象，写出反应方程式。

7. NO_3^-和NO_2^-的鉴定

（1）在小试管中加入5滴0.5mol/L $FeSO_4$和3滴0.5mol/L $NaNO_3$溶液，摇匀，然后斜持试管，沿着管壁慢慢滴入5滴浓H_2SO_4，静置片刻，观察两种液体界面处的棕色环，写出有关的反应方程式。

（2）取1滴0.5mol/L $NaNO_2$溶液于试管中，加入9滴蒸馏水，再加3滴6mol/L HAc酸化，然后加入3滴对氨基苯磺酸和1滴α-萘胺，观察溶液的颜色。

8. 磷酸盐的性质

（1）用pH试纸分别测定0.1mol/L Na_3PO_4、Na_2HPO_4和NaH_2PO_4溶液的pH值，写出有关反应的方程式并加以说明。

（2）在3支分别盛有0.1mol/L Na_3PO_4溶液、0.1mol/L Na_2HPO_4溶液和0.1mol/L NaH_2PO_4溶液的试管中分别滴加几滴0.1mol/L $AgNO_3$溶液，然后检验溶液的酸碱性有无变化，写出有关反应的离子方程式。

（3）在试管中加入几滴0.1mol/L $CuSO_4$溶液，然后逐滴加入0.5mol/L的$Na_4P_2O_7$溶液至过量，观察现象，写出有关反应的离子方程式。

（4）取1滴0.1mol/L $CaCl_2$溶液，滴加0.1mol/L Na_2CO_3溶液，再滴加0.1mol/L $Na_5P_3O_{10}$溶液，观察现象，写出有关反应方程式。

9. PO_4^{3-}的鉴定

取5滴0.1mol/L Na_3PO_4溶液于试管中，加0.5mL浓HNO_3，再加1mL钼酸铵试剂，在水浴上微热到40～45℃，观察现象。写出反应方程式。

五、数据记录与处理

实验步骤	实验现象	反应方程式、解释和结论

六、注意事项

涉及硝酸的反应均应在通风橱内进行。

七、思考题

1. 为什么在 Na_2SiO_3 溶液中加入 HAc 溶液、NH_4Cl 溶液或通入 CO_2，都能生成硅酸凝胶？

2. 在选用酸作为氧化还原反应介质时，一般不用 HNO_3，为什么？什么情况下可选用 HNO_3？

3. NO_3^- 的存在是否干扰 NO_2^- 的鉴定？如何消除？

4. 用钼酸铵试剂鉴定 PO_4^{3-} 时为什么要在硝酸介质中进行？

实验十 p区非金属元素化合物的性质(二)

一、实验目的

1. 掌握过氧化氢的主要性质。

2. 掌握硫化氢及硫的不同价态的含氧化合物的主要性质。

3. 掌握卤素离子的还原性及卤素含氧酸盐的氧化性的变化规律。

4. 学会 H_2O_2、S^{2-}、SO_3^{2-}、$S_2O_3^{2-}$、Cl^-、Br^-、I^- 的鉴定方法。

二、实验原理

1. H_2O_2 分子中 O 的氧化值为－1，既有氧化性又有还原性。H_2O_2 在酸性介质中是强氧化剂，它可与 I^-、S^{2-}、Fe^{2+} 等多种还原剂反应，遇到强氧化剂如 $KMnO_4$ 时，H_2O_2 又表现出还原性。酸性溶液中，H_2O_2 与 $Cr_2O_7^{2-}$ 反应生成蓝色的 CrO_5，这一反应用于鉴定 H_2O_2。

2. H_2S 中 S 的氧化值是－2，具有强还原性，氧化产物一般为单质 S，遇到强氧化剂如 $KMnO_4$ 时，H_2S 有时也被氧化为 SO_4^{2-}。在含有 S^{2-} 的溶液中加入稀盐酸，生成的 H_2S 气体能使湿润的 $Pb(Ac)_2$ 试纸变黑。在碱性溶液中，S^{2-} 与 $[Fe(CN)_5NO]^{2-}$ 反应生成紫色配合物 $[Fe(CN)_5NOS]^{4-}$，这两种方法用于鉴定 S^{2-}。

3. SO_2 溶于水生成不稳定的亚硫酸。亚硫酸及其盐常用作还原剂，但遇到强还原剂如 H_2S、I_2 时也能起氧化作用。H_2SO_3 可与某些有机物发生加成反应生成无色的产物，所以具有漂白性，而产物受热时往往容易分解。

4. $Na_2S_2O_3$ 在酸性介质中生成 $H_2S_2O_3$，其不稳定，易分解为 S 和 SO_2。$Na_2S_2O_3$ 是常用的还原剂，其氧化产物取决于氧化剂的强弱。当氧化剂较弱时(如 I_2)，$S_2O_3^{2-}$ 被氧化为 $S_4O_6^{2-}$；当氧化剂较强(如 Cl_2)时，$S_2O_3^{2-}$ 被氧化为 SO_4^{2-}。$S_2O_3^{2-}$ 与 Ag^+ 反应能生成白色的 $Ag_2S_2O_3$ 沉淀。

5. 卤素都是氧化剂，其氧化性顺序为：$F_2 > Cl_2 > Br_2 > I_2$；而卤素离子的还原性，则按相反的顺序变化：$F^- < Cl^- < Br^- < I^-$。

6. 次氯酸及其盐具有强氧化性。酸性条件下，卤酸盐都具有强氧化性，其

强弱次序 $ClO_3^- > BrO_3^- > IO_3^-$。

7. Cl^-、Br^-、I^- 与 Ag^+ 反应生成 AgCl(白色)、AgBr(淡黄色)、AgI(黄色)，它们都不溶于 HNO_3 中。AgCl 能溶于稀氨水或 $(NH_4)_2CO_3$ 溶液，生成 $[Ag(NH_3)_2]^+$，再加入稀 HNO_3 时，AgCl 会重新沉淀出来，由此可以鉴定 Cl^- 的存在。Br^- 可以被氯水氧化为 Br_2，如用 CCl_4 萃取，Br_2 在 CCl_4 层中呈橙黄色，由此可鉴定 Br^- 的存在。I^- 可以被 HNO_2 氧化为 I_2，遇淀粉变蓝，由此可鉴定 I^- 的存在。

三、仪器与试剂

1. 仪器：离心机，水浴锅，点滴板。

2. 试剂：H_2SO_4(1mol/L、2mol/L、浓)，HCl(2mol/L)，HNO_3(2mol/L、6mol/L)，H_2S 溶液(饱和)，SO_2 溶液(饱和)，NaOH(2mol/L)，$NH_3 \cdot H_2O$(6mol/L)，KI(0.1mol/L)，KBr(0.1mol/L)，$K_2Cr_2O_7$(0.1mol/L)，NaCl(0.1mol/L)，$KMnO_4$(0.01mol/L)，$KClO_3$(饱和)，$KBrO_3$(饱和)，KIO_3(0.1mol/L)，$FeCl_3$(0.1mol/L)，$Na_2S_2O_3$(0.1mol/L)，Na_2S(0.1mol/L)，$AgNO_3$(0.1mol/L)，$NaHSO_3$(0.1mol/L)，$NaNO_2$(0.1mol/L)，H_2O_2(3%)，$Na_2[Fe(CN)_5NO]$(1%)，碘水(0.01mol/L、饱和)，淀粉试液，品红溶液，氯水(饱和)，CCl_4，戊醇，NaCl(s)，KBr(s)，KI(s)，$KClO_3$(s)。

3. 材料：pH 试纸，淀粉-KI 试纸，$Pb(Ac)_2$ 试纸，蓝色石蕊试纸。

四、实验步骤

1. H_2O_2 的性质

(1) 试验 H_2O_2 在酸性介质中分别与 $KMnO_4$、KI 的反应，观察现象，写出反应方程式。

(2) 取 1 滴 H_2O_2 溶液，加入 2mL 蒸馏水，0.5mL 戊醇，0.5mL 1mol/L 的 H_2SO_4 溶液，再加入 3 滴 $K_2Cr_2O_7$ 溶液，振荡后观察有机层及水层的颜色。

2. H_2S 的还原性和 S^{2-} 的鉴定

(1) 用 H_2S 水溶液分别与 H_2SO_4 酸化的 $KMnO_4$、$FeCl_3$ 反应，观察现象，写出反应方程式。

(2) 在点滴板上加 1 滴 0.1mol/L Na_2S 溶液，再加 1 滴 1% $Na_2[Fe(CN)_5NO]$ 溶液，观察现象，写出离子反应方程式。

(3) 在试管中加几滴 0.1mol/L Na_2S 溶液和 2mol/L HCl 溶液，用湿润的 $Pb(Ac)_2$ 试纸检查溢出的气体，写出有关的反应方程式。

3. H_2SO_3 的性质和 SO_3^{2-} 的鉴定

(1) 取几滴饱和碘水，加 1 滴淀粉试液，再加数滴饱和 SO_2 溶液，观察现象，写出反应方程式。

(2) 取几滴饱和 H_2S 溶液，滴加饱和 SO_2 溶液，观察现象，写出反应方程式。

(3) 在 3mL 品红溶液中滴加 1～2 滴饱和 SO_2 溶液，观察品红是否褪色，然后将溶液加热，观察颜色的变化。

4. $H_2S_2O_3$ 及其盐的性质

(1) 在试管中加入 3 滴 0.1mol/L $Na_2S_2O_3$ 溶液和 1～2 滴 2mol/L HCl 溶液，摇荡片刻，观察现象，并用湿润的蓝色石蕊试纸检验溢出的气体，写出反应方程式。

(2) 取几滴 0.01mol/L 的碘水，加 1 滴淀粉试液，逐滴加入 0.1mol/L $Na_2S_2O_3$ 溶液，观察现象，写出反应方程式。

(3) 往 3 滴 0.1mol/L $Na_2S_2O_3$ 溶液中滴加饱和氯水，如有沉淀，继续加氯水，直至沉淀消失，检验 SO_4^{2-} 的生成。

(4) 在点滴板上加 1 滴 0.1mol/L $Na_2S_2O_3$ 溶液，再滴加 0.1mol/L $AgNO_3$ 溶液至生成白色沉淀，观察颜色的变化。写出有关的反应方程式。

5. 卤化氢的还原性

在 3 支干燥的试管中，分别加入绿豆粒大小的 NaCl 固体(试管 1)，KBr 固体(试管 2)，KI 固体(试管 3)，再分别加入 2～3 滴浓 H_2SO_4，微热，观察现象并用湿润的 pH 试纸检验试管 1 放出的气体、用淀粉-KI 试纸检验试管 2 放出的气体，用 $Pb(Ac)_2$ 试纸检验试管 3 所产生的气体。根据现象分析产物，并比较 HCl、HBr、HI 的还原性，写出反应方程式。

6. 氯、溴、碘含氧酸盐的氧化性

(1) 取 2mL 氯水，逐滴加入 2mol/L NaOH 溶液至呈弱碱性，然后将溶液分装在 3 支试管中。在第一支试管中加入 2mol/L HCl 溶液，用湿润的淀粉-KI 试纸检验溢出的气体；在第 2 支试管中滴加 0.1mol/L KI 溶液及 1 滴淀粉试液；在第三支试管中滴加品红溶液。观察现象，写出有关的反应方程式。

(2) 在试管中加入绿豆大的 $KClO_3$ 晶体，用 1～2mL 去离子水溶解后，加入 10 滴 0.1mol/L KI 溶液，把得到的溶液分成两份，一份用 1mol/L H_2SO_4 酸化，一份留作对照，稍等片刻，观察有何变化。试比较氯酸盐在中性和酸性溶液中的氧化性。

(3) 取 2～3 滴 0.1mol/L 的 KI 溶液，加入 4 滴饱和 $KBrO_3$ 溶液，再逐滴加入 H_2SO_4(1+1)溶液，不断摇荡，观察溶液颜色的变化。写出每一步反应的方程式。

(4) 取几滴 0.1mol/L 酸化后的 KIO_3 溶液，加数滴 CCl_4，再滴加 0.1mol/L $NaHSO_3$ 溶液，摇荡，观察现象，写出反应的离子方程式。

7. Cl^-、Br^-、I^- 的鉴定

(1) 取 2 滴 0.1mol/L NaCl 溶液于试管中，加入 1 滴 2mol/L HNO_3 溶液和 2 滴 0.1mol/L $AgNO_3$ 溶液，观察现象。离心沉降后，弃去清液，在沉淀中加入数滴 6mol/L 氨水溶液，摇荡使沉淀溶解，再加数滴 6mol/L HNO_3 溶液，观察有何变化，写出有关的离子反应方程式。

(2) 取 2 滴 0.1mol/L KBr 溶液，加 1 滴 2mol/L H_2SO_4 和 0.5mL CCl_4，

再逐滴加入新配制的氯水，边滴加边振荡，观察 CCl_4 层颜色的变化，写出离子反应方程式。

(3) 取 2 滴 0.1mol/L KI 溶液于试管中，加入 1 滴 2mol/L H_2SO_4 和 1 滴淀粉溶液，然后加入 1 滴 0.1mol/L $NaNO_2$，观察颜色的变化，写出离子反应方程式。

五、数据记录与处理

实验步骤	实验现象	反应方程式、解释和结论

六、注意事项

1. 本实验中，H_2S、SO_2、Cl_2、$Br_2(g)$、HX 是有毒气体，并有刺激性，吸入人体会刺激喉管，引起咳嗽和喘息。因此，在做相关气体实验时，需在通风橱内进行，室内也要注意通风换气。

2. 当检验反应所逸出的气体时，必须把所用的试纸用水润湿后放在试管口，不能投入试管内。

3. 用氯水检验 Br^- 的存在时，如加入过量氯水，则反应产生的 Br_2 将进一步被氧化为 BrCl，而使溶液由橙黄色变为淡黄色，影响 Br^- 的检出。

七、思考题

1. 实验室若长期放置 H_2S 溶液、Na_2S 溶液和 Na_2SO_3 溶液，将会发生什么变化？

2. KIO_3 与 KBr 在酸性介质中能否发生反应？

3. 某溶液中含有 Cl^-、Br^-、I^- 三种离子，怎样分离和检出它们？写出实验步骤、方法和原理。

4. $Na_2S_2O_3$ 溶液和 $AgNO_3$ 溶液反应，是否生成 Ag_2S 沉淀，什么时候生成 $[Ag(S_2O_3)_2]^{3-}$ 配离子？

5. 在 $AgNO_3$ 检测卤素离子时，为什么要同时加些 HNO_3，它有什么作用？向一个未知溶液中加 $AgNO_3$，结果无沉淀产生，能否判定溶液中不存在卤素离子？

实验十一　d 区金属元素化合物的性质

一、实验目的

1. 掌握铬、锰、铁、钴、镍氢氧化物的酸碱性和氧化还原性。

2. 掌握铬、锰、铁、钴、镍重要配合物的生成及性质。

3. 掌握 Cr(Ⅲ)、Cr(Ⅳ)重要化合物的性质以及相互转化的条件。

4. 掌握 Mn(Ⅱ)、Mn(Ⅳ)、Mn(Ⅵ)、Mn(Ⅶ)重要化合物的性质以及相互

转化的条件。

5. 学习Cr^{3+}、Mn^{2+}、Fe^{2+}、Fe^{3+}、Co^{2+}、Ni^{2+}的鉴定方法。

二、实验原理

铬、锰、铁、钴、镍五种元素位于元素周期表第四周期第ⅥB～Ⅷ族，它们都能形成多种氧化态的化合物。铬的重要氧化态为＋3 和＋6；锰的重要氧化态为＋2，＋4，＋6 和＋7；铁、钴、镍的重要氧化态均为＋2 和＋3。

灰蓝色的$Cr(OH)_3$是两性氢氧化物，能与过量 NaOH 反应生成亮绿色的$Cr(OH)_4^-$。在碱性介质中，$Cr(OH)_4^-$具有较强的还原性，易被中强氧化剂(如H_2O_2、氯水等)氧化为CrO_4^{2-}；而酸性介质中Cr^{3+}则表现出较强的稳定性，只有强氧化剂[如$KMnO_4$、$(NH_4)_2S_2O_8$等]才能将其氧化为$Cr_2O_7^{2-}$。CrO_4^{2-}和$Cr_2O_7^{2-}$可以相互转化，加酸、碱可使平衡发生移动。$Cr_2O_7^{2-}$在酸性介质中具有很强的氧化性，易被还原为Cr^{3+}。在酸性介质中，$Cr_2O_7^{2-}$能与H_2O_2反应生成深蓝色$CrO(O_2)_2$，由此可以鉴定Cr^{3+}。

白色的$Mn(OH)_2$是中强碱，具有还原性，易被空气中的O_2氧化，生成棕色的$MnO(OH)_2$。MnS 不仅能溶于稀 HCl，还能溶于 HAc 溶液，因此需在弱碱性溶液中制备。MnO_4^-在酸性、中性、强碱性溶液中的还原产物分别为无色Mn^{2+}、棕色MnO_2沉淀和绿色MnO_4^{2-}。在中性或弱酸性溶液中，Mn^{2+}和MnO_4^-反应生成棕色MnO_2沉淀。在强碱性溶液中，MnO_4^-与MnO_2反应生成绿色MnO_4^{2-}。在酸性溶液中利用Mn^{2+}与$NaBiO_3$的反应可鉴定Mn^{2+}。

$Fe(OH)_2$、$Co(OH)_2$、$Ni(OH)_2$的颜色依次为白色、粉红和苹果绿。$Fe(OH)_2$具有很强的还原性，易被空气中的氧气氧化，$Co(OH)_2$也能被空气中的氧气慢慢氧化。$Fe(OH)_3$、$Co(OH)_3$、$Ni(OH)_3$的颜色依次为棕色、褐色和黑色。$Co(OH)_3$和$Ni(OH)_3$显碱性，而$Fe(OH)_3$显微弱的两性，以碱性为主。$Fe(OH)_3$与稀酸反应生成Fe(Ⅲ)盐，而$Co(OH)_3$和$Ni(OH)_3$都具有较强的氧化性，与盐酸反应得不到相应的盐，而是分别生成Co(Ⅱ)和Ni(Ⅱ)盐，并放出氯气。通常，$Co(OH)_3$和$Ni(OH)_3$可由Co(Ⅱ)和Ni(Ⅱ)盐在碱性条件下由强氧化剂(如Br_2、NaClO、Cl_2等)氧化而得到。

铁、钴、镍都能生成多种配合物。常见铁的配合物有$K_3[Fe(CN)_6]$、$K_4[Fe(CN)_6]$、$[Fe(SCN)_n]^{3-n}$等，Co(Ⅱ)的配合物不稳定，在强氧化剂的作用下易被氧化为Co(Ⅲ)配合物。Ni(Ⅱ)的配合物较为稳定。利用配合物的特征颜色可以用来鉴定不同的离子。Fe^{2+}与$[Fe(CN)_6]^{3-}$反应，或Fe^{3+}与$[Fe(CN)_6]^{4-}$反应，都生成蓝色沉淀，分别用于鉴定Fe^{2+}和Fe^{3+}。在酸性溶液中Fe^{3+}可与SCN^-反应生成血红色溶液，也用于鉴定Fe^{3+}。Co^{2+}也能与SCN^-反应生成不稳定的蓝色配合物$[Co(NCS)_4]^{2-}$，此配合物在丙酮等有机溶剂中较稳定，可用于鉴定Co^{2+}。Ni^{2+}与丁二酮肟在弱碱性溶液中作用，生成鲜红色螯合物沉淀，此反应常用于鉴定Ni^{2+}。

三、仪器与试剂

1. 仪器：试管，试管架，试管夹，酒精灯，离心管，电动离心机。

2. 试剂：HCl（2mol/L、浓），H_2SO_4（1mol/L、2mol/L、6mol/L），HNO_3（6mol/L、浓），NaOH（2mol/L、6mol/L、40%），$NH_3 \cdot H_2O$（2mol/L），H_2O_2（3%），$CrCl_3$（0.1mol/L），$K_2Cr_2O_7$（0.2mol/L），$MnSO_4$（0.1mol/L），$KMnO_4$（0.01mol/L），$FeCl_3$（0.1mol/L），$CoCl_2$（0.1mol/L），$NiSO_4$（0.1mol/L），$(NH_4)_2Fe(SO_4)_2$（0.1mol/L），$K_4[Fe(CN)_6]$（0.1mol/L），$K_3[Fe(CN)_6]$（0.1mol/L），Na_2SO_3（0.1mol/L），KSCN（0.1mol/L），KSCN（s），$NaBiO_3$（s），MnO_2（s），$(NH_4)_2Fe(SO_4)_2 \cdot 6H_2O$（s），溴水，乙醚（或戊醇），丙酮，丁二酮肟，去离子水。

3. 材料：淀粉-KI试纸。

四、实验步骤

1. Cr(Ⅲ)、Mn(Ⅱ)、Fe(Ⅱ)、Co(Ⅱ)、Ni(Ⅱ)氢氧化物的生成、酸碱性和还原性

(1) $Cr(OH)_3$ 的生成和酸碱性　取6滴0.1mol/L $CrCl_3$ 溶液，逐滴加入2mol/L NaOH溶液，观察产物的颜色和状态。将沉淀分为两份，一份加入2mol/L HCl，另一份加入过量的2mol/L的NaOH溶液。观察现象，写出反应方程式。

(2) $Mn(OH)_2$ 的生成和性质　在3支试管中各加入3滴0.1mol/L $MnSO_4$ 溶液，加2mol/L NaOH溶液至大量沉淀生成为止(不要过量!)，观察产物的颜色和状态。用2mol/L HCl溶液和2mol/L NaOH溶液迅速检验 $Mn(OH)_2$ 的酸碱性，第3支试管在空气中摇荡，观察沉淀颜色变化并解释现象。

(3) $Fe(OH)_2$ 的生成和性质　在一支试管中加入2mL去离子水和几滴2mol/L H_2SO_4 溶液，煮沸以除走空气，冷却后加入少量 $(NH_4)_2Fe(SO_4)_2 \cdot 6H_2O$ 晶体使其溶解。在另一支试管中加入1 mL 2mol/L NaOH溶液，煮沸以除走空气，冷却后用长滴管吸取NaOH溶液，迅速插入 $(NH_4)_2Fe(SO_4)_2$ 溶液底部慢慢挤出，观察现象。振荡后分成3份，其中两份用于检验产物的酸碱性，第3份放置在空气中，观察现象，写出反应方程式。

(4) $Co(OH)_2$ 的生成和性质　在3支试管中各加入几滴0.1mol/L $CoCl_2$ 溶液，再逐滴加入2mol/L NaOH溶液，观察现象。离心分离，倾出上层清液，检验两支试管中沉淀的酸碱性，并将第3支试管放置在空气中，观察现象，写出反应方程式。

(5) $Ni(OH)_2$ 的生成和性质　用0.1mol/L $NiSO_4$ 溶液代替 $CoCl_2$ 溶液，重复实验(4)。

2. Fe(Ⅲ)、Co(Ⅲ)、Ni(Ⅲ)氢氧化物的生成和氧化性

(1) $Fe(OH)_3$ 的生成和性质　在一支试管中加入10滴0.1mol/L $FeCl_3$ 溶液，滴加2mol/L NaOH溶液，观察现象。然后加入浓盐酸，并用淀粉-KI试纸

检查是否有气体逸出。

(2) CoO(OH)的生成和性质　在一支试管中加入 10 滴 0.1mol/L $CoCl_2$ 溶液和几滴 3% H_2O_2 溶液，再滴加 2mol/L NaOH 溶液，振荡试管，观察现象。离心分离，弃去清液，然后向沉淀中滴加浓 HCl，并用淀粉-KI 试纸检查是否有气体逸出。写出反应方程式。

(3) NiO(OH)的生成和性质　用 0.1mol/L $NiSO_4$ 溶液代替 $CoCl_2$ 溶液，用溴水代替 H_2O_2 溶液，重复实验(2)。

通过上述实验，比较 $Fe(OH)_2$、$Co(OH)_2$、$Ni(OH)_2$ 还原性的强弱和 $Fe(OH)_3$、CoO(OH)、NiO(OH)氧化性的强弱。

3. 铬重要化合物的性质

(1) Cr(Ⅲ)的还原性及 Cr^{3+} 的鉴定　取 3 滴 0.1mol/L $CrCl_3$ 溶液，然后逐滴加入 6mol/L NaOH 至过量，再滴加 3 滴 3% H_2O_2 溶液，微热至溶液呈浅黄色。待试管冷却后，加入 10 滴乙醚，然后慢慢加入 6mol/L HNO_3 酸化，振荡，观察乙醚层的颜色，写出反应方程式。此反应为 Cr^{3+} 的鉴定反应。

(2) Cr(Ⅳ)的氧化性　在一支装有 5 滴 0.2mol/L $K_2Cr_2O_7$ 溶液的试管中，加入 5 滴 1mol/L H_2SO_4，然后滴加 0.1mol/L Na_2SO_3 溶液数滴，观察溶液颜色的变化并写出反应方程式。

(3) CrO_4^{2-} 和 $Cr_2O_7^{2-}$ 的相互转化　在 5 滴 0.2mol/L $K_2Cr_2O_7$ 溶液中，先加少许 6mol/L NaOH 溶液，再加 1mol/L H_2SO_4 至溶液呈酸性，观察溶液颜色的变化并写出反应方程式。

4. 锰重要化合物的性质

(1) Mn(Ⅱ)的还原性及 Mn^{2+} 的鉴定　取 5 滴 0.1mol/L $MnSO_4$ 溶液，加入数滴 6mol/L HNO_3，然后加入少量 $NaBiO_3$ 固体，振荡，离心沉降，观察上层清液颜色。此反应为 Mn^{2+} 的鉴定反应。

(2) MnO_2 的生成和性质　取几滴 0.01mol/L $KMnO_4$ 溶液，逐滴加入 0.1mol/L $MnSO_4$ 溶液，观察是否有沉淀生成。

(3) MnO_4^{2-} 的生成和性质　取 10 滴 0.01mol/L $KMnO_4$ 溶液和 5 滴 40% NaOH 溶液，然后加入少量 MnO_2 固体，微热，观察溶液颜色的变化。离心分离，观察上层清液的颜色。用吸管取出上层清液，加 6mol/L H_2SO_4 酸化，观察溶液颜色的变化和沉淀的析出。

(4) MnO_4^- 还原产物和介质的关系　参考实验六中实验步骤 5(1)。

5. 铁、钴、镍的其他配合物与离子鉴定

(1) Fe(Ⅲ)的鉴定　取几滴 0.1mol/L $K_4[Fe(CN)_6]$ 溶液，然后滴加 0.1mol/L $FeCl_3$ 溶液，观察产物的颜色和状态。写出反应方程式。此反应为 Fe^{3+} 的鉴定反应之一。

(2) Fe(Ⅱ)的鉴定　取几滴 0.1mol/L $K_3[Fe(CN)_6]$ 溶液，然后滴加 0.1mol/L $(NH_4)_2Fe(SO_4)_2$ 溶液，观察产物的颜色和状态。写出反应方程式。

此反应为 Fe^{2+} 的鉴定反应。

(3) Co(Ⅱ)的鉴定　取几滴 0.1mol/L $CoCl_2$ 溶液，加入少量 KSCN 晶体，再加入几滴丙酮，观察水相和有机相的颜色。写出反应方程式。此反应为 Co^{2+} 的鉴定反应。

(4) Ni(Ⅱ)的鉴定　取几滴 0.1mol/L $NiSO_4$ 溶液，滴加 2mol/L $NH_3 \cdot H_2O$ 溶液，再加入 2 滴丁二酮肟溶液，观察沉淀的颜色。写出反应方程式。此反应为 Ni^{2+} 的鉴定反应。

五、数据记录与处理

实验步骤	实验现象	反应方程式、解释和结论

六、注意事项

1. 在制取易被空气氧化的氢氧化物时，应先分别将盐溶液和 NaOH 溶液煮沸，赶尽其中氧气，操作应迅速，待观察到低价氢氧化物颜色后，再加酸、碱或进行摇动。

2. K_2MnO_4 存在于强碱溶液中，实验中要保证溶液足够的碱度，并且由于实验制得的 K_2MnO_4 溶液碱性较强，所以酸化选用的酸浓度应稍大些。

3. $KMnO_4$ 在酸性介质中被还原成 Mn^{2+}（近无色），如得到棕色溶液，说明溶液的酸度不够。

4. 在鉴定 Co^{2+} 的实验中，加入的是固体 KSCN，而不是 KSCN 溶液，否则没有现象或不明显。

七、思考题

1. 实验室常用的洗液是 $K_2Cr_2O_7$ 和浓 H_2SO_4 的混合物，用久后会变绿，为什么？

2. 氧化剂是否可将 Mn(Ⅱ)氧化为 MnO_4^-？在由 $Mn^{2+} \rightarrow MnO_4^{2-}$ 的反应中，应如何控制 Mn(Ⅱ)的用量？为什么？

3. 在制取 $Fe(OH)_2$ 溶液时，所用的去离子水和 NaOH 溶液为什么都需要煮沸以赶去空气？

4. 在 $CoCl_2$ 溶液中逐滴加入 NaOH 溶液，开始生成蓝色沉淀，之后会转变为粉红色沉淀，试解释此现象。

5. 试设计实验方案分离与鉴定混合离子 Fe^{3+}、Co^{2+}、Ni^{2+} 和 Cr^{3+}，图示分离和鉴定步骤，写出现象和相关的反应方程式。

实验十二　ds 区金属元素化合物的性质

一、实验目的

1. 掌握铜、银、锌、镉、汞氢氧化物或氧化物的酸碱性。

2. 掌握铜、银、锌、镉、汞硫化物的生成与溶解性。

3. 熟悉铜、银、锌、镉、汞的配位能力及常见配合物。

4. 掌握Cu(Ⅱ)与Cu(Ⅰ)之间、Hg(Ⅱ)与Hg(Ⅰ)之间的转化反应及其条件。

5. 学习Cu^{2+}、Ag^{+}、Zn^{2+}、Cd^{2+}、Hg^{2+}的鉴定方法。

二、实验原理

铜和银元素属于周期系第ⅠB族元素，价层电子构型分别为$3d^{10}4s^{1}$和$4d^{10}5s^{1}$。锌、镉、汞属于周期系第ⅡB族元素，价层电子构型为$(n-1)d^{10}ns^{2}$。铜、锌、镉、汞元素的常见氧化值一般为+2，银元素主要形成氧化值为+1的化合物。铜和汞还能形成氧化值为+1的化合物。

$Zn(OH)_2$是两性氢氧化物。$Cu(OH)_2$两性偏碱，能溶于较浓的NaOH溶液。$Cd(OH)_2$是碱性氢氧化物。$Cu(OH)_2$不太稳定，加热或放置而脱水变成CuO。银和汞的氢氧化物很不稳定，极易脱水变成相应的氧化物。

Cu^{2+}、Ag^{+}、Zn^{2+}、Cd^{2+}、Hg^{2+}与饱和H_2S溶液反应，均能形成相应的硫化物。ZnS能溶于稀盐酸中。CdS不溶于稀盐酸，但溶于浓盐酸中。CuS和Ag_2S溶于浓硝酸中。HgS只能溶于王水中。

Cu^{2+}、Ag^{+}、Zn^{2+}、Cd^{2+}与适量氨水反应生成氢氧化物或氧化物，而后溶于过量氨水生成氨配合物。但是Hg^{2+}与过量氨水反应时，在没有大量NH_4^{+}存在的情况下并不生成氨配离子。

Cu^{2+}、Ag^{+}、Hg^{2+}具有一定的氧化性。例如，Cu^{2+}能与I^{-}反应生成CuI和I_2；$[Cu(OH)_4]^{2-}$和$[Ag(NH_3)_2]^{+}$都能被醛类或某些糖类还原，分别生成Cu_2O和单质Ag；$HgCl_2$与$SnCl_2$的反应用于Hg^{2+}或Sn^{2+}的鉴定。

水溶液中Cu^{+}很不稳定，容易歧化为Cu^{2+}和单质Cu。但是Cu(Ⅰ)的配合物在水溶液中能稳定存在，不易发生歧化反应。

Hg_2^{2+}在水溶液中较稳定，不易歧化为Hg^{2+}和单质Hg。但是Hg_2^{2+}与氨水、饱和H_2S或KI溶液反应生成难溶于水的亚汞盐，见光或受热容易歧化为Hg(Ⅱ)化合物和单质Hg。

Hg^{2+}与过量KI溶液反应生成$[HgI_4]^{2-}$配离子，$[HgI_4]^{2-}$的强碱性溶液称为“奈斯勒试剂”，可用于鉴定NH_4^{+}。

三、仪器与试剂

1. 仪器：试管，试管架，点滴板，离心管，电动离心机，水浴锅。

2. 试剂：H_2SO_4(2mol/L)，盐酸(2mol/L，6mol/L，浓)，HNO_3(2mol/L，浓)，HAc(2mol/L)，H_2S(饱和)，NaOH(2mol/L，6mol/L，40%)，$NH_3 \cdot H_2O$(2mol/L，6mol/L)，$Na_2S_2O_3$(0.1mol/L)，$CuSO_4$(0.1mol/L)，$CuCl_2$(1mol/L)，$AgNO_3$(0.1mol/L)，$ZnSO_4$(0.1mol/L)，$Zn(NO_3)_2$(0.1mol/L)，$CdSO_4$(0.1mol/L)，$Cd(NO_3)_2$(0.1mol/L)，$Hg(NO_3)_2$(0.1mol/L)，$Hg_2(NO_3)_2$(0.1mol/L)，$SnCl_2$(0.1mol/L)，KI(0.1mol/L)，$K_4[Fe(CN)_6]$(0.1mol/L)，

NH_4Cl(1mol/L)，葡萄糖溶液(10%)，二苯硫腙的 CCl_4 溶液，铜屑，去离子水。

四、实验步骤

1. Cu(Ⅱ)、Ag(Ⅰ)、Zn(Ⅱ)、Cd(Ⅱ)、Hg(Ⅱ)氢氧化物或氧化物的生成与酸碱性

(1) Cu(Ⅱ)、Zn(Ⅱ)、Cd(Ⅱ)氢氧化物的生成与酸碱性　向3支试管中分别加入6滴0.1mol/L $CuSO_4$、$ZnSO_4$、$CdSO_4$ 溶液，然后滴加2mol/L NaOH溶液至大量沉淀生成为止(不要过量!)，观察产物的颜色和状态。将各试管中的沉淀分成两份，一份加2mol/L H_2SO_4 溶液，另一份继续滴加2mol/L NaOH溶液(若不溶，再加6mol/L NaOH溶液)。观察现象，比较三者有何不同，写出反应方程式。

(2) Ag_2O 的生成与酸碱性　取6滴0.1mol/L $AgNO_3$ 溶液，滴加2mol/L NaOH溶液，观察产物的颜色和状态。洗涤并离心分离，将沉淀分成两份，一份加入2mol/L HNO_3 溶液，另一份加入2mol/L $NH_3 \cdot H_2O$ 溶液。观察现象，写出反应方程式。

(3) HgO的生成与酸碱性　取6滴0.1mol/L $Hg(NO_3)_2$ 溶液，滴加2mol/L NaOH溶液，观察产物的颜色和状态。洗涤并离心分离，将沉淀分成两份，一份加入2mol/L HNO_3 溶液，另一份加入40% NaOH溶液。观察现象，写出反应方程式。

2. Zn(Ⅱ)、Cd(Ⅱ)、Hg(Ⅱ)硫化物的生成与溶解性

往3支试管中分别加入2滴0.1mol/L 的 $Zn(NO_3)_2$、$Cd(NO_3)_2$、$Hg(NO_3)_2$溶液，然后滴加饱和 H_2S 溶液，观察现象。洗涤并离心分离，将沉淀分成3份，一份加入2mol/L盐酸，另一份加入6mol/L盐酸，第3份加入王水(自行配制)，分别水浴加热，观察沉淀的溶解情况。

3. Cu(Ⅱ)、Ag(Ⅰ)、Zn(Ⅱ)、Cd(Ⅱ)、Hg(Ⅱ)配合物的生成与性质

(1) 氨合物的生成与性质　向4支试管中分别加入3滴0.1mol/L的 $CuSO_4$、$Zn(NO_3)_2$、$Cd(NO_3)_2$ 和 $Hg(NO_3)_2$ 溶液，然后各逐滴加入2mol/L $NH_3 \cdot H_2O$溶液(不要过量)，观察沉淀的颜色。继续加入过量的2mol/L $NH_3 \cdot H_2O$溶液(若不溶，再加6mol/L $NH_3 \cdot H_2O$ 溶液)，观察现象，写出反应方程式。

(2) Ag(Ⅰ)配合物的生成与性质　制取少量的AgCl沉淀，分别盛于两支试管中。一份逐滴加入2mol/L $NH_3 \cdot H_2O$ 溶液，另一份逐滴加入0.1mol/L $Na_2S_2O_3$ 溶液，观察沉淀的溶解情况。类似方法检验AgBr和AgI在 $NH_3 \cdot H_2O$ 和 $Na_2S_2O_3$ 溶液中的溶解情况。根据实验结果比较AgX的溶解情况。

(3) Hg(Ⅱ)配合物的生成与性质　取2滴0.1mol/L $Hg(NO_3)_2$ 溶液，逐滴加入0.1mol/L KI溶液，观察沉淀的颜色；继续加入过量的0.1mol/L KI溶液，观察现象。然后加几滴40% NaOH溶液，即制得奈斯勒试剂。在点滴板上加1

滴 1mol/L NH_4Cl 溶液，再加 1～2 滴自制的奈斯勒试剂，观察现象，写出反应方程式。此反应为 NH_4^+ 的鉴定反应。

4. Cu(Ⅱ)、Ag(Ⅰ)、Hg(Ⅱ)的氧化性

(1) Cu(Ⅱ)的氧化性与 Cu_2O 的生成　取 1mL 0.1mol/L $CuSO_4$ 溶液，滴加 6mol/L NaOH 溶液至生成的蓝色沉淀刚好溶解，得到深蓝色澄清溶液。然后再加入 1mL 10%葡萄糖溶液，摇匀，加热煮沸几分钟，观察现象。将沉淀离心分离、洗涤，然后分成两份：一份加入 2mol/L H_2SO_4 溶液，静置片刻，观察沉淀的变化；另一份加入 6mol/L $NH_3 \cdot H_2O$ 溶液，振荡，静置片刻，观察溶液的颜色。解释现象，写出反应方程式。

(2) Cu(Ⅱ)的氧化性与 CuCl 的生成　取少量铜粉于试管中，加入 10 滴 1mol/L $CuCl_2$ 溶液和 3 滴浓盐酸，加热煮沸至溶液呈土黄色(绿色完全消失)，继续加热，直至溶液呈近无色。迅速将溶液倒入另一支盛有约 50ml 去离子水的烧杯中(注意剩余的铜粉不要倒入)，观察白色沉淀的生成。在两支试管中分别加入 6mol/L $NH_3 \cdot H_2O$ 和浓盐酸溶液，用滴管插入烧杯底部吸取少量 CuCl 沉淀，分别插入 $NH_3 \cdot H_2O$ 和浓盐酸溶液底部，观察现象，写出反应方程式。

(3) 银氨溶液的生成与 Ag(Ⅰ)的氧化性　在一支干净的试管中加入 1mL 0.1mol/L $AgNO_3$ 溶液，滴加 2mol/L $NH_3 \cdot H_2O$ 溶液至生成的沉淀刚好溶解，加入 2 mL 10% 葡萄糖溶液，水浴加热片刻，观察现象。然后倒掉溶液，加入 2mol/L HNO_3 溶液，观察银镜是否溶解，写出反应方程式。

(4) Hg(Ⅱ)的氧化性　取 2 滴 0.1mol/L $Hg(NO_3)_2$ 溶液，逐滴加入 0.1mol/L $SnCl_2$ 溶液至过量，观察现象，注意沉淀颜色的变化。写出反应方程式。此反应为 Hg(Ⅱ)的鉴定反应。

5. 铜、锌的其他配合物与离子鉴定

(1) Cu(Ⅱ)的鉴定　在点滴板上加 1 滴 0.1mol/L $CuSO_4$ 溶液，再加 1 滴 2mol/L HAc 溶液和 1 滴 0.1mol/L $K_4[Fe(CN)_6]$溶液，观察产物的颜色和状态。洗涤并离心分离，加入 6mol/L $NH_3 \cdot H_2O$ 溶液，观察现象，写出反应方程式。

(2) Zn(Ⅱ)的鉴定　取 2 滴 0.1mol/L $Zn(NO_3)_2$ 溶液，加 5 滴 6mol/L NaOH 溶液，再加 10 滴二苯硫腙的 CCl_4 溶液，边滴加边振荡，静置后观察水层和 CCl_4 层的颜色变化。写出反应方程式。

五、数据记录与处理

实验步骤	实验现象	反应方程式、解释和结论

六、注意事项

1. 银镜试验使用的试管必须洗涤干净，这是试验成功的关键。加热只能水浴不能用火焰直接加热。

2. 实验中生成的含 $Ag(NH_3)_2^+$ 溶液应及时处理，不可久置。因为溶液放置较久，容易析出易爆炸的黑色物质 Ag_3N 沉淀。

3. 试验中使用的饱和 H_2S 溶液具有臭味和毒性，而且制备也不方便，一般可用硫代乙酰胺(CH_3CSNH_2)的水溶液代替。

七、思考题

1. 在制取银镜时，为什么先由 $AgNO_3$ 溶液制得 $Ag(NH_3)_2^+$ 溶液，然后再用甲醛还原，如果用还原剂直接还原 $AgNO_3$ 能否制得银镜，为什么？

2. 用 $K_4[Fe(CN)_6]$溶液鉴定 Cu^{2+} 的反应在中性或弱酸性条件下进行，若加入 $NH_3 \cdot H_2O$ 或 NaOH 溶液会发生什么反应？

3. 试液中 Fe^{3+} 的存在会干扰 Cu^{2+} 的鉴定，如何排除 Fe^{3+} 的干扰？

4. 试设计方案分离和鉴定下列各组离子：(1) Cu^{2+}、Ag^+、Fe^{3+}；(2)Zn^{2+}、Cd^{2+}、Ba^{2+}。

实验十三　常见阳离子未知液的定性分析

一、实验目的

1. 熟悉一些常见阳离子的性质并熟悉其鉴定反应。

2. 了解混合阳离子分离与鉴定的原理和方法。

二、实验原理

常见的阳离子大约有20余种。在阳离子的鉴定反应中，相互干扰的情况比较多，很少能采用分别分析法，大都需要采用系统分析法。一般利用阳离子的某些共性先将它们分成几组，然后再根据其个性进行个别检出。

经典的阳离子分组法是硫化氢系统分析法，根据硫化物的溶解度不同将阳离子分成五组(表3-6)。此方法的优点是系统性强，分离方法比较严密；不足之处是组试剂 H_2S、$(NH_4)_2S$ 有臭味并有毒，分析步骤也比较繁杂。在分析已知混合阳离子体系时，如果能用别的方法分离干扰离子，则最好不用或少用硫化氢系统。常用的非硫化氢系统的离子分离方法主要利用氯化物、硫酸盐是否沉淀，氢氧化物是否具有两性，以及它们能否生成氨配合物等。

表3-6　常见阳离子的分组

分组根据	硫化物不溶于水			硫化物溶于水	
	稀酸中形成硫化物沉淀		稀酸中不形成硫化物沉淀	碳酸盐不溶	碳酸盐易溶
	氯化物不溶	氯化物易溶			
离子	Ag^+、Hg_2^{2+}、(Pb^{2+})	Pb^{2+}、Cu^{2+}、Cd^{2+}、Hg^{2+}、Bi^{3+}、Sn^{2+}、Sn^{4+}、As(Ⅲ、Ⅴ)、Sb(Ⅲ、Ⅴ)	Fe^{3+}、Fe^{2+}、Al^{3+}、Cr^{3+}、Mn^{2+}、Zn^{2+}、Co^{2+}、Ni^{2+}	Ca^{2+}、Sr^{2+}、Ba^{2+}	K^+、Na^+、NH_4^+、Mg^{2+}

分组根据	硫化物不溶于水			硫化物溶于水	
	稀酸中形成硫化物沉淀		稀酸中不形成硫化物沉淀	碳酸盐不溶	碳酸盐易溶
	氯化物不溶	氯化物易溶			
组别	盐酸组	硫化氢组	硫化铵组	碳酸铵组	可溶组
组试剂及主要条件	适量稀 HCl 溶液	0.3mol/L HCl 溶液通 H_2S	NH_4Cl + $NH_3 \cdot H_2O$ 溶液通 H_2S	NH_4Cl+ $NH_3 \cdot H_2O$ 溶液，再加 $(NH_4)_2CO_3$	

绝大多数金属的氯化物易溶于水，只有 AgCl、Hg_2Cl_2、$PbCl_2$ 难溶；AgCl 可溶于 $NH_3 \cdot H_2O$；$PbCl_2$ 的溶解度较大且易溶于热水，在 Pb^{2+} 浓度大时才析出沉淀。

绝大多数硫酸盐易溶于水，只有 Ca^{2+}、Sr^{2+}、Ba^{2+}、Pb^{2+}、$Hg_2{}^{2+}$ 的硫酸盐难溶于水；$CaSO_4$ 的溶解度较大，只有当 Ca^{2+} 浓度很大时才析出沉淀；$PbSO_4$ 可溶于 NH_4Ac。

能形成两性氢氧化物的金属离子有 Al^{3+}、Cr^{3+}、Zn^{2+}、Pb^{2+}、Sb^{3+}、Sn^{2+}、Sn^{4+}、Cu^{2+}；在这些离子溶液中，加入适量 NaOH 溶液时，出现相应的氢氧化物沉淀；加入过量的 NaOH 溶液后，又会溶解成多羟基配离子；其中 $Cu(OH)_2$ 的酸性较弱，溶于碱时需要加入浓 NaOH 溶液。其他的金属离子，除 Ag^+、Hg^{2+}、$Hg_2{}^{2+}$ 加入 NaOH 生成氧化物沉淀外，其余均生成相应的氢氧化物沉淀。值得注意的是，$Fe(OH)_2$、$Mn(OH)_2$ 的还原性很强，在空气中极易被氧化成 $Fe(OH)_3$、$MnO(OH)_2$。

在 Ag^+、Cu^{2+}、Cd^{2+}、Zn^{2+}、Co^{2+}、Ni^{2+} 溶液中加入适量的 $NH_3 \cdot H_2O$ 时，形成相应的碱式盐或氢氧化物（Ag^+ 形成氧化物）沉淀，它们全溶于过量 $NH_3 \cdot H_2O$ 生成相应的氨配离子；其中 $[Co(NH_3)_6]^{2+}$ 易被空气氧化生成 $[Co(NH_3)_6]^{3+}$。其他的金属离子，除 $HgCl_2$ 生成 $HgNH_2Cl$、Hg_2Cl_2 生成 $HgNH_2Cl$ 和 Hg 外，绝大多数在加入氨水时生成相应的氢氧化物沉淀，并且不会溶于过量氨水。

许多过渡元素的水合离子具有特征的颜色，熟悉离子及某些化合物的颜色也会对离子的分析鉴定起辅助作用。

常见阳离子的鉴定反应参考无机化学理论课教材或其他实验教材。

三、仪器与试剂

1. 仪器：试管，离心试管，滴管，点滴板，离心机。

2. 试剂：HCl 溶液（2mol/L，6mol/L），H_2SO_4（2mol/L），HNO_3（2mol/L，6mol/L），HAc（6mol/L），NaOH（2mol/L，6mol/L），$NH_3 \cdot H_2O$（2mol/L，6mol/L，浓），KSCN（0.1mol/L），KI（0.1mol/L），K_2CrO_4（0.1mol/L），$K_4[Fe(CN)_6]$（0.1mol/L），Na_2CO_3（0.5mol/L，饱和），Na_2S（0.1mol/L），NaAc（3mol/L），EDTA（饱和），NH_4Ac（3mol/L），NH_4Cl（3mol/L），

$(NH_4)_2S$(6mol/L)，$(NH_4)_2CO_3$(饱和)，$SnCl_2$(0.1mol/L)，$HgCl_2$(0.1mol/L)，$NaBiO_3$(s)，KSCN(s)，H_2O_2(3%)，乙醇(95%)，戊醇，丙酮，CCl_4，奈斯勒试剂，丁二酮肟，二苯硫腙。

四、实验步骤

1. 向教师领取混合阳离子未知液，设计试验方案，分析鉴定未知液中所含的阳离子。

2. 给出鉴定结果，写出鉴定步骤及相关的反应方程式。

五、注意事项

1. 为了提高分析结果的准确性，防止离子的"过度检出"及"失落"，应进行"空白实验"和"对照实验"。"空白试验"是以去离子水代替试液，而"对照试验"是用已知含有被检验离子的溶液代替试液，在同样条件下进行试验。

2. 混合离子分离过程中，为使沉淀老化需要加热，加热方法最好采用水浴加热。

3. 每步获得沉淀后，都要将沉淀用少量带有沉淀剂的稀溶液或去离子水洗涤1～2次。

六、思考题

1. 如果未知液呈碱性，哪些离子可能不存在？

2. 用沉淀方法分离混合离子时，如何检验离子的沉淀是否完全？

实验十四 常见阴离子未知液的定性分析

一、实验目的

1. 熟悉一些常见阴离子的性质并掌握其鉴定反应。

2. 了解混合阴离子分离与鉴定的原理和方法。

二、实验原理

常见的重要阴离子主要有 Cl^-、Br^-、I^-、NO_3^-、NO_2^-、SO_4^{2-}、SO_3^{2-}、$S_2O_3^{2-}$、S^{2-}、PO_4^{3-}、CO_3^{2-} 等。由于受酸碱性、氧化还原性等的限制，很多阴离子不能共存于同一溶液中。共存于溶液中的各离子彼此干扰较少，且许多阴离子有特征反应，因此大多数阴离子分析都可采用分别分析法。只有少数相互有干扰的离子才采用系统分析法，适当地进行掩蔽或分离，如 Cl^-、Br^-、I^-；SO_3^{2-}、$S_2O_3^{2-}$、S^{2-} 等。在进行混合阴离子的分析时，一般先对试剂进行一系列初步试验，分析并初步确定可能存在的阴离子，然后根据离子性质的差异和特征反应进行分离鉴定。

初步试验包括挥发性试验、沉淀试验、氧化还原试验等。先用 pH 试纸及稀 H_2SO_4 加之闻味进行挥发性试验；然后利用 1mol/L 的 $BaCl_2$ 及 0.1mol/L 的 $AgNO_3$ 进行沉淀试验；最后利用 0.01mol/L 的 $KMnO_4$、I_2-淀粉、KI-淀粉溶液进行氧化还原试验。每种阴离子与以上试剂反应的情况见表 3-7。根据初步试验结果，可以综合推断可能有哪些阴离子存在，然后对可能存在的阴离子进行个别鉴定。常见阴离子的个别鉴别方法参考无机化学理论课程教材或其他实验教材。

表 3-7　阴离子的初步试验

试剂 / 阴离子	稀 H_2SO_4	$BaCl_2$（中性或弱碱性）	$AgNO_3$（稀 HNO_3）	I_2-淀粉（稀硫酸）	$KMnO_4$（稀硫酸）	KI-淀粉（稀硫酸）
Cl^-			白色沉淀		褪色①	
Br^-			淡黄色沉淀		褪色	
I^-			黄色沉淀		褪色	
NO_3^-						
NO_2^-	气体				褪色	变蓝
SO_4^{2-}		白色沉淀				
SO_3^{2-}	气体	白色沉淀		褪色	褪色	
$S_2O_3^{2-}$	气体	白色沉淀②	溶液或沉淀③	褪色	褪色	
S^{2-}	气体		黑色沉淀	褪色	褪色	
PO_4^{3-}		白色沉淀				
CO_3^{2-}	气体	白色沉淀				

① 当溶液中 Cl^- 浓度大，溶液酸性强时，$KMnO_4$ 才褪色。

② $S_2O_3^{2-}$ 的量大时生成 BaS_2O_3 白色沉淀。

③ $S_2O_3^{2-}$ 的量大时生成 $[Ag(S_2O_3)_2]^{3-}$ 无色溶液，$S_2O_3^{2-}$ 与 Ag^+ 的量适中时生成 $Ag_2S_2O_3$ 白色沉淀，并很快分解，颜色由白→黄→棕→黑，最后产物为 Ag_2S。

三、仪器与试剂

1. 仪器：试管，离心试管，滴管，点滴板，煤气灯，离心机，水浴锅。

2. 试剂：HCl 溶液（6mol/L），H_2SO_4（2mol/L，浓），HNO_3（2mol/L，6mol/L，浓），HAc(2mol/L，6mol/L)，$NH_3 \cdot H_2O$(2mol/L)，$Ba(OH)_2$（饱和），$KMnO_4$（0.01mol/L），KI（0.1mol/L），$K_4[Fe(CN)_6]$（0.1mol/L），$NaNO_2$（0.1mol/L），$BaCl_2$（1mol/L），$Na_2[Fe(CN)_5NO]$（1%，新配），$(NH_4)_2CO_3$（12%），$AgNO_3$（0.1mol/L），$(NH_4)_2MoO_4$ 溶液，Ag_2SO_4（0.02mol/L），Zn 粉，$PbCO_3$(s)，$FeSO_4 \cdot 7H_2O$(s)，尿素，Cl_2 水（饱和），I_2 水（饱和），CCl_4，淀粉溶液。

3. 材料：pH 试纸。

四、实验步骤

1. 向教师领取混合阴离子未知液，设计试验方案，分析鉴定未知液中所含的阴离子。

2. 给出鉴定结果，写出鉴定步骤及相关的反应方程式。

五、注意事项

1. 为了提高分析结果的准确性，防止离子的“过度检出”及“失落”，应进行

“空白试验”和“对照试验”。

2. 若某些离子在鉴定时发生相互干扰，应先分离后鉴定。例如 S^{2-} 的存在将干扰 SO_3^{2-} 和 $S_2O_3^{2-}$ 的鉴定，应先将 S^{2-} 除去。除去的方法是在含有 S^{2-}，SO_3^{2-}，$S_2O_3^{2-}$ 的混合溶液中，加入 $PbCO_3$ 或 $CdCO_3$ 固体，使它们转化为溶解度更小的硫化物而将 S^{2-} 分离出去，在清液中分别鉴定 SO_3^{2-}，$S_2O_3^{2-}$ 即可。

六、思考题

1. 鉴定 NO_3^- 时，怎样除去 NO_2^-，Br^-，I^- 的干扰？

2. 鉴定 SO_4^{2-} 时，怎样除去 SO_3^{2-}，$S_2O_3^{2-}$，CO_3^{2-} 的干扰？

3. 在 Cl^-，Br^-，I^- 的分离鉴定中，为什么用12%的$(NH_4)_2CO_3$ 将 AgCl 与 AgBr 和 AgI 分离开？

实验十五　由粗食盐制备试剂级氯化钠

一、实验目的

1. 学习利用溶解度的差异分离、提纯无机物的方法。

2. 掌握加热、溶解、过滤、蒸发、结晶和干燥等基本操作。

3. 学习食盐中 Ca^{2+}、Mg^{2+}、SO_4^{2-} 的定性检验方法。

二、实验原理

一般粗食盐中含有泥沙等不溶性杂质及钙、镁、钾的卤化物和硫酸盐等可溶性杂质。将粗食盐溶于水后，用过滤的方法可以除去不溶性杂质。Ca^{2+}、Mg^{2+}、SO_4^{2-}、CO_3^{2-} 等可溶性杂质可以通过选用合适的化学试剂使之转化为难溶沉淀物，再过滤除去。由于加热升温后 KCl 的溶解度比 NaCl 大，蒸发浓缩后仍保留在母液中，趁热减压过滤即可获得大部分 NaCl。有关的化学方程式如下：

$$Ba^{2+}+SO_4^{2-} = BaSO_4(s)$$

$$2Mg^{2+}+2CO_3^{2-}+H_2O = Mg_2(OH)_2CO_3(s)+CO_2(g)$$

$$Ca^{2+}+CO_3^{2-} = CaCO_3(s)$$

$$Ba^{2+}+CO_3^{2-} = BaCO_3^{2-}(s)$$

三、仪器与试剂

1. 仪器：托盘天平，烧杯，量筒，普通漏斗，漏斗架，真空泵，吸滤瓶，布氏漏斗，三脚架，石棉网，蒸发皿，酒精灯，铁夹，铁圈。

2. 试剂：粗食盐，HCl 溶液(2mol/L)，NaOH 溶液(2mol/L)，$NaCO_3$ 溶液(20%)，$BaCl_2$ 溶液(1mol/L)，$(NH_4)_2C_2O_4$ 溶液(0.5mol/L)，镁试剂。

3. 材料：滤纸，pH 试纸。

四、实验步骤

1. 氯化钠的精制

(1) 溶解粗食盐　在托盘天平上称取 20.0g 粗食盐，放入 100mL 烧杯中，再加入 65 mL 水，加热并搅拌使其溶解。

(2) 除去 SO_4^{2-} 离子　在煮沸的食盐水溶液中，边搅拌边逐滴加入 1mol/L $BaCl_2$ 溶液，要求将溶液中全部的 SO_4^{2-} 转化为 $BaSO_4$ 沉淀。待观察不到明显的沉淀生成时，停止加热。取 2mL 溶液于离心管中，离心分离，向上层清液中滴加 1 滴 $BaCl_2$ 溶液，如果仍为清液，无沉淀生成，则表明 SO_4^{2-} 已沉淀完全；反之，则需继续往烧杯中滴加适量的 $BaCl_2$ 溶液，并将溶液煮沸。如此反复检查，直至 SO_4^{2-} 沉淀完全为止，记录所用 $BaCl_2$ 溶液的量。然后用小火加热 3～5 min，以使沉淀颗粒长大而便于过滤。趁热用普通漏斗常压过滤，保留滤液。

(3) 除去 Ca^{2+}、Mg^{2+}、Ba^{2+} 等离子　将滤液加热至沸并维持微沸，边搅拌边滴加 20% Na_2CO_3 溶液，使 Ca^{2+}、Mg^{2+}、Ba^{2+} 都转化为难溶碳酸盐或碱式碳酸盐沉淀。按前述方法检查 Ca^{2+}、Mg^{2+}、Ba^{2+} 是否沉淀完全，当不再产生沉淀时，记录 Na_2CO_3 溶液的用量。待沉淀完全后，继续小火加热 5min，用普通漏斗进行二次常压过滤，保留滤液。

(4) 除去多余的 CO_3^{2-}　往滤液中逐滴加入 2mol/L HCl，充分搅拌，至 pH 试纸检测溶液呈酸性(pH＝4～5)，记录所用 HCl 溶液的体积。

(5) 蒸发浓缩、减压过滤　将上述溶液转移至蒸发皿中，放于泥三角上用小火加热，蒸发浓缩至溶液呈稠粥状为止，切勿将溶液蒸干。趁热进行减压过滤，将 NaCl 结晶尽量抽干。

(6) 干燥　再将制备的 NaCl 晶体转移到有柄蒸发皿中，在石棉网上用小火加热，用玻璃棒不停翻炒，以防结块。待无水蒸气逸出后，再用大火烘炒数分钟，得到洁白、松散的 NaCl 晶体。自然冷却，称重，计算产率。

2. 产品纯度的检验

称取粗食盐和提纯后的精盐各 1g，分别溶于 5mL 去离子水中，然后各分盛于 3 支试管中。用下述方法对照检验它们的纯度。

(1) SO_4^{2-} 的检验　加入 2 滴 1mol/L $BaCl_2$ 溶液，观察有无白色的 $BaSO_4$ 沉淀生成。

(2) Ca^{2+} 的检验　加入 2 滴 0.5mol/L $(NH_4)_2C_2O_4$ 溶液，稍等片刻，观察有无白色的 CaC_2O_4 沉淀生成。

(3) Mg^{2+} 的检验　加入 2～3 滴 2mol/L NaOH 溶液，使溶液呈碱性，再加入几滴镁试剂，如有蓝色沉淀生成，表示有 Mg^{2+} 离子存在。

五、注意事项

1. 蒸发浓缩结晶时不能将溶液蒸干。

2. 产品干燥前尽量要将 NaCl 结晶抽干。

六、思考题

1. 为什么首先要把不溶性杂质与 SO_4^{2-} 一起除去？为什么要将硫酸钡过滤掉后才加碳酸钠？

2. 为什么在粗盐提纯过程中加氯化钡和碳酸钠后，均要加热至沸？

3. 在蒸发浓缩结晶时为什么不能将溶液蒸干？

实验十六　硝酸钾的制备和提纯

一、实验目的

1. 学习使用复分解反应制备盐类及利用温度对物质溶解度的影响进行分离的方法。

2. 熟悉溶解、热过滤、减压过滤、结晶等操作，掌握使用重结晶法提纯物质的原理和操作。

二、实验原理

硝酸钾为无色斜方晶体或白色粉末，易溶于水，不溶于乙醇，在空气中不易潮解，为强氧化剂，与有机物接触能引起燃烧和爆炸。硝酸钾是一种重要的无机化工原料，主要应用于火药、焰火、玻璃制品、陶瓷制品、计算机和彩电玻壳等行业。硝酸钾在农业上是一种优良的无氯二元钾肥。

本实验以 $NaNO_3$ 和 KCl 为原料，采用复分解法来制备硝酸钾，其反应如下：

$$NaNO_3 + KCl \rightleftharpoons NaCl + KNO_3$$

该反应是可逆的，利用温度对产物 KNO_3 和 NaCl 溶解度影响的不同，将二者分离出来，并使反应不断向右进行。

由表 3-8 中数据可以看出，反应体系中 4 种盐的溶解度在不同温度下的差别是非常显著的：氯化钠的溶解度随温度变化不大，而硝酸钾的溶解度随温度的升高却迅速增大。因此，将一定量的固体硝酸钠和氯化钾在较高温度溶解后加热浓缩时，由于氯化钠的溶解度增加很少，随着溶剂水的减少，氯化钠首先达到饱和而析出；硝酸钾的溶解度增加很多，达不到饱和，所以不会析出。因此，通过热过滤即可除去氯化钠。然后将此滤液冷却至室温，硝酸钾因溶解度急剧下降而大量析出，过滤后可得到含少量氯化钠等杂质的硝酸钾粗产品。再经过重结晶提纯，可得硝酸钾纯品。

表 3-8　KNO_3、KCl、NaCl、$NaNO_3$ 在不同温度下的溶解度（g/100g 水）

温度	0℃	10℃	20℃	30℃	40℃	60℃	80℃	100℃
KNO_3	13.3	20.9	31.6	45.8	63.9	110.0	169	246
KCl	27.6	31.0	34.0	37.0	40.0	45.5	51.1	56.7
$NaNO_3$	73	80	88	96	104	124	148	180
NaCl	35.7	35.8	36.0	36.3	36.6	37.3	38.4	39.8

硝酸钾产品中的杂质氯化钠利用氯离子和银离子生成氯化银白色沉淀来检验。

三、仪器与试剂

1. 仪器：烧杯（100mL、250mL），量筒（10mL、50mL），托盘天平，温度计（200℃），热滤漏斗，布氏漏斗，吸滤瓶，酒精灯，石棉网，三脚架，玻璃棒。

2. 试剂：KCl，$NaNO_3$，$AgNO_3$(0.1mol/L)，HNO_3(2mol/L)。

四、实验步骤

1. 硝酸钾的制备

(1) 在托盘天平上称取 10g $NaNO_3$ 和 8.5g KCl 固体，放入 100mL 烧杯中，加入 20mL 蒸馏水。将盛有原料的烧杯放在石棉网上用酒精灯加热，并不断搅拌，至杯内固体全溶，记下烧杯中液面的位置。当溶液沸腾时用温度计测溶液此时的温度，并记录。

(2) 继续加热并不断搅拌溶液，NaCl 逐渐析出，当加热至杯内溶液剩下原有体积的 2/3 时，趁热用热过滤漏斗过滤或减压抽滤(布氏漏斗在沸水中或烘箱中预热)。

(3) 将滤液转移至烧杯中，并用 5mL 热的蒸馏水分数次洗涤吸滤瓶，洗液转入盛滤液的烧杯中。自然冷却至室温后，再用冰-水浴冷却至 10℃以下，即有大量晶体析出，观察晶体状态。用减压抽滤将 KNO_3 晶体尽量抽干，得到的产品为粗产品，称量。

2. 用重结晶法提纯粗产品

除保留绿豆粒大小的粗产品供纯度检验外，按粗产品∶水＝2∶1(质量比)的比例，将粗产品溶于蒸馏水中。然后用小火加热，搅拌，待晶体全部溶解后停止加热。待溶液冷却至室温后，再用冰-水浴冷却至 10℃以下，即有大量晶体析出，抽滤得到纯度较高的硝酸钾晶体，称量。

3. 产品纯度检验

分别取绿豆粒大小的粗产品和一次重结晶得到的产品，放入两支小试管中，各加入 2mL 蒸馏水配成溶液。溶液中分别滴入 1 滴 2mol/L HNO_3 溶液酸化，再各滴入 0.1mol/L $AgNO_3$ 溶液 2 滴，观察现象。进行对比，重结晶后的产品溶液应为澄清。若重结晶后的产品中仍然检验出含氯离子，则产品应再次重结晶。

五、注意事项

1. 实验步骤第 1 步(2)中若采用减压过滤，一定要趁热快速减压抽滤，这就要求布氏漏斗在沸水中或烘箱中预热。

2. 实验步骤第 1 步(3)中需要自然冷却至室温，不要骤冷，以防结晶过于细小而过滤损失。

六、思考题

1. 何谓重结晶？本实验都涉及哪些基本操作？应注意什么？

2. 溶液沸腾后为什么温度高达 100℃以上？

3. 如果 KNO_3 中混有 $NaNO_3$ 或 KCl 时，该如何进行提纯？

实验十七　硫代硫酸钠的制备

一、实验目的

1. 学习制备硫代硫酸钠的原理和方法。

2. 掌握蒸发、浓缩、结晶、抽滤等基本操作。

二、实验原理

硫代硫酸钠是比较重要的硫代硫酸盐，俗称“海波”，又名“大苏打”，是无色透明单斜晶体，易溶于水，不溶于乙醇，具有较强的还原性和配位能力，在纺织和造纸工业中作脱氯剂，在医药行业中作急救解毒剂。

制备硫代硫酸钠方法有许多种，其中亚硫酸钠法是工业和实验室中的主要方法。亚硫酸钠溶液在沸腾温度下与硫粉反应，可制得硫代硫酸钠。

$$Na_2SO_3 + S + 5H_2O = Na_2S_2O_3 \cdot 5H_2O$$

经过煮沸、脱色、抽滤、浓缩结晶、干燥等即可得该产品。

$Na_2S_2O_3 \cdot 5H_2O$ 于 40～45℃熔化，48℃分解，因此，在浓缩过程中要注意不能蒸发过度。

三、仪器与试剂

1. 仪器：烧杯，抽滤瓶，布氏漏斗，蒸发皿，石棉网，点滴板，试管，电炉或酒精灯，循环水真空泵，离心机。

2. 试剂：无水亚硫酸钠，硫粉，$AgNO_3$(0.1mol/L)，KBr(0.1mol/L)，碘水(0.05mol/L)，95%工业乙醇，活性炭。

四、实验步骤

1. 硫代硫酸钠的制备

称取无水亚硫酸钠 6g 于 250mL 烧杯中，加 30mL 水溶解，再加入已用 1mL 95%工业乙醇润湿的 2g 硫粉并充分搅拌均匀，在放有石棉网的电炉或酒精灯上小火煮沸至硫粉大部分溶解(煮沸过程中要不停地搅拌，并要注意补充蒸发掉的水分)，停止加热。待溶液稍冷却后加 1g 活性炭，加热煮沸 2～3min。趁热过滤，将滤液放在蒸发皿中，在 90℃水浴锅中蒸发浓缩至液面有一层(点)薄膜为止。冷却至室温，有结晶析出。如冷却时间较长，仍无结晶析出，可加入一颗硫代硫酸钠晶体作为晶种，促使晶体析出。抽滤，用滤纸吸干晶体表面上的水分后，称重，计算产率。

2. 硫代硫酸钠定性检验

(1) 于点滴板的一个孔穴中，放入一粒硫代硫酸钠晶体，加几滴去离子水使之溶解，再加两滴 0.1mol/L $AgNO_3$，观察现象，写出反应方程式。

(2) 在加入 1mL 去离子水的试管中，放入一粒硫代硫酸钠晶体，使之溶解，滴加 2 滴 0.05mol/L 碘水，观察现象，写出反应方程式。

(3) 在离心试管中加入 10 滴 0.1mol/L $AgNO_3$，再加入 10 滴 0.1mol/L KBr，离心分离，弃去上清液。另取少量硫代硫酸钠晶体于试管中，加 1mL 去离子水使之溶解，倒入装有 AgBr 沉淀的离心试管中，观察现象，写出反应方程式。

五、注意事项

1. 在蒸发、浓缩时要用水浴，尽量不用酒精灯或电炉。

2. 使用电炉时，不要直接放在操作台上。

六、思考题

1. 在硫代硫酸钠的制备中哪种试剂稍有过量，为什么？加入乙醇的目的是什么？为什么要加入活性炭？

2. 蒸发、浓缩硫代硫酸钠溶液时，为什么不能蒸得太干？硫代硫酸钠晶体一般只能在 40～50℃干燥，温度太高会出现什么现象？

实验十八　硫酸四氨合铜(Ⅱ)的制备

一、实验目的

1. 了解硫酸四氨合铜(Ⅱ)的制备方法。

2. 学习无机配合物的制备、结晶和提纯的方法，并熟练掌握溶解、过滤、洗涤、蒸馏等基本操作。

二、实验原理

本制备实验主要是采用 $CuSO_4$ 与氨水反应，先生成天蓝色 $Cu_2(OH)_2SO_4$ 沉淀，当氨水过量时生成深蓝色硫酸四氨合铜(Ⅱ)。其主要反应式为：

$$Cu^{2+} + SO_4^{2-} + 4NH_3 + H_2O \Longrightarrow [Cu(NH_3)_4]SO_4 \cdot H_2O$$

由于硫酸四氨合铜(Ⅱ)在加热过程中很容易失去氨，所以不宜选用常规的蒸发浓缩方法来制备晶体。通常析出硫酸四氨合铜(Ⅱ)晶体的方法主要有两种：

(1) 向 $CuSO_4$ 溶液中通入过量氨气，再加入一定量 Na_2SO_4 晶体，使晶体析出；

(2) 向 $CuSO_4$ 溶液中加入浓氨水，再加入浓乙醇溶液，利用硫酸四氨合铜(Ⅱ)晶体在乙醇中的溶解度远小于水中的溶解度的性质，使晶体析出。

相比之下，方法(1)直接使用氨气，操作较为困难，且对环境造成污染，因此本实验采用方法(2)。

硫酸四氨合铜(Ⅱ)为蓝色正交晶系晶体，易溶于水但难溶于乙醇，相对密度是 1.81，熔点是 150℃(分解)。该配合物属中度稳定的晶体，常温下在空气中易与水和二氧化碳反应，生成铜的碱式盐，使晶体变成绿色的粉末。在高温下分解成硫酸铵、氧化铜和水。硫酸四氨合铜晶体在工业上用途广泛，常用作杀虫剂、媒染剂，在碱性镀铜中也常用作电镀液的主要成分。

采用化学分析方法对产物进行定性分析。将产物配成溶液，向其中加入过量的 $BaCl_2$ 溶液中，若生成白色沉淀，表示有 SO_4^{2-} 存在。Cu^{2+} 与 $K_4[Fe(CN)_6]$ 在中性或弱酸性介质中反应，生成红棕色 $Cu_2[Fe(CN)_6]$ 沉淀，可以判断 Cu^{2+} 处于配合物的内层还是外层。

三、仪器与试剂

1. 仪器：托盘天平，石棉网，电炉，水浴锅，布氏漏斗，抽滤瓶，真空泵，烧杯，试管，滤纸，胶头滴管，表面皿，玻璃棒。

2. 试剂：$NH_3 \cdot H_2O$（浓，6mol/L），95%乙醇，$BaCl_2$（1.0mol/L），HCl（2mol/L），$K_4[Fe(CN)_6]$（0.1mol/L），$CuSO_4$（0.1mol/L），NaOH（10%，2mol/L），H_2SO_4（2mol/L），Na_2S（0.1mol/L），$CuSO_4 \cdot 5H_2O$(s)。

四、实验步骤

1. 硫酸四氨合铜(Ⅱ)的制备

称取4.0g $CuSO_4 \cdot 5H_2O$于100mL烧杯中，加入15mL水，水浴加热使之溶解，待完全溶解后，冷却至室温。分多次向$CuSO_4$溶液中加入浓$NH_3 \cdot H_2O$，每次加入数毫升，并不断搅拌，使溶液混合均匀，直至最初生成的沉淀(即为碱式盐)完全溶解为止，再加$NH_3 \cdot H_2O$稍过量1～2mL，此时Cu^{2+}在溶液中全部以配离子$Cu(NH_3)_4{}^{2+}$形式存在，观察溶液颜色。减压过滤，去除溶液中可能含有的不溶物。将得到的滤液转移到烧杯中，再向其中缓慢加入15mL 95%乙醇，可观察到部分深蓝色晶体沉积在杯壁。盖上表面皿静置15min，此时杯壁上析出大量深蓝色的$[Cu(NH_3)_4]SO_4 \cdot H_2O$晶体。用玻璃棒把结晶搅起，立即减压过滤，用5mL 95%乙醇分两次洗涤沉淀，在60℃左右烘干。观察产物颜色，称重并计算产率。

2. 产物的定性分析

(1) SO_4^{2-}的鉴定　取少量产物于试管中，并向其中加入去离子水溶解，再加入几滴1.0mol/L $BaCl_2$溶液，观察有无沉淀生成。

(2) Cu^{2+}的鉴定　取少量产物于一试管中，并向其中加入去离子水溶解，取另一试管，加入少量0.1mol/L $CuSO_4$溶液。向两个试管中各加入5滴0.1mol/L $K_4[Fe(CN)_6]$溶液，观察现象。在装有产物溶液的试管中加入3滴2mol/L HCl溶液，再观察溶液颜色有何变化，解释实验现象。

(3) NH_3的鉴定　取少量产物于一试管中，并向其中加入去离子水溶解，取另一试管，加入少量的6mol/L $NH_3 \cdot H_2O$。分别微热两支试管，并用湿润的红色石蕊试纸放在试管口，观察试纸颜色的变化。在装有产物溶液的试管中加入少量10% NaOH溶液，微热，再观察试管口试纸颜色的变化，解释实验现象。

3. 产物的性质探究

(1) 取少量产物放在干净的表面皿上，放置在空气中，观察产物的颜色和状态的变化。

(2) 取少量产物加入去离子水配成溶液：

① 取一试管中加入几滴试液，再滴加2mol/L H_2SO_4溶液，观察现象。写出反应方程式。

② 取一试管中加入几滴试液，再滴加2mol/L NaOH溶液，观察现象。加热煮沸溶液，观察溶液的变化。继续加热，观察现象。写出反应方程式。

③ 取一试管中加入几滴试液，再滴加0.1mol/L Na_2S溶液，观察现象。写出反应方程式。

五、注意事项

1. 浓$NH_3 \cdot H_2O$要保证浓度和用量，否则实验会失败。

2. $[Cu(NH_3)_4]SO_4 \cdot H_2O$ 易吸收空气中的二氧化碳与水造成变质，注意密封保存。

六、思考题

1. 制备$[Cu(NH_3)_4]SO_4 \cdot H_2O$时，加95%乙醇的作用是什么？

2. 如何测定$[Cu(NH_3)_4]SO_4 \cdot H_2O$中$Cu^{2+}$、$NH_3$和$SO_4^{2-}$的含量？

实验十九　无机颜料铁黄的制备

一、实验目的

1. 了解用亚铁盐制备氧化铁黄的原理和方法。

2. 熟练掌握恒温水浴加热的方法、溶液 pH 值的调节、沉淀的洗涤、结晶的干燥和减压过滤等基本操作。

二、实验原理

氧化铁黄又称羟基铁(简称铁黄)，化学分子式为$Fe_2O_3 \cdot H_2O$或$FeO(OH)$，呈黄色粉末状，是化学性质比较稳定的碱性氧化物，不溶于碱而微溶于酸，在热的浓盐酸中可完全溶解。热稳定性较差，加热至150～200℃时开始脱水，当温度升至270～300℃时迅速脱水变为铁红(Fe_2O_3)。

本实验制取铁黄采用湿法亚铁盐氧化法，另外，空气中的O_2也参与氧化。氧化反应必须升温，温度控制在80～85℃，溶液的 pH 值为4.0～4.5。氧化反应方程式为：

$$4FeSO_4 + + 6H_2O = 4FeO(OH)\downarrow + 4H_2SO_4$$

$$6FeSO_4 + KClO_3 + 9H_2O = 6FeO(OH)\downarrow + 6H_2SO_4 + KCl$$

反应过程中，沉淀的颜色变化为灰绿→墨绿→红棕→淡黄。

三、实验仪器与试剂

1. 仪器：恒温水浴槽，台秤，循环水泵。

2. 试剂：$(NH_4)_2Fe(SO_4)_2 \cdot 6H_2O$，$KClO_3$，NaOH，$BaCl_2$，pH 试纸。

四、实验步骤

称取 5.0g $(NH_4)_2Fe(SO_4)_2 \cdot 6H_2O$，放于 100mL 的烧瓶中，加水 10mL，在水浴中加热至20～25℃，搅拌溶解(有部分晶体不溶)，不断观察反应过程中溶液颜色的变化。

取 0.2g $KClO_3$倒入上述溶液中，搅拌后检验溶液的 pH 值。将恒温水浴的温度升至80～85℃，加热90～120min。不断地滴加 2mol/L 的 NaOH 溶液，至溶液 pH 值为4.0～4.5。

因可溶盐难于洗净，故对最后生成的淡黄色颜料要用60℃左右的水洗涤，至溶液中无SO_4^{2-}，减压蒸馏滤液，弃去母液，将黄色的颜料滤渣转移至蒸发皿中，加热烘干，称其重量，并计算产率。

五、数据记录与处理

1. 描述所得铁黄的颜色和性状。

2. 计算铁黄的产率。

六、注意事项

1. 滴加 NaOH 至溶液 pH 值为 4.0～4.5 时，每加入一滴碱液都要测 pH 值。

2. 检验溶液中无 SO_4^{2-} 时，需用自来水做空白测试，用 $BaCl_2$ 检验、确定。

七、思考题

1. 为何制备铁黄要用水浴加热？

2. 简练且准确地归纳出由亚铁盐制备铁黄的原理及反应的条件。

实验二十　由软锰矿制备高锰酸钾(固体碱熔氧化法)

一、实验目的

1. 学习碱熔法由二氧化锰制备 $KMnO_4$ 的基本原理和操作方法。

2. 学会熔融、浸取等操作方法。

3. 巩固过滤、结晶和重结晶等基本操作。

4. 掌握锰的各种氧化态之间的相互转化关系。

二、实验原理

二氧化锰在较强的氧化剂存在下与碱共熔时，可被氧化成锰酸钾：

$$3MnO_2+KClO_3+6KOH = 3K_2MnO_4+KCl+3H_2O$$

熔块由水浸取后，随着溶液碱性的降低，水溶液中的 MnO_4^{2-} 不稳定，易发生歧化反应。一般在弱碱性或中性介质中，歧化反应的趋势较小，反应速率也较慢。但在弱酸性介质中，MnO_4^{2-} 易发生歧化反应，生成 MnO_4^- 和 MnO_2。如向含有锰酸钾的溶液中通入二氧化碳气体，可生成高锰酸钾：

$$3K_2MnO_4+2CO_2 = 2KMnO_4+MnO_2\downarrow+2K_2CO_3$$

然后减压过滤除去 MnO_2，将溶液浓缩即可析出暗紫色的针状高锰酸钾晶体。

三、仪器和试剂

1. 仪器：铁坩埚，启普发生器，坩埚钳，泥三角，布氏漏斗，烘箱，蒸发皿，烧杯(250mL)，表面皿。

2. 试剂：MnO_2，KOH，$KClO_3$，$CaCO_3$，Na_2SO_3，工业盐酸，8 号铁丝。

四、实验步骤

1. MnO_2 的熔融氧化

称取 2.5g $KClO_3$ 固体和 5.2g KOH 固体，放入铁坩埚中，用铁棒将物料混合均匀。将铁坩埚放在泥三角上，小火加热，边加热边搅拌，使混合物熔融。取 3g MnO_2 固体分多次，小心地加入熔融物中。待反应物干涸后，提高温度，强热 5min，得到墨绿色的 K_2MnO_4 熔融物，用铁棒捣碎、冷却。

2. 浸取

将铁坩埚侧放于盛有100mL水的250mL烧杯中，小火加热，直至熔融物全部溶解为止，用坩埚钳小心取出坩埚。

3. K_2MnO_4 歧化

向上述得到的热浸取液中通入 CO_2 气体，至 K_2MnO_4 歧化完全，抽滤。

4. 结晶

滤液转移至蒸发皿中，蒸发浓缩至表面析出 $KMnO_4$ 晶膜为止，自然冷却结晶，抽滤并抽干。

5. 晶体干燥

将晶体放入干燥的表面皿内(已称重)。放入烘箱中(温度以80℃为宜，注意不能超过240℃)干燥半小时，冷却至室温，称量并计算产率。

6. 纯度分析

采用滴定法测定 $KMnO_4$ 含量。先配制一定量一定体积的 $KMnO_4$ 溶液，再配制 $H_2C_2O_4$ 标准溶液，用 $KMnO_4$ 溶液滴定 $H_2C_2O_4$ 溶液，滴定终点颜色由无色变为粉红色且30s内不褪色即可。

五、数据记录与处理

1. 描述得到的 $KMnO_4$ 晶体的颜色和性状。

2. 计算 $KMnO_4$ 的产率。

六、注意事项

1. 将 MnO_2 加入熔融物时，需注意防止火星外溅。随着熔融物黏度的增大，要用力加快搅拌速度，以防止结块或粘在坩埚壁上。

2. K_2MnO_4 歧化完全的检验方法：用玻璃棒沾取少许溶液点在滤纸上，如滤纸只有紫红色痕迹无绿色痕迹，表明反应已进行完全，此时pH值在10～11之间。

七、思考题

1. 为什么碱熔融时要用铁坩埚，而不用瓷坩埚？

2. 过滤 $KMnO_4$ 溶液，为什么要用瓷性漏斗，而不能用滤纸？

3. 除往 K_2MnO_4 浸取液中通 CO_2 来制取 $KMnO_4$ 外，还可以用哪些其他的方法？通过试验，进行比较讨论。

实验二十一　由钛铁矿制备二氧化钛(酸溶浸取法)

一、实验目的

1. 了解用硫酸分解钛铁矿制备二氧化钛的原理和方法。

2. 了解钛盐的性质。

3. 掌握无机制备中的部分操作。

二、实验原理

TiO_2 为白色粉末，无毒，难溶于水和弱酸，微溶于碱，易溶于热的浓

H_2SO_4 和氢氟酸，热稳定性好，是重要的白色颜料。

钛铁矿的主要成分为 $FeTiO_3$，杂质主要为镁、锰、钒、铬、铝等。由于这些杂质的存在，以及一部分铁(Ⅱ)在风化过程中转化为铁(Ⅲ)而失去，所以二氧化钛的含量变化范围较大，一般为50%左右。

在160～200℃时，过量的浓硫酸与钛铁矿发生下列反应：

$$FeTiO_3+2H_2SO_4 \longrightarrow TiOSO_4+FeSO_4+2H_2O$$

$$FeTiO_3+3H_2SO_4 \longrightarrow Ti(SO_4)_2+FeSO_4+3H_2O$$

该反应是放热反应，反应一开始便进行得很剧烈。

用水浸取分解产物，这时钛和铁以 $TiSO_4$ 和 $FeSO_4$ 的形式进入溶液，此外，部分 $Fe_2(SO_4)_3$ 也进入溶液。将溶液冷却至0℃以下，便有大量的 $FeSO_4 \cdot 7H_2O$ 晶体析出。剩下的 Fe^{2+} 可以在水洗偏钛酸时除去。因此，需在浸出液中加入金属铁粉，把 Fe^{3+} 完全还原为 Fe^{2+}。适当过量的铁粉可以把少量的 TiO^{2+} 还原为 Ti^{3+}，以保护 Fe^{2+} 不被氧化，有关的电极电势如下：

$$Fe^{2+}+2e \longrightarrow Fe \qquad E^{\ominus}=-0.45V$$

$$Fe^{3+}+e \longrightarrow Fe^{2+} \qquad E^{\ominus}=+0.77V$$

$$TiO^{2+}+2H^{+}+e \longrightarrow Ti^{3+}+H_2O \qquad E^{\ominus}=+0.10V$$

为了使 $TiOSO_4$ 在高酸度下水解，可先取一部分上述 $TiOSO_4$ 溶液，使其水解并分散为偏钛酸溶液，以此作为沉淀的凝聚中心，与其余的 $TiSO_4$ 溶液一起，加热至沸腾使其水解，即得偏钛酸沉淀。该过程主要反应为：

$$TiOSO_4+2H_2O \longrightarrow H_2TiO_3+H_2SO_4$$

将偏钛酸在800～1000℃灼烧，即得二氧化钛。反应原理为：

$$H_2TiO_3 \longrightarrow TiO_2+H_2O$$

三、仪器与试剂

1. 仪器：烧杯，蒸发皿，布氏漏斗，循环水泵。

2. 试剂：钛铁矿，铁粉，H_2SO_4（稀，2mol/L）。

四、实验步骤

1. 硫酸分解钛铁矿

称取25g钛铁矿粉（300目，含 TiO_2 约50%），放入有柄蒸发皿中，加入20mL浓 H_2SO_4，搅拌均匀后放在沙浴中加热并不停地搅拌，观察反应物的变化。从110℃升温至200℃①②，用温度计测量反应物的温度，观察不同温度时反应物的变化。在200℃左右加热约0.5h，同时不断搅动以防结成大块，最后移出沙浴，冷却至室温。

2. 硫酸溶矿的浸取

将产物转入烧杯中，加入60mL约50℃的温水，此时溶液温度有所升高，搅拌至产物全部分散为止，保持体系温度不得超过70℃，浸取时间为1h，以免 $TiOSO_4$ 水解。然后用玻璃砂漏斗抽滤，滤渣用10mL水洗涤一次，溶液体积保持在70mL，观察滤液的颜色。[如何证实浸取液中有Ti(Ⅳ)化合物存在?]

3. 除去主要杂质铁

往浸取溶液中加入适量铁粉，并不断搅拌至溶液变为紫黑色（Ti^{3+}）为止，立即用布氏漏斗抽滤，滤液用冰盐水冷却至0℃以下，即可观察到有 $FeSO_4 \cdot 7H_2O$ 晶体析出，再冷却一段时间后，进行抽滤，回收 $FeSO_4 \cdot 7H_2O$。

4. 钛盐水解

将上述实验中得到的浸取液，取出1/5的体积，在不停地搅拌下逐滴加入到约400mL的沸水中；继续煮沸约10～15min后，再慢慢加入其余全部浸取液；再继续煮沸约0.5h后（应适当补充水至原体积），静置沉降，先用倾析法除去上层水，再用热的稀 H_2SO_4（2mol/L）洗两次，并用热水冲洗沉淀，直至检查不出 Fe^{2+} 为止，用布氏漏斗抽滤，得偏钛酸。

5. 煅烧

把偏钛酸放在瓷坩埚中，先小火烘干后大火烧至不再冒白烟为止（亦可在马弗炉内850℃灼烧），冷却，即得白色二氧化钛粉末，称重并计算产率。

五、数据记录与处理

1. 描述得到的 TiO_2 的颜色和性状。

2. 计算 TiO_2 的产率。

六、注意事项

1. 当温度升至110～120℃时，反应物黏度增大，此时搅拌要用力。

2. 当温度上升到150℃时，反应剧烈进行，反应物迅速变稠变硬，这一过程几分钟内即可结束，此期间要大力搅拌，避免反应物凝固在蒸发皿上。

七、思考题

1. 如何检验 Fe^{2+}？

2. 温度对浸取产物有何影响？为什么温度要控制在75℃以下？

3. 实验中能否用其他金属来还原 Fe^{3+}？

4. 浸取硫酸溶矿时，加水的多少对实验有何影响？

实验二十二　四碘化锡的制备（非水溶剂法）

一、实验目的

1. 学习在非水溶剂中制备无水 SnI_4 的原理和方法。

2. 学习加热、回流等基本操作。

3. 了解 SnI_4 的某些化学性质。

二、实验原理

SnI_4 是橙红色的晶体，熔点416.5K，沸点613K，易溶于 CS_2、$CHCl_3$ 等有机溶剂，在冰醋酸中溶解度较小。根据 SnI_4 的特性可知，它不能在水中制备，但可在非水溶剂中制备，目前使用较多的是选择 CCl_4 或冰醋酸为合成溶剂。

本实验采用冰醋酸为溶剂，用金属锡和碘在冰醋酸和醋酸酐体系中直接合成

SnI_4。反应方程式为 $Sn+2I_2 \longrightarrow SnI_4$。

SnI_4 受潮易水解，易与 I^- 发生反应，是 SnI_4 的重要性质，反应方程式为：

$$SnI_4+H_2O \longrightarrow Sn(OH)_4\downarrow+4HI$$

$$SnI_4+2KI \longrightarrow K_2[SnI_6]$$

三、仪器和试剂

1. 仪器：圆底烧瓶(100mL)，水浴锅，球形冷凝管，抽滤瓶，布氏漏斗，托盘天平，酒精灯，石棉网，干燥管，循环水泵，烧杯，试管。

2. 试剂：I_2，锡箔，冰醋酸，醋酸酐，KI 饱和溶液，丙酮，氯仿。

四、实验步骤

1. SnI_4 的合成

(1) 将 0.5g 锡箔(表面应光亮并尽可能剪成细小的碎片)和 2.5g I_2 加入 100mL 干燥的圆底烧瓶中，再加入 30mL 冰醋酸和 30mL 醋酸酐，按图 3-3 装好冷凝管，用水冷却，水浴加热至混合物沸腾，约 1～1.5h，并保持回流状态。观察反应物颜色的变化，直到冷凝管中的回流柱由紫色变成红色，溶液由紫红色变成橙红色时，停止加热。

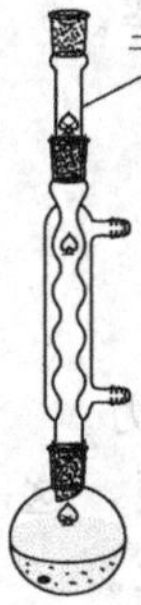

图 3-3 SnI_4 制备装置图

(2) 冷却混合物，即有橙红色晶体析出，抽滤。将抽滤所得的晶体再倒回圆底烧瓶中，加 30mL 氯仿进行重结晶，水浴加热回流溶解后，趁热抽滤，保留滤纸上的固体(为何物质?)。将滤液转移至蒸发皿中，置于通风橱内，待滤液中的氯仿挥发完全后，即得 SnI_4 橙红色晶体，称量，并计算产率。

2. 产品检验

(1) 确定 SnI_4 的最简式　称出滤纸上 Sn 的质量，根据 I_2 的用量和 Sn 的消耗量，计算其比值，确定 SnI_4 的最简式。

(2) SnI_4 的性质试验

① 取少量 SnI_4 于试管中，加入少量去离子水，观察现象。

② 取少量 SnI_4 溶于 5mL 丙酮中，把溶液分成两份，其中一份中加入几滴水，另外一份中加入相同体积的饱和 KI 溶液，观察现象并解释。

五、数据记录与处理

1. 计算 SnI_4 的产率，并通过计算确定 SnI_4 的最简式。

2. 记录 SnI_4 性质试验的现象及结论。

六、注意事项

1. 圆底烧瓶、冷凝管、干燥管、抽滤瓶、布氏漏斗、烧杯等均需完全干燥。

2. 接通冷凝管的水管时，应下进、上出。

3. 皮肤一旦接触 I_2、冰醋酸、醋酸酐，应及时洗涤。

4. 实验过程中应注意通风。

七、思考题

1. 在 SnI_4 合成中，选择 Sn 过量，试分析 Sn 过量有哪些优点？

2. 合成 SnI_4 所用仪器为什么要干燥？操作时为何要防止空气进入反应系统？

3. 是否能用与制备 SnI_4 相类似的方法制备 PbI_4？

实验二十三　硫酸亚铁铵的制备及纯度分析

一、实验目的

1. 了解复盐的一般特征及其制备方法。

2. 练习水浴加热、溶解、过滤、蒸发、结晶等基本操作。

3. 了解无机物制备的投料、产量、产率的有关计算。

4. 熟悉产品中杂质 Fe^{3+} 的定性分析法。

二、实验原理

1. 硫酸亚铁铵的制备

硫酸亚铁铵 $(NH_4)_2Fe(SO_4)_2\cdot 6H_2O$ 俗称摩尔盐，为浅绿色晶体。像所有的复盐一样，硫酸亚铁铵在水中的溶解度比组成它的任何一个组分 $FeSO_4$、$(NH_4)_2SO_4$ 的溶解度都小（见表 3-9）。因此，将含有 $FeSO_4$ 和 $(NH_4)_2SO_4$ 的溶液经蒸发浓缩、冷却结晶后，可得到硫酸亚铁铵晶体。

表 3-9　硫酸亚铁、硫酸铵、硫酸亚铁铵在水中的溶解度（$g/100g\ H_2O$）

温 度	$(NH_4)_2SO_4$	$FeSO_4\cdot 7H_2O$	$FeSO_4\cdot(NH_4)_2SO_4\cdot 6H_2O$
10℃	73.0	40.0	17.2
20℃	75.4	48.0	36.5
30℃	78.0	60.0	45.0
40℃	81.0	73.3	53.0

本实验采用铁屑与稀硫酸作用生成硫酸亚铁溶液：

$$Fe + H_2SO_4 = FeSO_4 + H_2(g)$$

然后在硫酸亚铁的溶液中加入硫酸铵，能生成溶解度较小的硫酸亚铁铵，加热浓缩，冷至室温，便可析出硫酸亚铁铵 $(NH_4)_2Fe(SO_4)_2\cdot 6H_2O$ 晶体：

$$FeSO_4 + (NH_4)_2SO_4 + 6H_2O = FeSO_4\cdot(NH_4)_2SO_4\cdot 6H_2O$$

硫酸亚铁铵是一种复盐，一般亚铁盐在空气中易被氧化，但形成复盐后就比较稳定，不易被氧化，因此在定量分析中常用来配制亚铁离子的标准溶液。

2. 目测比色法测定 Fe^{3+} 的含量

用目测比色法可半定量地判断产品中所含杂质的量。本实验根据 Fe^{3+} 能与 KSCN 生成血红色配合物的原理：

$$Fe^{3+} + nSCN^- = [Fe(SCN)_n]^{3-n}$$

Fe^{3+} 含量越高，血红色越深。因此，称取一定量制备的 $FeSO_4\cdot(NH_4)_2SO_4\cdot$

$6H_2O$ 晶体，在比色管中与 KSCN 溶液反应，制成待测溶液。将它所呈现的红色与含一定量 Fe^{3+} 所配制的标准溶液的红色进行比较，以确定产品的等级。

三、仪器与试剂

1. 仪器：抽滤瓶，布氏漏斗，锥形瓶，蒸发皿，移液管，容量瓶，水浴锅，比色管，滤纸，pH 试纸，温度计。

2. 试剂：Na_2CO_3（1mol/L），H_2SO_4（3mol/L），乙醇（95%），KSCN（25%），$K_3Fe(CN)_6$（0.1mol/L），$(NH_4)_2SO_4$(s)，铁屑。

四、实验步骤

1. 硫酸亚铁铵的制备

（1）铁屑的净化　称取 2g 铁屑，放入锥形瓶中，加入 20mL 1mol/L Na_2CO_3 溶液，在水浴上加热 10min，以除去铁屑表面的油污，用倾析法除去碱液，再用水把铁屑上碱液冲洗干净，以防止在加入 H_2SO_4 后产生 Na_2SO_4 晶体混入 $FeSO_4$ 中。

（2）硫酸亚铁的制备　往盛着铁屑的锥形瓶内加入 15mL 3mol/L H_2SO_4，盖上表面皿，在水浴上加热（温度控制在 70～80℃），直至不再有大量气泡冒出，表示铁屑与硫酸反应基本完成（反应过程中适当添加少量水，以补充蒸发掉的水分）。趁热减压过滤，将滤液转入 50mL 蒸发皿中。用去离子水洗涤残渣，用滤纸吸干后称其质量，计算出已反应的铁屑质量。

（3）硫酸亚铁铵的制备　根据已作用的铁的质量和反应式中的计量关系，计算出所需 $(NH_4)_2SO_4$。称取 $(NH_4)_2SO_4$ 固体，将其加入到（2）中所制得的 $FeSO_4$ 溶液中，在水浴上加热搅拌，使 $(NH_4)_2SO_4$ 全部溶解，调节 pH 值为 1～2，蒸发溶液，浓缩至表面出现一层晶膜为止，放置让其慢慢冷却，即得硫酸亚铁铵晶体。用减压过滤法除去母液，用少量无水乙醇洗去晶体表面所附着的水分，观察晶体的颜色和形状，最后称量，计算产率。

2. 产品的检验

（1）配制标准色阶　用移液管分别移取 Fe^{3+} 标准溶液 5.00mL、10.00mL、20.00mL 于比色管中，各加 1mL 3mol/L 的 H_2SO_4 和 1mL 25% 的 KSCN 溶液，再用新煮沸过放冷的蒸馏水将溶液稀释至 25mL，摇匀，即得到 Fe^{3+} 含量分别为 0.05mg（一级）、0.10mg（二级）和 0.20mg（三级）的三个等级的试剂标准液。

（2）Fe^{3+} 的限量分析　称取 1g 硫酸亚铁铵晶体，加入 25mL 比色管中，用 15mL 不含氧的蒸馏水（用烧杯将去离子水煮沸 5min，除去溶解的氧）溶解，再加 1mL 3mol/L H_2SO_4 和 1mL 25% KSCN 溶液，最后加入不含氧的蒸馏水，将溶液稀释到 25mL，摇匀，与标准溶液进行目视比色，确定产品的等级。

五、数据记录与处理

1. 制取硫酸亚铁铵的各步反应中加入的试剂用量：称取铁屑的质量________g，加入 3mol/L H_2SO_4 ________mL，计算出所需 $(NH_4)_2SO_4$ 的质量________g。

2. $(NH_4)_2Fe(SO_4)_2 \cdot 6H_2O$ 的实际产量________g，产率________。

3. 产品的外观________，产品级别________。

六、注意事项

1. 用 Na_2CO_3 溶液清洗铁屑、油污过程中，一定要不断地搅拌，以免暴沸烫伤人，并应补充适量水。

2. 在制备 $FeSO_4$ 时，水浴加热的温度不要超过 80℃，以免反应过于剧烈。

3. 硫酸亚铁溶液要趁热过滤，以免出现结晶。

4. 制备硫酸亚铁铵晶体时，溶液必须呈酸性，蒸发浓缩时不需要搅拌，不可浓缩至干。

七、思考题

1. 制备硫酸亚铁时，为什么要使铁过量？

2. 为什么制备硫酸亚铁铵时要保持溶液有较强的酸性？

3. 进行目测比色时，为什么用含氧较少的去离子水来配制硫酸亚铁铵溶液？

实验二十四　过氧化钙的制备和含量的测定

一、实验目的

1. 掌握过氧化钙的制备原理及操作方法。

2. 学习真空泵的使用及减压过滤的原理和方法。

3. 利用摩尔气体常数及分压定律计算物质的量。

二、实验原理

过氧化钙为淡黄色或白色粉末，常温下比较稳定，但超过 300℃可分解为氧气和氧化钙。难溶于水，可溶于稀酸，生成过氧化氢。它具有杀菌、防腐、解酸等作用，常用来作消毒剂和食品等添加剂。

过氧化钙可用氯化钙和过氧化氢及碱反应得到。在 150℃烘箱内干燥 0.5～1h 得到产物：

$$CaCl_2 + H_2O_2 + 2NH_3 \cdot H_2O + 6H_2O = CaO_2 \cdot 8H_2O + 2NH_4Cl$$

由于酸性条件下，过氧化钙生成过氧化氢，可用高锰酸钾定量分析过氧化钙的含量。也可在高温下，将过氧化钙分解为氧气，用摩尔气体常数来测定干燥的过氧化钙中氧气的含量，从而计算出过氧化钙的含量。

$$5CaO_2 + 2MnO_4^- + 16H^+ = 5Ca^{2+} + 2Mn^{2+} + 5O_2(g) + 8H_2O$$

$$2CaO_2 = 2CaO + O_2(g)$$

三、仪器与试剂

1. 仪器：试管，酒精灯，烧杯，托盘天平，过氧化钙含量测定装置，循环水真空泵，烧杯，抽滤瓶，布氏漏斗，烘箱，培养皿，电子分析天平。

2. 试剂：无水 $CaCl_2$，$NH_3 \cdot H_2O$，H_2O_2(30%)，$KMnO_4$(0.02mol/L)标准溶液，HCl(2mol/L)，$MnSO_4$(0.01mol/L)。

3. 材料：冰块。

四、实验步骤

1. 过氧化钙的制备

在托盘天平上称取 5g 无水 $CaCl_2$，置于 100mL 烧杯中，加入少量水溶解，加入浓度为 30% 的 H_2O_2 溶液，再边搅拌边滴加 5ml 浓 $NH_3 \cdot H_2O$，以防泡沫溅出。最后加 25mL H_2O，在冰水浴内放置 30min，然后减压过滤，用少量冰水洗涤晶体 2～3 次。晶体抽干后，取出置于烘箱内在 150℃ 下烘 30min。最后冷却、称重、计算产率。

2. 过氧化钙含量的测定

（1）利用摩尔气体常数测定 CaO_2 的含量　参照实验一“摩尔气体常数的测定”图 3-1 所示安装好实验装置。然后从量气管加水，检查系统是否漏气。如果漏气，就要检查接口处是否严密，直到装置不漏气为止。

将称量纸放入电子分析天平的秤盘上，准确称取 0.25g 左右粉末状无水 CaO_2。将称量纸对折，加入试管底部，旋转试管使 CaO_2 在试管内均匀地铺成薄层。把试管连接到量气管上，塞紧橡皮塞。把水准管的液面与量气管的液面调至同一水平面，记下量气管液面的初读数 V_1。

用酒精灯慢慢加热试管底部，CaO_2 逐渐分解放出氧气，量气管内的液面下降，水准管也随即相应地向下移动，以避免系统内外压差太大，保持与量气管的液面持平。待量气管内的液面不再下降，CaO_2 颜色变为块状灰白色，说明 CaO_2 已分解完全，停止加热。将试管冷却至室温，保持量气管与水准管的液面在同一水平面上，记下量气管内液面的读数 V_2。并记录实验时的温度 T 和大气压 p。此实验平行测定 2～3 次。

（2）用 $KMnO_4$ 标准溶液测定 CaO_2 含量　在电子分析天平上准确称取 0.15g 左右 CaO_2 产物，加入 50mL 蒸馏水和 5mL 6mol/L HCl。以下步骤同实验四十“高锰酸钾法测定双氧水中 H_2O_2 含量”。平行测定 2～3 次。

五、数据记录与处理

1. 产品 CaO_2 的外观______，产量______g，产率______%。

2. CaO_2 的含量分析：

实验序号	1	2	3
分解样品的质量 m/g			
量气管液面初读数 V_1/mL			
量气管液面终读数 V_2/mL			
氧气体积 $V(O_2)$/mL			
室温 T/K			
大气压力 p/Pa			

续表

实验序号	1	2	3
室温时水的饱和蒸汽压 $p(H_2O)/Pa$			
氧气分压 $p(O_2)/Pa$			
摩尔气体常数 $R/[J/(mol \cdot K)]$			
氧气物质的量 $n(O_2)/mol$			
CaO_2 的质量 $m(CaO_2)/g$			
CaO_2 的含量/%			

六、注意事项

1. 加入浓 $NH_3 \cdot H_2O$ 时一定要缓慢。

2. 酒精灯加热时要注意安全。

3. 清洗试管时要用稀盐酸泡一下。

4. CaO_2 一定要干燥的才能在酒精灯上加热。

七、思考题

1. 制备 CaO_2 时，为何边搅拌边加入浓 $NH_3 \cdot H_2O$？

2. 产物中的主要杂质是什么？如何提高产率？

3. 在用 $KMnO_4$ 标准溶液测定 CaO_2 含量中，为何不用稀 H_2SO_4 而用稀 HCl？

实验二十五　三草酸合铁(Ⅲ)酸钾的制备与组成测定

一、实验目的

1. 了解三草酸合铁(Ⅲ)酸钾的制备方法和物理化学性质。

2. 掌握水溶液中制备无机物的一般方法。理解制备过程中化学平衡原理的应用，学习确定配合物组成的基本原理和方法。

3. 综合训练溶解、沉淀、常压过滤、减压过滤、蒸发结晶、洗涤、干燥等无机合成的基本操作。

二、实验原理

目前，合成三草酸合铁(Ⅲ)酸钾的工艺路线有多种。例如可用铁为原料制得硫酸亚铁铵，加草酸钾制得草酸亚铁后经氧化制得三草酸合铁(Ⅲ)酸钾；亦可以三氯化铁或硫酸铁与草酸钾为原料直接合成三草酸合铁(Ⅲ)酸钾。本实验采用硫酸亚铁铵为原料，与草酸在酸性溶液中先制得草酸亚铁沉淀，然后再用草酸亚铁在草酸钾和草酸的存在下，以过氧化氢为氧化剂，得到铁(Ⅲ)的草酸配合物。其主要反应如下：

$$Fe^{2+} + C_2O_4^{2-} + 2H_2O \longrightarrow FeC_2O_4 \cdot 2H_2O(s，黄色)$$

$$2FeC_2O_4 \cdot 2H_2O + H_2O_2 + H_2C_2O_4 + 3K_2C_2O_4 \longrightarrow 2K_3[Fe(C_2O_4)_3] \cdot 3H_2O$$

通过改变反应液的溶剂极性或加少量盐析剂，即可析出目标产物$K_3Fe[(C_2O_4)_3] \cdot 3H_2O$晶体。

三草酸合铁(Ⅲ)酸钾为翠绿色晶体，易溶于水而难溶于乙醇等有机溶剂。三草酸合铁(Ⅲ)配离子是比较稳定的，稳定常数达10^{20}(25℃)。该配合物对光敏感，室温下光照变黄色，进行下列光化学反应：

$$2K_3[Fe(C_2O_4)_3] \xrightarrow{h\nu} 3K_2C_2O_4 + 2FeC_2O_4(\text{黄色}) + 2CO_2$$

三草酸合铁(Ⅲ)酸钾是制备负载型活性铁催化剂的主要原料，也是一些有机反应很好的催化剂，因而在工业上具有一定的应用价值。

三、仪器与试剂

1. 仪器：托盘天平，烧杯(100mL、250mL)，量筒(10mL、100mL)，布氏漏斗，抽滤瓶，表面皿，干燥器，烘箱。

2. 试剂：$(NH_4)_2Fe(SO_4)_2 \cdot 6H_2O(s)$，$H_2SO_4$(2mol/L)，$H_2C_2O_4$(1mol/L)，$K_2C_2O_4$(饱和)，$H_2O_2$(3%)，KSCN(0.1mol/L)，$CaCl_2$(0.5mol/L)，$FeCl_3$(0.1mol/L)，$Na_3[Co(NO_2)_6]$，乙醇(95%)。

四、实验步骤

1. 三草酸合铁(Ⅲ)酸钾的制备

(1) 溶解　在托盘天平上称取3.0g $H_2C_2O_4 \cdot 2H_2O$，放到100mL烧杯中，加入30mL去离子水，微热使其溶解。另外称取6.0g $(NH_4)_2Fe(SO_4)_2 \cdot 6H_2O$放入250mL烧杯中，加入1.5mL 2mol/L H_2SO_4和20mL去离子水，加热使其溶解。

(2) 沉淀　在上述溶液中加入事先配制好的1mol/L $H_2C_2O_4$溶液22mL，搅拌并加热煮沸，并保持沸腾5min。停止加热，静置，待黄色晶体$FeC_2O_4 \cdot 2H_2O$沉淀后，用倾析法弃去上层清液。用热去离子水洗涤该沉淀3次，以除去可溶性杂质。

(3) 氧化　在洗涤过的沉淀中加入15mL饱和$K_2C_2O_4$溶液，水浴加热至40℃，慢慢滴加20mL 3% H_2O_2溶液，不断搅拌溶液并维持温度在40℃左右，使Fe(Ⅱ)充分氧化为Fe(Ⅲ)，沉淀颜色转化为黄褐色。滴加完毕，加热溶液至沸，以去除过量的H_2O_2。

(4) 生成配合物　保持上述沉淀近沸状态，分两次加入8～9mL 1mol/L $H_2C_2O_4$溶液，第一次加入6mL，然后趁热滴加剩余的$H_2C_2O_4$溶液使沉淀溶解，溶液的pH值保持在4～5，此时溶液呈翠绿色(为什么分两次滴加?)，水浴加热浓缩至溶液体积为25～30mL。冷却后在暗处放置，即有翠绿色$K_3Fe[(C_2O_4)_3] \cdot 3H_2O$晶体析出。减压抽滤，少量乙醇洗涤(能否用水?)，称量，计算产率，并将产品置于干燥器内避光保存。

若反应溶液未达饱和，冷却时不能析出晶体，可以继续加热浓缩或加入5mL 95%乙醇水溶液，即可析出晶体。

2. 产品的定性分析

(1) K^+的鉴定　在试管中加入少量产物，用去离子水溶解，再加入 1mL $Na_3[Co(NO_2)_6]$溶液，放置片刻，观察现象。

(2) Fe^{3+}的鉴定　在试管中加入少量产物，用去离子水溶解。另取一试管加入少量 $FeCl_3$ 溶液。各加入 2 滴 0.1mol/L KSCN 溶液，观察现象。在装有产物溶液的试管中加入 3 滴 2mol/L H_2SO_4 溶液，再观察溶液颜色有何变化。

(3) $C_2O_4^{2-}$ 的鉴定　在试管中加入少量产物，用去离子水溶解。另取一试管加入少量 $K_2C_2O_4$ 溶液。各加入 2 滴 0.5mol/L $CaCl_2$ 溶液，观察实验现象有何不同。

3. 产品组成的定量分析

(1) 结晶水含量的测定　洗净两个称量瓶，在 110℃烘箱中干燥 1h，置于干燥器中冷却至室温，在分析天平上称量。然后放到 110℃烘箱中干燥 0.5h，即重复上述干燥-冷却-称量操作，直至质量恒定(两次称量相差不超过 0.3mg)为止。

在分析天平上准确称取两份产品各 0.5～0.6g，分别放入上述已恒重的两个称量瓶中。在 110℃烘箱中干燥 1h，然后置于干燥器中冷却至室温，在分析天平上称量。重复上述干燥-冷却-称量操作(干燥时间改为 0.5h)，直至质量恒定为止。根据称量结果计算产品中结晶水的含量。

(2) 草酸根含量的测定　准确称取样品两份各 0.15～0.20g，分别放入两个 5mL 锥形瓶中，加入 0.5mL H_2O 和 0.1mL 1mol/L H_2SO_4，用 0.1000mol/L $KMnO_4$标准溶液滴定。滴定时先用滴管加入 10 滴 $KMnO_4$ 标准溶液，然后加热溶液到 70～85℃，直至紫红色消失。再用 $KMnO_4$ 标准溶液滴定热溶液，直至微红色在 30s 内不消失。记下消耗的 $KMnO_4$ 标准溶液的总滴数，换算为体积。滴定后的溶液保留待用。

(3) 铁含量的测定　在上述滴定后的保留溶液中加锌粉还原，至黄色消失。加热 2～3min，使 Fe^{3+} 转变为 Fe^{2+}，抽滤，锌粉用水洗涤，滤液转入 5mL 锥形瓶中，再用 $KMnO_4$ 标准溶液滴定，直至微红色在 30s 内不消失。

重复测定产品中草酸根和铁的含量各一次。根据消耗溶液的体积，计算产物中 $C_2O_4^{2-}$、Fe^{3+} 的含量。根据以上测定结果，推断出配合物的化学式。

五、数据记录与处理

1. 列表记录产品组成的定量分析结果，计算三草酸合铁(Ⅲ)酸钾配阴离子组成中 $C_2O_4^{2-}$、Fe^{3+} 的百分含量，并与理论值比较，试分析实验中误差产生的原因。

测定成分	$C_2O_4^{2-}$		Fe^{3+}	
实验序号	1	2	1	2
样品质量/g				
$KMnO_4$ 标准溶液的浓度/(mol/L)				

续表

测定成分	$C_2O_4^{2-}$		Fe^{3+}	
实验序号	1	2	1	2
$KMnO_4$ 标准溶液初始读数/mL				
$KMnO_4$ 标准溶液终点读数/mL				
$KMnO_4$ 物质的量/mol				
被测物的物质的量/mol				
1mol 样品中被测物的物质的量/mol				

2. 根据结晶水含量测定结果和滴定分析结果确定样品的化学组成。

3. 计算 $K_3[Fe(C_2O_4)_3]\cdot 3H_2O$ 的产率。

六、注意事项

1. 沉淀过程中需要加热至沸并进行搅拌，其目的是使 $FeC_2O_4\cdot 2H_2O$ 沉淀颗粒变大，容易沉降。

2. 氧化 $FeC_2O_4\cdot 2H_2O$ 时，氧化温度不能太高(保持在 40℃)，以免 H_2O_2 分解，同时需不断搅拌，使 Fe^{2+} 充分被氧化。

3. 配位过程中，$H_2C_2O_4$ 应逐滴加入，并保持在沸点附近，这样使过量草酸分解。

4. 生成配合物后若浓缩的翠绿色溶液带褐色，是由于含有氢氧化铁沉淀，应趁热过滤除去。

5. $K_3[Fe(C_2O_4)_3]\cdot 3H_2O$ 对光敏感，所得产品宜避光保存。

七、思考题

1. 能否用 $FeSO_4$ 代替硫酸亚铁铵来合成三草酸合铁(Ⅲ)酸钾？这时可用 HNO_3 代替 H_2O_2 作氧化剂，写出用 HNO_3 作氧化剂的主要反应式。你认为用哪个作氧化剂较好？为什么？

2. 在合成的最后一步能否用蒸干溶液的办法来提高产率？为什么？

3. 请设计一实验，验证 $K_3[Fe(C_2O_4)_3]\cdot 3H_2O$ 是光敏物质，这一性质有何实用意义？

实验二十六　反尖晶石型化合物铁(Ⅲ)酸锌的制备与表征

一、实验目的

1. 学习前驱物固相反应法制备复合氧化物。

2. 学习 X 射线粉末衍射法鉴定物相。

3. 学习马弗炉和烘箱的使用。

二、实验原理

制备金属氧化物的传统方法是固态反应物充分混合，在较高温度下加热。虽然这种方法在热力学角度是可行的，但反应机理研究证明此种固相反应是扩散控制，因此只有在温度超过1200℃是才能有明显反应，有时须在1500℃混合加热数天反应才较完全。这对那些含易挥发组分的复合氧化物，例如碱金属氧化物，是不合适的。

前驱物固相反应法是一种在较短的时间里和较低温度下进行固相反应，从而得到均匀产物的较好方法。它使反应物在原子级水平上达到均匀混合，充分接触，克服了扩散的控制步骤，使活化能降低，因而反应能在较温和的条件下实现。其制备过程是首先在水溶液里制备一个有确定组成的单相（固溶体）即前驱物，然后在较低的温度下加热得到所设计的目标产物。

前驱物固相反应法制 $ZnFe_2O_4$ 就是一个很好的例子。以锌和铁的可溶性盐为反应物，将它们按 1∶2 的摩尔比溶解在水中。加热后，加入草酸盐，得到前驱物 $ZnFe_2(C_2O_4)_3$，它包含的正离子已在原子水平上均匀混合，并且符合 1∶2 的比例。其反应式为

$$Zn^{2+} + 2Fe^{2+} + 3C_2O_4^{2-} \longrightarrow ZnFe_2(C_2O_4)_3 \cdot 6H_2O \quad (1)$$

然后将上述产物过滤、洗涤、干燥。最后在 600～800℃ 灼烧就可以得到 $ZnFe_2O_4$ 晶体。其反应式为

$$ZnFe_2(C_2O_4)_3 \cdot 6H_2O \longrightarrow ZnFe_2O_4 + 2CO_2 + 4CO + 6H_2O \quad (2)$$

晶体是一种固体物质，其中的离子或分子在三维空间周期性排列具有结构的周期性。X 射线衍射是用一定波长的 X 射线照射到晶体，当射线波长与晶体内的原子间距相当时就会发生衍射现象。每种晶体粉末都有自己的特征衍射图谱，可以用于鉴定化合物。标准图谱已经编成粉末衍射卡片（JCPDS）供查用。卡片的无机部分已经包含 35000 种物质并且以每年 2000 种的速度增加。随着计算机的应用，JCPDS 数据库也广泛应用，因此 X 射线衍射法是晶体物相鉴定的最有力手段之一。

三、仪器与试剂

1. 仪器：烧杯，表面皿，抽滤瓶，布氏漏斗，循环水泵，研钵，坩埚，坩埚钳，水浴锅，马弗炉，电子天平，X 射线粉末衍射仪。

2. 试剂：$(NH_4)_2Fe(SO_4)_2 \cdot 6H_2O$，$(NH_4)_2C_2O_4 \cdot H_2O$，$ZnSO_4 \cdot 7H_2O$，$BaCl_2$（0.5mol/L），$NH_3 \cdot H_2O$（6mol/L）。

3. 材料：pH 试纸，玻璃棒。

四、实验步骤

(1) 配置 Fe^{2+}、Zn^{2+} 混合溶液　将 4.00g $(NH_4)_2Fe(SO_4)_2 \cdot 6H_2O$ 溶于 100mL 水中，同时按照化学反应方程式(1)的化学计量比将 $ZnSO_4 \cdot 7H_2O$ 溶于水中。

(2) 另将 5.35g $(NH_4)_2C_2O_4 \cdot H_2O$ 溶于 100mL 蒸馏水中。

(3) 将两溶液加热到75℃后将$(NH_4)_2C_2O_4$溶液加入到Fe^{2+}、Zn^{2+}混合溶液中。

(4) 将混合液在90～100℃加热搅拌5min。

(5) 将冷却后的混合液用布氏漏斗抽滤，蒸馏水洗涤，直到检验无SO_4^{2-}和NH_4^+存在为止。

(6) 将过滤得到的产物在控温100℃的烘箱里烘干2h，干燥后得到中间产物——前驱物$ZnFe_2(C_2O_4)_3$，计算产率。

(7) 将干燥后的前驱物在700℃灼烧2h，冷却后称量。计算产率。

(8) 将试样用玛瑙研钵研细，用玻片压入X射线粉末衍射玻璃试样架中。将样品玻片交给X射线衍射实验室教师，收集数据。扫描范围$2\theta=10°\sim80°$，得到I/I_0-d衍射谱图。

(9) 通过对比标准粉末衍射图谱(JCPDS-22-1012)，对产品进行物相分析。若产物有杂质相存在，可按下述方法提纯。

(10) 将灼烧后的产物放入6mol/L的氨水中浸泡10～20min，充分搅拌，然后减压过滤，直至NH_3被完全洗干净。随后在700℃的马弗炉内灼烧10～20min。得到最终产物。进行X射线相分析，检验纯度。计算产率。

五、注意事项

将标准卡片中的晶面间距d与产品测试谱图相比较，当两数值差小于百分之一(对于较大的d值)或千分之一(对于较小的d值)，即可指认实验结果的这条衍射线是标准卡片上相应的这条已知的衍射线。实验结果的大部分衍射线，特别是全部相对强度大的衍射线能成功指标化，则可以证明物相的主相是目标产物。

六、思考题

1. 为什么Fe^{2+}和Zn^{2+}的摩尔比最好为2∶1？1∶2行不行？

2. 灼烧产物为何要用6mol/L的氨水浸泡？

实验二十七　多种形貌ZnO微晶的液相合成与表征

一、实验目的

1. 了解无机微米/纳米材料的基本知识。

2. 掌握液相法制备ZnO微晶的原理和方法。

3. 了解微米/纳米材料的常用表征手段(X射线衍射图谱、电子显微镜照片、红外光谱和紫外-可见光谱)。

二、实验原理

$Zn(OH)_2$是制备ZnO的常见反应前驱物之一。随反应温度的升高，$Zn(OH)_2$会逐渐溶解形成ZnO的生长基元$Zn(OH)_4^{2-}$；当其浓度满足ZnO晶体的析出条件时，$Zn(OH)_4^{2-}$之间便通过氧的桥联作用和阴离子基团的质子化反应形成 ZnO 晶核，随后生长单元继续通过脱水反应在晶体界面上叠加生长成晶体 ZnO。

本实验采用 $ZnCl_2$ 溶液和 NaOH 溶液在低温下制备 $Zn(OH)_2$ 前驱物，通过改变反应条件制备不同形貌的 ZnO 微晶。利用 X 射线粉末衍射仪(XRD)、扫描电子显微镜(SEM)、红外光谱仪(IR)和紫外-可见光谱仪(UV-Vis)等对产物进行表征。

三、试剂仪器

1. 试剂：$ZnCl_2$，NaOH，十二烷基硫酸钠(SDS)，乙二胺四乙酸二钠盐(EDTA)，邻苯二甲酸氢钾。

2. 仪器：恒温槽，磁力搅拌器，水浴锅，X 射线粉末衍射仪，扫描电镜，红外光谱仪，紫外-可见光谱仪。

四、实验步骤

1. 储备液的配制及浓度标定

配制 1.0mol/L 的 $ZnCl_2$ 溶液，4.0mol/L 的 NaOH 溶液，0.2mol/L 的 SDS 溶液。用 EDTA 标准溶液标定 $ZnCl_2$ 溶液的浓度，用基准物邻苯二甲酸氢钾标定 NaOH 溶液的浓度。

2. 反应前驱液的制取

移取 20mL 的 $ZnCl_2$ 溶液至玻璃套杯中(玻璃套杯与恒温槽连接)，根据 $ZnCl_2$ 与 NaOH 的摩尔比，在磁力搅拌条件下滴加一定量的 NaOH 溶液和 5mL 的 SDS 溶液，然后用蒸馏水定容至 100mL；稍后，将温度升至 22℃，并在此温度下磁力搅拌 1.5h。

3. 恒温陈化相变

将包含白色沉淀物的反应前驱液转移至带有磨口塞的 250mL 锥形瓶中，置于 85℃恒温水浴锅中陈化 5h。

4. 产物后处理

将产物取出后抽滤，用去离子水洗涤数次，直至溶液澄清无泡沫，滤渣在室温下干燥，密封保存所得粉体。

五、数据记录与处理

1. 取适量制备的产物，在 X 射线粉末衍射仪上测定产物的 XRD 图谱。将所得图谱与标准图谱对照，对产物做物相鉴定。

2. 对产物进行 SEM 表征，观测产物的粒度和形貌。

3. 取少量制备的产物与 KBr 混合，研碎后压片，用红外光谱仪测定样品的 IR 光谱。

4. 取适量产物，将其均匀分散在体积比为 1∶1 的甘油-水混合液中，用紫外-可见光谱仪测定样品的 UV-Vis 光谱。

六、注意事项

1. 反应条件可自行选择，如改变温度、时间。

2. 产物性能表征可选择部分进行测试。

七、思考题

反应条件的变化对产物形态结构、性能有哪些影响？

实验二十八 金属-有机骨架化合物HKUST-1的溶剂热合成与表征

一、实验目的

1. 了解新型功能材料金属-有机骨架化合物的基本概念。

2. 了解水热或溶剂热合成法的基本原理，掌握其合成实验的基本操作。

3. 学习用X射线粉末衍射仪(XRD)对晶态产品进行结构表征的实验方法。

二、实验原理

金属-有机骨架化合物(metal-organic framework，MOF)是一种利用有机配体与金属离子的配位作用而自组装形成的具有微孔结构的晶态材料。MOF材料是目前国际上材料化学领域的一个研究热点，MOF具有新奇的拓扑结构、低密度、大孔径、高比表面积等特点，与活性炭和沸石材料等其他孔材料相比，还具有孔结构高度有序，孔尺寸可控、孔表面官能团和表面势能可控等优点。

水热或溶剂热合成法是指在特制的密闭反应釜中，以水或高沸点有机溶剂为介质，通过加热，在高温、高压的特殊环境下，使物质间在非理想的、非平衡的状态下发生化学反应并且结晶，再经过分离等处理得到产物。在高温高压条件下，水处于临界或超临界状态，反应活性提高。在常压条件下不溶或难溶的物质，通过控制反应釜内溶液的温差产生对流以形成过饱和状态而结晶析出。反应物的比例和浓度、反应温度、介质pH值、反应时间等反应条件会对水热或溶剂热反应的产物产生较大的影响。水热或溶剂热合成法是制备金属-有机骨架材料的常用方法。

香港科技大学的研究人员首次在溶剂热条件下利用1,3,5-均苯三甲酸(H3BTC)和$Cu(NO_3)_2 \cdot 3H_2O$反应制备出金属-有机骨架化合物HKUST-1，其基本结构组成为$[Cu_3(BTC)_2(H_2O)_3]_n$。由于其良好的稳定性和可重复性，一直被后人作为经典的材料模型进行研究。本实验利用一步反应，以均苯三甲酸和硝酸铜为原料，在溶剂热条件下合成具有微孔结构的金属-有机骨架化合物HKUST-1。由于产物具有特殊的骨架结构，故有特征的X射线粉末衍射(XRD)谱图。可以通过XRD对产物进行结构表征，将得到的XRD谱图与标准谱图进行对比，考察合成出的产物是否为纯相。可进一步利用孔径及比表面积测定仪测定其比表面积和孔径大小。

三、仪器与试剂

1. 仪器：烧杯，磁力加热搅拌器，抽滤瓶，布氏漏斗，循环水泵，鼓风干燥箱，真空干燥箱，不锈钢反应釜(25mL，聚四氟乙烯内衬)，电子天平，X射线粉末衍射仪，全自动孔径及比表面积测定仪。

2. 试剂：$Cu(NO_3)_2 \cdot 3H_2O$，1,3,5-均苯三甲酸，无水乙醇，去离子水。

四、实验步骤

1. 准确称取 0.2186g(0.9mmol)$Cu(NO_3)_2 \cdot 3H_2O$ 和 0.1050g(0.5mmol)1,3,5-均苯三甲酸分别加入到 25mL 聚四氟乙烯的反应釜内胆中，将 5mL 无水乙醇和 5mL 去离子水倒入内胆，室温下搅拌 20min。待溶液混合均匀后，将内胆置于不锈钢反应釜内，拧紧，将反应釜放到鼓风干燥箱里，设置温度程序，在 120℃反应晶化 24h。

2. 反应结束后缓慢降至室温，打开反应釜，将结晶产物抽滤，洗涤，室温干燥，称重，计算产率。

3. 将干燥后的产物在真空干燥箱内 120℃加热 2h，除去吸附的溶剂分子，迅速称重，计算出失水前吸附的溶剂量，观察产物颜色变化。

4. 按照 X 射线粉末衍射仪的操作规程，将失水前后的产物分别制样，在 $2\theta=5^{\circ}\sim50^{\circ}$ 范围内进行扫描测试，得到产物在脱水前后的粉末衍射谱图。将测得的 XRD 与标准谱图进行比较，对产物进行鉴定。如衍射线的位置(2θ)及衍射强度(I)与标准谱图一致，则说明得到的产物为纯相。

5. 准确称取 1.0000g 120℃脱水后的产物，迅速转移至孔径及比表面积测定仪的样品管中，按照仪器的操作规程进行孔径及比表面积测定其比表面积和孔径大小。

五、数据记录与处理

1. 干燥后的产品称重，计算产率。观察脱水前后颜色的变化，计算吸附的溶剂量。

2. 对比脱水前后产物的粉末衍射谱图，证实 HKUST-1 是否具有良好的热稳定性。

3. 计算产物材料的比表面积(m^2/g)以及孔径大小(nm)。

六、注意事项

高压反应釜在使用过程中要严格按照使用说明书操作。反应必须在实验教师的指导下进行，实验前先的使用必须检查反应釜的密封性以及烘箱的温度控制系统。

七、思考题

1. 在水热合成实验中，影响实验结果的因素有哪些？

2. 在水热合成实验中，高压反应釜的使用有哪些注意事项？

实验二十九　废干电池的回收与利用实验设计

一、实验目的

1. 了解废干电池中有效成分的回收与利用方法。

2. 进一步掌握无机物的提取、制备、提纯等方法和操作。

二、实验原理

由于干电池中可能含有锰、汞、锌、镉等重金属，所以废干电池无论裸露在大气中还是深埋在地下，其重金属成分都会随渗液溢出，对地下水和土壤造成污染，日积月累便会严重危害人类的健康。因此，对废干电池的回收和利用是一个非常重要和有意义的课题。在日常生活中，常用的干电池主要是锌锰干电池，它是一种以锌为负极，二氧化锰为正极，以氯化铵或氯化锌为电解质制成的电池。在锌锰干电池中发生的化学反应主要是：

$$Zn + 2NH_4Cl + 2MnO_2 \longrightarrow Zn(NH_3)_2Cl_2 + 2MnOOH$$

在使用过程中，锌皮消耗最多，二氧化锰只起氧化作用，氯化铵作为电解质没有消耗，炭粉是填料。因此通过回收的方法，可以从废干电池中初步获得：石墨棒、锌片、二氧化锰、氯化铵、炭粉、塑料、沥青、铁帽等。再通过净化、提纯和转化等方法可以制成实验室常用的药品。其中，将电池内部的黑色混合物(主要含有氯化铵、氯化锌、炭粉、二氧化锰及其他有机物)倒入烧杯中，加入蒸馏水，搅拌溶解，过滤，滤液可用来提取氯化铵晶体，而滤渣可进一步制备二氧化锰以及锰的化合物。此外，锌皮可制成锌粒，也可将锌皮溶于硫酸制备硫酸锌，然后将硫化钡和硫酸锌共同沉降可得到锌钡白。

三、设计内容及要求

1. 查阅资料和文献，认识锌锰干电池的构造，了解和收集有关废干电池回收和利用的方法。制定出具体可操作的实验步骤，书写预习报告。

2. 通过回收的方法，从废干电池中初步获得：石墨棒、锌片、塑料、沥青、铁帽和黑色混合物等。

3. 设计实验方案，提取并提纯氯化铵，再进一步对产品进行定性检验。

4. 设计实验方案，精制二氧化锰，并验证和探究二氧化锰的催化作用和化学性质。

5. 设计实验方案，由锌皮制备七水硫酸锌，并对产品进行定性分析。

6. 计算各产品的产量。

7. 提交书面报告。

四、思考题

1. 从废干电池中可以回收哪些有用物质？

2. 用酸溶解锌皮后，若溶液中存在 Cu^{2+}、Fe^{2+}，如何除去这些杂质？

五、参考文献

[1] 大连理工无机化学教研室. 无机化学实验. 第2版. 北京：高等教育出版社，2003.

[2] 李生英. 无机化学实验. 北京：化学工业出版社，2007.

[3] 李巧云等. 无机及分析化学实验. 第2版. 南京：南京大学出版社，2008.

实验三十 由鸡蛋壳制备丙酸钙实验设计

一、实验目的

1. 学习用鸡蛋壳制备丙酸钙的原理和方法。

2. 综合训练查阅文献、设计实验方案、实验操作的能力。

二、实验原理

丙酸钙是近年来发展起来的一种优质高效的食品添加剂，可通过代谢作用被人体吸收，供给人体必需的钙。它对霉菌、好气性芽孢产生菌、革兰阴性菌有很好的杀灭作用，还可以抑制黄曲霉毒素的产生，对人体无毒副作用，因此广泛用于食品防腐、蔬菜保鲜等方面。

我国是世界上禽蛋生产和消费第一大国，每年产生大量的蛋壳。目前国内对蛋壳资源的利用率很低，大部分蛋壳都被抛弃，造成严重的环境污染和资源浪费。根据对蛋壳组成成分的分析，蛋壳中主要成分为 $CaCO_3$（达到 93%～96%），另外含有少量 $MgCO_3$、$Ca_3(PO_4)_2$、$Mg_3(PO_4)_2$ 及有机物等组分。如果以蛋壳作为生产食品添加剂丙酸钙的主要钙源，可以减少杂质含量，提高产品纯度；蛋壳成本低廉，可降低生产成本，同时又可解决蛋壳对环境所造成的污染，从而为蛋壳的综合利用提供了一种可行的方法。

目前丙酸钙的生产方法主要有两种：一种是直接将粉碎的鸡蛋壳与丙酸在水浴加热反应条件下制备丙酸钙；另一种是将鸡蛋壳在高温下煅烧，使鸡蛋壳中的主要成分 $CaCO_3$ 转化为 CaO，再与丙酸反应制备丙酸钙。

主要反应式：

$$CaCO_3\text{(蛋壳)}+2CH_3CH_2COOH \longrightarrow Ca(CH_3CH_2COO)_2+H_2O+CO_2(g)$$

或

$$CaCO_3\text{(蛋壳)} \xrightarrow{\text{高温分解}} CaO\text{(蛋壳灰分)}+CO_2(g)$$

$$CaO+H_2O \longrightarrow Ca(OH)_2\text{(石灰乳)}$$

$$Ca(OH)_2+2CH_3CH_2COOH \longrightarrow Ca(CH_3CH_2COO)_2+2H_2O$$

三、设计内容及要求

1. 查阅文献（相关的专业书籍或者学术期刊资料），理解蛋壳制备丙酸钙的原理。

2. 设计由鸡蛋壳制备丙酸钙的实验方案。

3. 根据拟定的具体实验步骤进行实验，探索丙酸钙的制备最佳工艺条件（如煅烧温度与时间、石灰乳溶液的浓度、丙酸浓度及过量的程度、中和反应的温度与时间对丙酸钙产率的影响）。

4. 称量产品，计算产率，并对实验方案的优劣进行分析。

5. 提交书面论文报告。

四、思考题

比较鸡蛋壳制备丙酸钙的两种方法的优点和缺点。

五、参考文献

［1］ 郝素娥，宁明华. 利用蛋壳制备丙酸钙的研究. 化学研究与应用，1999，1：105-107.

［2］ 李涛，马美湖，蔡朝霞. 蛋壳中碳酸钙转化为有机酸钙的研究. 四川食品与发酵，2008，5：8-12.

二、分析化学实验

实验三十一　酸碱标准溶液的配制和浓度的比较

一、实验目的

1. 掌握滴定管、移液管和容量瓶的洗涤及使用方法。
2. 练习滴定操作，初步掌握正确读数，正确判断终点的方法。
3. 练习酸碱标准溶液的配制和浓度的比较。
4. 熟悉常见酸碱指示剂酚酞、甲基橙的使用和终点的确定。

二、实验原理

标准溶液是指已知准确浓度的溶液，它是滴定分析中进行定量计算的依据之一。无论采用何种滴定方法，都离不开标准溶液。因此，正确地配制标准溶液，确定其准确浓度，妥善地贮存标准溶液，都关系到滴定分析结果的准确性。

配制标准溶液的方法有两种：直接配制法和间接配制法（标定法）。直接配制法：用分析天平准确称取一定量的物质，溶于适量水后定量转入容量瓶中，稀释至标线，定容并摇匀。根据溶质的质量和容量瓶的体积计算该溶液的准确浓度。基准物质或基准试剂能用于直接配制标准溶液，如 Na_2CO_3（无水）、$CaCO_3$、$H_2C_2O_4 \cdot 2H_2O$、$Na_2B_4O_7 \cdot 10H_2O$、$K_2Cr_2O_7$、NaCl 等。间接配制法：先配制成接近于所需浓度的溶液，然后用基准物质或另一标准溶液来测定其准确浓度。不符合基准物质条件的试剂，采用间接配制法，如 HCl、NaOH、$KMnO_4$、EDTA等。HCl 和 NaOH 是酸碱滴定中常用的滴定剂，由于浓盐酸易挥发，固体 NaOH 易吸收空气中的水分和 CO_2，不能直接配制标准溶液。

本实验中不要求测定 HCl 溶液和 NaOH 溶液的准确浓度，而是让 0.1mol/L HCl 溶液和 0.1mol/L NaOH 溶液相互滴定。滴定中化学计量点的 pH＝7，滴定突跃范围为 4.3～9.7，应选择在其范围变色的指示剂，如甲基橙（3.1～4.4）、酚酞（8.0～10.0）等。为了便于人眼的观察，碱滴定酸采用酚酞为指示剂，酸滴定碱采用甲基橙为指示剂。当浓度一定的 HCl 溶液和 NaOH 溶液相互滴定时，所消耗的体积比 V_{NaOH}/V_{HCl} 应为一定值。

三、仪器与试剂

1. 仪器：酸式滴定管，碱式滴定管，移液管，试剂瓶，烧杯，洗耳球，量筒，洗瓶，锥形瓶，玻璃棒。
2. 试剂：浓盐酸，固体 NaOH，酚酞指示剂，甲基橙指示剂。

四、实验步骤

1. 溶液的配制

(1) 0.1mol/L HCl溶液的配制　通过计算求出配制500mL 0.1mol/L HCl溶液所需的浓盐酸(约12mol/L)的体积。然后在通风橱中用量筒量取此体积的浓盐酸，倒入500mL的大烧杯中，加蒸馏水稀释至500mL，搅拌均匀。贴上标签。

(2) 0.1mol/L NaOH溶液的配制　计算求出配制500mL 0.1mol/L NaOH溶液所需的固体NaOH的质量，在台秤上迅速称出，置于烧杯中，立即加500mL水使之溶解，贮于试剂瓶中，盖上橡胶塞，摇匀。贴上标签。

2. 滴定操作练习

(1) 滴定管的准备　准备好50mL酸式滴定管和碱式滴定管各一支(检查是否漏水)。先用蒸馏水将滴定管内壁润洗3次，再用配制好的HCl溶液将酸式滴定管润洗3次，并在管中装满HCl溶液；用已配制好的NaOH溶液将碱式滴定管润洗3次，并在管中装满NaOH溶液。排出两滴定管管尖气泡。并分别将两滴定管液面调节至0.00刻度或零点稍下处，静置1min后，准确读取滴定管液面刻度(应准确至小数点后两位)，并将读数记录在实验记录本上。

(2) 用NaOH溶液滴定HCl溶液　取洁净锥形瓶(250mL)一支，用移液管准确移取25.00mL HCl溶液置于洁净的锥形瓶中，加入1～2滴酚酞指示剂。左手控制滴定管，右手不断振荡锥形瓶，边滴边摇，至溶液呈微红色，30s不褪色即为终点，读取并记录NaOH溶液的精确体积。

重复三次，记下读数，分别求出体积比(V_{NaOH}/V_{HCl})，直至三次测定结果的相对平均偏差在0.2%之内。

(3) 用HCl溶液滴定NaOH溶液　取洁净锥形瓶(250mL)一支，用移液管准确移取25.00mL NaOH溶液，置于锥形瓶中，加入1～2滴甲基橙指示剂。左手控制滴定管，右手不断振荡锥形瓶，边滴边摇，用HCl溶液滴定至溶液由黄色变为橙色，即为终点，读取并记录HCl溶液的精确体积。

重复三次，记下读数，分别求出体积比(V_{NaOH}/V_{HCl})，直至三次测定结果的相对平均偏差在0.2%之内。

五、数据记录与处理

1. 500mL 0.1mol/L HCl溶液的配制

需量取浓盐酸的体积＝　　　　　　　(列出算式并计算出答案)

2. 500mL 0.1mol/L NaOH溶液的配制

需称取固体NaOH的质量＝　　　　　　(列出算式并计算出答案)

3. HCl滴定NaOH

记录项目	1	2	3
V(NaOH)/mL			
HCl终读数/mL HCl初读数/mL			

续表

记 录 项 目	1	2	3
$V(NaOH)/V(HCl)$			
$\overline{V}_{NaOH}/\overline{V}_{HCl}$			
个别测定的绝对偏差			
相对平均偏差			

4. NaOH 滴定 HCl

记 录 项 目	1	2	3
$V(HCl)/mL$			
NaOH 终读数/mL			
NaOH 初读数/mL			
$V(NaOH)/V(HCl)$			
$\overline{V}_{NaOH}/\overline{V}_{HCl}$			
个别测定的绝对偏差			
相对平均偏差			

六、思考题

1. 在台秤上称量固体 NaOH 时，NaOH 应置于什么容器中称量？为什么？

2. 滴定管在装入标准溶液前为什么要用此溶液润洗 3 次？用于滴定的锥形瓶是否需要用标准溶液润洗？为什么？

3. 配制 NaOH 溶液和 HCl 溶液所用的水的体积，是否需要准确量取？

4. 每次滴定结束后，为什么要将标准溶液加至零点或接近零点，然后再进行第 2 次滴定？

5. NaOH 溶液滴定 HCl 溶液时，终点为微红色。若长时间放置，微红色会慢慢褪去，为什么？

6. 滴定中加入的甲基橙或酚酞指示剂为 1～2 滴，是否加入的指示剂越多变色越敏锐？

7. 结果相对平均偏差计算应保留几位有效数字？

实验三十二　铵盐中氮含量的测定(酸碱滴定法)

一、实验目的

1. 进一步练习滴定操作。

2. 学习碱标准溶液浓度的标定方法。

3. 了解酸碱滴定法的应用，掌握甲醛法测定铵盐中氮含量的原理和方法。

4. 熟悉样品的大样取用原则。

二、实验原理

铵盐 NH_4Cl 和 $(NH_4)_2SO_4$ 是常用的无机化肥。由于 NH_4^+ 的酸性（$K_a=5.6\times10^{-10}$）太弱，不能用碱标准溶液直接滴定。一般可用两种间接方法测定其中氮含量。

1. 蒸馏法

在铵盐中加入过量碱，加热，使 NH_3 被蒸馏出来，用一定量的过量的酸标准溶液（c_1V_1）吸收蒸馏出的 NH_3，然后用碱标准溶液（c_2V_2）回滴过量酸。测定结果可表示如下：

$$\text{铵盐}\ w(\mathrm{N})=\frac{[c_{\mathrm{HCl}}V_{\mathrm{HCl}}-c_{\mathrm{NaOH}}V_{\mathrm{NaOH}}]M_{\mathrm{N}}}{m_{\mathrm{s}}\times1000}\times100\%$$

式中，M_N 为氮原子的原子质量；m_s 为铵盐的质量。

蒸馏法测定铵盐中氮含量，较费时。

2. 甲醛法

铵盐与甲醛反应，可定量地生成质子化的六亚甲基四胺和 H^+，其反应如下：

$$4NH_4^+ + 6HCHO = (CH_2)_6N_4H^+ + 3H^+ + 6H_2O$$

由于生成的游离 H^+ 和质子化的六亚甲基四胺酸性较强（$K_a=7.1\times10^{-6}$），可以用 NaOH 标准溶液滴定，指示剂选择酚酞。由反应可知，4mol NH_4^+ 生成了 3mol H^+（强酸）和 1mol $(CH_2)_6N_4H^+$（可以滴定的弱酸），则需消耗滴定剂 NaOH 标准溶液 4mol。若 NH_4^+ 的含量以氮来表示，则测定结果可表示如下：

$$w(\mathrm{N})=\frac{c_{\mathrm{NaOH}}V_{\mathrm{NaOH}}M_{\mathrm{N}}}{m_{\mathrm{s}}\times1000}\times100\%$$

甲醛法方法迅速，故在实际生产中应用较广。本实验采用甲醛法测铵盐中氮的含量。

由于铵盐的摩尔质量较小，其称量误差较大，同时试样不够均匀，此处称取较多的试样，溶解于容量瓶中，然后吸取部分溶液进行滴定，则其测定结果的准确度会更高，代表性会更好。这样取样的方法称为取大样。

实验中需用到 NaOH 标准溶液，固体 NaOH 不是基准物质，采用间接法配制，然后用基准物质标定其准确浓度。标定碱溶液的基准物质很多，如 $H_2C_2O_4\cdot2H_2O$、KHC_2O_4、苯甲酸和邻苯二甲酸氢钾等。最常用的是邻苯二甲酸氢钾，标定反应为：

由于邻苯二甲酸 $pK_{a2}=5.54$，因此采用酚酞指示终点。

三、仪器与试剂

1. 仪器：电子天平，烧杯，量筒，试剂瓶，容量瓶，碱式滴定管，移液管，洗瓶，锥形瓶，洗耳球，玻璃棒。

2. 试剂：20%甲醛溶液，酚酞指示剂，邻苯二甲酸氢钾(优级纯)，铵盐试样，固体 NaOH。

四、实验步骤

1. 0.1mol/L NaOH 标准溶液的配制

计算求出配制 500mL 0.1mol/L NaOH 溶液所需的固体 NaOH 的质量，在台秤上迅速称出，置于烧杯中，立即加 500mL 水使之溶解，贮于试剂瓶中，盖上橡皮塞，摇匀。贴上标签。

2. 0.1mol/L NaOH 标准溶液的标定

在分析天平上准确称取 0.4～0.6g 基准物邻苯二甲酸氢钾，置于 250mL 锥形瓶中，加新煮沸并冷却的蒸馏水 20～30mL，小心振荡使之完全溶解。加入 1～2 滴酚酞指示剂，用 NaOH 溶液滴定，边滴边摇，至溶液呈微红色，30s 不褪色即为终点，读取并记录 NaOH 溶液的体积。平行标定三次，三次标定结果的相对平均偏差应在 0.2%之内，否则需重复标定。

3. 铵盐中氮含量的测定

在分析天平上准确称取 1.5～2g 铵盐试样，置于小烧杯中，加适量水使之完全溶解。把溶液小心转移到 250mL 容量瓶中，用蒸馏水 20～30mL 荡洗小烧杯三次，荡洗溶液也小心转移到 250mL 容量瓶中，加水稀释至刻度，摇匀。

用移液管移取 25.00mL 试液三份，分别置于三个锥形瓶中，各加入 5mL 20%甲醛溶液，摇匀，将瓶盖盖上，在阴暗处放置 1min，加入 1～2 滴酚酞指示剂，用 NaOH 标准溶液滴定，至溶液呈微红色，30s 不褪色即为终点。根据消耗 NaOH 溶液的体积，计算试样中氮的质量分数。

五、数据记录与处理

1. NaOH 标准溶液的标定

记录项目	1	2	3
称量瓶＋$KHC_8H_4O_4$(前) 称量瓶＋$KHC_8H_4O_4$(后) $KHC_8H_4O_4$ 的质量/g			
NaOH 终读数/mL NaOH 初读数/mL $V(NaOH)$/mL			
c_{NaOH}/(mol/L)			
$\bar{c}_{NaOH}$/(mol/L)			
个别测定的绝对偏差			
相对平均偏差			

2. 铵盐中氮含量的测定

记录项目	1	2	3
称量瓶＋试样(前)/g 称量瓶＋试样(后)/g 试样的质量/g			
NaOH 终读数/mL NaOH 初读数/mL $V(NaOH)$/mL			
$w(N)/\%$			
$\overline{w}(N)/\%$			
个别测定的绝对偏差			
相对平均偏差			

六、思考题

1. 如何计算称取基准物邻苯二甲酸氢钾的质量范围？

2. 溶解邻苯二甲酸氢钾，为什么加入的是新煮沸并冷却的蒸馏水？加入的蒸馏水，是否需要准确量取？

3. 铵盐中氮含量的测定为什么不能用碱标准溶液直接滴定？

4. 在实验过程中加入甲醛的作用是什么？

5. NH_4NO_3 中含氮量的测定能否用甲醛法？

6. 取大样进行分析有何优点？

实验三十三　混合碱的分析(双指示剂法)

一、实验目的

1. 学习酸标准溶液浓度的标定方法。

2. 了解双指示剂测定混合碱含量的原理。

二、实验原理

混合碱是 Na_2CO_3 与 NaOH 或 Na_2CO_3 与 $NaHCO_3$ 的混合物，可采用双指示剂法测定同一份试样中各组分的含量。常用的两种指示剂是酚酞和甲基橙，滴定剂为 HCl 标准溶液。在混合碱试液中先加入酚酞指示剂，用 HCl 标准溶液滴定至红色恰好变为无色，此时消耗 HCl 标准溶液的体积为 V_1/mL，反应如下：

$$NaOH + HCl = NaCl + H_2O$$

$$Na_2CO_3 + HCl = NaCl + NaHCO_3$$

再加入甲基橙指示剂，此时溶液呈现黄色，继续用 HCl 标准溶液滴定至黄色恰好变为橙色，该次消耗 HCl 标准溶液的体积为 V_2/mL，反应如下：

$$NaHCO_3 + HCl = NaCl + H_2O + CO_2$$

根据 V_1 和 V_2 可以判断出混合碱的组成。

当 $V_1>V_2$ 时，试样为 Na_2CO_3 和 NaOH 的混合物，Na_2CO_3 和 NaOH 的含量可由下式计算：

$$\chi_{Na_2CO_3}=\frac{c_{HCl}V_2M_{Na_2CO_3}}{V_s}$$

$$\chi_{NaOH}=\frac{c_{HCl}(V_1-V_2)M_{NaOH}}{V_s}$$

当 $V_2>V_1$ 时，试样为 Na_2CO_3 和 $NaHCO_3$ 的混合物，Na_2CO_3 和 $NaHCO_3$ 的含量可由下式计算：

$$\chi_{Na_2CO_3}=\frac{c_{HCl}V_1M_{Na_2CO_3}}{V_s}$$

$$\chi_{NaHCO_3}=\frac{c_{HCl}(V_2-V_1)M_{NaHCO_3}}{V_s}$$

式中，c_{HCl} 为 HCl 标准溶液的浓度，mol/L；M 为物质的摩尔质量，g/mol；V_1、V_2 分别为采用酚酞和甲基橙作指示剂时所消耗 HCl 溶液的体积，mL；V_s 为所取混合碱试液的体积，mL；χ 为混合碱中各组分的含量，g/L。

实验中需用到 HCl 标准溶液，浓盐酸不是基准物质，采用间接法配制，然后用基准物质标定其准确浓度。常用的基准物是无水碳酸钠（Na_2CO_3）和硼砂（$Na_2B_4O_7\cdot10H_2O$）。用 Na_2CO_3 标定 HCl 溶液，用甲基橙指示终点，反应如下：

$$Na_2CO_3+2HCl \xlongequal{} 2NaCl+H_2O+CO_2$$

用硼砂标定 HCl 溶液，用甲基红指示终点，反应如下：

$$Na_2B_4O_7+2HCl+5H_2O \xlongequal{} 4H_3BO_3+2NaCl$$

三、仪器与试剂

1. 仪器：电子天平，酸式滴定管，移液管，试剂瓶，烧杯，洗耳球，量筒，洗瓶，锥形瓶，容量瓶，玻璃棒。

2. 试剂：浓盐酸，无水碳酸钠（优级纯）或硼砂（$Na_2B_4O_7\cdot10H_2O$），酚酞指示剂，甲基橙指示剂，混合碱试样。

四、实验步骤

1. 0.1mol/L HCl 溶液的配制

通过计算求出配制 500mL 0.1mol/L HCl 溶液所需的浓盐酸（约 12mol/L）体积。然后在通风橱中用量筒量取此体积的浓盐酸，倒入约 500mL 水的试剂瓶中，摇匀，贴上标签。

2. 0.1mol/L HCl 标准溶液的标定

在分析天平上准确称取一定质量（其质量按消耗 20～30mL 0.1mol/L HCl 所需要的无水碳酸钠自行计算）的基准物无水碳酸钠，置于 250mL 锥形瓶中，加水约 30mL，温热，小心振荡使之完全溶解（也可准确称取上述计算量的 10 倍的无水碳酸钠，溶解后，定容于 250mL 容量瓶中，每次用移液管准确移取 25mL，置于锥形瓶中）。加入1～2滴甲基橙指示剂，用HCl溶液滴定，边滴边摇，至溶液由黄色变为橙色，即为终点，读取并记录HCl溶液的精确体积。平行测定三次，三次测定结果的相对平均偏差应在0.2%之内，否则需重标定。

3. 混合碱含量的测定

用移液管准确移取混合碱试液25.00mL，放于锥形瓶中，加入1～2滴酚酞指示剂，摇匀，用HCl标准溶液滴定，边滴边摇，至溶液由红色恰好变为无色，此时为终点，记下消耗HCl标准溶液的体积V_1/mL。再加入1～2滴甲基橙指示剂，此时溶液呈现黄色，继续用HCl标准溶液滴定，边滴边摇，至黄色恰好变为橙色，此时即为终点，记下所用HCl溶液的体积V_2/mL。

五、数据记录与处理

1. HCl标准溶液的标定

记录项目	1	2	3
称量瓶＋Na_2CO_3（前）/g 称量瓶＋Na_2CO_3（后）/g Na_2CO_3的质量/g			
HCl终读数/mL HCl初读数/mL V(HCl)/mL			
c_{HCl}/(mol/L)			
$\bar{c}_{HCl}$/(mol/L)			
个别测定的绝对偏差			
相对平均偏差			

2. 混合碱含量的测定（若$V_1>V_2$）

记录项目	1	2	3
V_s/mL			
HCl终读数/mL HCl初读数/mL V_1/mL			
HCl终读数/mL HCl初读数/mL V_2/mL			
$\chi_{Na_2CO_3}$			
$\bar{\chi}_{Na_2CO_3}$			
个别测定的绝对偏差			
相对平均偏差			

续表

记 录 项 目	1	2	3
χ_{NaOH}			
$\overline{\chi}_{NaOH}$			
个别测定的绝对偏差			
相对平均偏差			

六、思考题

1. 用双指示剂测定混合碱的原理是什么?

2. 无水碳酸钠和和硼砂都是标定酸溶液的基准物质，两者中谁的称量误差更大?为什么在本实验中用 Na_2CO_3?

3. 采用双指示剂测定混合碱，试判断下列五种情况下混合碱的组成。

(1) $V_1>V_2$　　(2) $V_1=V_2$　　(3) $V_1<V_2$

(4) $V_1>0$, $V_2=0$　　(5) $V_1=0$, $V_2>0$

实验三十四　氯化物中氯含量的测定(莫尔法)

一、实验目的

1. 掌握莫尔法的方法、原理及应用。

2. 学习 $AgNO_3$ 标准溶液的配制和标定。

3. 熟悉莫尔法判别终点的方法。

二、实验原理

某些可溶性氯化物中氯含量的测定常采用莫尔法。此方法是在中性或弱碱性介质中，以 K_2CrO_4 为指示剂，用 $AgNO_3$ 标准溶液进行滴定。由于 AgCl 的溶解度比 Ag_2CrO_4 小，在用 $AgNO_3$ 溶液滴定 Cl^- 的过程中，首先生成 AgCl 沉淀，待 Cl^- 定量沉淀后，过量一滴的 $AgNO_3$ 溶液立即与指示剂 K_2CrO_4 生成砖红色的 Ag_2CrO_4 沉淀指示终点。主要反应如下：

$$Ag^+ + Cl^- \rightleftharpoons AgCl\downarrow(白色) \qquad K_{sp}=1.8\times10^{-10}$$

$$2Ag^+ + CrO_4^{2-} \rightleftharpoons Ag_2CrO_4\downarrow(砖红色) \qquad K_{sp}=2.0\times10^{-12}$$

指示剂的用量对指示终点有较大影响，K_2CrO_4 浓度一般以 0.005mol/L 为宜。滴定必须在中性或弱碱性介质中进行，适宜 pH 值范围为 6.5～10.5。如有铵盐存在，pH 值范围需控制在 6.5～7.2 之间。能与 Ag^+ 生成沉淀的 PO_4^{3-}、AsO_3^{3-}、CO_3^{2-}、$C_2O_4^{2-}$、S^{2-} 等阴离子，能与 CrO_4^{2-} 生成沉淀的 Ba^{2+}、Pb^{2+} 等阳离子，在中性或弱碱性溶液中宜水解的 Al^{3+}、Fe^{3+}、Sn^{2+}、Bi^{3+} 等阳离子，会干扰测定，应预先分离。

由于生成的 AgCl 沉淀易吸附溶液中过量的 Cl^-，使溶液中 Cl^- 浓度降低，Ag_2CrO_4 沉淀过早产生，造成误差。故滴定时需剧烈振荡，使被吸附的 Cl^- 释放出来。

三、仪器与试剂

1. 仪器：电子天平，容量瓶，棕色酸式滴定管，锥形瓶，移液管，试剂瓶，烧杯，洗耳球，量筒，洗瓶，玻璃棒。

2. 试剂：NaCl 基准试剂(在马弗炉中 500～600℃灼烧 30min，放置干燥器中冷却)，0.05mol/L $AgNO_3$ 溶液(称取 8.5g $AgNO_3$ 溶于 1000mL 蒸馏水中，将溶液转入棕色试剂瓶中，避光保存)，5% K_2CrO_4 溶液。

四、实验步骤

1. $AgNO_3$ 溶液的标定

准确称取约 0.75g 的基准 NaCl 置于小烧杯中，蒸馏水溶解后转入容量瓶中，再用蒸馏水 20～30mL 荡洗小烧杯三次，荡洗溶液也小心转移到 250mL 容量瓶中，定容于 250mL 容量瓶中，摇匀。

准确移取 NaCl 标准溶液 25.00mL，置于 250mL 锥形瓶中，加入 25mL 蒸馏水，5% K_2CrO_4 溶液 1mL，用 $AgNO_3$ 溶液滴定。滴定时边滴边摇，剧烈振荡溶液，当白色沉淀中呈现砖红色，即为终点。平行测定三次，计算 $AgNO_3$ 溶液的浓度。

2. 氯含量的测定

准确称取约 0.9g 的 NaCl 试样置于小烧杯中，蒸馏水溶解后，定容于 250mL 容量瓶中，摇匀。

准确移取 NaCl 试液 25.00mL，置于 250mL 锥形瓶中，加入 25mL 蒸馏水，5% K_2CrO_4 溶液 1mL，用 $AgNO_3$ 溶液滴定。滴定时边滴边摇，剧烈振荡溶液，当白色沉淀中呈现砖红色，即为终点。平行测定三次，计算试样中 Cl^- 的质量分数。

五、数据记录与处理

1. 列表记录实验数据。

2. 根据所称量 NaCl 质量及滴定消耗 $AgNO_3$ 的体积，计算 $AgNO_3$ 标准溶液的浓度。

3. 根据所消耗 $AgNO_3$ 标准溶液的体积，计算样品中氯含量。

六、思考题

1. 莫尔法沉淀滴定时，为什么一般应在中性或弱碱性介质中进行？

2. 莫尔法测氯含量时，滴定时为什么需剧烈振荡溶液？

3. 莫尔法是否适用于 I^- 的测定？为什么？

4. 莫尔法是否适用于 Ag^+ 的测定？如果可以，如何操作？

实验三十五　酱油中氯化钠含量的测定(佛尔哈德法)

一、实验目的

1. 掌握佛尔哈德法的方法、原理及应用。

2. 学习 NH_4SCN 标准溶液的配制和标定。

3. 熟悉佛尔哈德法判别终点的方法。

二、实验原理

用铁铵矾作指示剂的银量法称为佛尔哈德法。佛尔哈德法又分为直接滴定法和间接滴定法。测定 Ag^+ 可采用直接滴定法，即在酸性溶液中，用 NH_4SCN 标准溶液直接滴定 Ag^+。测定卤素常采用间接滴定法，即先加入已知过量的 $AgNO_3$ 标准溶液，再以铁铵矾为指示剂，用 NH_4SCN 标准溶液回滴剩余的 Ag^+。由于指示剂 Fe^{3+} 在中性或碱性溶液中将水解，因此佛尔哈德法应在酸度大于 0.3mol/L 的溶液中进行。

例如，测氯化物中氯离子含量时，反应如下：

$$Ag^+ + Cl^- \rightleftharpoons AgCl\downarrow（白色） \qquad K_{sp}=1.8\times10^{-10}$$

$$Ag^+（剩余）+ SCN^- \rightleftharpoons AgSCN\downarrow（白色） \qquad K_{sp}=1.0\times10^{-12}$$

$$Fe^{3+} + SCN^- \rightleftharpoons FeSCN^{2+}（血红色） \qquad K_1=138$$

当 Ag^+ 定量沉淀后，过量的 SCN^- 与作为指示剂的 Fe^{3+} 立即生成血红色的 $FeSCN^{2+}$ 配离子，指示终点到来。由于 AgCl 的溶解度大于 AgSCN 的溶解度，所以过量的 SCN^- 将与 AgCl 发生反应，使 AgCl 沉淀转化为溶解度更小的 AgSCN，引入误差。为了避免该情况，可采用两种措施，一种是试液中加入已知过量的 $AgNO_3$ 标准溶液后，将溶液煮沸，使 AgCl 沉淀凝聚，滤去沉淀。另一种是在滴加 NH_4SCN 前加入硝基苯，剧烈振荡使 AgCl 沉淀进入到硝基苯层中，防止 AgCl 发生沉淀的转化。酱油中氯化钠含量的测定，可采用佛尔哈德法中的间接滴定法。

三、仪器与试剂

1. 仪器：电子天平，碱式滴定管，移液管，试剂瓶，烧杯，洗耳球，量筒，洗瓶，锥形瓶，容量瓶，玻璃棒。

2. 试剂：NaCl 基准试剂，0.05mol/L $AgNO_3$ 溶液，0.05mol/L NH_4SCN 溶液，5% K_2CrO_4 溶液，40g/L 铁铵矾溶液，硝基苯，6mol/L HNO_3 溶液，酱油。

四、实验步骤

1. $AgNO_3$ 溶液的标定(见实验三十四)。

2. NH_4SCN 溶液的配制和标定

先粗略配制 0.05mol/L NH_4SCN 溶液 400mL。准确移取 $AgNO_3$ 标准溶液 25.00mL，置于 250mL 锥形瓶中，加入 6mol/L HNO_3 溶液 5mL，铁铵矾溶液 1mL，用 NH_4SCN 溶液滴定。滴定时边滴边摇，剧烈振荡溶液，当滴至溶液颜色为淡红色稳定不变时即为终点。平行测定三次，计算 NH_4SCN 溶液的浓度。

3. 酱油中氯化钠含量的测定

准确移取酱油 25.00mL 置于 250mL 容量瓶中，定容至刻度，摇匀。准确移取酱油稀释液 10.00mL 于 250mL 锥形瓶中，加 10mL 蒸馏水，混匀。再加入

6mol/L HNO_3 溶液 5mL，$AgNO_3$ 标准溶液 25.00mL 和硝基苯 5mL，摇匀。加入铁铵矾 1mL，用 NH_4SCN 标准溶液滴定。滴定时边滴边摇，剧烈振荡溶液，当滴至溶液颜色为淡红色稳定不变时即为终点。平行测定三次，计算试样中 Cl^- 的质量分数。

五、数据记录与处理

1. 列表记录实验数据。

2. 根据所称量 NaCl 质量及滴定所消耗 $AgNO_3$ 体积，计算 $AgNO_3$ 标准溶液的浓度。

3. 根据标定 NH_4SCN 所消耗的 NH_4SCN 体积，计算 NH_4SCN 标准溶液的浓度。

4. 根据滴定所消耗的 NH_4SCN 体积，计算酱油中氯含量。

六、思考题

1. 佛尔哈德法滴定时，为什么一般应在酸性介质中进行？

2. 在试样分析中，为什么用 HNO_3 调节酸度，而不用 H_2SO_4 和 HCl？

3. $AgNO_3$ 溶液应盛放在酸式滴定管中还是碱式滴定管中？

4. 莫尔法与佛尔哈德法相比较，各有什么优缺点？

实验三十六　EDTA 标准溶液的配制和标定

一、实验目的

1. 掌握 EDTA 标准溶液的配制和标定方法。

2. 掌握配位滴定的原理，了解配位滴定的特点。

3. 熟悉配位滴定指示剂的使用条件和滴定终点的判断。

二、实验原理

乙二胺四乙酸(简称 EDTA，常用 H_4Y 表示)难溶于水，常温下其溶解度为 0.2g/L，无法达到配制要求。分析化学中一般使用其二钠盐配制标准溶液，EDTA 二钠盐的溶解度为 120g/L，可配成 0.3mol/L 以上的溶液。

EDTA 二钠盐能与大多数金属离子形成稳定的 1∶1 型的螯合物，计量关系简单，可通过控制酸度，选择适当的指示剂来标定其浓度。

标定 EDTA 溶液常用的基准物有 Zn、ZnO、$CaCO_3$、Bi、Cu、$MgSO_4 \cdot 7H_2O$、Hg、Ni、Pb 等。EDTA 标准溶液用 ZnO 或金属锌为基准物标定时，可以用铬黑 T(EBT)为指示剂，在 pH=10 的 $NH_3 \cdot H_2O$-NH_4Cl 缓冲溶液中进行，过程如下：

滴定前：　$Zn^{2+} + EBT \rightleftharpoons Zn\text{-}EBT$(酒红色)

滴定开始至滴定终点前：$Zn^{2+} + Y^{4-} \rightleftharpoons ZnY^{2-}$

滴定终点：　$\underset{\text{(酒红色)}}{Zn\text{-}EBT} + Y^{4-} \rightleftharpoons ZnY^{2-} + \underset{\text{(纯蓝色)}}{EBT}$

所以到达滴定终点时颜色由酒红色变为纯蓝色。

EDTA标准溶液用ZnO或金属锌为基准物标定时，也可以用二甲酚橙为指示剂，在pH＝5～6的缓冲溶液中进行，二甲酚橙指示剂本身显黄色，与Zn^{2+}形成的配离子呈紫红色。因此用EDTA溶液滴定至近终点时，溶液由紫红色变成黄色。

如用$CaCO_3$作基准物质标定EDTA溶液浓度时，用HCl溶解$CaCO_3$配制钙标准溶液，调节溶液pH≥12.0，采用钙指示剂指示终点，滴定终点时溶液由酒红色变成纯蓝色。

三、仪器与试剂

1. 仪器：分析天平，酸式滴定管，移液管，试剂瓶，烧杯，洗耳球，量筒，洗瓶，锥形瓶，容量瓶，玻璃棒。

2. 试剂：EDTA二钠盐，金属锌或$CaCO_3$，盐酸(1∶1)，氨水(1∶1)，镁溶液(溶解1g $MgSO_4 \cdot 7H_2O$于水中，稀释至200mL)，$NH_3 \cdot H_2O$-NH_4Cl缓冲溶液，NaOH溶液(10%溶液)，钙指示剂，二甲酚橙指示剂(0.2%水溶液)，铬黑T指示剂。

四、实验步骤

1. 0.01mol/L EDTA溶液的配制

在托盘天平上称取1.85g EDTA二钠盐($Na_2H_2Y \cdot 2H_2O$)，放于500mL烧杯中，加入300mL温水，用玻璃棒搅拌加速溶解，加水稀释至500mL①。

2. 以金属Zn为基准物标定EDTA溶液

(1) 锌标准溶液的配制　准确称取处理后的Zn片0.15～0.2g(精确到小数点后四位，为什么?)于100mL烧杯中，加5mL 1∶1盐酸，盖上表面皿②，至Zn片完全溶解为止，用蒸馏水把可能溅到表面皿上的溶液洗入杯中，然后转移到250mL容量瓶中，再用蒸馏水20～30mL荡洗小烧杯三次，荡洗溶液也小心转移到250mL容量瓶中，稀释至刻度并摇匀。

(2) 用锌标准溶液标定EDTA溶液　准确移取25.00mL锌标准溶液于250mL锥形瓶中，先逐滴加1∶1氨水至出现白色浑浊。再加5mL $NH_3 \cdot H_2O$-NH_4Cl缓冲溶液，加50mL水，米粒大小的铬黑T指示剂，用EDTA溶液滴定，边滴边摇，至溶液由酒红色变成纯蓝色，即为终点。记下消耗的EDTA溶液的体积，平行测定三次，计算溶液的浓度。

3. 以$CaCO_3$为基准物标定EDTA溶液

(1) 钙标准溶液的配制　准确称取0.2～0.25g(精确到小数点后四位，为什么?)碳酸钙于250mL烧杯中，盖上表面皿②，加水润湿，再从杯嘴边逐滴加入1∶1 HCl至碳酸钙完全溶解，用蒸馏水把可能溅到表面皿上的溶液洗入杯中，待冷却后移入250mL容量瓶中，用蒸馏水20～30mL荡洗烧杯三次，荡洗溶液也小心转移到250mL容量瓶中，用水稀释至刻度，摇匀。

(2) 用钙标准溶液标定EDTA溶液　用移液管移取25.00mL钙标准溶液于

250mL 锥形瓶中，加入 25mL 水，1mL 镁溶液③、5mL 10% NaOH 溶液及米粒大小的钙指示剂，摇匀后，用EDTA溶液滴定，边滴边摇，至溶液从酒红色变为纯蓝色④，30s 不褪色即为终点。记下消耗的 EDTA 溶液的体积，平行测定三次，计算 EDTA 溶液的浓度。

五、数据记录与处理

1. 以金属 Zn 为基准物标定 EDTA 溶液

记录项目	1	2	3
$m(Zn)/g$			
$c(Zn^{2+})/(mol/L)$			
$V_{终}(EDTA)/mL$			
$V_{始}(EDTA)/mL$			
$V(EDTA)/mL$			
$c(EDTA)/(mol/L)$			
$\bar{c}(EDTA)/(mol/L)$			
相对平均偏差			

2. 以 $CaCO_3$ 为基准物标定 EDTA 溶液

记录项目	1	2	3
$m(CaCO_3)/g$			
$c(Ca^{2+})/(mol/L)$			
$V_{终}(EDTA)/mL$			
$V_{始}(EDTA)/mL$			
$V(EDTA)/mL$			
$c(EDTA)/(mol/L)$			
$\bar{c}(EDTA)/(mol/L)$			
相对平均偏差			

六、注意事项

① 如有残渣则应过滤除去。

② 由于反应中均有气体生成，盖上表面皿可防止反应过于激烈使溶液溅出，而导致浓度不准的问题。

③ 若 Mg^{2+} 共存[在调节溶液酸度为 pH≥12 时，Mg^{2+} 将形成 $Mg(OH)_2$ 沉

淀]，此共存的少量 Mg^{2+} 不仅不干扰钙的测定，而且会使终点更敏锐。当 Ca^{2+}、Mg^{2+} 共存时，终点由酒红色变到纯蓝色，当 Ca^{2+} 单独存在时则由酒红色变紫蓝色，所以测定单独存在的 Ca^{2+} 时，常常加入少量 Mg^{2+} 溶液。

④ 配位滴定反应进行的速率较慢，故滴定 EDTA 时，速度不宜过快。在接近终点时，应逐滴滴加。

七、思考题

1. 为什么通常使用乙二胺四乙酸二钠盐配制 EDTA 标准溶液，而不用乙二胺四乙酸？

2. 以 HCl 溶液溶解 $CaCO_3$ 基准物时，操作中应注意些什么？

3. 如果用 HAc-NaAc 缓冲溶液，能否用铬黑 T 作指示剂？为什么？

4. 配位滴定中为什么加入缓冲溶液？

5. 配位滴定法与酸碱滴定法相比，有哪些不同点？操作中应注意哪些问题？

实验三十七　水的硬度测定

一、实验目的

1. 理解水硬度的概念及其表示方法。

2. 掌握 EDTA 法测定硬度的原理、操作及计算方法。

二、实验原理

含有钙、镁离子的水叫硬水。由镁离子形成的硬度称为“镁硬”，由钙离子形成的硬度称为“钙硬”。测定水的总硬度就是测定水中钙、镁离子的总含量，由于钙、镁离子均可与 EDTA 发生配位反应，因此可用 EDTA 标准溶液测其含量的大小。

在测定钙离子的含量时，先加碱调节溶液 pH 值为 12～13，使镁离子生成沉淀。加入钙指示剂，用 EDTA 标准溶液滴定，滴定终点由酒红色变为纯蓝色。根据 EDTA 标准溶液的用量可以计算出钙离子的含量。

测定钙、镁离子的总含量时，加缓冲溶液调节 pH 值为 10，以铬黑 T 为指示剂进行滴定，滴定终点由酒红色变为纯蓝色。根据 EDTA 标准溶液的用量，可以计算钙、镁离子的总含量。

水的硬度有多种表示方法，本实验采用水中所含 Ca^{2+}、Mg^{2+} 含量来表示，单位 mg/L。总硬度则折算成 CaO 或 $CaCO_3$ 来表示。

钙硬：$\dfrac{(c\,\overline{V}_2)_{\mathrm{EDTA}}M_{\mathrm{CaO}}\times10^3}{V_{水}}$

镁硬：$\dfrac{c(\overline{V}_1-\overline{V}_2)_{\mathrm{EDTA}}M_{\mathrm{CaO}}\times10^3}{V_{水}}$

总硬度：$\dfrac{(c\,\overline{V}_1)_{\mathrm{EDTA}}M_{\mathrm{CaO}}\times10^3}{V_{水}}$

三、仪器与试剂

1. 仪器：锥形瓶，酸式滴定管，烧杯，移液管，试剂瓶，洗耳球，量筒，洗瓶，玻璃棒。

2. 试剂：0.02mol/L EDTA 标准溶液，$NH_3 \cdot H_2O$-NH_4Cl 缓冲溶液（pH=10.0），1mol/L NaOH 溶液，铬黑 T 指示剂，钙指示剂。

四、实验步骤

1. 水的总硬度（钙、镁离子总含量）的测定：用移液管量取 100.0mL 自来水样于 250mL 锥形瓶中，加 5mL NH_3-NH_4Cl 缓冲溶液、米粒大小的铬黑 T 指示剂，摇匀，用 EDTA 标准溶液滴定，边滴边摇，至溶液由酒红色变为纯蓝色，30s 不褪色即为终点①，记录所消耗 EDTA 的体积 V_1。平行测定 3 次。

2. 钙硬（钙离子含量）的测定：用移液管量取 100.0mL 自来水样于 250mL 锥形瓶中，加 5mL 1mol/L NaOH、钙指示剂少许，摇匀，此时溶液呈淡红色，用 EDTA 标准溶液滴定，边滴边摇，至溶液变为纯蓝色，30s 不褪色即为终点，记录所消耗 EDTA 的体积 V_2。平行测定 3 次。

3. 镁硬（镁离子含量）的测定：总硬度减去钙硬即可。

五、数据记录与处理

记录项目	1	2	3
V_{H_2O}/mL	100.00	100.00	100.00
c_{EDTA}/(mol/L)			
V_1/mL			
$\overline{V}_1$/mL			
V_2/mL			
$\overline{V}_2$/mL			
Ca^{2+}的含量/(mg/L)			
Mg^{2+}的含量/(mg/L)			
总硬度/(mg/L)			

六、注意事项

因自来水样中钙、镁含量不高，滴定时反应速率较慢，故滴定速度要慢。

七、思考题

1. 用 EDTA 滴定 Ca^{2+}、Mg^{2+} 时，为什么要加氨性缓冲溶液？

2. 为什么滴定 Ca^{2+}、Mg^{2+} 总量时要控制 pH 值为 10，而滴定 Ca^{2+} 分量时要控制 pH 值为 12～13？若 pH>13，测 Ca^{2+} 对结果有何影响？

3. 如果只有铬黑 T 指示剂，能否测定 Ca^{2+} 的含量？如何测定？

实验三十八 混合液中 Pb^{2+}、Bi^{3+} 含量的连续测定

一、实验目的

1. 理解用控制酸度的方法进行铋和铅连续配位滴定的原理。

2. 掌握铋和铅连续配位滴定的操作方法。

3. 正确理解指示剂的变色原理。

二、实验原理

Pb^{2+}、Bi^{3+} 均能与 EDTA 形成稳定的配合物，但其稳定性相差较大，Bi^{3+} 和 Pb^{2+} 同时存在时，可利用控制溶液酸度的方法来进行连续滴定。二甲酚橙可以作为连续滴定的指示剂。二甲酚橙在溶液 pH＜6.3 时呈黄色，pH＞6.3 时呈红色。二甲酚橙与 Pb^{2+} 及 Bi^{3+} 的配合物均呈紫红色。

测定时，先调节溶液的酸度至 pH≈1，进行 Bi^{3+} 的滴定，溶液由紫红色变为亮黄色，即为终点。然后再用六亚甲基四胺为缓冲剂，控制溶液 pH＝5～6，进行 Pb^{2+} 的滴定。此时溶液再次呈现紫红色，以 EDTA 标准溶液继续滴定溶胶中的 Pb^{2+} 至突变为亮黄色，即为终点。

三、仪器与试剂

1. 仪器：电子天平，酸式滴定管，移液管，试剂瓶，烧杯，洗耳球，量筒，洗瓶，锥形瓶，容量瓶，玻璃棒。

2. 试剂：0.02mol/L EDTA 标准溶液，20％六亚甲基四胺溶液，0.2％二甲酚橙指示剂，0.5mol/L NaOH 溶液，0.1mol/L HNO_3 溶液，精密 pH(0.5～5) 试纸。

四、实验步骤

1. Bi^{3+} 的滴定

准确移取 25.00mL 混合溶液 4 份，分别置于 250mL 锥形瓶中。先取一份作初步试验①。以 pH 值为 0.5～5 范围的精密 pH 试纸检测溶液的酸度。一般来说，含 Bi^{3+} 的试液其 pH 值应在 1 以下(为什么?)，为此，以 0.5mol/L NaOH 溶液(装在滴定管中)进行调节，边滴加边振荡，并不断以精密 pH 试纸试之，至溶液 pH 值达到 1 为止。记下所加的 NaOH 溶液的体积。接着加入 10mL 0.1mol/L HNO_3 溶液及 2 滴 0.2％二甲酚橙指示剂，用 0.02mol/L EDTA 标准溶液滴定至溶液由紫红色变为棕红色，再加 1 滴，突变为亮黄色，即为终点，记下大概读数。然后开始正式滴定。剩余的每一份试样中，加入与初步实验中体积相同的 0.5mol/L NaOH 溶液，接着再加 10mL 0.1mol/L HNO_3 溶液及 2 滴 0.2％二甲酚橙指示剂，再用 EDTA 标准溶液滴定之，记录消耗 EDTA 标准溶液的体积(V_1)，平行测定三次。

2. Pb^{2+} 的滴定

在滴定 Bi^{3+} 后的溶液中，补加 1～2 滴二甲酚橙指示剂②，滴加六亚甲基四

胺溶液至试液呈紫红色后，再过量 5mL，此时试液的 pH 值为 5～6。继续用 EDTA 溶液滴定至亮黄色，记录消耗 EDTA 标准溶液的体积(V_2)，平行测定三次。

五、数据记录与处理

记录项目	1	2	3
c(EDTA)/(mol/L)			
V_1(EDTA)/mL			
$\overline{V}_1$(EDTA)/mL			
$c(Bi^{3+})$/(mol/L)			
V_2(EDTA)/mL			
$\overline{V}_2$/mL			
$c(Pb^{2+})$/(mol/L)			

六、注意事项

① 由于调节溶液的酸度时要以精密 pH 试纸检验，检验次数必然较多，为了消除因溶液损失而产生的误差，故采用初步试验的方法。

② 溶液中原先已加 2 滴二甲酚橙指示剂，由于滴定中加入 EDTA 标准溶液后使体积增大等原因，指示剂的量不足(由溶液颜色可以看出)，所以需要再加。

七、思考题

1. 按本实验操作，滴定 Bi^{3+} 的起始酸度是否超过滴定 Bi^{3+} 的最高酸度？滴定至 Bi^{3+} 的终点时，溶液中酸度为多少？此时再加入 10mL 200g/L 六亚四基四胺后，溶液 pH 值约为多少？

2. 能否在同一份试液中先滴定 Pb^{2+}，而后滴定 Bi^{3+}？为什么？

3. 滴定 Pb^{2+} 时要调节溶液 pH＝5～6，为什么加入六亚甲基四胺而不加入醋酸钠？

实验三十九　铅精矿中铅含量的测定

一、实验目的

1. 掌握沉淀分离和配位滴定的方法。

2. 熟悉配位滴定的操作。

二、实验原理

试样用氯酸钾饱和的硝酸溶解，在硫酸介质中铅形成硫酸铅沉淀，过滤，与共存元素分离。硫酸铅以乙酸-乙酸钠缓冲溶液溶解。以二甲酚橙为指示剂，在溶液 pH 值为 5～6 时用 EDTA 标准溶液滴定。由消耗的 EDTA 标准溶液的体积计算样品中铅的质量分数。

$$w(\mathrm{Pb})=\frac{cV\times 207.2}{m\times 1000}\times 100\%$$

式中，m 为矿样的质量；c 为EDTA标准溶液的浓度；V 为滴定EDTA的体积。

三、仪器与试剂

1. 仪器：电子天平，锥形瓶，容量瓶，酸式滴定管，移液管，试剂瓶，烧杯，洗耳球，量筒，洗瓶，玻璃棒。

2. 试剂：乙酸-乙酸钠缓冲溶液(pH值为5.5～6.0)，0.02mol/L EDTA标准溶液，1g/L二甲酚橙溶液，氯酸钾饱和的浓硝酸，抗坏血酸，浓硫酸。

四、实验步骤

精确称取0.3g左右矿样，于250mL烧杯中，用少量水润湿，慢慢加入15mL氯酸钾饱和的浓硝酸，盖上表面皿，置于电炉上低温加热溶解，待试样完全溶解后取下稍冷。加入10mL的浓硫酸，继续加热冒浓烟约2min①，取下冷却。用水吹洗表面皿及烧杯壁，加水50mL，加热沸腾10min，冷却到室温，放置1h。用定量滤纸过滤，用稀硫酸(1∶99)洗涤烧杯两次，洗涤沉淀四次，用水洗涤烧杯一次，洗涤沉淀两次，弃去滤液。将滤纸上的沉淀移入到原烧杯中，加入30mL乙酸-乙酸钠缓冲溶液，用水吹洗杯壁，盖上表面皿加热微沸10min，搅拌使沉淀溶解，取下冷却。加入0.1g抗坏血酸②和3～4滴二甲酚橙指示剂，用EDTA标准溶液滴定至溶液由酒红色变为亮黄色，即为终点。

五、数据记录与处理

1. 列表记录实验数据。

2. 根据锌标准溶液的浓度和滴定消耗EDTA的体积，计算出EDTA标准溶液的浓度。

3. 根据滴定所用EDTA的体积和浓度，计算出矿样中铅的质量分数。

六、注意事项

① 冒烟的温度不宜太高，时间不宜过长，否则铁、铝、铋等元素易生成难溶性的硫酸盐，夹杂在硫酸铅沉淀中。

② Fe^{3+} 会封闭二甲酚橙，使终点变化不明显，故必须洗净或用抗坏血酸掩蔽。

七、思考题

1. 测定铅时，样品中的铁、铝、铜、锌等的干扰如何排除？

2. 铅被硫酸沉淀时，有哪些离子也会生成沉淀？

3. 把乙酸-乙酸钠缓冲溶液加入 $PbSO_4$ 沉淀，并让其微沸一定时间有何作用？

实验四十　高锰酸钾法测定双氧水中 H_2O_2 的含量

一、实验目的

1. 掌握高锰酸钾标准溶液配制、标定的方法和原理。

2. 掌握用高锰酸钾测定双氧水中 H_2O_2 含量的方法和原理。

3. 了解高锰酸钾法的滴定条件和操作技能。

二、实验原理

1. 高锰酸钾是一种强氧化剂，其氧化能力随溶液酸碱度的变化而有所不同：

强酸性条件：$MnO_4^- + 8H^+ + 5e^- \longrightarrow Mn^{2+} + 4H_2O$

中性条件：$MnO_4^- + 2H_2O + 3e^- \longrightarrow MnO_2 + 4OH^-$

强碱性条件：$MnO_4^- + e^- \longrightarrow MnO_4^{2-}$

作为最常用的氧化还原滴定法之一，$KMnO_4$ 法通常在酸性溶液中进行，MnO_4^- 被还原为 Mn^{2+}。$KMnO_4$ 法的优点是具有较强的氧化能力，可以测定多种物质，并且能够利用自身颜色的变化指示滴定终点，在滴定无色或浅色溶液时不需要额外加入指示剂；缺点是 $KMnO_4$ 溶液不够稳定，MnO_2、Mn^{2+} 以及水中微量的还原性物质都会促进其分解，光照时分解更快，而且该滴定法的选择性稍差。

2. $KMnO_4$ 为紫色结晶，其中往往含有少量硫酸盐、硝酸盐、氯化物、二氧化锰和其他一些杂质，因此一般采用间接法配制其标准溶液。首先粗配成近似所需浓度的溶液，置于暗处数天，待还原性杂质被 $KMnO_4$ 充分氧化后，再过滤除去生成的 MnO_2 沉淀，然后用基准物标定其准确浓度，于避光处保存。如果较长时间后使用，仍需要重新标定。

常用还原剂 $Na_2C_2O_4$ 作为基准物对 $KMnO_4$ 标准溶液进行标定，方程式如下：

$$2MnO_4^- + 5C_2O_4^{2-} + 16H^+ \longrightarrow 2Mn^{2+} + 10CO_2 + 8H_2O$$

反应往往在稀 H_2SO_4 介质中进行，由于室温下速率较慢，需加热到 75～85℃。即使在加热条件下，滴定开始时的反应也很慢，此时必须严格控制 $KMnO_4$ 溶液的滴加速度。如果滴加太快，来不及和 $C_2O_4^{2-}$ 反应的 $KMnO_4$ 会发生分解而造成误差。随着滴定过程的进行，生成的 Mn^{2+} 会使反应速率逐渐加快，这种现象称作自催化作用。有时也可以事先加入少量 Mn^{2+} 以加快反应。

根据 $Na_2C_2O_4$ 的质量和滴定时 $KMnO_4$ 溶液所消耗的体积，可以计算出 $KMnO_4$ 标准溶液的准确浓度。

$$c(KMnO_4) = \frac{m(Na_2C_2O_4) \times 1000 \times 2}{V(KMnO_4) \times 5 \times 134}$$

式中，$c(KMnO_4)$ 为 $KMnO_4$ 标准溶液的浓度，mol/L；$m(Na_2C_2O_4)$ 为称取 $Na_2C_2O_4$ 的质量，g；$V(KMnO_4)$ 为 $KMnO_4$ 标准溶液消耗的体积，mL。

3. 过氧化氢具有广泛的用途，工业上可以用作漂白剂，医药上可以用作杀菌和消毒剂，纯 H_2O_2 还可以作为火箭燃料的氧化剂。虽然 H_2O_2 是一个强氧化剂，但若遇到 $KMnO_4$，则表现出还原性。因此样品中 H_2O_2 的含量，可以通过高锰酸钾滴定法直接测定。室温下，在酸性溶液中 H_2O_2 很容易被 $KMnO_4$ 定量地氧化生成氧气和水：

$$2MnO_4^- + 5H_2O_2 + 6H^+ \longrightarrow 2Mn^{2+} + 5O_2 + 8H_2O$$

根据 $KMnO_4$ 的浓度和所消耗的体积，可以求得 H_2O_2 的含量：

$$c(H_2O_2) = \frac{c(KMnO_4) \times V(KMnO_4) \times 5 \times 34}{V(H_2O_2) \times 2 \times 1000}$$

式中，$c(H_2O_2)$为样品中 H_2O_2 的含量，g/mL；$c(KMnO_4)$为 $KMnO_4$ 标准溶液的浓度，mol/L；$V(KMnO_4)$为 $KMnO_4$ 标准溶液消耗的体积，mL；$V(H_2O_2)$为移取样品的体积，mL。

商品双氧水一般为 H_2O_2 含量在 30%左右的水溶液（密度约为 $1.1g/cm^3$），很不稳定，需要先用水稀释到一定浓度（尽量减少取样误差），再进行滴定。若试样中含有乙酰苯胺、丙乙酰胺、尿素等稳定剂，也会与 $KMnO_4$ 反应，分析结果将会不准确，可改用铈量法或碘量法测定。利用 KI 和 H_2O_2 反应定量地析出 I_2，再以淀粉为指示剂用 $Na_2S_2O_3$ 滴定。

三、仪器与试剂

1. 仪器：分析天平，酸式滴定管，移液管，试剂瓶，烧杯，洗耳球，量筒，洗瓶，锥形瓶，容量瓶，玻璃棒。

2. 试剂：$KMnO_4$ 固体，$Na_2C_2O_4$ 固体（分析纯），H_2SO_4 溶液（3mol/L），双氧水试样。

四、实验步骤

1. 0.02mol/L $KMnO_4$ 溶液的配制

称取约 1.7g 的 $KMnO_4$ 溶于适量蒸馏水中，加水稀释至 500mL，煮沸 20～30min（注意随时加水，以补充蒸发掉的水）。冷却后避光静置 7～10d，用玻璃砂芯漏斗过滤除去 MnO_2 等杂质，滤液保存在洁净的棕色玻璃瓶内，待标定。如果溶液经煮沸并保持微沸状态 1h，冷却后避光静置 2～3d，即可过滤，标定浓度。

2. $KMnO_4$ 溶液浓度的标定

准确称取 0.2g 左右干燥过的 $Na_2C_2O_4$ 三份①，分别置于 250mL 洁净的锥形瓶内，各加入 40mL 蒸馏水和 3mol/L 的 H_2SO_4 溶液 10mL，将其溶解。水浴加热至 75～85℃（锥形瓶口蒸气明显），立即用待标定的 $KMnO_4$ 溶液滴定②。开始时滴定速度要慢，当滴入第一滴 $KMnO_4$ 溶液后，不断摇动锥形瓶，待紫红色褪去后再加入第二滴。在溶液中生成 Mn^{2+} 后（紫红色消褪较快），可适当加快滴定速度③，同时摇动溶液（整个过程中锥形瓶内溶液温度始终保持在 75～85℃）。但在临近终点时（紫红色消褪较慢），要减慢滴定速度，并将溶液充分摇匀，以防超过滴定终点。最后加入半滴 $KMnO_4$ 溶液④，持续 30s 保持微红色不褪，可视为达到滴定终点⑤。

记录所消耗 $KMnO_4$ 溶液的体积，重复测定三次。根据每次称取 $Na_2C_2O_4$ 的质量，计算 $KMnO_4$ 溶液的浓度。

3. 双氧水中 H_2O_2 含量的测定

用移液管准确吸取1.00mL双氧水试样(浓度约为30%)[6]，置于250mL洁净的容量瓶中，加入蒸馏水稀释至刻度，充分摇匀。再移取25mL稀释液三份，分别置于250mL洁净的锥形瓶内，各加入3mol/L的H_2SO_4溶液5mL，用经过标定的$KMnO_4$标准溶液进行滴定。滴定速度同上，仍保持“慢—适当加快—慢”的节奏，至溶液保持微红色30s不褪，即为终点。

记录所消耗$KMnO_4$溶液的体积，重复测定三次。根据$KMnO_4$标准溶液的浓度，计算稀释前双氧水样品中H_2O_2的含量。

五、数据记录与处理

1. $KMnO_4$溶液浓度的标定

记录项目	1	2	3
$m(Na_2C_2O_4)/g$			
$KMnO_4$溶液最初读数V_1/mL			
$KMnO_4$溶液最后读数V_2/mL			
$KMnO_4$溶液消耗体积$V(KMnO_4)/mL$			
$c(KMnO_4)/mol/L$			
$\overline{c}(KMnO_4)/mol/L$			
相对平均偏差			

2. 稀释前双氧水样品中H_2O_2含量的测定

记录项目	1	2	3
$c(KMnO_4)/(mol/L)$			
$KMnO_4$溶液最初读数V_1/mL			
$KMnO_4$溶液最后读数V_2/mL			
$KMnO_4$溶液消耗体积$V(KMnO_4)/mL$			
稀释后H_2O_2含量$m/(g/mL)$			
稀释后H_2O_2平均含量$m/(g/mL)$			
稀释前H_2O_2平均含量$m/(g/mL)$			
相对平均偏差			

六、注意事项

① 105～110℃干燥2h。

② 因为$KMnO_4$能与胶管发生作用，因此要装在酸式滴定管中。此外，$KMnO_4$溶液颜色较深，弯月面的最低点不易看清，因此读数时可以液面边缘的最高点为准。

③ 待开始的几滴$KMnO_4$溶液起反应后，滴定速度可稍微加快，但绝不能使$KMnO_4$溶液连续流下。如果溶液的酸度不够，在滴定过程中可能会产生棕色

浑浊，此时可立即加入几滴 H_2SO_4；但若是在终点时发生浑浊，则必须重做实验。

④ 蘸在瓶壁上的 $KMnO_4$ 溶液应立即用蒸馏水冲洗下来，否则会因为分解析出 MnO_2 而引起误差。

⑤ 由于空气中还原性的气体或尘埃等杂质进入溶液会和 $KMnO_4$ 反应，而使粉红色逐渐消褪，故 $KMnO_4$ 滴定的终点是不太稳定的，保持 30s 不褪色，即可视为达到滴定终点。

⑥ 移取双氧水时注意不要触及皮肤，以免被烧伤。

七、思考题

1. 配制 $KMnO_4$ 标准溶液时，为什么要将此溶液煮沸一定时间或静置数天？为什么要过滤后才能保存？能否用滤纸过滤？

2. 用 $Na_2C_2O_4$ 对 $KMnO_4$ 溶液标定时，要注意哪些操作条件？为什么？

3. 用 $Na_2C_2O_4$ 对 $KMnO_4$ 溶液标定，以及用 $KMnO_4$ 滴定法测量 H_2O_2 含量时，能否用 HCl 或 HNO_3 代替 H_2SO_4，为什么？

4. 装过 $KMnO_4$ 溶液的容器壁上常附着有棕色沉淀，这是什么物质？应该如何洗去？

实验四十一　碘量法测定维生素 C 的含量

一、实验目的

1. 掌握碘及硫代硫酸钠标准溶液的配制与标定。

2. 了解碘量法(碘滴定法及滴定碘法)的原理和方法。

3. 掌握碘量法的滴定条件和基本操作。

二、实验原理

1. 维生素 C 又名抗坏血酸($C_6H_8O_6$，相对分子质量 176)，为白色或微黄色的结晶或粉末，不仅是人体组成需要的重要维生素之一，而且在医药和化学上也有广泛的用途。其分子中的烯二醇基具有还原性，能被 I_2 氧化为二酮基，而生成脱氢抗坏血酸：

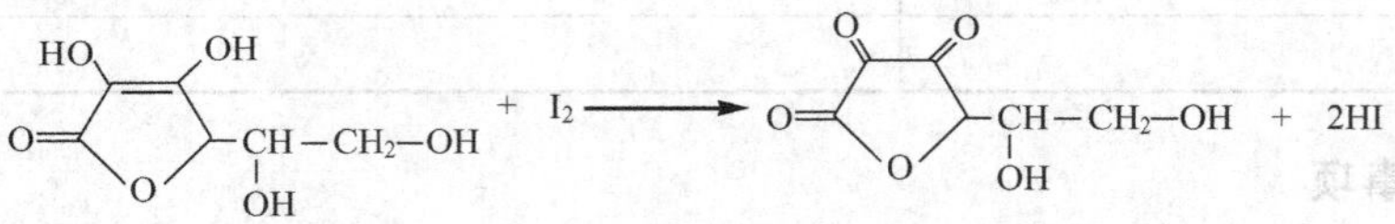

(维生素 C)　　　　(脱氢抗坏血酸)

采用碘滴定法测定时以淀粉作指示剂，当溶液呈现蓝色时即为终点，具有很高的灵敏度[①]。根据 I_2 标准溶液的浓度和所消耗的体积，可以求得样品中维生素 C 的含量：

$$w(\text{维生素 C})=\frac{c(I_2)V(I_2)\times 176}{m\times 1000}\times 100\%$$

式中，w(维生素 C)为样品中维生素 C 的含量；$c(I_2)$为 I_2 标准溶液的浓度，mol/L；$V(I_2)$为 I_2 标准溶液消耗的体积，mL；m 为样品的质量，g。

2. 配制 I_2 的标准溶液时，虽然通过升华法制得的纯 I_2 可以作为基准物，但由于 I_2 的强挥发性而很难准确称量，因此一般先称取适量的 I_2 溶于 KI 溶液中，再稀释到近似所需浓度②，然后用已知准确浓度的 $Na_2S_2O_3$ 溶液进行标定③：

$$2S_2O_3^{2-}+I_2 \xlongequal{} S_4O_6^{2-}+2I^-$$

以淀粉作指示剂，滴定至溶液蓝色消失为滴定终点。根据 $Na_2S_2O_3$ 标准溶液的浓度和所消耗的体积，可以求得 I_2 溶液的准确浓度：

$$c(I_2)=\frac{c(Na_2S_2O_3)V(Na_2S_2O_3)}{2V(I_2)}$$

式中，$c(I_2)$为 I_2 标准溶液的浓度，mol/L；$c(Na_2S_2O_3)$为 $Na_2S_2O_3$ 标准溶液的浓度，mol/L；$V(Na_2S_2O_3)$为 $Na_2S_2O_3$ 标准溶液消耗的体积，mL；$V(I_2)$为 I_2 标准溶液消耗的体积，mL。

配制好的 I_2 标准溶液需保存在棕色磨口瓶中④。

3. 商品硫代硫酸钠($Na_2S_2O_3 \cdot 5H_2O$)不仅纯度较低(常含有 NaCl、Na_2CO_3、Na_2SO_4、Na_2SO_3、S 等)，而且容易潮解和风化，因此其标准溶液只能采用间接方法进行配制。硫代硫酸钠溶液也不稳定，水中溶解的 O_2、CO_2，尤其是一些微生物都会使 $Na_2S_2O_3$ 产生分解：

$$2S_2O_3^{2-}+O_2 \xlongequal{} 2SO_4^{2-}+2S$$

$$S_2O_3^{2-}+CO_2+H_2O \xlongequal{} HSO_3^-+HCO_3^-+S$$

$$S_2O_3^{2-}+\text{细菌} \xlongequal{} SO_3^{2-}+S$$

所以要用新煮沸并冷却的蒸馏水进行配制，同时加入 0.02%左右的 Na_2CO_3，使溶液呈弱碱性，以抑制微生物的繁殖。配好的 $Na_2S_2O_3$ 溶液应置于棕色瓶中于避光处保存 1～2 周再进行标定⑤。如果溶液变浑浊，则要先过滤后标定。

标定时可以采用的基准物有 $K_2Cr_2O_7$、$KBrO_3$、KIO_3 以及纯 Cu 等，其中尤以 $K_2Cr_2O_7$ 最为常用。首先用一定量的 $K_2Cr_2O_7$ 与过量的 KI 在酸性条件下反应，定量地生成 I_2：

$$Cr_2O_7^{2-}+6I^-+14H^+ \xlongequal{} 2Cr^{3+}+3I_2+7H_2O$$

$$2S_2O_3^{2-}+I_2 \xlongequal{} S_4O_6^{2-}+2I^-$$

析出的 I_2 以淀粉为指示剂，用待标定的 $Na_2S_2O_3$ 溶液滴定。在这两个反应中，I^- 先是被氧化为 I_2，随后又被还原为 I^-，总的结果并没有发生变化；实际上只是相当于 $K_2Cr_2O_7$ 和 $Na_2S_2O_3$ 之间发生了氧化还原反应，由方程式可知二者摩尔比为 1∶6。根据 $Na_2S_2O_3$ 溶液消耗的体积以及 $K_2Cr_2O_7$ 的量，可以计算出 $Na_2S_2O_3$ 溶液的准确浓度：

$$c(Na_2S_2O_3)=\frac{m(K_2Cr_2O_7)\times 6\times 1000}{V(Na_2S_2O_3)\times 294}$$

式中，$c(Na_2S_2O_3)$为 $Na_2S_2O_3$ 标准溶液的浓度，mol/L；$m(K_2Cr_2O_7)$为称取 $K_2Cr_2O_7$ 的质量，g；$V(Na_2S_2O_3)$为 $Na_2S_2O_3$ 标准溶液消耗的体积，mL。

4. 实际操作中，在用碘量法测定样品中维生素C的含量时，先要配制 $Na_2S_2O_3$ 标准溶液，用 $K_2Cr_2O_7$ 标定其准确浓度；再配制 I_2 的标准溶液，用已知准确浓度的 $Na_2S_2O_3$ 溶液对其进行标定；最后用标定好的 I_2 溶液对样品进行滴定，由各相关数据求出维生素C的含量。

三、仪器与试剂

1. 仪器：电子天平，烧杯，洗耳球，量筒，碱式滴定管，移液管，试剂瓶，洗瓶，磨口锥形瓶，容量瓶，玻璃棒。

2. 试剂：$K_2Cr_2O_7$（分析纯），$Na_2S_2O_3 \cdot 5H_2O$，KI（分析纯），I_2（分析纯），Na_2CO_3（分析纯），HCl溶液（2mol/L），维生素C试样，HAc（1∶1），1%淀粉溶液。

四、实验步骤

1. $Na_2S_2O_3$ 标准溶液（0.1mol/L）的配制和标定

称取 $Na_2S_2O_3 \cdot 5H_2O$ 固体约25g于500mL烧杯中，加入300mL新煮沸并已冷却的蒸馏水溶解，再加入 Na_2CO_3 约0.2g，然后同样用新煮沸且冷却的蒸馏水稀释至1000mL。混匀后转移至细口棕色试剂瓶中，于阴暗处放置7～14d后再进行标定。

准确称取0.15g左右已烘干的 $K_2Cr_2O_7$ 固体三份，置于带磨口塞的250mL锥形瓶中，各加20mL蒸馏水完全溶解。然后再分别加入2g KI固体和10mL浓度为2mol/L的HCl溶液，盖上塞子，混匀，置于阴暗处约5min使反应完全后⑥，用50mL蒸馏水稀释⑦。

在弱酸性条件下，用待标定的 $Na_2S_2O_3$ 溶液滴定锥形瓶中反应生成的 I_2。注意当溶液临近终点呈现浅黄绿色时，再加入1%的淀粉指示剂1～2mL⑧，此时溶液呈蓝色。继续滴定至蓝色消失，溶液刚刚变为绿色为止⑨。注意滴定初期要慢摇快滴，而临近终点时则要慢滴快摇，防止 I_2 的吸附。重复三次，根据 $Na_2S_2O_3$ 溶液消耗的体积和称取 $K_2Cr_2O_7$ 的量，计算 $Na_2S_2O_3$ 溶液的准确浓度。

2. I_2 标准溶液（0.05mol/L）的配制和标定

分别称取6.5g的 I_2 和10g的KI固体，置于250mL烧杯中，加入25mL蒸馏水，用玻璃棒研磨、搅拌。待 I_2 溶解完全后，转移至棕色细口瓶内，再加蒸馏水稀释至500mL，混合均匀，放置于阴暗处待标定。

准确移取25mL待标定的 I_2 溶液于250mL锥形瓶中，加入50mL蒸馏水稀释，混匀，然后用已知准确浓度的 $Na_2S_2O_3$ 标准溶液滴定至临近终点，溶液为浅黄色时，加入1%的淀粉指示剂1～2mL，此时溶液呈蓝色。继续用 $Na_2S_2O_3$ 溶液滴定至蓝色刚刚消失，即为终点。重复滴定两次，根据 I_2 溶液的体积以及

$Na_2S_2O_3$ 溶液的浓度和消耗的体积，计算 I_2 溶液的准确浓度[10]。

3. 样品中维生素 C 含量的测定

准确称取 0.15g 左右的维生素 C 试样于 250mL 锥形瓶中，用 100mL 蒸馏水和 10mL 醋酸（1∶1）溶解，然后加入淀粉指示剂 3mL，立即用 I_2 标准溶液滴定，溶液变为蓝色并稳定不褪时，达到终点。重复测定三次，根据试样质量以及 I_2 标准溶液的浓度和消耗的体积，计算样品中维生素 C 的含量。

五、数据记录与处理

1. $Na_2S_2O_3$ 标准溶液浓度的标定

记录项目	1	2	3
$K_2Cr_2O_7$ 质量/g			
$Na_2S_2O_3$ 溶液最初读数 V_1/mL			
$Na_2S_2O_3$ 溶液最后读数 V_2/mL			
$Na_2S_2O_3$ 溶液消耗体积 $V(Na_2S_2O_3)$/mL			
$c(Na_2S_2O_3)$/(mol/L)			
$\overline{c}(Na_2S_2O_3)$/(mol/L)			
相对平均偏差			

2. I_2 标准溶液浓度的标定

记录项目	1	2	3
I_2 溶液的体积 $V(I_2)$/mL			
$Na_2S_2O_3$ 溶液最初读数 $V_{始}(Na_2S_2O_3)$/mL			
$Na_2S_2O_3$ 溶液最后读数 $V_{终}(Na_2S_2O_3)$/mL			
$Na_2S_2O_3$ 溶液消耗体积 $V(Na_2S_2O_3)$/mL			
$c(I_2)$/(mol/L)			
$\overline{c}(I_2)$/(mol/L)			
相对平均偏差			

3. 样品中维生素 C 含量的测定

记录项目	1	2	3
试样量 m/g			
I_2 溶液的最初读数 $V_{始}(I_2)$/mL			
I_2 溶液的最后读数 $V_{终}(I_2)$/mL			
I_2 溶液消耗体积 $V(I_2)$/mL			
w(维生素 C)含量/(mg/g)			
$\overline{w}$(维生素 C)平均含量/(mg/g)			
相对平均偏差			

六、注意事项

① 由于维生素C具有较强的还原性，易被空气所氧化，尤其在碱性条件下更容易被氧化，因此测定时往往在稀醋酸或草酸溶液中进行。

② 固体碘在水中的溶解度很小(20℃时为0.0013mol/L)，故常将其溶解于KI溶液中。但在浓度较稀的KI溶液中，I_2 的溶解速率也很慢，所以应先用较浓的KI溶液将固体碘完全溶解后再加水稀释。

③ 也有用 As_2O_3 为基准物进行标定的，但 As_2O_3(俗称砒霜)有剧毒。

④ 空气能将 I^- 氧化而导致 I_2 浓度增加，在光、热及酸性环境中氧化速率加快，所以 I_2 溶液应置于冷、暗处并保存于棕色瓶中。

⑤ $Na_2S_2O_3$ 的分解一般在配制溶液后的十天内进行，因此新配制的 $Na_2S_2O_3$ 溶液应放置一段时间后再标定。

⑥ I^- 被 $Cr_2O_7^{2-}$ 氧化生成 I_2 的反应较慢，若在稀溶液中则更慢。所以先在较高的浓度下使反应完全后(约5min)，再加水稀释。

⑦ 稀释的作用有两个：一是降低酸度，酸度越大，$Cr_2O_7^{2-}$ 与 I^- 的反应越快，但溶液中过量的 I^- 也容易被空气氧化而引起误差，适宜的酸度为0.2～0.4mol/L；二是反应中生成的 Cr^{3+} 呈现蓝绿色，浓度太高会影响终点颜色的观察，因此滴定前需要使 Cr^{3+} 浓度降低，溶液颜色变浅。

⑧ 如果指示剂加入过早，则大量的 I_2 与淀粉形成吸附加合物，而不易与 $Na_2S_2O_3$ 反应，引起误差。

⑨ 滴定到终点的溶液放置一段时间(5～10min)后又会呈现蓝色，这是因为溶液中过量的 I^- 又被空气氧化成了 I_2；但如果由绿色很快变为蓝色，则说明滴定前 $Cr_2O_7^{2-}$ 没有反应完全，需要重做实验。

⑩ 也可以用待标定的 I_2 溶液滴定已知浓度的一定量的 $Na_2S_2O_3$ 溶液，根据 I_2 溶液消耗的体积计算其准确浓度。此时，淀粉指示剂应在滴定前预先加入，当溶液刚刚变为蓝色时即为终点。

七、思考题

1. 配制 $Na_2S_2O_3$ 和 I_2 的标准溶液时，分别需要注意哪些问题？

2. 配制 $Na_2S_2O_3$ 溶液时，放置一段时间后如果出现浑浊，原因是什么？沉淀物是什么？

3. 用 $K_2Cr_2O_7$ 溶液标定 $Na_2S_2O_3$ 溶液时，如果终点滴定过了，可否用 I_2 标准溶液回滴？为什么？

4. 用 I_2 溶液滴定 $Na_2S_2O_3$ 溶液，淀粉指示剂需提前加入；而用 $Na_2S_2O_3$ 溶液滴定 I_2 溶液，淀粉指示剂则必须在邻近终点时才能加入，为什么？这两种方法在滴定终点时颜色的变化有何不同？

5. 碘量法测定维生素C时，为什么要加入稀醋酸？

实验四十二　重铬酸钾法测定水中化学需氧量(COD)

一、实验目的

1. 了解测定水中化学需氧量(COD)的意义。

2. 掌握重铬酸钾法测定水中COD的方法和原理。

3. 掌握重铬酸钾法的滴定条件和基本操作技能。

二、实验原理

1. 化学需氧量(COD)，是指采用一定的强氧化剂并在一定条件下处理水样，水中还原性物质被氧化时所消耗的氧化剂的量，通常以相应的氧量来表示(O_2, mg/L)。它反映了水体受硫化物、亚铁盐、亚硝酸盐以及有机物等还原性物质污染的程度，是水质控制中重要的综合性指标之一①。COD的测定，对于污染较轻的水质，可以采用$KMnO_4$法；而对于工业废水和生活污水等污染较大的水质，国家标准规定使用$K_2Cr_2O_7$法。本实验主要介绍$K_2Cr_2O_7$滴定法②。

2. $K_2Cr_2O_7$是常用的一种强氧化剂，为橙色结晶或粉末，易溶于水，有一定的毒性。由于容易提纯、性质稳定、能够长期保存，因此可以作为基准物质直接配制标准溶液。用$K_2Cr_2O_7$滴定法时需要另外加入指示剂来显示终点。

测定水中COD时，首先在酸性条件下加入一定量的过量的$K_2Cr_2O_7$，与水样中还原性物质反应。剩余的$K_2Cr_2O_7$以邻二氮杂菲-亚铁为指示剂，用硫酸亚铁铵标准溶液进行返滴定，反应式如下：

$$Cr_2O_7^{2-} + 6Fe^{2+} + 14H^+ = 2Cr^{3+} + 6Fe^{3+} + 7H_2O$$

根据$Fe(NH_4)_2(SO_4)_2$溶液的浓度和消耗的体积，可以求出剩余$K_2Cr_2O_7$的量。再由最初$K_2Cr_2O_7$加入的量，从而计算出水样中还原性物质所消耗的氧化剂的量。若水样中含有Cl^-，会产生干扰作用，可先用Ag_2SO_4除去。

$$COD_{Cr}(O_2) = \frac{c[Fe(NH_4)_2(SO_4)_2](V_0 - V_1) \times 8 \times 1000}{V_s}$$

式中，COD_{Cr}为待测水样中的化学需氧量，以O_2(mg/L)表示；V_1为测定水样时硫酸亚铁铵标准溶液消耗的体积，mL；V_0为空白实验中硫酸亚铁铵标准溶液消耗的体积，mL；V_s为移取待测水样的体积，mL；$c[Fe(NH_4)_2(SO_4)_2]$为硫酸亚铁铵标准溶液的浓度，mol/L。

三、仪器与试剂

1. 仪器：分析天平，酸式滴定管，移液管，试剂瓶，烧杯，洗耳球，量筒，洗瓶，锥形瓶，容量瓶，玻璃棒。

2. 试剂：$K_2Cr_2O_7$固体(分析纯)，邻二氮杂菲-亚铁指示剂(邻二氮杂菲1.485g和$FeSO_4 \cdot 7H_2O$固体0.695g于250mL烧杯中，加蒸馏水溶解并稀释至100mL)，$Fe(NH_4)_2(SO_4)_2 \cdot 6H_2O$固体(分析纯)，$H_2SO_4$-$Ag_2SO_4$溶液(5g的$Ag_2SO_4$固体加入到500mL的浓$H_2SO_4$中)，浓$H_2SO_4$，待测定水样。

四、实验步骤

1. 0.04mol/L $K_2Cr_2O_7$ 标准溶液的配制

准确称取预先在 130～140℃烘干 1h 的 $K_2Cr_2O_7$ 固体 11.768g 于 250mL 烧杯中，加适量蒸馏水完全溶解后，转移至 1000mL 容量瓶，用蒸馏水 20～30mL 荡洗烧杯三次，荡洗溶液也小心转移到 1000mL 容量瓶中，继续加入蒸馏水稀释至刻度线，充分混匀。

2. 硫酸亚铁铵标准溶液(0.1mol/L)的配制及标定

称取 $Fe(NH_4)_2(SO_4)_2 \cdot 6H_2O$ 固体 39.5g，溶于适量蒸馏水中，然后边搅拌边缓慢加入 20mL 浓 H_2SO_4。冷至室温后转入 1000mL 容量瓶，加蒸馏水稀释至刻度线，摇匀，待标定。

用移液管准确移取 0.04mol/L 的 $K_2Cr_2O_7$ 标准溶液 10.0mL，置于 250mL 锥形瓶中，加入 100mL 蒸馏水后，再缓慢加入 30mL 浓 H_2SO_4，搅拌均匀。冷却后，加入 3 滴邻二氮杂菲-亚铁指示剂，用待标定的硫酸亚铁铵溶液进行滴定。当溶液由黄色经蓝绿色变为红褐色时即为滴定终点，记录所消耗的硫酸亚铁铵标准溶液的体积。重复测定三次，计算其准确浓度：

$$c[Fe(NH_4)_2(SO_4)_2]=\frac{0.04\times10\times6}{V[Fe(NH_4)_2(SO_4)_2]}$$

式中，$c[Fe(NH_4)_2(SO_4)_2]$为硫酸亚铁铵标准溶液的浓度，mol/L；$V[Fe(NH_4)_2(SO_4)_2]$为硫酸亚铁铵标准溶液消耗的体积，mL。

3. 水中化学需氧量的测定

(1) 用移液管移取 20mL 水样(V_s)，置于 250mL 磨口锥形瓶中③，再准确加入 0.04mol/L 的 $K_2Cr_2O_7$ 标准溶液 10.0mL，并放入几粒沸石或小玻璃珠。然后在锥形瓶上连接一磨口的球形冷凝管，形成回流装置。从冷凝管上口缓慢滴加 30mL 配好的 H_2SO_4-Ag_2SO_4 溶液，混匀后加热回流 2h(自溶液沸腾时开始计时)。

(2) 冷至室温后，取 70mL 蒸馏水冲洗冷凝管内壁。取下锥形瓶，再加入适量蒸馏水，使溶液总体积不少于 140mL④。然后加入 3 滴邻二氮杂菲-亚铁指示剂并混合均匀，用已知准确浓度的硫酸亚铁铵标准溶液返滴定，当溶液由黄色变为红褐色时即为滴定终点，记下硫酸亚铁铵标准溶液消耗的体积 V_1。

(3) 另取 20mL 蒸馏水，按照上述(1)、(2)的步骤做空白对照试验。记下此时硫酸亚铁铵标准溶液消耗的体积 V_0。

(4) 重复测定两次，计算水样中 COD_{Cr}⑤。

五、数据记录与处理

1. 硫酸亚铁铵标准溶液浓度的标定

记录项目	1	2	3
最初读数 $V_{始}[Fe(NH_4)_2(SO_4)_2]$/mL			

续表

记录项目	1	2	3
最后读数 $V_{终}[Fe(NH_4)_2(SO_4)_2]$/mL			
消耗体积 $V[Fe(NH_4)_2(SO_4)_2]$/mL			
溶液浓度 $c[Fe(NH_4)_2(SO_4)_2]$/(mol/L)			
平均浓度 $\bar{c}[Fe(NH_4)_2(SO_4)_2]$/(mol/L)			
相对平均偏差			

2. 水中COD的测定

记录项目	1	2	3
水样体积 V_s/mL			
最初读数 $V_{始}[Fe(NH_4)_2(SO_4)_2]$/mL			
最后读数 $V_{终}[Fe(NH_4)_2(SO_4)_2]$/mL			
消耗体积 $V[Fe(NH_4)_2(SO_4)_2]$/mL			
最初读数－空白实验 $V_{始}[Fe(NH_4)_2(SO_4)_2]$/mL			
最后读数－空白实验 $V_{终}[Fe(NH_4)_2(SO_4)_2]$/mL			
消耗体积－空白实验 $V[Fe(NH_4)_2(SO_4)_2]$/mL			
待测水样中 COD(O_2)/(mg/L)			
待测水样中平均 COD(O_2)/(mg/L)			
相对平均偏差			

六、注意事项

① 一般而言，严重污染的水源COD＞10mg/L，轻度污染的水源COD为4～10mg/L，一般地表水质COD＜3～4mg/L，清洁海水中COD＜0.5mg/L。

② 实际测定时，氧化剂的种类、浓度及反应条件等都会影响分析结果，所以要严格按照相关规定步骤操作。

③ 取样后应迅速测定，如果需要保存较长时间，则用 H_2SO_4 将溶液调至pH＜2。

④ 加蒸馏水是为了降低酸度。如果酸度太高，到达滴定终点时溶液颜色的变化不明显。

⑤ 1mol的 $Cr_2O_7^{2-}$ 能够将6mol的 Fe^{2+} 氧化为 Fe^{3+}；而1mol的 O_2 只能将4mol的 Fe^{2+} 氧化为 Fe^{3+}。所以1mol $Cr_2O_7^{2-}$ 的氧化能力相当于1.5mol的 O_2。

七、思考题

1. 为什么要做空白对照实验？

2. 加热回流前为什么要加入 H_2SO_4-Ag_2SO_4 溶液？

3. 如果刚开始加热，水样即呈现绿色，应如何处理？这种现象反映了什么问题？

实验四十三　葡萄糖酸钙中钙含量的测定(氧化还原法)

一、实验目的

1. 掌握高锰酸钾法间接测定钙含量的原理与方法。

2. 了解沉淀、过滤、洗涤等基本要求与操作。

二、实验原理

氧化还原滴定法常用以测定具有氧化还原性质的物质。但某些不具氧化还原性的物质，若能与另一还原剂或氧化剂定量反应，也可用氧化还原法间接测定。如碱土金属、Pb^{2+}、Cd^{2+}、Zn^{2+}等金属离子与草酸根能形成难溶的草酸盐沉淀，沉淀经过滤、洗涤后，再用稀硫酸溶液将其溶解，然后用$KMnO_4$标准溶液滴定释放出来的$H_2C_2O_4$，即可间接测定这些金属离子的含量。以Ca^{2+}为例，有关反应如下：

$$Ca^{2+}+C_2O_4^{2-} \rightleftharpoons CaC_2O_4\downarrow$$

$$CaC_2O_4+2H^+ \rightleftharpoons H_2C_2O_4+Ca^{2+}$$

$$5H_2C_2O_4+2MnO_4^-+6H^+ \rightleftharpoons 2Mn^{2+}+10CO_2\uparrow+8H_2O$$

用该法测定某些补钙制剂(如葡萄糖酸钙、钙立得、盖天力等)中的钙含量，分析结果与标示量吻合。

为了获得颗粒较大的CaC_2O_4晶形沉淀，必须选择适当的沉淀条件。通常采用在酸性介质中加入沉淀剂$(NH_4)_2C_2O_4$(此时$C_2O_4^{2-}$浓度很小，主要以$HC_2O_4^-$的形式存在，故不会有CaC_2O_4沉淀生成)，再滴加稀氨水中和溶液中的H^+，使$C_2O_4^{2-}$浓度缓缓增大，当达到生成CaC_2O_4的溶度积时，CaC_2O_4沉淀在溶液中慢慢生成，从而得到纯净的、颗粒粗大的CaC_2O_4晶形沉淀。由于CaC_2O_4沉淀的溶解度随溶液酸度增加而增加，而在pH＝4时，其溶解损失可以忽略，因此本实验控制溶液的pH值在3.5～4.5之间，这样既可使CaC_2O_4沉淀完全，又不致生成$Ca_2(OH)_2C_2O_4$沉淀。

三、仪器与试剂

1. 仪器：烧杯(100mL)，长颈漏斗，酸式滴定管(50mL、25mL)，恒温水浴箱，加热磁力搅拌器。

2. 试剂：$KMnO_4$标准溶液(0.02mol/L)，$(NH_4)_2C_2O_4$溶液(0.05mol/L)，氨水(7mol/L)，HCl溶液(6mol/L)，H_2SO_4(1mol/L)，甲基橙水溶液(1g/L)，$AgNO_3$溶液(0.1mol/L)，HNO_3溶液(2mol/L)，葡萄糖酸钙样品。

四、实验步骤

1. 沉淀的制备：准确称取葡萄糖酸钙样品三份(每份含钙约0.05g)，分别置于100mL烧杯中，加入适量蒸馏水及2～5mL 6mol/L HCl溶液，并轻轻摇动烧杯，加热促使其溶解。稍冷后向溶液中加入 2～3 滴 1g/L 甲基橙，再滴加 7mol/L 氨水至溶液由红色变为黄色，趁热逐滴加入约 50mL 0.05mol/L $(NH_4)_2C_2O_4$ 溶液①，在恒温水浴箱(或低温电热板)中陈化 30min②，然后自然冷却至室温。

2. 沉淀的过滤和洗涤：冷却后先将上层清液倾入漏斗中，将烧杯中的沉淀洗涤数次后转入漏斗中，继续洗涤沉淀至无 Cl^-(用表面皿接取 5～6mL 滤液，加 1 滴 $AgNO_3$ 溶液和 1 滴 HNO_3 溶液，混匀后放置 1min，如无浑浊现象，证明滤液中不含 Cl^-)。

3. 沉淀的溶解和测定：将带有沉淀的滤纸铺在原烧杯的内壁上，用 50mL 1mol/L H_2SO_4 溶液将沉淀由滤纸上洗入烧杯中③，再用洗瓶洗 2 次，加入蒸馏水使总体积约为 100mL。加热至 70～80℃，用 0.02mol/L $KMnO_4$ 标准溶液滴定至溶液呈淡红色。再将滤纸搅入溶液中，若溶液褪色，则继续滴定，直至出现的淡红色 30s 内不褪色即为终点。记下消耗的 $KMnO_4$ 标准溶液的体积，计算葡萄糖酸钙样品中钙的质量分数。

五、数据记录与处理

1. $KMnO_4$ 溶液浓度的标定

记录项目	1	2	3
$m(Na_2C_2O_4)$/g			
$V_{始}(KMnO_4)$/mL			
$V_{终}(KMnO_4)$/mL			
$V(KMnO_4)$/mL			
$c(KMnO_4)$/(mol/L)			
$\bar{c}(KMnO_4)$/(mol/L)			
相对平均偏差/%			

2. 葡萄糖酸钙中钙含量的测定

葡萄糖酸钙中钙的含量可根据下式计算：

$$w(Ca)=\frac{5c(KMnO_4)V(KMnO_4)M(Ca)}{2\times 1000m_s}\times 100\%$$

式中，w_{Ca} 为试样中 Ca 的质量分数；m_s 为葡萄糖酸钙样品的质量，g。

记录项目	1	2	3
m(试样)/g			
$V_{始}(KMnO_4)$/mL			
$V_{终}(KMnO_4)$/mL			

续表

记录项目	1	2	3
$V(KMnO_4)/mL$			
w(钙)/%			
$\overline{w}$(钙)/%			
相对平均偏差/%			

六、注意事项

① 若用均匀沉淀法分离，则在试样分解后，加入 50mL $(NH_4)_2C_2O_4$ 及尿素$[CO(NH_2)_2]$后加热，$CO(NH_2)_2$ 水解产生的 NH_3 均匀地中和 H^+，可使 Ca^{2+} 均匀地沉淀为 CaC_2O_4 的粗大晶形沉淀。

② 溶液放置陈化时，为了使结晶颗粒比较大，以便过滤洗涤，可适当加长时间，洗涤沉淀时，确保实验条件下无氯离子。

③ 实验时，必须把滤纸上的沉淀洗涤干净，滤纸一定要放入烧杯一起滴定。

七、思考题

1. 用$(NH_4)_2C_2O_4$ 沉淀 Ca^{2+} 时，为什么要在酸性溶液中加$(NH_4)_2C_2O_4$ 后再慢慢滴加氨水，调节溶液至甲基橙变为黄色？

2. 加入$(NH_4)_2C_2O_4$ 时，为什么要在热溶液中逐滴加入？

3. 洗涤 $Ca_2C_2O_4$ 沉淀时，为什么要洗至无 Cl^-？

4. 与配位滴定法测定 Ca^{2+} 相比，$KMnO_4$ 法有何优缺点？

实验四十四　可溶性硫酸盐中硫的测定

一、实验目的

1. 理解晶形沉淀的沉淀条件、原理和沉淀方法。

2. 利用对可溶性硫酸盐中硫含量的测定，学习重量分析具体过程及相应操作技术。

二、实验原理

采用 Ba^{2+} 将溶液中的 SO_4^{2-} 沉淀为 $BaSO_4$ 沉淀，经过滤、洗涤和灼烧后，以 $BaSO_4$ 为称量形式，通过换算因数求得 S 的含量。

$BaSO_4$ 的溶解度很小，常温时，100mL 溶液中仅能溶解 0.25mg，当沉淀剂过量时，溶解度会更小，一般可以忽略其溶解。$BaSO_4$ 性质非常稳定，干燥后的组成与分子式符合。但是 $BaSO_4$ 沉淀初生成时，一般形成细小的晶体，过滤时易穿过滤纸，引起沉淀的损失，因此进行定量沉淀时，必须注意创造和控制有利于形成较大晶体的条件。

为了防止生成 $BaCO_3$、$Ba_3(PO_4)_2$ 等沉淀，应在酸性溶液中进行沉淀。同时适当提高酸度，增加$BaSO_4$的溶解度，以降低其相对过饱和度，有利于获得颗粒较大的纯净而易于过滤的沉淀，一般在0.05mol/L左右的HCl溶液中进行沉淀。溶液中也不允许有酸不溶物和易被吸附的离子（如Fe^{3+}、NO_3^-）存在，同时Pb^{2+}、Sr^{2+}也会对测定产生干扰，应预先予以分离或掩蔽。

三、仪器与试剂

1. 仪器：50mL烧杯、400mL烧杯，滴管，玻璃棒，瓷坩埚2只，马弗炉。

2. 试剂：2mol/L HCl溶液，0.5mol/L $BaCl_2$溶液，0.1mol/L $AgNO_3$溶液，无水Na_2SO_4，定性滤纸（7～9cm），定量滤纸。

四、实验步骤

1. 称样及沉淀的制备：准确称取0.2～0.3g无水Na_2SO_4试样，置于400mL烧杯中，加入约200mL水、5mL 2mol/L HCl溶液①，搅拌溶解，加热至近沸。另取10mL 0.5mol/L $BaCl_2$溶液于50mL烧杯中，加水10mL，配制$BaCl_2$稀溶液并加热至近沸，趁热将10～12mL的$BaCl_2$稀溶液用小滴管逐滴地加入热的Na_2SO_4溶液中，并用玻璃棒不断搅拌，加完后静置2min，让沉淀沉降，于上层清液中加入1～2滴$BaCl_2$溶液，检验沉淀是否完全，如未沉淀完全则应继续滴加$BaCl_2$稀溶液1～2mL，直至沉淀完全。然后将溶液在90℃水浴中保温陈化1h②。

2. 空坩埚的恒重：将两只洁净的瓷坩埚放在800～850℃的马弗炉中灼烧至恒重。

3. 沉淀的过滤和洗涤：待反应液自然冷却至室温，滤纸过滤沉淀，用热蒸馏水洗涤沉淀，用$AgNO_3$溶液检测至洗水无Cl^-为止。

4. 沉淀的灼烧和恒重：将沉淀和滤纸置于已恒重的瓷坩埚中，经烘干、灰化后，在800～850℃的马弗炉中灼烧至恒重。根据称量结果计算Na_2SO_4中S的含量。

五、数据记录与处理

记录项目	1	2
$Na_2S_2O_3$质量$m(Na_2S_2O_3)$/g		
坩埚+$BaSO_4$质量m/g		
坩埚质量m(坩埚)/g		
$BaSO_4$质量$m(BaSO_4)$/g		
S含量w/%		
S平均含量$\overline{w}$/%		
相对平均偏差		

六、注意事项

① 沉淀应在酸性溶液中进行。

② 沉淀形成时应创造和控制条件，使其形成较大晶体。

七、思考题

1. 沉淀 $BaSO_4$ 时为什么要在稀溶液中进行？

2. 加入沉淀剂后，应如何检查沉淀是否完全？

3. 为什么沉淀 $BaSO_4$ 时要在热溶液中进行，而在自然冷却后进行过滤？为什么不能趁热过滤？

实验四十五　钢样中镍含量的测定(重量法)

一、实验目的

1. 了解有机沉淀剂在重量分析中的应用。

2. 了解丁二酮肟重量法测定镍的原理和方法。

3. 掌握沉淀的过滤、洗涤、转移等重量分析法基本操作。

二、实验原理

镍是合金中的重要元素之一，它的存在可增加钢的弹性、延展性和抗蚀性，使钢具有良好的机械性能。镍在合金钢中主要以固溶体和碳化物存在。大多数含镍的合金钢都能溶于盐酸和硝酸的混合酸中，使镍以 Ni^{2+} 的形式存在。

丁二酮肟是二元弱酸(以 H_2D 表示)，其离解平衡如式(1)所示：

$$H_2D \underset{+H^+}{\overset{-H^+}{\rightleftharpoons}} HD^- \underset{+H^+}{\overset{-H^+}{\rightleftharpoons}} D^{2-} \tag{1}$$

其分子式为 $C_4H_8O_2N_2$，摩尔质量为 116.2g/mol。在氨性溶液中，丁二酮肟主要以 HD^- 状态存在，可与 Ni^{2+} 发生沉淀反应，反应如式(2)所示：

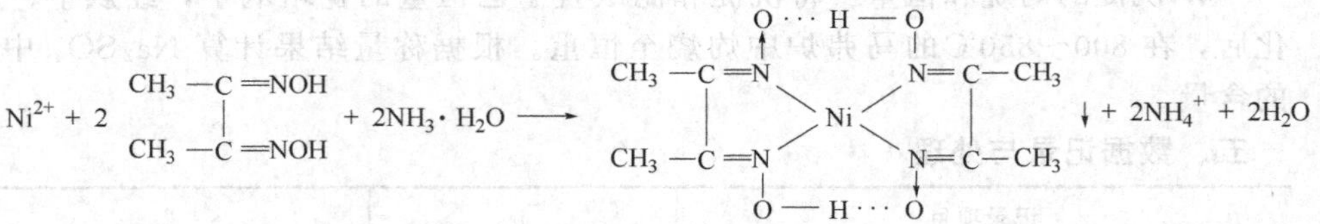

(2)

丁二酮肟镍[$Ni(HD)_2$]沉淀的溶解度很小($K_{sp}=2.3\times10^{-25}$)，组成恒定，将沉淀过滤、洗涤，在120℃下烘干至恒重，称得其质量 $m[Ni(HD)_2]$，按照式(3)计算 Ni 的质量分数：

$$w(Ni)=\frac{m[Ni(HD)_2]\times\frac{M(Ni)}{M[Ni(HD)_2]}}{m_s}\times100\% \tag{3}$$

式中，w_{Ni} 为钢样中 Ni 的质量分数；m_s 为钢样的质量，g。

本法沉淀介质的酸度为 pH＝8～9 的氨性溶液。pH 值过低，生成 D^{2-}，使沉淀溶解度增大；pH 值过高，由于生成 H_2D，同样将增加沉淀的溶解度。氨浓度太高，Ni^{2+} 易与氨形成镍氨络离子而增大沉淀的溶解度。

由于丁二酮肟试剂在水中的溶解度较小，但易溶于乙醇中，所以必须使用适量乙醇溶液，以防止丁二酮肟本身的共沉淀产生。在沉淀时溶液要充分稀释，并控制乙醇浓度为溶液总浓度的20%左右，乙醇浓度不能过大，否则丁二酮肟镍的溶解度也会增大。

丁二酮肟是一种高选择性的有机沉淀剂，它只与Ni^{2+}、Pd^{2+}、Fe^{2+}生成沉淀。Co^{2+}、Cu^{2+}与其生成水溶性配合物，不仅会消耗丁二酮肟，而且会引起共沉淀现象。若Co^{2+}、Cu^{2+}含量较高时，最好进行二次沉淀或预先分离。

由于Fe^{2+}、Al^{3+}、Cr^{3+}、Ti^{2+}等离子在氨性溶液中生成氢氧化物沉淀，干扰测定，故在溶液加氨水前，需加入柠檬酸或酒石酸等络合剂，使其生成水溶性的络合物。

三、仪器与试剂

1. 仪器：G_4微孔玻璃坩埚，循环水泵及抽滤瓶，电热恒温水浴，电热恒温干燥箱。

2. 试剂：丁二酮肟乙醇溶液(10g/L)，混合酸$\varphi(HCl:HNO_3:H_2O)=3:1:2$，氨水(1∶1)，酒石酸或柠檬酸溶液(500g/L)，HCl(1∶1)，HNO_3(2mol/L)，$AgNO_3$(0.1mol/L)，氨-氯化铵洗涤液(每100mL水中加1mL氨水和1g氯化铵)，钢铁试样。

四、实验步骤

1. 准确称取钢样(含Ni 30～80mg)两份①，分别置于500mL烧杯中，加入20～40mL混合酸，盖上表面皿，于通风橱内小心加热至完全溶解，再煮沸溶液以除去氮的氧化物，加入5～10mL酒石酸溶液(每克试样加入10mL)，然后在不断搅拌下滴加1∶1氨水至溶液pH=8～9，此时溶液转变为蓝绿色。如有不溶物，应过滤除去沉淀，并用热的氨-氯化铵洗涤液洗涤沉淀数次(洗涤液与滤液合并)，残渣弃去。

2. 在不断搅拌下，滤液用1∶1 HCl酸化至溶液变为深棕绿色，用热水稀释至约300mL，加热至70～80℃②，加入10g/L丁二酮肟乙醇溶液沉淀Ni^{2+}(每毫克Ni^{2+}约需1mL 10g/L的丁二酮肟溶液)，最后再多加20～30mL。但所加试剂的总量不要超过试液体积的1/3，以免增大沉淀的溶解度。然后在不断搅拌下，滴加1∶1氨水使溶液pH=8～9，在60～70℃下保温30～40min。

3. 取下，稍冷后，用已恒重的G_4微孔玻璃坩埚进行减压过滤，用微氨性的20g/L酒石酸溶液洗涤烧杯和沉淀8～10次，再用温水洗涤沉淀至无Cl^-为止(检查Cl^-时，可将滤液以稀HNO_3酸化，用$AgNO_3$检查)。最后抽滤2min以上。

4. 将带有沉淀的微孔玻璃坩埚置于130～150℃烘箱中烘干1h，移入干燥器中冷却至室温准确称重，再烘干、冷却、称重，直至恒重为止。根据丁二酮肟的质量，计算试样中镍的质量分数。实验完毕，微孔玻璃坩埚以稀盐酸洗涤干净。

五、数据处理与记录

试样中镍的质量分数可根据式(3)计算。

记录项目	1	2	3
$m_{钢样}/g$			
$m_{坩埚+Ni(HD)_2}/g$			
$m_{坩埚}/g$			
$m_{Ni(HD)_2}/g$			
$w_{Ni}/\%$			
$\overline{w}_{Ni}/\%$			
相对平均偏差/%			

六、注意事项

① 试样称取量要适当。如含 Ni 量太低，则不易沉淀出来；称样量太大，沉淀体积庞大，不易操作。

② 沉淀时的温度保持 70～80℃，可减小 Cu^{2+}、Fe^{3+} 的共沉淀。温度太高则乙醇挥发过多而引起丁二酮肟析出，同时 Fe^{3+} 可能部分被酒石酸还原成 Fe^{2+}，干扰测定。

七、思考题

1. 溶解试样时加入 HNO_3 的作用是什么？

2. 丁二酮肟重量法测定镍，应注意哪些沉淀条件？为什么？

3. 加入酒石酸的作用是什么？为何要加入过量沉淀剂并稀释？

实验四十六　邻二氮杂菲分光光度法测定铁

一、实验目的

1. 学习如何选择分光光度法的实验条件。

2. 掌握邻二氮杂菲分光光度法测定铁的原理和方法。

3. 了解分光光度计的构造和使用方法。

二、实验原理

邻二氮杂菲(1,10-邻二氮杂菲，简写为 phen)是测定微量铁(Fe^{2+})的一种较好的试剂。在 pH＝2～9 的条件下，Fe^{2+} 与邻二氮杂菲生成稳定的橘红色配合物$[Fe(phen)_3]^{2+}$，此配合物的 $\lg K_{稳}=21.3$(20℃)，反应式如下：

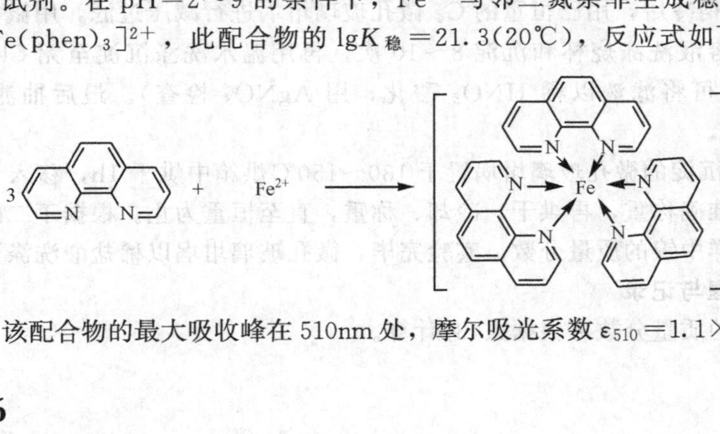

该配合物的最大吸收峰在 510nm 处，摩尔吸光系数 $\varepsilon_{510}=1.1\times10^4 L/(mol\cdot cm)$。

由于Fe^{3+}也能与邻二氮杂菲生成3∶1淡蓝色配合物，其$\lg K_{稳}=14.1$(20℃)，因此，在显色前应预先用盐酸羟胺将Fe^{3+}全部还原为Fe^{2+}，其反应方程式为：

$$2Fe^{3+}+2NH_2OH\cdot HCl \longrightarrow 2Fe^{2+}+N_2\uparrow+2H_2O+4H^{+}+2Cl^{-}$$

测定时，控制溶液的酸度在pH=5左右较为适宜，酸度高时，反应进行较慢；酸度太低时，Fe^{2+}水解，影响显色。

本测定方法不仅灵敏度高，稳定性好，而且选择性高。相当于铁量40倍的Sn^{2+}、Al^{3+}、Mg^{2+}、Ca^{2+}、Zn^{2+}、SiO_3^{2-}，20倍的Cr^{6+}、V^{5+}、P^{5+}、Mn^{2+}，5倍的Co^{2+}、Ni^{2+}、Cu^{2+}等均不干扰测定。

分光光度法测定物质含量时，一般要经过取样、显色和测量等步骤。为了得到较高的灵敏度、选择性和准确度，必须选择适宜的显色反应条件和吸光度测量条件。通常所研究的显色条件有溶液的酸度、显色剂用量、显色时间、温度、溶剂以及共存离子的干扰等。吸光度测量条件主要有测量波长、吸光度范围和参比溶液等。

三、仪器与试剂

1. 仪器：722型分光光度计，酸度计①，50mL容量瓶8个，100mL容量瓶1个，50mL碱式滴定管1支，1mL、2mL、5mL、10mL吸量管。

2. 试剂：1g/L邻二氮杂菲溶液，1mol/L NaAc溶液，2mol/L HCl溶液，0.4mol/L NaOH溶液，100μg/mL铁标准贮备溶液②，10μg/mL的铁标准溶液，100g/L盐酸羟胺溶液(用时现配)。

四、实验步骤

1. 条件实验

(1) 吸收曲线的绘制　准确移取10μg/mL铁标准溶液(用100μg/mL铁标准贮备溶液②稀释配制)5mL于50mL容量瓶③中，加入100g/L盐酸羟胺1mL，摇匀，再加入1mol/L NaAc溶液5mL和1g/L邻二氮杂菲溶液3mL，以蒸馏水稀释至刻度，摇匀。放置10min，在722型分光光度计上，用1cm比色皿，以蒸馏水为参比溶液，在430～570nm之间，以不同的波长，每隔10nm或20nm测定一次吸光度(其中在490～530nm之间，可每隔5nm测定一次)，并记录数据。

(2) 显色时间及邻二氮杂菲-亚铁配合物稳定性　按上面(1)得到邻二氮杂菲-亚铁配合物溶液，用1cm比色皿，以蒸馏水为参比溶液，在最大吸收波长(510nm左右)处，测定吸光度，然后每隔一定时间再测定其吸光度(如可测定放置5min、10min、15min、20min、30min、60min、90min、120min的吸光度)，并记录数据。

(3) 显色剂用量的确定　取50mL容量瓶7个，编号，分别移取5.00mL 10μg/mL铁标准溶液和1mL 100g/L盐酸羟胺溶液于容量瓶中，经2min后，再分别加入5mL 1mol/L NaAc溶液，然后依次加入1g/L邻二氮杂菲溶液0.3mL、0.6mL、1.0mL、1.5mL、2.0mL、3.0mL和4.0mL，以蒸馏水稀释至刻度，摇匀。放置10min，在722型分光光度计上，用1cm比色皿，以蒸馏水为参比溶液，在最大吸收波长处测定吸光度，并记录数据。

(4) 溶液酸度的确定 准确移取100μg/mL铁标准贮备液5mL于100mL容量瓶中，加入5mL 2mol/L HCl溶液和10mL 100g/L盐酸羟胺溶液，经2min后加入1g/L邻二氮杂菲溶液30mL。以蒸馏水稀释至刻度，摇匀，备用。

取50mL容量瓶7支，编号，分别准确移取上述溶液10mL于各容量瓶中。然后依次加入0.4mol/L NaOH溶液0.0mL、2.0mL、3.0mL、4.0mL、6.0mL、8.0mL、10.0mL，以蒸馏水稀释至刻度，摇匀。在分光光度计上用最大吸收波长(510nm左右)，用1cm比色皿，以蒸馏水为参比溶液测定吸光度A。用酸度计测定各容量瓶中溶液的pH值。

根据上面的条件实验，可以确定邻二氮杂菲分光光度法测定铁的最佳实验条件。

2. 铁含量的测定

(1) 标准曲线的绘制 取50mL容量瓶6个，编号，分别准确移取(务必准确量取，为什么?) 10μg/mL铁标准溶液0.0mL、2.0mL、4.0mL、6.0mL、8.0mL、10.0mL于6个容量瓶中(其中不加铁标准溶液所得溶液为空白溶液，用作参比溶液)，然后各加入1mL 100g/L盐酸羟胺溶液，摇匀，经2min后再依次加入5mL 1mol/L NaAc溶液和3mL 1g/L邻二氮杂菲溶液，加蒸馏水至刻线，摇匀，放置10min。以空白溶液为参比，用1cm比色皿，在最大吸收波长(510nm左右)处，测定各溶液的吸光度④。

(2) 未知液中铁含量的测定(可与标准曲线的制作同时进行) 准确吸取5.00mL未知液代替标准溶液，其他步骤均同上，测定其吸光度。如果未知液的铁含量过高，可先稀释，再测定，使其在标准曲线的2/3左右处。

五、数据记录与处理

1. 测定条件实验记录与处理

(1) 吸收曲线 波长λ与吸光度A关系的数据记录于下表：

波长 λ/nm	430	450	470	490	500	505	510	515	520	…
吸光度 A										

以波长为横坐标，吸光度为纵坐标绘制A-λ吸收曲线，从吸收曲线上确定测定铁的最大吸收波长(λ_{max})。

(2) 显色时间 显色时间t与吸光度A关系的数据记录于下表：($\lambda_{max}=$　　)

显色时间 t/min	0	5	10	15	20	30	60	90	120	…
吸光度 A										

以时间为横坐标，吸光度为纵坐标绘制A-t曲线⑤，从曲线上确定适宜的显色时间，同时该曲线也表示了反应生成配合物的稳定性。

（3）显色剂用量　显色剂用量与吸光度 A 的关系数据记录于下表：（$\lambda_{max}=$　　）

显色剂体积/mL	0.3	0.6	1.0	1.5	2.0	3.0	4.0
吸光度 A							

以时间为横坐标，吸光度为纵坐标绘制 A-t 曲线⑤，从曲线上确定适宜的显色时间，同时该曲线也表示了反应生成配合物的稳定性。

（4）溶液酸度　溶液酸度与吸光度 A 的关系数据记录于下表：（$\lambda_{max}=$　　）

NaOH 体积/mL	0.0	2.0	3.0	4.0	6.0	8.0	10.0
pH 值							
吸光度 A							

以 pH 值为横坐标，吸光度为纵坐标，绘制 A-pH 值曲线⑤，从曲线上找出适宜的 pH 值范围。

2. 铁含量测定数据记录与处理

标准溶液和未知液的浓度与吸光度曲线的数据记录于下表：（$\lambda_{max}=$　　）

标准液编号	1	2	3	4	5	6	未知液
浓度/(μg/mL)							
吸光度							

以铁含量为横坐标，吸光度为纵坐标，绘制标准曲线(A-c 曲线)⑤。根据未知液的吸光度在标准曲线上查出 5.00mL 未知液的铁含量，以 mg/L 表示结果。

六、注意事项

① 酸度计的使用方法参见实验三。

② 100μg/mL 铁标准贮备溶液的配制：准确称取 0.8640g $NH_4Fe(SO_4)_2\cdot 12H_2O$(分析纯)于烧杯中，以 30mL 2mol/L HCl 溶解后转入 1000mL 容量瓶中，以蒸馏水稀释至刻度，摇匀。

③ 盛装标准溶液的容量瓶和未知液的容量瓶应做标记，以免混淆。

④ 在测定标准系列各溶液吸光度时，要从稀溶液至浓溶液依次进行测定。

⑤ 可以使用绘图软件，如 Excel 或 Origin 等绘制。

七、思考题

1. 邻二氮杂菲分光光度法测定铁的适宜条件是什么？

2. 本实验中，显色前加入盐酸羟胺的作用是什么？

3. 如何选择本实验中的参比溶液？

4. 显色时，加入还原剂、缓冲溶液和显色剂的顺序是否可以颠倒？为什么？

5. 如何用分光光度法测定水样中的全铁和亚铁含量？

6. 本实验中，加入某种试剂的体积要比较准确，而某种试剂的加入量则不必准确，为什么？

7. 根据你的实验数据，试计算在适宜条件下邻二氮杂菲-亚铁配合物的摩尔吸光系数。

附：722 型分光光度计(见图 3-4)的使用方法

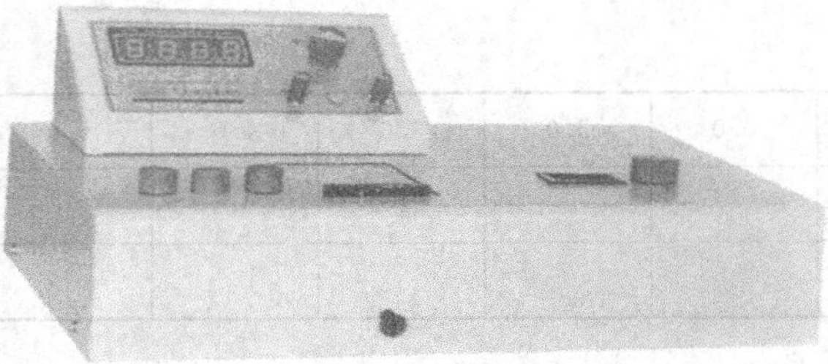

图 3-4　722 型分光光度计

(1) 将灵敏度旋钮调整"1"挡(放大倍率最小)。

(2) 开启电源，指示灯亮，仪器预热 20min，选择开关置于"T"。

(3) 打开试样室盖(光门自动关闭)，调节"0%T"旋钮，使数字显示为"00.0"。

(4) 将装有溶液的比色皿放置比色架中。

(5) 旋动仪器波长手轮，把测试所需的波长调节至刻度线处。

(6) 盖上样品室盖，将参比溶液比色皿置于光路，调节透过率"100%T"旋钮，使数字显示为"100.0T"[如果显示不到 100%T，则可适当增加灵敏度的挡数，同时应重复"(3)"，调整仪器的"00.0"]。

(7) 将被测溶液置于光路中，数字表上直接读出被测溶液的透过率(T)值。

(8) 吸光度 A 的测量，参照(3)、(6)调整仪器的"00.0"和"100.0"，将选择开关置于"A"，旋动吸光度调零旋钮，使得数字显示为".000"，然后移入被测溶液，显示值即为试样的吸光度 A 值。

(9) 浓度 c 的测量，选择开关由 A 旋至 c，将已标定浓度的溶液移入光路，调节浓度按钮，使得数字显示为标定值，将被测溶液移入光路，即可读出相应的浓度值。

(10) 仪器在使用时，应常参照本操作方法中(3)和(6)进行调"00.0"和"100.0"的工作。

(11) 每台仪器所配套的比色皿不能与其他仪器上的比色皿单个调换。

(12) 本仪器数字显示后背部，带有外接插座，可输出模拟信号，插座 1 脚为正，2 脚为负接地线。

（13）如果大幅度改变测试波长时，需等数分钟后才能正常工作。因波长由长波向短波或短波向长波移动时，光能量变化急剧，光电管受光后响应较慢，需一段光响应平衡时间。

实验四十七　吸光度的加和性实验及水中微量Cr(Ⅵ)和Mn(Ⅶ)的同时测定

一、实验目的

1. 了解吸光度的加和性。

2. 掌握用分光光度法测定混合组分的原理和方法。

3. 了解累加法的应用。

二、实验原理

试液中含有多种吸光物质时，在一定条件下可以采用分光光度法同时进行测定而无需分离。例如，在 H_2SO_4 溶液中 $Cr_2O_7^{2-}$ 和 MnO_4^- 的吸收曲线相互重叠。根据吸光度的加和性原理，在 $Cr_2O_7^{2-}$ 和 MnO_4^- 的最大吸收波长 440nm 和 545nm 处测定混合溶液的总吸光度。然后用解联立方程式的方法，即可分别求出试液中 Cr(Ⅵ)和 Mn(Ⅶ)的含量。

因为　$$A_{440}^{总}=A_{440}^{Cr}+A_{440}^{Mn} \quad A_{545}^{总}=A_{545}^{Cr}+A_{545}^{Mn} \tag{1}$$

得　$$A_{440}^{总}=\varepsilon_{440}^{Cr}c^{Cr}b+\varepsilon_{440}^{Mn}c^{Mn}b \tag{2}$$

$$A_{545}^{总}=\varepsilon_{545}^{Cr}c^{Cr}b+\varepsilon_{545}^{Mn}c^{Mn}b \tag{3}$$

若取 $b=1$cm，由式(2)和式(3)可得

$$c^{Cr}=\frac{A_{440}^{总}\varepsilon_{545}^{Mn}-A_{545}^{总}\varepsilon_{440}^{Mn}}{\varepsilon_{440}^{Cr}\varepsilon_{545}^{Mn}-\varepsilon_{545}^{Cr}\varepsilon_{440}^{Mn}} \tag{4}$$

$$c^{Mn}=\frac{A_{545}^{总}-\varepsilon_{545}^{Cr}c^{Cr}}{\varepsilon_{545}^{Mn}} \tag{5}$$

式(4)和式(5)中的摩尔吸光系数 ε，可分别用已知浓度的 $Cr_2O_7^{2-}$ 和 MnO_4^- 在波长为 440nm 和 545nm 时的标准曲线斜率求得。

三、仪器与试剂

1. 仪器：722 型分光光度计(使用方法见实验四十六)，50mL 容量瓶 3 只，微量进样器(10μL 或 50μL)1 支，10mL 移液管 2 支，洗瓶，洗耳球。

2. 试剂：2mol/L H_2SO_4 溶液，$K_2Cr_2O_7$ 标准溶液(浓度约为 4.0×10^{-3} mol/L)，$KMnO_4$ 标准溶液(浓度约为 1.0×10^{-3}mol/L，用 $Na_2C_2O_4$ 为基准物标定得到其准确浓度)。

四、实验步骤

1. $K_2Cr_2O_7$ 和 $KMnO_4$ 吸收曲线及吸光度的加和性实验

（1）配制三种标准溶液：取 3 只 50mL 容量瓶，各加入下列溶液后，以水稀释至刻度，摇匀：

① 10mL 1.0×10^{-3} mol/L $KMnO_4$ 和 5mL 2mol/L H_2SO_4；

② 10mL 4.0×10^{-3} mol/L $K_2Cr_2O_7$ 和 5mL 2mol/L H_2SO_4；

③ 10mL 1.0×10^{-3} mol/L $KMnO_4$ 和 10mL 4.0×10^{-3} mol/L $K_2Cr_2O_7$ 和 5mL 2mol/L H_2SO_4。

（2）测定吸光度：以蒸馏水为参比，用 1cm 比色皿，波长在 400～600nm 之间分别测定溶液①、②、③的吸光度。

（3）在同一坐标系上绘制 MnO_4^-、$Cr_2O_7^{2-}$ 和两者混合溶液的吸收曲线，验证吸光度的加和性。

2. $KMnO_4$ 在 $\lambda=545$nm 和 $\lambda=440$nm 时的摩尔吸光系数的测定(用累加法)

（1）测定 ε_{545}^{Mn}：于 50mL 容量瓶中加入 5mL 2mol/L H_2SO_4 溶液，以水稀释至刻度，摇匀，吸出 10mL 于 3cm 比色皿中，在 $\lambda=545$nm 处，以此溶液(空白溶液)为参比，然后用微量进样器吸取 1.0×10^{-3} mol/L $KMnO_4$ 标准溶液 10μL 于比色皿中，用小搅棒搅匀后测定其吸光度。再用同样方法累加 1.0×10^{-3} mol/L $KMnO_4$ 标准溶液于此比色皿中，每次 10μL，并测定吸光度。以 $KMnO_4$ 溶液浓度为横坐标，吸光度为纵坐标绘制标准曲线图，求出 ε_{545}^{Mn}。

（2）测定 ε_{440}^{Mn}：改变 $\lambda=440$nm，其余操作步骤同上。

3. $K_2Cr_2O_7$ 在 $\lambda=545$nm 和 $\lambda=440$nm 时的摩尔吸光系数的测定(用累加法)

（1）测定 ε_{545}^{Cr}：方法同 ε_{545}^{Mn} 的测定，标准溶液改用 4.0×10^{-3} mol/L $K_2Cr_2O_7$ 溶液。

（2）测定 ε_{440}^{Cr}：方法同 ε_{545}^{Cr} 的测定，入射光波长采用 440nm。

4. 测定未知液中 $Cr_2O_7^{2-}$ 和 MnO_4^- 的含量(用累加法)

在 50mL 容量瓶中加入 5mL 2mol/L H_2SO_4 溶液，以蒸馏水稀释至刻度，分别吸出此溶液 10mL 于 2 个 3cm 比色皿中，以此溶液为参比。用微量进样器分别吸取 10μL 未知液于 2 个比色皿中，搅拌均匀，在 $\lambda=545$nm 和 $\lambda=440$nm 时测定吸光度(如吸光度数值太小，可再移取适量未知液累加于比色皿中，再测定其吸光度)，即得到 $A_{545}^{总}$ 和 $A_{440}^{总}$。

由式(4)、式(5)和已得到的 $A_{545}^{总}$、$A_{440}^{总}$、ε_{440}^{Mn}、ε_{545}^{Mn}、ε_{440}^{Cr}和 ε_{545}^{Cr} 数据，计算出未知液中 $Cr_2O_7^{2-}$ 和 MnO_4^- 的含量。

五、数据记录与处理

1. 吸收曲线的测定

λ/nm	400	420	430	440	450	460	480	500	520	530	540	545	…
$A_①$													
$A_②$													

续表

λ/nm	400	420	430	440	450	460	480	500	520	530	540	545	…
$A_{③}$													
$A_{①}+A_{②}$													

2. 测定 ε_{545}^{Mn}、ε_{440}^{Mn}、ε_{545}^{Cr} 和 ε_{440}^{Cr}

ε	ε_{545}^{Mn}		ε_{440}^{Mn}		ε_{545}^{Cr}		ε_{440}^{Cr}	
累加次数	浓度/(mol/L)	吸光度	浓度/(mol/L)	吸光度	浓度/(mol/L)	吸光度	浓度/(mol/L)	吸光度
0								
1								
…								

3. 数据处理①②

由累加法测定的实验数据，以溶液浓度为横坐标，吸光度为纵坐标绘制标准曲线，分别求出 ε_{545}^{Mn}、ε_{440}^{Mn}、ε_{545}^{Cr} 和 ε_{440}^{Cr}；再结合数据 $A_{545}^{总}$ 和 $A_{440}^{总}$，利用式(4)、式(5)计算出未知液中 $Cr_2O_7^{2-}$ 和 MnO_4^- 的含量。

六、注意事项

1. 计算 ε_{545}^{Mn}、ε_{440}^{Mn}、ε_{545}^{Cr} 和 ε_{440}^{Cr} 时，应注意实验中使用的比色皿的宽度 $b=3$cm，标准曲线的斜率应为 εb。

2. 本实验中绘制的曲线比较多，其中吸收曲线有 3 条，应在同一个坐标系中绘制；标准曲线有 4 条，不同物质在不同波长处的标准曲线不得画在同一坐标系内。

七、思考题

1. 设某溶液中含有 3 种吸光物质 X、Y、Z。根据吸光度加和性规律，总吸光度 $A_{总}$ 与 X、Y、Z 各组分的吸光度的关系式应为什么？不预分离同时测定这 3 种物质，已知 X、Y、Z 在 λ_X、λ_Y、λ_Z 处各有最大吸收峰，相应的摩尔吸光系数为 ε_X、ε_Y 和 ε_Z，则 $A_{总}$ 与 c_X、c_Y、c_Z、ε_X、ε_Y 和 ε_Z 的关系式应为什么？

2. 何谓累加法？它和标准系列法比较有何优缺点？本实验为何不使用标准系列法？

实验四十八　牙膏中微量氟的测定(离子选择性电极法)

一、实验目的

1. 了解精密酸度计及氟离子选择性电极的基本结构及工作原理。

2. 掌握用氟离子选择性电极测定牙膏中氟离子浓度的方法。

3. 学会电位分析中标准曲线法及标准加入法两种定量方法。

二、实验原理

牙膏中的微量氟对人的牙齿具有保健作用，使用含氟牙膏可以防止龋齿，但过量的氟将对人体造成危害。采用离子选择电极法可对牙膏中微量氟进行测定。

氟离子选择性电极是以 LaF_3 单晶片为敏感膜的指示电极。LaF_3 晶格中有空穴，在晶格上的 F^- 可以移入晶格邻近的空穴而导电。当氟离子选择性电极插入到含 F^- 溶液中时，F^- 在晶体膜表面进行交换，因此，对溶液中的 F^- 具有良好的选择性。电极管内充入 NaF-NaCl 混合溶液，以 Ag-AgCl 电极作内参比电极，组成电池时，电池的电动势 E 与溶液中 F^- 的活度 $\alpha(F^-)$ 的关系可用能斯特(Nernst)方程描述。

$$E = K + \frac{RT}{nF}\ln\alpha_{F^-} \tag{1}$$

在 25℃时，当溶液的总离子强度较大且为定值时，上式可表示为

$$E = K' + 0.059\lg c_{F^-} \tag{2}$$

式中，c_{F^-} 为溶液中 F^- 的浓度。

由式(2)，当溶液总离子强度等条件一定时，氟离子浓度在 $10^{-6} \sim 10^{0}$ mol/L 范围内，电池电动势(或氟电极的电极电位)与 pF(=$-\lg[F]$)呈线性关系，可用标准曲线法或标准加入法定量。

标准加入法，测定样品的 E_x、E_1 值代入式(3)，计算测试溶液中氟的质量浓度 c_x(μg/mL)：

$$c_x = \Delta c(10^{\Delta E/S} - 1)^{-1} \tag{3}$$

式中，$\Delta c = c_s V_s / V_x$；c_s 为加入的氟标准溶液的质量浓度，μg/mL；V_s 为加入的标准溶液的体积，mL；V_x 为测试溶液的体积，mL；S 为实验所得的标准曲线的斜率；$\Delta E = E_1 - E_x$，mV。

凡能与氟离子生成稳定配合物、难电离物质或难溶物质的离子，如 Al^{3+}、Fe^{3+}、Ca^{2+}、H^+、OH^- 等会干扰测定，通常加入柠檬酸、磺基水杨酸、EDTA 等掩蔽剂掩蔽，并控制在 pH=5～6 范围内进行测定。

三、仪器与试剂

1. 仪器：酸度计，氟离子选择性电极，231 饱和甘汞电极，电磁搅拌器，移液管，1000mL 容量瓶，50mL 容量瓶，50mL 塑料杯，50mL 烧杯。

2. 试剂：HNO_3(1∶99)，$NH_3 \cdot H_2O$(1∶1)，100μg/mL 氟标准贮备液①，10μg/mL 氟标准溶液②，总离子强度调节缓冲溶液 TISAB③。

四、实验步骤

1. 仪器的连接：将氟离子选择性电极和饱和甘汞电极分别与酸度计上的接口相接(氟电极接“—”，饱和甘汞电极接“+”，用 -mV 挡测量)，开启电源开关，预热仪器。或者按测定仪器及电极的使用说明书进行仪器的准备。

2. 清洗电极：取去离子水 50～60mL 于 100mL 烧杯中，放入搅拌磁子，插

入氟电极和饱和甘汞电极，开启搅拌器，2～3min 后，若 mV 读数大于 $-200mV$，则更换去离子水，继续清洗，直至读数小于 $-200mV$④。

3. 标准曲线的配制与测定：分别准确移取 10μg/mL 氟标准溶液 0.0mL、1.0mL、2.0mL、3.0mL、4.0mL、5.0mL 于 6 只 50mL 容量瓶中，依次加入 TISAB 溶液 10mL，用去离子水稀释至刻度，摇匀。分别将部分溶液倒入 50mL 塑料烧杯中，放入搅拌磁子，以浓度由低到高的顺序，依次插入清洗好的两电极，开启磁力搅拌器，待读数稳定(1min 内读数变化<1mV)，记录其对应的 E 值，并拟合出线性回归方程。在每一次测量之前都要用去离子水清洗电极，并用滤纸吸干⑤,⑥,⑦。

4. 样品测定

(1)样品测试溶液的制备　准确称取 0.5～1.0g 样品(精确至 0.001g)于 50mL 烧杯中，加 10mL 去离子水、2mL HNO_3(1∶99)，充分搅拌 2～3min，过滤，以 50mL 容量瓶收集滤液，以少量去离子水洗涤烧杯及滤纸 3～4 次，洗液并入滤液，用去离子水稀释至刻度，摇匀。

(2)样品测定　取样品测试溶液 10.0mL 于 50mL 容量瓶，加入 TISAB 10mL，用去离子水稀释至刻度，摇匀，全部转入一干燥塑料杯中，按"标准曲线的测定"的方法测定得到 E_x 值。再准确加入 0.50mL 100μg/mL 氟标准贮备液，再次测定得到 E_1。

五、数据记录与处理

1. 列表记录实验数据。

2. 含氟牙膏中氟含量的计算

(1) 标准曲线法　将样品测定中测得的 E_x 值代入线性回归方程，计算测试溶液中氟的浓度，并根据样品的取样量及样品测试溶液总体积，计算出样品中氟含量(mg/g)。

(2) 标准加入法　将样品测定中测得的 E_x、E_1 值代入下式，计算测试溶液中氟的质量浓度 c_x(μg/mL)：$c_x=\Delta c(10^{\Delta E/S}-1)^{-1}$。再根据样品的取样量及样品测试溶液的总体积，计算出样品中氟含量(mg/g)。

3. 比较两种方法的计算结果，并分析误差原因。

六、注意事项

① 100μg/mL 氟标准贮备液的配制：准确称取于 120℃干燥 2h 或者于 550～650℃干燥约 4min 的氟化钠(分析纯)0.2210g，加去离子水溶解后，转入 1000mL 容量瓶中，用去离子水稀释至刻度，摇匀，转入洁净、干燥的聚乙烯瓶中贮存。

② 10μg/mL 氟标准溶液的配制：将上述氟标准贮备液用去离子水稀释 10 倍即得。

③ 总离子强度调节缓冲溶液 TISAB 的配制：在 1000mL 烧杯中加入 500mL 去离子水，再加入冰醋酸 60mL、柠檬酸钠 12g、NaCl 58g，搅拌使之溶解；将

烧杯置于冷水浴中，使用精密酸度计测量，用 $NH_3 \cdot H_2O$(1∶1)将溶液调 pH 值至 5.0～5.5，将烧杯自冷水浴中取出放至室温，最后用去离子水稀释至 1L。

④ 氟电极在使用前，宜在去离子水中浸泡活化数小时，使其空白电位在 −300mV左右。

⑤ 测定时，应按低浓度到高浓度的次序进行，每测定完一次应用去离子水冲洗电极，并用滤纸吸干电极上的水分。

⑥ 在高浓度溶液中测定后应立即在去离子水中将电极清洗至空白电位值，才能测定低浓度溶液，否则将因迟滞效应而影响测定准确度。

⑦ 电极不宜长时间浸泡在浓溶液中，每次使用完后，应将它清洗至空白电位值方能存放，否则因电极膜钝化而影响其检测下限。

七、思考题

1. 实验中加入总离子强度缓冲溶液（TISAB）的作用是什么？它包括哪些组分？

2. 用离子选择性电极进行电位分析时，应注意哪些影响因素？

实验四十九　水中 Cl^- 和 I^- 含量的连续测定(电位滴定法)

一、实验目的

1. 了解电位滴定的原理及确定终点的方法。

2. 熟悉和学习 ZD-2 型自动电位滴定仪的使用。

二、实验原理

电位滴定法是根据滴定过程中指示电极电位的变化来确定终点的定量分析方法。在沉淀电位滴定过程中，随着滴定剂的不断加入，被测物与滴定剂发生反应，溶液中离子浓度不断变化，在化学计量点附近发生离子浓度的突跃，进而引起指示电极电位的突变。因此，测量指示电极的电位，就能确定终点。

用 Ag^+ 标准溶液作滴定剂被广泛应用于卤素离子（如 Cl^-、Br^-、I^-）的测定，可一次取样连续测定混合卤素离子的含量。

用 $AgNO_3$ 溶液滴定 Cl^-、I^- 混合溶液时，由于 $K_{sp,AgI}=8.3\times10^{-17}$，$K_{sp,AgCl}=1.77\times10^{-10}$，因此，首先生成 AgI 沉淀，随着 $AgNO_3$ 溶液的加入，溶液中$[I^-]$不断降低，$[Ag^+]$不断增加，当$[Ag^+][I^-]\geqslant K_{sp,AgCl}$时，且水中 Cl^- 含量不是很大时，可认为 AgI 沉淀完全后，AgCl 才开始沉淀。

在滴定过程中，Ag^+ 的浓度发生变化，可用银离子选择性电极作为指示电极。25℃，溶液中的 Ag^+ 浓度与电极电势的关系符合能斯特方程：

$$\varphi_{Ag^+/Ag}=\varphi^{\ominus}_{Ag^+/Ag}+0.059\lg[Ag^+]=\varphi^{\ominus}_{Ag^+/Ag}-0.059pAg$$

在化学计量点附近，pAg 的突跃会引起电极电位或工作电池电动势的突变，而指示 I^- 和 Cl^- 的滴定终点。

滴定终点可由电位曲线确定，即 E-V 曲线、$\frac{\Delta E}{\Delta V}-V$ 一次微商曲线或 $\frac{\Delta^2 E}{\Delta V^2}$—

V 二次微商曲线。

三、仪器与试剂

1. 仪器：ZD-2 型自动电位滴定仪，电磁搅拌器，银电极，双盐桥饱和甘汞电极，酸式滴定管(50mL)，烧杯(150mL)，量筒(50mL)，移液管(25mL)。

2. 试剂：$AgNO_3$ 标准溶液(0.05mol/L)，含 Cl^-、I^- 的水样。

四、实验步骤

1. 手动电位滴定

(1) 接通仪器电源，预热 20min。

(2) 将银离子选择性电极[①]和甘汞电极固定在滴定台的电极夹上，银电极接“+”，甘汞电极“-”。将滴定装置的工作开关置于“手动”位置，滴液开关置于“-”位置，将自动滴定仪的选择开关放在测试挡。

(3) 准确吸取 25.00mL 含 Cl^-、I^- 的水样，置于 150mL 烧杯中，加入 25mL 去离子水。放入搅拌磁子，置于电磁搅拌器上。将两电极浸入试液中，开动搅拌，调节速度。按下读数开关，读取初始电位。

(4) 用 $AgNO_3$ 标准溶液滴定，每加入 2.00mL，记录一次电位值；当接近两个化学计量点时，每加入 0.05mL，记录一次电位值[②]；过了第二个化学计量点后，再继续加入标准溶液数毫升。

(5) 将电位 E 对 $AgNO_3$ 溶液滴加体积 V 作图画滴定曲线，并求出两个终点电位 E_1 和 E_2 值。

2. 自动电位滴定

(1) 将自动滴定仪的选择开关置于“终点”位置，按下读数开关，旋转预定终点调节器，调节指针使其指向第一终点电位 E_1 处，把工作开关置于“滴定”挡。

(2) 准确移取 25.00mL 含 Cl^-、I^- 的水样，置于 150mL 烧杯中，加入 25mL 去离子水。插入电极，打开搅拌，按下滴定开始按钮，此时终点指示灯亮，滴定指示灯时亮时暗，自动滴定开始。随着 $AgNO_3$ 溶液的加入，电表指针向终点逐渐接近，当电表指针到达终点时，终点指示灯熄灭，滴定结束。读取并记录 $AgNO_3$ 溶液的消耗体积 V_1，即为滴定 I^- 的 $AgNO_3$ 溶液用量。

(3) 按同样方法，将预定终点设定调节至第 2 个终点电位 E_2 处。使仪器自动滴定至终点，读取并记录 $AgNO_3$ 溶液的消耗体积 V_2，即为滴定 Cl^- 的 $AgNO_3$ 溶液用量。

3. 重复上述操作 3 次。

4. 测定结束，切断仪器电源，清洗电极和滴定管，用滤纸擦干银电极，放回电极盒，干燥保存。

五、数据记录与处理

1. 将手动电位滴定的数据列表，绘制 $E-V$ 曲线、$\frac{\Delta E}{\Delta V}-V$ 曲线和 $\frac{\Delta^2 E}{\Delta V^2}-V$ 曲线。并用二次微商法确定两个终点体积，计算水样中 I^- 和 Cl^- 的含量，以

g/L 表示。

数据记录格式如下：

$AgNO_3$ 的体积 V /mL	E /mV	ΔE /mV	ΔV /mL	$\frac{\Delta E}{\Delta V}$	$\frac{\Delta^2 E}{\Delta V^2}$
2.00					
4.00					
⋮					

2. 根据自动电位滴定所消耗 $AgNO_3$ 溶液体积计算结果，并与上述结果进行比较。

六、注意事项

① 银电极表面易氧化，使用性能下降，需用细砂纸打磨，露出光滑新鲜表面可恢复活性。

② 滴定过程中，接近化学计量点时，电位平衡较缓慢，需注意读取平衡电位值。

七、思考题

1. 本实验为何使用双盐桥饱和甘汞电极作为参比电极？

2. 与化学分析中的容量分析法相比，电位滴定法有什么优点？滴定操作时应注意什么问题？

实验五十　循环伏安法测定铁氰化钾的电极反应过程

一、实验目的

1. 学习循环伏安法测定电极反应参数的基本原理及方法。

2. 掌握循环伏安法的实验技术。

二、实验原理

循环伏安法(Cyclic Voltammetry，简称 CV)是最重要的电分析化学研究方法之一。在电化学、无机化学、有机化学、生物化学等研究领域得到了广泛应用。由于其设备价廉、操作简便、图谱解析直观，因而一般是电分析化学的首选方法。

循环伏安法是一种特殊的氧化还原分析方法，它是将循环变化的电压施加于工作电极和参比电极之间，记录工作电极上得到的电流与施加电压的关系曲线。这种方法也常称为三角波线性电位扫描方法。

图 3-5 中表明了施加电压的变化方式：起扫电位为＋0.8V，反向起扫电位为－0.2V，终点又回扫到＋0.8V，扫描速度可从斜率反映出来，其值为 50mV/s。一台现代伏安仪具有多种功能，可方便地进行一次或多次循环，任意变换扫描电压范围和扫描速度。

循环伏安法常在三电极(工作电极、参比电极和对电极)电解池里进行。当工

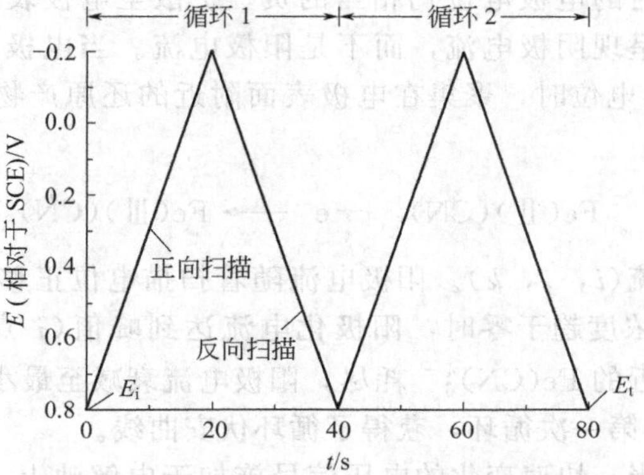

图 3-5　循环伏安法的典型激发信号

作电极被施加的扫描电压激发时，其上将产生响应电流。以该电流作为纵坐标，电位作为横坐标作图，称为循环伏安曲线。典型的循环伏安曲线如图 3-6 所示。该图是在 0.05mol/L 的 KNO_3 电解质溶液中，2×10^{-3} mol/L 的 $K_3[Fe(CN)_6]$ 在玻碳工作电极上反应得到的结果。

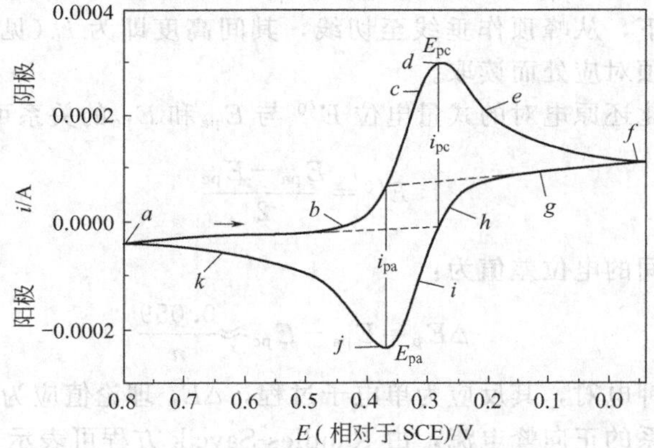

图 3-6　2×10^{-3} mol/L 的 $K_3[Fe(CN)_6]$ 在 0.05mol/L 的 KNO_3 溶液中的循环伏安图

从图可见，起始电位 E_i 为 +0.8V（a 点），沿负的电位扫描（如箭头所指方向），当电位至 $Fe(CN)_6^{3-}$ 可还原时，即析出电位，将产生阴极电流（b 点）。其电极反应为：

$$Fe(Ⅲ)(CN)_6^{3-} + e^- \longrightarrow Fe(Ⅱ)(CN)_6^{4-}$$

随着电位的变负，阴极电流迅速增加（b，c，d），直至电极表面的 $Fe(CN)_6^{3-}$ 浓度趋近零，电流在 d 点达到最高峰。然后迅速衰减（d，e，f），这是因为电极表面附近溶液中的 $Fe(CN)_6^{3-}$ 几乎全部因电解转变为 $Fe(CN)_6^{4-}$ 而耗尽，即所谓的贫乏效应。当电压扫至 −0.06V（f 点）处，虽然已经转向开始阳极化扫描，但这时的电极电位仍相当的负，扩散至电极表面的 $Fe(CN)_6^{3-}$ 仍在不断还原，故仍呈现阴极电流，而不是阳极电流。当电极电位继续正向变化至 $Fe(CN)_6^{4-}$ 的析出电位时，聚集在电极表面附近的还原产物 $Fe(CN)_6{}^{4-}$ 被氧化，其反应为：

$$Fe(\text{II})(CN)_6^{4-} - e^- \longrightarrow Fe(\text{III})(CN)_6^{3-}$$

这时产生阳极电流(i，j，k)。阳极电流随着扫描电位正移迅速增加，当电极表面的 $Fe(CN)_6^{4-}$ 浓度趋于零时，阳极化电流达到峰值(j 点)。扫描电位继续正移，电极表面附近的 $Fe(CN)_6^{4-}$ 耗尽，阳极电流衰减至最小(k 点)。当电位扫至+0.8V 时，完成第一次循环，获得了循环伏安曲线。

简而言之，当一快速变化的电压信号施加于电解池上，在正向扫描(电位变负)时，$Fe(CN)_6{}^{3-}$ 在电极上还原产生阴极电流而指示电极表面附近它的浓度变化的信息。在反向扫描(电位变正)时，产生的 $Fe(CN)_6^{4-}$ 重新氧化产生阳极电流而指示它是否存在和变化。因此，循环伏安法能迅速提供电活性物质电极反应过程的可逆性、化学反应历程、电极表面吸附等许多信息。

循环伏安图中可得到的几个重要参数是：阳极峰电流(i_{pa})，阴极峰电流(i_{pc})，阳极峰电位(E_{pa})和阴极峰电位(E_{pc})。测量确定 i_p 的方法是：沿基线作切线外推至峰下，从峰顶作垂线至切线，其间高度即为 i_p(见图 3-6)。E_p 可直接从横轴与峰顶对应处而读取。

对可逆氧化还原电对的式量电位 E'^0 与 E_{pa}和 E_{pc}的关系可表示为：

$$E'^0 = \frac{E_{pa} - E_{pc}}{2} \tag{1}$$

而两峰之间的电位差值为：

$$\Delta E_p = E_{pa} - E_{pc} \approx \frac{0.059}{n} \tag{2}$$

对铁氰化钾电对，其反应为单电子过程，ΔE_p 理论值应为 0.059V。

对可逆体系的正向峰电流，由 Randles-Savcik 方程可表示为：

$$i_p = 2.69 \times 10^5 n^{3/2} A D^{1/2} v^{1/2} c \tag{3}$$

式中，i_p 为峰电流，A；n 为电子转移数，A 为电极面积，cm^2；D 为扩散系数，cm^2/s；v 为扫描速度，V/s；c 为浓度，mol/L.

根据上式，i_p与 $v^{1/2}$ 和 c 都是直线关系，对研究电极反应过程具有重要意义。在可逆电极反应过程中，

$$\frac{i_{pa}}{i_{pc}} \approx 1 \tag{4}$$

对一个简单的电极反应过程，式(2)和式(4)是判别电极反应是否可逆体系的重要依据。

三、仪器与试剂

1. 仪器：CHI660E 电化学工作站，三电极系统：玻碳电极为工作电极、饱

和甘汞电极(或 Ag/AgCl 电极)为参比电极、铂电极为对电极(铂丝、铂片、铂柱电极均可)，超声波清洗仪，烧杯(10mL、100mL)，容量瓶(100mL、25mL)，吸量管(2mL、10mL)。

2. 试剂：铁氰化钾($K_3[Fe(CN)_6]$)标准溶液(2.0×10^{-2} mol/L)，硝酸钾溶液(1.0mol/L)。

四、实验步骤

1. 电极的处理

新玻碳电极的表面是粗糙的，并且有许多杂质附着在上面，而电化学实验的灵敏度极高，任何杂质的存在都会影响实验结果，所以在实验前必须对电极表面进行处理。处理步骤：用 Al_2O_3 粉末配制成糊状将电极表面抛光，然后在蒸馏水中超声波清洗，再用蒸馏水冲洗，吹干备用①。

2. 电极的连接

对于三电极工作系统，绿色的夹子接工作电极，白色的夹子接参比电极，红色的夹子接对电极。

3. 铁氰化钾试液的配制

分别准确移取 2.0×10^{-2} mol/L 的铁氰化钾标准溶液 0mL、0.25mL、0.50mL、1.0mL 和 2.0mL 于 10mL 的小烧杯中，加入 1.0mol/L 的硝酸钾溶液 1.0mL，再加蒸馏水稀释至 10mL 体积。

4. 不同浓度铁氰化钾溶液的循环伏安图测定

(1) 打开 CHI660E 电化学工作站和计算机的电源。屏幕显示清晰后，再打开 CHI660E 的测量窗口。将电极系统置于铁氰化钾试液中。打开 CHI660E 的【setup】下拉菜单，在 Technique 项选择 Cyclic Voltammetry 方法，在 Parameters 项内进行参数设置。

实验中各参数设置如下：

初始电位：0.80V；高电位：0.80V；低电位：−0.20V；起始扫描极性：Positive；扫描速率：0.060V/s；扫描段数：2；采样间隔：0.001；静止时间：2s，灵敏度选择：1.e(−004)。

(2) 完成上述各项，再仔细检查一遍无误后，点击“▶”进行测量。完成后，命名存储。

5. 不同扫描速率下铁氰化钾溶液的循环伏安图测定

选择上述溶液，分别以 0.010V/s、0.020V/s、0.060V/s、0.100V/s、0.150V/s、0.200V/s 的扫速，在−0.20V 至 0.80V 电位范围内扫描，分别记录循环伏安图②。

五、数据记录与处理

1. 从铁氰化钾溶液的循环伏安图，测量 i_{pa}、i_{pc}、E_{pa} 和 E_{pc} 值。

(1) 不同浓度的铁氰化钾溶液循环伏安图的测定(扫描速率为 0.060V/s)

c/mol·L^{-1}					
E_{pa}/V					
E_{pc}/V					
ΔE_p/V					
i_{pa}/A					
i_{pc}/A					
i_{pa}/i_{pc}					

(2) 不同扫描速率下铁氰化钾溶液循环伏安图的测定

v/(V/s)	0.010	0.020	0.060	0.100	0.150	0.200
E_{pa}/V						
E_{pc}/V						
ΔE_p/V						
i_{pa}/A						
i_{pc}/A						
i_{pa}/i_{pc}						
$v^{1/2}$						

2. 分别以 i_{pa} 和 i_{pc} 对铁氰化钾溶液浓度 c 作图，说明峰电流与浓度的关系。

3. 分别以 i_{pa} 和 i_{pc} 对 $v^{1/2}$ 作图，说明峰电流与扫描速率间的关系；计算玻碳电极的表面积。

4. 计算 i_{pa}/i_{pc} 值、ΔE 值；说明铁氰化钾在溶液中的电极过程的可逆性。

六、注意事项

① 工作电极表面必须仔细清洗，否则严重影响循环伏安图图形。

② 每次扫描之间，为使电极表面恢复初始条件，应将电极提起后再放入溶液中或用搅拌子搅拌溶液，等溶液静止 1～2min 再扫描，扫描过程保持溶液静止。

七、思考题

1. 铁氰化钾浓度(c)与峰电流(i_p)是什么关系？而峰电流(i_p)与扫描速度(v)又是什么关系？

2. 峰电位(E_p)与半波电位($E_{1/2}$)和半峰电位($E_{p/2}$)相互之间是什么关系？

3. 如何利用循环伏安法判断电极过程的可逆性？

实验五十一　紫外-可见分光光度法测定苯甲酸离解常数 pK_a

一、实验目的

1. 进一步巩固紫外-可见分光光度法的基本原理和基础知识。

2. 熟悉紫外-可见分光光度计的仪器构造和基本操作技术。

3. 掌握分光光度法测定苯甲酸离解常数 pK_a 的原理和方法。

二、实验原理

如果某一元弱酸其紫外吸收光谱随其溶液的 pH 值(即溶液中氢离子浓度)不同而变化，就可以利用紫外光谱测定其离解常数 pK_a，它的解离平衡式可表示为：

$$K_a=\frac{[H^+][B^-]}{[HB]}$$

1. 对于不同 pH 值下 c mol/L 的弱酸：

(1) 当 pK_a－pH>2 时，弱酸几乎全部以 HB 存在，用 1cm 吸收池在某一定的波长下，测量其吸光度 $A_{HB}=\kappa_{HB}\cdot[HB]=\kappa_{HB}\cdot c$ 即 $\kappa_{HB}=\frac{A_{HB}}{c}$

(2) 当 pH－pK_a>2 时，弱酸几乎全部以 B^- 存在，再测量溶液的吸光度(波长、吸收池同上)$A_{B^-}=\kappa_{B^-}\cdot[B^-]=\kappa_{B^-}\cdot c$ 即 $\kappa_{B^-}=\frac{A_{B^-}}{c}$

(3) 当pH 在 pK_a 附近时，溶液中 HB 和 B^- 存在，再测量溶液的吸光度(波长、吸收池同上)

$$A=A_{HB}+A_{B^-}=\kappa_{HB}\cdot[HB]+\kappa_{B^-}\cdot[B^-]$$

$$=\kappa_{HB}\cdot\frac{[H^+]\cdot c}{[H^+]+K_a}+\kappa_{B^-}\cdot\frac{K_a\cdot c}{[H^+]+K_a}$$

$$=\frac{A_{HB}}{c}\cdot\frac{[H^+]\cdot c}{[H^+]+K_a}+\frac{A_{HB}}{c}\cdot\frac{K_a\cdot c}{[H^+]+K_a}$$

整理得

$$pK_a=pH+\lg\frac{A-A_{B^-}}{A_{HB}-A} \quad (1)$$

绘制弱酸在低、高两种 pH 状态时的紫外-可见光谱吸收曲线，此时弱酸可分别以 B^- 和 HB 形式存在于溶液中，由两条吸收曲线就能方便地求出各自的 λ_{max} 值，再配制成不同 pH 值的一系列指示剂溶液，于这两个 λ_{max} 处测量它们的吸光度。可以通过实验获得它们在强酸、强碱、中性三类不同 pH 值介质中的稀溶液的吸光度。

2. 弱酸离解常数 pK_a 的计算方法：

(1) 将测量数据代入公式(1)即可求出该化合物的离解常数 pK_a。

(2) 若以 pH 对 $\lg\frac{A-A_{B^-}}{A_{HB}-A}$ 作图可以获得一条直线，其截距$\left(当 A=\frac{A_{HB}+A_{B^-}}{2}\right)$时为离解常数 p$K_a$。

(3) 若以 pH 值为横坐标，吸光度为纵坐标作图，能获得一条 S 形曲线(见图 3-7)，该曲线中 $A=\frac{A_{HB}+A_{B^-}}{2}$所对应的 pH 值即为离解常数 p$K_a$。

三、仪器和试剂

紫外-可见分光光度计；pH 计；电子分析天平；二面通石英或玻璃比色皿

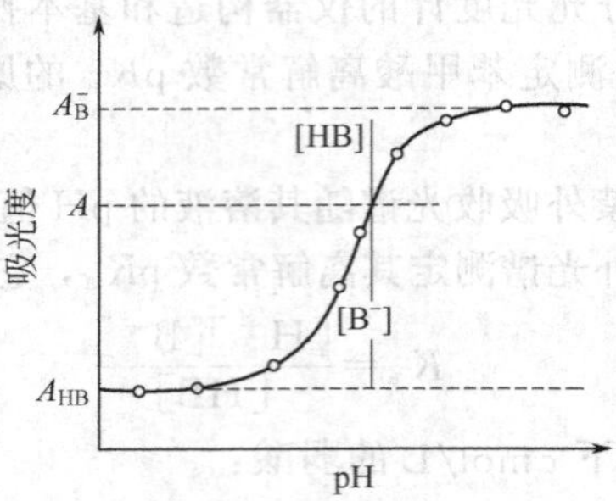

图 3-7　作图法测定 pK_a

(1cm×1cm)；25mL(4×8 个)、100mL(4×1 个)容量瓶；5mL(6 支)、20mL(2 支)刻度移液管；250mL 烧杯(4×1 个)；洗耳球；洗瓶；擦镜纸。

1.00mmol/L 苯甲酸(C_6H_5COOH)、醋酸钠($NaAc \cdot 3H_2O$)、6mol/L 醋酸(HAc)、蒸馏水、pH＝3.6 缓冲溶液(8g 醋酸钠溶于 100mL 蒸馏水中，加入 134mL 的 6mol/L 醋酸，用蒸馏水稀释至 500mL)，pH＝4.8 缓冲溶液(50g 醋酸钠溶于 100mL 蒸馏水中，加入 85mL 的 6mol/L 醋酸，用蒸馏水稀释至 500mL)。

四、实验步骤

1. 准确称取 0.0122g 苯甲酸，溶于蒸馏水中，然后移至 100mL 容量瓶中，用二次蒸馏水稀薄释至刻度。

2. 按下表配制 4 种加入不同介质的待检测苯甲酸工作溶液。

溶液	1		2		3		4	
	0.05mol/L 硫酸	苯甲酸	0.1mol/L 氢氧化钠	苯甲酸	pH＝3.6 缓冲溶液	苯甲酸	pH＝4.5 缓冲溶液	苯甲酸
体积/mL	2.5	5	2.5	5	20	5	20	5
紫外扫描,打印扫描紫外曲线,确定最大吸收波长								
pH 计测定 pH 值								
缓冲液空白值 A								
测量值 A								
备注：容量瓶为 25mL，1、2 加水稀释到 25mL								

3. 打开紫外-可见光谱仪(操作见附录)主机进行仪器初始化，预热 15min。

4. 用 pH 计对以上配制的 4 种不同介质的苯甲酸溶液测定其 pH 值。

5. 在紫外-可见光谱仪的分类菜单中选择光谱扫描，设置扫描参数包括扫描开始波长(300nm)、结束波长(230nm)、扫描间隔(1nm)和扫描速度(中速)，选择“ABS”模式，以二面通石英比色皿(1cm×1cm)装进2/3池溶液，分别以0.05mol/L硫酸、0.1mol/L氢氧化钠、pH=3.6缓冲溶液、pH=4.5缓冲溶液等进行空白基线校正，再分别以它们作为参比溶液，经波长定位后对以上配制的4种不同介质的苯甲酸溶液绘制其紫外定性吸收扫描光谱谱图和确定最大吸收波长。

6. 在分类菜单中选择光度计模式，在选定波长下测定4种溶液的吸光度A_{HB}，A_{B^-}，A(pH=3.6)，A(pH=4.5)。

五、数据记录与结果处理

1. 打印4种不同介质苯甲酸溶液的光谱扫描图和最大吸收波长处吸光度值。

2. 将溶液的pH值代入以公式(1)，分别计算pH=3.6和pH=4.5条件下苯甲酸的离解常数pK_a，并且计算其离解常数的平均值。

3. 以选定吸收波长下的4种溶液A值对pH作图，图解求出pK_a。

4. 比较所求pK_a值与标准值。

六、思考题

1. 综述如何才能用紫外-可见分光光度法测获准确可信的弱酸溶液的离解常数?

2. 测得的弱酸溶液的离解常数是否与溶液的pH及其他因素有必要关系?

3. 改变测定波长，离解常数将会有什么变化?倘若苯甲酸溶液在强酸性介质和强碱性介质中其吸收光谱无显著差异，请问能否用紫外-可见分光光度法测定其离解常数?

附：紫外-可见分光光度计(见图3-8)的使用方法

1. 打开主机、打开计算机，启动紫外-可见分光光度计程序，并设置。

2. 将待测试样品放入样品池测试。

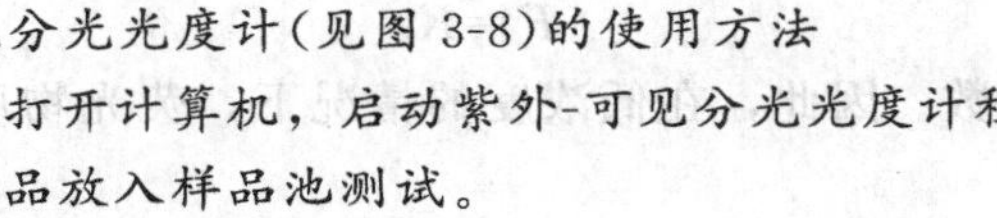

图3-8 UV-5500型分光光度计

方法如下：

(1) 双击，启动紫外分光光度计程序。

(2) 扫基线，按程序下方的“Baseline”(此时不放样品)。

(3) 打开Configure菜单，点击Parameters，根据实际情况设定参数(如扫描范围、步进、扫描速率等)。

(4) 测量，按 start 键，进行测量。

(5) 峰位置的确定

a. 电脑确定：点击“Manipulate”菜单中“Peak pick”项，出现一对话框，将光标移至对话框最上方(此时箭头变为“↕”)，按下左键不放，拉动对话框至所想大小，即可读出峰高、峰位置等。

b. 手动确定：点击“Manipulate”菜单中“Data print”项，处理方式同上，自己读出自己想要的位置的峰值。点击“Manipnlate”菜单中“Point pick”项，移动起始和终点位置线，人为确定峰的起始、终点位置。

实验五十二　荧光光度分析法测定维生素 B_2

一、目的要求

1. 学习和掌握荧光光度分析法测定的基本原理和方法。

2. 熟悉荧光分光光度计的结构和使用方法。

二、实验原理

在紫外或波长较短的可见光照射后，一些物质会发射出比入射光波长更长的荧光。以测量荧光的强度和波长为基础的分析方法叫做荧光光度分析法。

对同一物质而言，若 $\kappa bc \ll 0.05$，即对很稀的溶液，荧光强度 F 与该物质的浓度 c 有以下关系：

$$F = 2.3\varphi_f I_0 \kappa bc \qquad (1)$$

式中，φ_f 为荧光过程的量子效率；I_0 为入射光强度；κ 为荧光分子的吸收系数；b 为试液的吸收光程。

当 I_0 和 b 不变时，

$$F = Kc \qquad (2)$$

式中，K 为常数。因此，在低浓度的情况下，荧光物质的荧光强度与浓度呈线性关系。

VB_2(即核黄素)在 430～440nm 蓝光的照射下发出绿色荧光，其峰值波长为 535nm。VB_2 的荧光在 pH＝6～7 时最强，在 pH＝11 时消失。

荧光分析实验首先选择滤光片(包括激发滤光片和荧光滤光片)，基本原则是使测量获得最强荧光，且受背景影响最小。激发光谱是选择激发滤光片的依据，该滤光片的最大透射比与待测物质激发光谱的最大峰值波长相近。荧光物质的激发光谱是指在荧光最强的波长处，改变激发光波长测量荧光强度的变化，用荧光强度激发光波长作图所得的谱图。荧光光谱是选择荧光滤光片的主要依据。它是将激发光波长固定在最大激发波长处，然后扫描发射波长，测定不同发射波长处的荧光强度即得荧光(发射)光谱。

本实验采用标准曲线法来测定 VB_2 的含量。

三、实验药品

(1) 10.0mg/L VB_2 标准溶液　准确称取 2.5mg VB_2，将其溶解于少量的

1%HAc中，转移至250mL容量瓶中，用1%HAc稀释至刻度，摇匀。该溶液应装于棕色试剂瓶，置于阴凉处保存。

(2) 待测液　取市售 VB_2 一片，用1%HAc溶液溶解，定容成1000mL，贮于棕色试剂瓶中，置阴凉处保存。

四、实验内容及步骤

1. 标准系列溶液的配制

在五个洁净的50mL容量瓶中，分别加入1.00mL、2.00mL、3.00mL、4.00mL和5.00mL VB_2 标准溶液，用稀释至刻度，摇匀备用。

2. 标准溶液的测定

将适当的滤光片置于光路中，选择激发波长为435nm，发射波长为535nm。进入“标准曲线”菜单，以蒸馏水为空白测“本底值”。然后按浓度由低到高顺序依次测定五个标准溶液的荧光强度，并点击“拟合”，绘制标准曲线并保存。

3. 待测试样的测定

取待测溶液1.00mL置于25mL容量瓶中，用稀释至刻度，摇匀。打开“2”中保存的标准曲线，在相同条件下测定其荧光强度并记录其浓度。

五、数据记录及处理

样品	1	2	3	4	5	未知液
浓度/(μg/mL)						
荧光强度						

六、思考题

怎样选择激发滤光片和荧光滤光片？荧光仪中为什么不把它们安排在一条直线上？

附：荧光分光光度计(见图3-9)操作规程

1. 开机

(1) 确认所测试样液体或固体，选择相应的附件。

(2) 打开计算机，开启仪器主机电源，将荧光光度计的右侧Xe灯开关置于“ON”的位置，点亮Xe灯，预热半小时后启动电脑程序，仪器自检通过后，即可正常使用。

2. 测定

启动程序后在模式选择中选择欲分析的项目。

3. 关机

(1) 测试完毕后，退出软件，关闭电脑。

(2) 关闭Xe灯，冷却30min。

(3) 关闭主机电源。

图 3-9　F-4500 荧光分光光度计

实验五十三　火焰原子吸收法测定废水中的铜

一、实验目的

1. 掌握原子吸收光谱法的基本原理。

2. 学习火焰原子吸收分光光度计的使用。

3. 掌握火焰原子吸收光谱法操作条件的选择方法。

4. 了解以回收率来评价分析方案准确度的方法。

二、实验原理

原子吸收光谱分析的工作原理：由待测元素的空心阴极灯发射出一定强度和一定波长的特征谱线的光，当它通过含有待测元素的基态原子蒸气时，其中部分特征谱线的光被吸收，而未被吸收的光经单色器照射到光电检测器上被检测，根据该特征谱线被吸收的程度，即可测得试样中待测元素的含量。

火焰原子吸收光谱法的灵敏度与准确度在很大程度上取决于所使用仪器的操作条件。因此，在实际分析时必须严格选择和控制仪器的各项操作参数。操作条件一般包括：燃气和助燃气比例、燃烧器高度、灯电流大小、狭缝宽度和分析线等。

火焰原子吸收光谱法测定水溶液中铜离子含量的原理：铜离子溶液雾化成气溶胶后进入火焰，在火焰温度下气溶胶中的铜变成铜原子蒸气，由铜空心阴极灯辐射出波长为 324.7nm 的铜特征谱线，被铜原子蒸气吸收。在恒定的实验条件下，吸光度与溶液中铜离子浓度符合比耳定律 $A=kc$。

利用吸光度与浓度的关系，用不同浓度的铜离子标准溶液分别测定其吸光度，绘制标准曲线。在同样的条件下测定水样的吸光度，从标准曲线上即可求出水样中铜的浓度，进而可计算出水样中铜的含量。

三、仪器与试剂

(1) 仪器　原子吸收分光光度计，铜空心阴极灯和其他必要的附件。

(2) 试剂　1.00mg/mL 铜标准贮备液，10.00μg/mL 铜标准工作液，硝酸，高氯酸。

四、实验步骤

1. 仪器操作条件的选择

移取 5mL 10.00μg/mL 铜标准溶液于 100mL 容量瓶中，用 0.2%硝酸稀释至刻度，摇匀。此溶液作为仪器操作条件选择的试验溶液。安装铜空心阴极灯，按原子吸收分光光度计的说明书启动仪器，将波长调到 324.7nm 处，灯电流 3mA，狭缝宽度 0.2nm。按规定操作点燃乙炔-空气火焰。进行以下操作条件的选择。

(1) 燃气和助燃气比例的选择　测定前先调好空气的压力(0.2MPa)和流量，使雾化器处于最佳雾化状态。固定乙炔压力为 0.05MPa，改变乙炔流量，以 0.2%硝酸溶液为参比调零，进行上述铜溶液吸光度的测量。从实验结果中选择出稳定性好且吸光度较大的乙炔流量，作为测定的乙炔流量条件。

(2) 燃烧器高度的选择　在选定的空气-乙炔的压力和流量条件下，改变燃烧器高度，以 0.2%硝酸溶液为参比调零，测定上述铜溶液的吸光度。从实验结果中选择出稳定性好且吸光度较大时的燃烧器高度，作为测定的燃烧器高度条件。

(3) 灯电流的选择　固定选定的空气-乙炔比例及流量、燃烧器高度等，改变通过空心阴极灯的电流分别为 1.0mA、2.0mA、3.0mA、4.0mA 和 5.0mA，测定上述铜溶液的吸光度。从实验结果中选择出稳定性好且吸光度较大时的灯电流，作为测定时的灯电流。

(4) 狭缝宽度的选择　固定选定的空气-乙炔比例及流量、燃烧器高度和灯电流等条件，改变狭缝宽度分别为 0.1nm、0.2nm 和 0.3nm，测定上述铜溶液的吸光度。从实验结果中选择出稳定性好且吸光度较大时的狭缝宽度，作为测定时的狭缝宽度。

2. 样品预处理

取 50mL 水样放入 100mL 烧杯中，加入硝酸 5mL，在电热板上加热消解(不要沸腾)。蒸至 10mL 左右，加入 5mL 硝酸和 2mL 高氯酸，继续消解，直至剩余 1mL 左右。冷却后，加水溶解残渣，通过预先用酸洗过的中速滤纸滤入 50mL 容量瓶中，用水稀释至刻度。

3. 标准曲线的绘制

准确移取 10.00μg/mL 铜标准溶液 0.00mL、2.00mL、4.00mL、6.00mL、8.00mL、10.00mL，分别置于 6 只 50mL 容量瓶中，用 0.2%硝酸溶液定容至刻度，摇匀。在选定的仪器操作条件下，以 0.2%硝酸溶液为参比调零，测定相应的吸光度。

4. 废水水样中铜的测定

准确吸取 5.00mL 经预处理过的废水水样(视水样中铜含量，可改变取样体积)于 50mL 容量瓶中，用 0.2%硝酸溶液稀释至刻度，摇匀。在选定的操作条件下，以 0.2%硝酸溶液为参比调零，测定其吸光度。

5. 回收率的测定

准确吸取 5.00mL 经预处理过的废水水样于 50mL 容量瓶中，加入 5mL 10.00μg/mL 铜标准溶液(总的铜量应落在标准曲线的线性范围以内)，用 0.2% 硝酸溶液稀释至刻度，摇匀。在选定的操作条件下，以 0.2% 硝酸溶液为参比调零，测定其吸光度。

五、数据记录与处理

1. 列表记录实验数据。

2. 以铜含量为横坐标，吸光度为纵坐标，绘制标准曲线。

3. 由标准曲线查出水样中铜的含量，并计算废水中铜的含量(mg/mL)。

4. 由标准曲线查出铜的含量，由下式计算回收率：

$$回收率=\frac{测得总铜量-废水中含铜量}{加入的铜量}\times 100\%$$

六、注意事项

1. 1.00mg/mL 铜标准贮备液的配制：准确称取 0.2500g 光谱纯金属铜于 100mL 烧杯中，盖上表面皿，滴加适量 1∶1 硝酸溶解，必要时加热，直至溶解完全，然后将溶液完全转移到 250mL 容量瓶中，用 0.2% 硝酸溶液稀释至刻度，摇匀。

2. 10.00μg/mL 铜标准工作液的配制：将上述溶液用 0.2% 硝酸溶液稀释 100 倍即得。

3. 点火前，检查供气管道是否漏气，可采用简易的肥皂水检漏法；检查雾化室的废液通道是否畅通无阻，如果有水封，一定要排除后再进行点火。

4. 防止"回火"。点火时的操作顺序为先开助燃气(空气)，后开燃气(乙炔)；熄火时先关燃气，再关助燃气和空压机。

5. 空心阴极灯的维护。当发现空心阴极灯的石英窗口有污染时，应用脱脂棉蘸无水乙醇擦拭干净。

6. 燃烧器的维护。当燃烧头的缝口存积盐时，火焰可能出现分叉，这时应熄灭火焰，用滤纸片插入燃烧头缝口擦拭，或用刀片插入缝口轻轻刮除积盐。

7. 点火后，不要将手放在燃烧室的上方，也不要从燃烧室上方观看，不要在火焰上放任何东西，不要用手直接触摸雾化器毛细管末端，不能带电更换空心阴极灯。

七、思考题

1. 废水水样为什么要事先硝解？

2. 试解释什么叫回收率？一个好的分析方案，其几次测定的回收率的平均值应是什么数值？如分析方案测得结果偏高或偏低，则回收率应是怎样的？

3. 某仪器测定铜的最佳工作条件是否亦适用于另一台型号不同的仪器？为什么？

4. 比较分光光度法和原子吸收光谱法的异同点。

实验五十四 原子发射光谱法测定水中的钙、镁离子

一、实验目的

1. 掌握微波等离子体原子发射光谱仪的操作技术。

2. 了解原子发射光谱仪的主要组成部分及其功能。

3. 加深对微波等离子体光源特性的理解，熟悉该仪器的特点及应用范围。

二、实验原理

微波等离子体焰炬是原子发射光谱分析法中的一种激发源。由于焰炬温度高且具有中央通道，由载气引入该通道的待测液体试样经脱溶剂、熔融、蒸发、解离等过程。形成气态原子，各组成原子再吸收能量后，跃迁到激发态，处于激发态上的原子不稳定，以发射特征辐射(谱线)的形式重新释放能量后回到基态。根据各元素气态原子所发射的特征辐射的波长和强度即可进行物质组成的定性和定量分析。

谱线强度(I)与被测元素浓度(c)有如下关系：$I = acb$ 式中，a 是与激发源种类、工作条件及试样组成等有关的常数；b 是自吸收系数。当元素含量较低时，$b=1$，元素的含量与其谱线强度成正比。因此，在一定工作条件下，测量谱线强度即可进行物质组成的定量分析。在波长扫描工作方式下，可测出标准溶液中各元素的强度值，以及待测试样中相应元素的同一谱线的强度值。把两者进行比较，可大致算出样品中各元素的含量。依此可进行物质组成的半定量分析。

三、仪器与试剂

1. 仪器：1020 微波等离子体炬原子发射光谱仪；HX-1050 型恒温循环水泵；万用电炉 1000W。100mL 容量瓶 8 个；200mL 烧杯 2 个；5mL 移液管 2 个；洗瓶及表面皿。

2. 试剂：钙、镁元素标准溶液(由浓度为 1000μg/mL 的储备液配得)；等离子体维持气(纯度为 99.99%的氩气)；浓 HNO_3(分析纯)；二次蒸馏水。

四、实验步骤

1. 系列标准溶液的配制

取六个 50mL 容量瓶，依次加入 1.00mL、2.00mL 和 5.00mL 50μg/mL 钙和镁的工作标准溶液，用去离子水稀释至刻度，摇匀。

2. 样品处理

将采集的湖水样混匀，量取适量水样(50～100mL)放入烧杯。加入 5mL 浓 HNO_3，在电炉上使水样保持微沸状态，蒸发到尽可能小的体积(大约 15～20mL)，但不得出现沉淀和析出盐分。再加入 5mL 浓 HNO_3，盖上玻璃表面皿，加热，使之发生缓慢回流，必要时加入浓 HNO_3 直到消解完全。此时溶液清澈而呈浅色。加入 1～2mL HNO_3，微微加热以溶解剩余的残渣。用水冲洗烧杯壁和玻璃表皿，然后过滤。将滤液转移到 100mL 容量瓶中，用水洗涤烧杯两次，

每次 5mL，洗涤液加到同一容量瓶中。冷却，稀释至刻度，摇匀。待测。仔细阅读本实验后的“附：原子发射光谱仪的操作说明”，选定待测元素后，由仪器自动进行上述水样的定性和定量分析。

五、数据记录及结果处理

1. 定性分析：水样中钙、镁是否存在？

2. 定量分析：绘制钙、镁的标准曲线。

3. 根据所测得的结果，计算出水样中钙、镁的百分含量。

六、思考题

1. 原子发射光谱法定性、定量分析的依据是什么？

2. 原子发射光谱法如何半定量测定未知样品中的各元素大概含量？

附：原子发射光谱仪(见图 3-10)的操作说明

图 3-10 原子发射光谱仪

1. 开机：先打开冷却循环水箱电源和水泵开关(使 ICP 水压开关打开，特别注意水箱后面与水管相连的阀门处于打开状态——手柄与水管同一方向为开)。

2. 将 ICP 电源合上，打开排风扇开关→打开氩气瓶氩气，使输出压力控制在 0.25MPa→打开 ICP 载气(观察毛细管是否进样)。如进样正常：将等离子气打开到 600～700L/h 之间→暂时关闭载气→(可以点火)按高压开，同时按点燃；如没有点燃：将输出功率打到 1 挡，使之点燃→打开载气→将输出功率打到 3 挡→观察火焰及参数指示，如太高或太低可以根据不同样品调节输出功率。

3. 打开软件→点零级扫描→自动扫描(找零级光)找到零级光后→选择建好的方法→后在分析测量下→将毛细管插入该方法的寻峰标→去寻峰→高标去衰减→测量 STDHIGH 下测量高标→保存→测量标准下用 STDLOW 测量低标后→点下一样→保存→将毛细管放入试样容量瓶中→在分析测量下测样。根据情况可打印结果等(换样或换标时一定要将毛细管放纯水中，以便把上一样品或标样洗下去)。

4. 测完此类样品，如在其他方法下需要测量，可选择其他方法→再寻峰→衰减→测标→测样等如上操作。

5. 关机：从右到左将输出功率调节到 0→按高压关(小圆红灯亮)→关 ICP 电源开关→关氩气瓶氩气→5min 后关稳压电源开关→10min 后关冷却循环水箱电源和水泵开关。

6. 整理完毕现场后方可离开。

7. ICP原子发射光谱仪由专人定期维护，并建立维护和保养记录。

实验五十五　聚乙烯和聚苯乙烯红外吸收光谱的测定

一、实验目的

1. 学习常见聚合物红外吸收光谱的测试方法。

2. 学习红外吸收光谱图的分析方法，掌握红外吸收光谱分析基本原理。

3. 学习傅里叶变换红外吸光谱仪的工作原理及其操作方法。

二、基本原理

红外吸收光谱法是以一定波长的红外光照射物质时，若该红外光的频率能满足物质分子中某些基团振动能级的跃迁条件，则该分子就会吸收这一波长红外光的辐射能量，引起偶极矩变化，而由基态振动能级跃迁到较高能级的激发态振动能级。检测物质分子对不同波长红外光的吸收强度，就可以得到该物质的红外吸收光谱。

各种化合物分子结构不同，分子振动能级吸收的频率不同，其红外吸收光谱也不同，利用这一特性，可对有机化合物的进行结构剖析、定性鉴定和定量分析。

绝大多数有机化合物的基团振动频率分布在中红外区（波数 400～4000cm^{-1}），研究和应用最多的也是中红外区的红外吸收光谱法，该法具有灵敏度高、分析速度快、试样用量少，而且分析不受试样物态限制，可用于物质的气态、液态和固态的分析，所以应用范围非常广泛。目前，红外吸收光谱法是现代结构化学、有机化学和分析化学等领域中最强有力的测试手段之一。

对于不同形态的样品，常用红外吸收光谱的样品制备方法有粉末压片法、溶剂液膜法、糊剂法和薄膜法等，其中聚合物的红外吸收光谱测定多采用溶剂液膜法和薄膜法。本实验通过测定聚乙烯和聚苯乙烯薄膜的红外吸收光谱，对其进行定性鉴定和结构分析。

三、仪器与试样

1. 仪器：傅里叶变换(FT-IR)红外吸收光谱仪，样品夹具，剪刀，镊子等。

2. 试样：聚乙烯薄膜，聚苯乙烯薄膜。

四、实验步骤

1. 按照红外吸收光谱仪的操作规程开机并运行测试软件，预热30min待仪器稳定；选定波数(cm^{-1})范围和扫描次数后，扫描空白光路的背景吸收。

2. 裁剪合适大小的聚乙烯膜，用样品夹具固定后放入光路中，测试聚乙烯的红外吸收光谱图。

3. 将测得的红外吸收光谱图进行基线调整并标峰，输出测试结果。对照工具书确定各特征吸收峰对应的基团结构、振动类型和振动强度。

4. 按照上述操作测定同样的实验参数下聚苯乙烯膜的红外吸收光谱。

五、实验记录与处理

1. 记录实验条件和实验参数。

2. 在获得的红外吸收光谱图上，从高波数到低波数记录各特征吸收峰的波数，分析各特征吸收峰分别由何种基团的何种形式的振动产生。

实验条件		环境湿度/%	扫描范围	扫描次数	仪器状态
样品种类	特征吸收峰	波数/cm^{-1}	特征基团	振动类型	振动强度
聚乙烯	1				
	2				
	⋮				
聚苯乙烯	1				
	2				
	⋮				

六、注意事项

在解析红外吸收光谱时，一般从高波数到低波数对主要的特征吸收峰进行指认，但不必对光谱图的每一个吸收峰都进行解释，只需指出各基团的特征吸收峰即可。

七、思考题

1. 有机化合物的红外吸收光谱是怎样产生的？

2. 有机化合物的红外吸收光谱能提供哪些信息？

3. 如何进行红外吸收光谱的图谱解释？

4. 只借助红外吸收光谱，能否判断未知物是何种物质，为什么？

附： 红外吸收光谱仪(见图 3-11)操作步骤

图 3-11 红外吸收光谱仪

操作步骤

1. 开机前准备

开机前检查实验室电源、温度和湿度等环境条件，当电压稳定，室温为(21±5)℃左右，湿度≤60%才能开机。

2. 开机

开机时，首先打开仪器电源，稳定30min，使得仪器能量达到最佳状态。开启电脑，并打开仪器操作平台软件，检查仪器稳定性。

3. 制样

根据样品特性以及状态，制定相应的制样方法并制样。

4. 扫描和输出红外光谱图

测试红外光谱图时，先扫描空光路背景信号，再扫描样品信号，经傅里叶变换得到样品红外光谱图。

5. 关机

(1) 关机时，先关闭仪器控制软件，再关闭仪器电源，最后关闭计算机并盖上仪器防尘罩。

(2) 清理在记录本记录使用情况。

注意事项

1. 测定时实验室的温度应在15～30℃，所用的电源应配备有稳压装置。

2. 为防止仪器受潮而影响使用寿命，红外实验室应保持干燥(相对湿度应在60％以下)。

3. 粉末压片法制备样品时，样品的研磨要在红外灯下进行，防止样品吸水。

4. 若使用压片模具用后应立即把各部分擦干净，必要时用酒精棉球清洗干净并擦干，置干燥器中保存，以免锈蚀。

实验五十六　气相色谱法分析苯、甲苯、二甲苯混合物

一、实验目的

1. 了解气相色谱法进行分离和分析的原理。

2. 了解气相色谱仪结构、各组成部分的功能及工作原理。

3. 掌握气相色谱法进行定量分析的方法和计算。

二、实验原理

色谱定性分析的任务是确定色谱图上各色谱峰代表何种组分，根据各色谱峰的保留值进行定性分析。

在一定的色谱操作条件下，每种物质都有一确定不变的保留值(如保留时间)，故可以作为定性分析的依据，只要在相同色谱条件下，对已知纯样和待测试样进行色谱分析，分别测量各组分峰的保留值，若某组分峰的保留值与已知纯样相同，则可以认为两者为同一物质。这种色谱定性分析方法要求色谱条件稳定，保留值测定准确。

确定了各个色谱峰代表的组分后，即可对其进行定量分析。色谱定量分析的依据是混合物中各组分的质量含量与其相应的响应信号(峰高或峰面积)成正比，利用归一法即可计算出各组分的含量。

三、实验仪器与试剂

1. 仪器：气相色谱仪，色谱柱，微量注射器（1μL），移液管 20mL、5mL 等，容量瓶若干。

2. 试剂：苯、甲苯、二甲苯试样；高纯 H_2（99.999%），干燥空气，高纯 N_2（99.999%）。

四、实验步骤

1. 纯样保留时间的测定：分别用微量进样器吸取苯、甲苯、二甲苯纯样 0.1μL，直接由进样口注入色谱仪，测定各样品的保留时间。

2. 苯、甲苯、二甲苯混合物的分析：用微量进样器吸取混合物样品 0.2μL 注入色谱仪，连续记录各组分的保留时间、峰高和峰面积。

3. 数据处理：混合物中各组分的保留时间与纯苯、甲苯、二甲苯的保留时间做对照，若保留时间一致，表明混合物中有该成分存在。归一法计算，由峰面积确定各组分质量含量。

4. 实验完毕后，首先关闭氢气、空气，主机电源，待分离柱温降至室温后再关闭载气，关闭计算机。

五、数据记录及处理

分析样品	苯	甲苯	二甲苯	混合物
保留时间				
峰　高				
峰面积				
混合物中三组分的质量含量				

六、思考题

1. 气相色谱仪的主要部件有哪些？各有什么作用？

2. 运用气相色谱对于物质进行定性分析的方法有哪些？

3. 用归一化法进行定量分析的优缺点是什么？

附： GC4000A 气相色谱仪及 A5000 气相色谱工作站操作方法

1. 打开载气（氮气）钢瓶，调节减压阀压力至 0.3MPa，调节柱后载气压力为 0.04MPa。

2. 打开主机电源，设定好升温程序。

3. 打开空压机，调节出口压力至 0.2，通过空气流量调节阀调节空气流量为 280（13.5 圈）。

4. 打开氢气钢瓶，调节氢气流量为 30mL/min（0.05MPa）。

5. 打开计算机，进入 A5000 气相色谱工作站。

6. 点火：按下点火开关约 8s 即可。

7. 用微量进样器吸取样品注入色谱仪（同时按下采样按钮）即可开始采样分析。

8. 分析完毕后，点击“结束采样”即停止采样。

9. 进入“分析计算”，进行“谱图积分”，“归一法计算”，即可得到各组分保留时间和相应质量含量。

10. 工作完毕后按关机程序关闭仪器。

实验五十七 洗衣粉中活性组分与碱度的测定

一、实验目的

1. 培养独立解决实物分析的能力。

2. 提高灵活运用化学分析知识的水平。

二、实验原理

洗衣粉的组成比较复杂，其中烷基苯磺酸钠是目前市场上绝大多数洗衣粉的主要活性物(因其具有良好的去污力、发泡力、乳化力以及在酸性、碱性和硬水中都很稳定)。此外，在洗衣粉中还要添加许多助剂，如加入一定量的碳酸钠等碱性物质，可以使洗衣粉遇到酸性污物时，仍具有较高的去污能力。因此，分析洗衣粉中烷基苯磺酸钠的含量以及碱性物质，是控制产品质量的重要步骤。

烷基苯磺酸钠的分析主要用甲苯胺法：将其与盐酸对甲苯胺溶液混合，生成的复盐能溶于 CCl_4 中，再用 NaOH 标准溶液滴定。其反应如下：

$$RC_6H_4SO_3Na + CH_3C_6H_4NH_2 \cdot HCl \longrightarrow RC_6H_4SO_3H \cdot NH_2C_6H_4CH_3 + NaCl$$

$$RC_6H_4SO_3H \cdot NH_2C_6H_4CH_3 + NaOH \longrightarrow RC_6H_4SO_3Na + CH_3C_6H_4NH_2 + H_2O$$

根据消耗标准碱液的体积和浓度，即可求得烷基苯磺酸钠的含量。在本实验中，要求以十二烷基苯磺酸钠来表示其含量。

在对洗衣粉中碱性物质的分析中，常用活性碱度和总碱度两个指标来表示碱性物质的含量。活性碱度仅指由于氢氧化钠(或氢氧化钾)产生的碱度，总碱度包括由碳酸盐、碳酸氢盐、氢氧化钠及有机碱等所产生的碱度。这两个指标可通过酸碱滴定进行测定。

三、仪器与试剂

1. 仪器：分析天平，酸式滴定管，碱式滴定管，移液管，试剂瓶，烧杯，洗耳球，量筒，洗瓶，锥形瓶，容量瓶，玻璃棒。

2. 试剂：四氯化碳，盐酸(1∶1)，NaOH(分析纯)，乙醇(95%)，间甲酚紫指示剂(0.04%钠盐)，pH 试纸，酚酞指示剂(0.1%)，甲基橙指示剂(0.1%)，邻苯二甲酸氢钾(基准物)，盐酸对甲苯胺溶液(粗称 10g 对甲苯胺，溶于 20mL 1∶1 盐酸溶液中，加水至 100mL，使 pH<2，若不易溶解，可适当加热)。

四、实验步骤

1. 配制溶液

配制并标定 0.1mol/L 的 HCl 和 0.1mol/L 的 NaOH 溶液(见实验三十二、

实验三十三)。

2. 测定十二烷基苯磺酸钠的含量

准确称取洗衣粉样品 1.5～2g(准确至 0.0001g)，分批加入 80mL 水中，温热搅拌促其溶解。转移至 250mL 容量瓶中，稀释至刻度，摇匀。因液体表面有泡沫，读数应以液面为准。

移取 25.00mL 洗衣粉样品溶液于 250mL 分液漏斗中，用1∶1盐酸调节 pH≤3。加入 25mL CCl_4 和 15mL 盐酸对甲苯胺溶液，剧烈振荡 2min(注意时常放气)，静置 5min 使之分层。放出 CCl_4 层，注意切勿使水层放入。再以 15mL CCl_4 和 5mL 盐酸对甲苯胺溶液重复萃取 2 次。合并 3 次提取液于 250mL 锥形瓶中，加入 10mL 95% 乙醇增溶，再加入 0.04% 间甲酚紫指示剂 5 滴，以 0.01mol/L 的碱标准溶液滴定至溶液由黄色突变为紫蓝色，且 30s 内不变色即为终点。重复三次，计算活性物的质量分数。

3. 活性碱度和总碱度的测定

吸取洗衣粉样液 25.00mL，加入 2 滴酚酞指示剂，用 0.1mol/L 盐酸标准溶液滴定至浅粉色(15s 内不褪色)，计算以 Na_2O 形式表示的活性碱度。平行测定三次。

在已测定过活性碱度的溶液中再加入 2 滴甲基橙指示剂，继续滴定至橙色。平行测定三次，计算以 Na_2O 形式表示的活性总碱度。

五、数据记录与处理

1. 列表记录实验数据。

2. 计算盐酸和氢氧化钠标准溶液的浓度。

3. 计算活性物十二烷基苯磺酸钠的质量分数。

4. 计算以 Na_2O 形式表示的活性碱度和活性总碱度。

六、注意事项

洗衣粉溶解产生大量气泡，取样时移液管内液体不能有气泡，读数时要等气泡消失。

七、思考题

1. 写出测定十二烷基苯磺酸钠的含量计算公式。

2. 写出以 Na_2O 形式表示的活性总碱度的计算公式。

实验五十八　茶叶中微量元素(Fe、Al、Ca、Mg)含量测定实验设计

一、实验目的

1. 学习天然产物中微量元素定量分析的方法。

2. 培养学生综合运用化学理论知识和实验技能设计完整实验方案的能力。

3. 锻炼学生独立实验技能和分析问题、解决问题的能力。

二、实验原理

茶叶是天然植物的叶片，是以有机机体为主的物质。茶叶的化学成分是由3.5%～7.0%无机物和93%～96.5%有机物组成，茶叶中的有机化合物主要有蛋白质、脂质、碳水化合物、氨基酸、生物碱、茶多酚、有机酸、色素、香气成分、维生素、皂苷、甾醇等，含有大量的吸附活性中心，如—OH、$>NH$、$>C=C<$、$>C=O$、二氮杂环及多元酚类等。适宜条件下，这些活性中心与金属离子发生作用，即将金属离子结合在茶叶的有机机体上。金属离子在茶叶中不是以游离态存在于茶叶内部，而是以化学结合方式存在于茶叶的有机机体中。将茶叶进行处理，使其中金属组分转化为金属离子水溶液，通过定性和定量分析，确定金属离子种类和含量，从而得出茶叶中微量金属的成分和含量。

三、设计内容及要求

1. 设计茶叶处理实验方案，使其中金属组分转化为金属离子水溶液。

2. 确定金属离子定性检验方法，设计定性鉴定金属离子的方案。

3. 确定金属离子定量测定方法，设计定量测定金属离子含量的方案。

4. 按照设计方案实验，得出茶叶中金属的种类及含量。

5. 归纳、总结实验结果，提交实验报告。

四、思考题

1. 各种金属离子的定量分析中，哪些离子会产生干扰？如何掩蔽？

2. 比较不同方法分析金属离子含量的优缺点。

实验五十九　铝合金含量(Fe、Al、Cu、Mg)测定实验设计

一、实验目的

1. 学习合金组成元素的定量分析方法。

2. 掌握混合溶液中金属离子的定性和定量方法。

3. 初步培养学生综合运用所学知识设计完整实验方案的能力。

4. 锻炼学生独立实验技能和分析问题、解决问题的能力。

二、实验原理

铝合金是以铝为基的合金总称。主要合金元素有铜、硅、镁、锌、锰，次要合金元素有镍、铁、钛、铬、锂等。铝合金密度低，但强度比较高，接近或超过优质钢，塑性好，可加工成各种型材，具有优良的导电性、导热性和抗蚀性，工业上广泛使用，使用量仅次于钢。铝合金中金属元素的组成对其性能影响很大。采用化学方法处理(如与酸反应)，使其中金属转化为金属离子溶于水中形成溶液，通过定性和定量分析，可确定金属离子种类和含量，从而得出合金的成分和含量。

三、设计内容及要求

1. 设计将合金转化为金属离子水溶液的实验方案。
2. 设计金属离子定性检验方法和定性鉴定金属离子的方案。
3. 选择金属离子定量测定方法，设计定量测定金属离子含量的方案。
4. 按照设计方案实验，测出合金金属成分及含量。
5. 归纳、总结实验结果，提交实验报告。

四、思考题

1. 各种金属离子的定量分析中，哪些离子会产生干扰？如何掩蔽？
2. 比较不同方法分析金属离子含量的优缺点。

实验六十　复合肥中N、P、K含量测定实验设计

一、实验目的

1. 了解并学习实际样品的处理及分析方法。
2. 培养学生综合运用化学理论知识和实验技能设计完整实验方案的能力。
3. 培养学生独立操作、独立分析问题和解决问题的能力。
4. 学习查阅参考文献及书写实验总结报告。

二、实验原理

复合化肥即复合肥，是指氮、磷、钾三种养分中，由化学方法制成的至少有两种养分标明量的肥料，是复混肥料的一种。复合肥具有养分含量高、副成分少且物理性状好等优点，对于平衡施肥，提高肥料利用率，促进作物的高产稳产有着十分重要的作用。复合肥料中含N、P或N、K两种主要营养元素的称为二元复合肥。含N、P、K三种元素的称为三元复合肥。有的复合肥料除含N、P、K主要元素外，还含有多种微量元素，这种含有多种微量元素的复合肥料称为多元复合肥料。三元复合肥料的品位是以含($N \sim P_2O_5 \sim K_2O$)%的总量来表示，但其每种养分最低不少于4%，一般总含量在25%～60%范围内。总含量在25%～30%的为低浓度复合肥，30%～40%的为中浓度复合肥，大于40%的为高浓度复合肥。

复合肥料中总氮含量的测定可采用蒸馏法。在碱性介质中用定氮合金将硝酸根还原，直接蒸馏出氨或在酸性介质中还原硝酸盐成铵盐，在混合催化剂存在下，用浓硫酸消化，将有机态氮或酰胺态氮和氰氨态氮转化为铵盐，从碱性溶液中蒸馏氨。将氨吸收在过量硫酸溶液中，在甲基红-亚甲基蓝混合指示剂存在下，用氢氧化钠标准滴定溶液返滴定。

有效磷的测定常采用磷钼酸喹啉重量法，即用水和乙二胺四乙酸二钠(EDTA)溶液提取复合肥料中水溶性磷和有效磷，提取液中正磷酸离子在酸性介质中与喹钼柠酮试剂生成黄色磷钼酸喹啉沉淀，通过对沉淀物的过滤、洗涤、烘干及称重，计算出样品的含磷量。

对复合肥中钾含量的测定以四苯硼酸钾重量法应用最广。在弱碱性介质中，以四苯硼酸钠溶液为沉淀剂沉淀试样溶液中的钾离子，生成白色的四苯硼酸钾沉淀，将沉淀过滤、洗涤、干燥、称重，根据沉淀质量计算化肥中钾含量。

三、设计内容及要求

1. 设计复合肥试样溶液的制备和处理方案。

2. 设计测定复合肥中总氮含量的方案。

3. 设计测定复合肥中有效磷含量的方案。

4. 设计测定复合肥中钾含量的方案。

5. 按照设计方案实验，得出复合肥中总氮、有效磷及钾的含量。

6. 归纳、总结实验结果，提交实验报告。

四、思考题

1. 在定量测定过程中，哪些成分会产生干扰？如何消除？

2. 除了常用测定方法之外，复合肥中 N、P、K 含量的测定方法还有哪些？比较这些不同方法的优缺点。

附： 可参考国家标准：GB/T 8572—2010；GB/T 8573—2010；GB/T 8574—2010

三、有机化学实验

实验六十一 常压/减压蒸馏和折射率的测定

一、实验目的

1. 了解蒸馏及沸点测定的原理和方法，学习蒸馏装置的搭建及操作。

2. 掌握折射率的测定方法及其应用，了解阿贝折光仪的构造及使用方法。

二、实验原理

1. 常压蒸馏、减压蒸馏

液体物质受热时，其蒸气压随温度的升高而不断增大；当蒸气压与外界压力相等时液体开始沸腾，对应的温度称为液体的沸点，是液体物质的重要物理常数之一。

蒸馏是将液体或液体混合物加热至沸腾使之汽化，然后再将蒸汽冷凝为液体的过程。根据一定压力下不同液体物质的沸点不同的特点，可以将蒸馏操作用于液体有机化合物的提纯和分离、溶剂回收或沸点的测定。

物质的沸点与外界压力有关。外界压力增大，沸点升高；外界压力减小，沸点降低。沸点与压力的关系可以近似表示为：

$$\lg p = A + \frac{B}{T}$$

式中，p 为蒸气压；T 为沸点；A、B 为常数。某些沸点较高的有机化合物在沸点附近容易受热分解、被氧化或聚合，不适于用常压蒸馏的方法进行分离纯化，可以采用降低外界压力(负压)以降低其沸点的方法达到蒸馏纯化的目的，这种操作方法称为减压蒸馏。

蒸馏及减压蒸馏操作常用的蒸馏装置一般由蒸馏烧瓶、蒸馏接头、温度计、冷凝管、尾接管和接收容器组成，减压蒸馏装置还需配备水泵等抽真空装置，如图 3-12 所示。

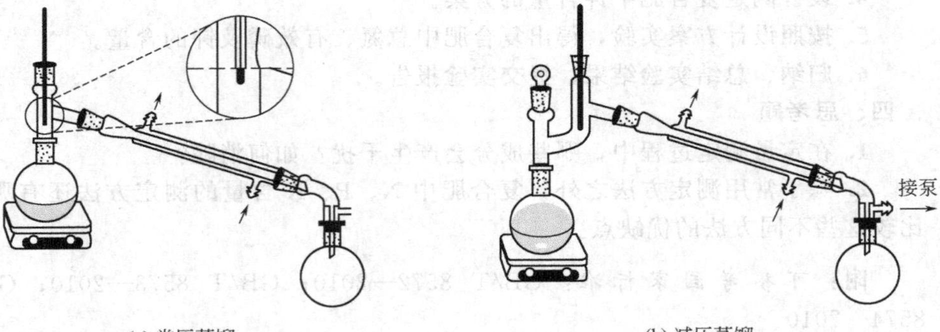

图 3-12　常压蒸馏(a)和减压蒸馏(b)装置图

2. 折光现象及折射率的测定原理

光在不同介质中的传播速率不同，光线通过两种不同介质的界面时传播速率和方向发生改变的现象叫光的折射。介质对光线的折射能力用折射率表示，折射率是光在空气中的传播速率与在介质中的速率之比，可用斯涅耳(Snell)定律表示为：

$$n=\frac{\nu_{空}}{\nu_{介}}=\frac{\sin\alpha}{\sin\beta}$$

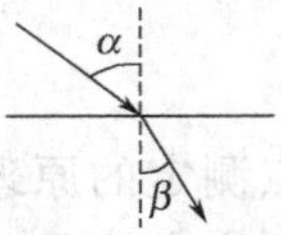

折射率是液体有机化合物重要的特性常数之一，作为鉴定液体有机化合物种类和纯度的标准，比沸点更为可靠。另外，折射率也可用于确定液体混合物的组成。

物质的折射率不但与它的结构和光的波长有关，而且也受温度、压力等因素的影响。光线的波长越短，折射率就越大；物质的温度越高，密度越小，折射率越小。因此，折射率的表示须注明测定温度和光源的波长，常表示为 n_D^t。其中，下标 D 表示钠灯的 D 线波长(589nm)，上标 t 为测定时的温度。如乙醇的折射率表示为 n_D^{20}(C_2H_5OH)＝1.3605，表示 20℃时乙醇对钠光灯 D 线的折射率为 1.3605。

一般而言，温度对折射率影响较大，温度每升高 1℃，液体有机物的折射率就会减少约$(3.5\sim5.5)\times10^{-4}$，某些液体接近沸点温度时温度系数甚至可达$7\times10^{-4}$，因此折光仪一般都配有恒温装置。实际工作中往往可将某一温度下的测定值换算为另一温度下的折射率，一般可用 4.5×10⁻⁴ 作为温度常数进行如下换算。

$$n_D^{20}=n_D^t+4.5\times10^{-4}(t-20)$$

实验室测定液体有机物的折射率，常用的是根据临界角折射现象设计的阿贝(Abbe)折光仪，测量范围为 1.3000～1.7000，精确度为±0.0001；其外观及结构如图 3-13 所示。

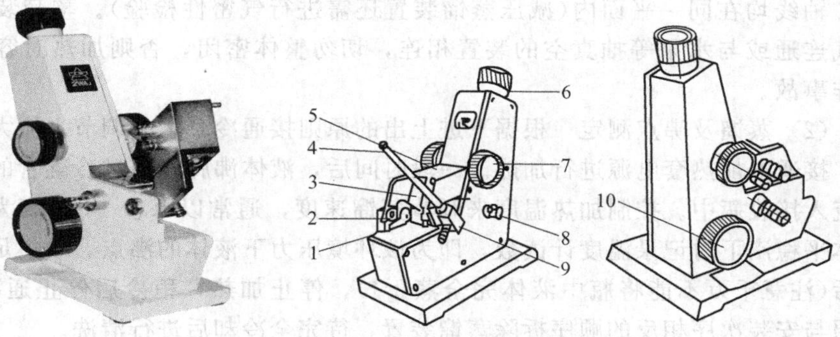

图 3-13　阿贝折光仪及其结构示意图

1—进光棱镜；2—折射棱镜；3—遮光板；4—温度计；5—色散调节轮；6—目镜；7—反射镜；8—聚光镜；9—温度计座；10—折射率刻度调节轮

用阿贝折光仪对样品进行折射率测定时，光线由反射镜反射进入光棱镜组发生漫射，以不同的入射角射入两块棱镜之间的待测液层，再射至折射棱镜的光滑表面上。一部分光线再折射进入空气而到达测量望远镜；另一部分光线则发生全反射，从而在测量望远镜中形成明暗两部分视场，如图 3-14 所示。若出现彩色带，则调节消色散旋钮至明暗分界线清晰。转动刻度盘，使分界线与十字交叉线的交点重合，从读数镜筒中可直接读出折射率。

图 3-14　阿贝折光仪分界线调节示意图

三、仪器与试剂

1. 仪器：电加热套，圆底烧瓶(100mL)，T 形蒸馏接头，直形冷凝管，尾接管，真空尾接管，锥形瓶，温度计，阿贝折光仪。

2. 试剂：工业乙醇，蒸馏水，无水乙醇，丙酮。

3. 其他：胶头滴管，镜头纸，沸石。

四、实验步骤

1. 常压蒸馏

(1) 搭建装置　根据被蒸馏的液体体积选择一定大小的蒸馏烧瓶，加入需蒸馏的液体或液体混合物，使其体积介于蒸馏瓶容积的 1/3～2/3 之间比较适宜。

加入沸石或放入磁子后，根据热源的高低将蒸馏烧瓶竖直固定，安装好蒸馏接头和温度计(使温度计水银球上沿与支管口下沿相切)。

选择合适的冷凝管连接后用铁夹固定，注意调整使之与蒸馏接头支管同轴，防止折断仪器。接上尾接管和接收容器，使整套装置无论从正面或侧面观察，轴线均在同一平面内(减压蒸馏装置还需进行气密性检验)。整套装置须与大气连通或与水泵等抽真空的装置相连，切勿整体密闭，否则加热时容易引起爆炸事故。

(2) 蒸馏及沸点测定　根据下进上出的原则接通冷凝水并调节水流大小至适中，接通电加热套电源进行加热。一段时间后，液体沸腾并通过冷凝管的冷凝作用流入接收瓶中。控制加热温度来调节蒸馏速度，通常以每秒1～2滴为宜。待液体平稳滴下时记录温度计读数，即为该环境压力下液体的沸点。收集足够的馏分后(注意千万不能将瓶中液体完全蒸干!)，停止加热，稍冷后停止通冷凝水，按照与安装次序相反的顺序拆除蒸馏装置，待完全冷却后进行清洗。

2. 减压蒸馏

(1) 搭建装置　减压蒸馏装置的搭建与蒸馏操作基本相同。装置安装完毕后进行气密性测试，确定除尾接管抽头处之外装置整体密闭(可在开泵抽真空的辅助下进行判断)。若漏气，则需在仪器磨口处涂上凡士林或熔化的石蜡。

(2) 减压蒸馏　接通泵电源，抽取真空后打开电加热套开关进行加热，一段时间后液体即可沸腾并流入接收瓶中。记录水减压蒸馏时的沸点及其对应的环境压力。收集足够馏分后首先停止加热，液体稍冷至不沸腾后将泵从真空尾接管抽头连接处断开，冷却后拆除蒸馏装置并洗涤。

3. 折射率的测定

(1) 仪器准备　连接折光仪与恒温水浴并调节至所需温度，检查保温套中温度计读数是否准确。打开直角棱镜，用擦镜纸蘸少量乙醇或丙酮单向轻轻擦拭上下镜面(注意不得来回擦动或以手接触镜面)。镜面晾干后方可使用。

(2) 仪器校正　打开直角棱镜，将1～2滴重蒸的蒸馏水缓慢、均匀地滴至磨砂棱镜上，注意切勿使滴管尖端直接接触镜面，以免造成划痕。关紧棱镜，转动左右刻度盘，使读数镜内标尺读数等于蒸馏水的折射率值($n_D^{20}=1.33299$，$n_D^{25}=1.33250$)。调节反射镜使视场最亮，调节测量镜使视场最清晰，转动消色调节器消除色散；旋动镜筒右下方的旋钮，使明暗视野分界线和十字交叉线中心点重合。

(3) 折射率测定　仔细擦拭去除棱镜上的蒸馏水，晾干后将2～3滴待测液体，如无水乙醇、丙酮等均匀滴至棱镜表面；关闭棱镜，轻轻转动刻度盘，找到明暗分界线并使之对准十字交叉线中心点，按照右侧标尺指示读出折射率值。如图3-15中所示位置对应的折射率值，读数应为：

$$1.34+0.007+0.001\times1/5(\text{估读})=1.3472$$

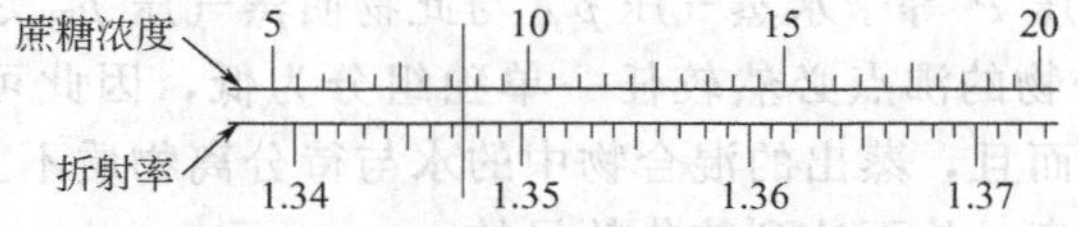

图 3-15　阿贝折光仪读数示意图

分别对无水乙醇、丙酮的折射率重复测量 3 次，计算折射率平均值并进行温度校正，然后与标准值进行比较。测定完毕后仔细擦拭镜面，晾干后关闭。

五、实验记录与处理

项目 \ 结果		第一次	第二次	第三次	平均值
沸点/℃	常压				
	减压(压力)				
折射率	标准样品				
	被测样品				
	校正值				

六、思考题

1. 蒸馏装置包括哪些组成部分？应按照何种顺序进行组装？

2. 减压蒸馏在何种情况下使用？减压蒸馏完毕后如何进行后续操作？

3. 测定液体有机化合物折射率有何意义？

实验六十二　水蒸气蒸馏

一、实验目的

1. 了解水蒸气蒸馏的原理及应用范围。

2. 掌握水蒸气蒸馏装置的安装及操作。

3. 掌握非水溶性有机化合物的提纯方法。

二、实验原理

水蒸气蒸馏是提纯和分离有机化合物或混合物的重要方法之一。相比于蒸馏和减压蒸馏，水蒸气蒸馏具有自己独特的优点，尤其适用于以下几类情况：(1)某些高沸点的有机物，在常压或减压蒸馏时虽可与副产品分离，但易发生热分解等反应而被破坏；(2)混合物中含有大量树脂状、焦油状或不挥发的杂质，采用通常的蒸馏、萃取等分离方法都很困难；(3)混合物中含有大量的固体，液体被吸附于固体之中，通常的蒸馏、萃取等方法都不适用。

一般而言，可用水蒸气蒸馏方法进行提纯的有机化合物必须满足以下条件：(1)不溶或难溶于水；(2)在100℃左右有一定的蒸气压(一般不小于1.33kPa，即10mmHg)；(3)在水沸腾温度下长时间与水共热不发生化学变化。

当与水不相混溶的有机化合物与水共存时，根据道尔顿(Dalton)分压定律，

混合体系的蒸气压 P 等于水蒸气压 p_A 与此物质蒸气压 p_B 之和，即：$P=p_A+p_B$。显然，混合物的沸点必然较任一单独组分为低，因此可在较低温度下将有机物蒸馏出来。而且，蒸出的混合物中的水与待分离物质不互溶，很容易通过分液等操作予以分离，从而达到纯化的目的。

根据理想气体方程，蒸出的混合气体分压之比等于其物质的量比，因而待分离的物质与水在馏出液中的相对质量(即蒸气相中的相对质量)与它们的蒸气压与相对分子质量的乘积成正比，其关系式如下：

$$\frac{m_B}{m_A}=\frac{M_B p_B}{M_A p_A}$$

以溴苯为例，常压下其沸点为 156.1℃，与水一起加热至 95.5℃时可以蒸出。此时水蒸气压 $p_A=86.13\text{kPa}$，溴苯的蒸气压 $p_B=15.20\text{kPa}$，水与溴苯的相对分子质量分别为 18.02 和 157.01，代入上式可得：

$$\frac{m_B}{m_A}=\frac{157.01\times15.20}{18.02\times86.13}=1.538$$

可知每蒸出 100g 水将带出 153.8g 溴苯，溴苯在蒸出混合物中质量分数为 60.6%(由于很多化合物在水中可或多或少地溶解，因此该计算只是近似结果)。

常用的水蒸气蒸馏装置主要包括水蒸气发生器、蒸馏、冷凝和接收四个部分，具体如图 3-16 所示。

由水蒸气发生器产生的水蒸气通过导管进入到样品蒸馏烧瓶中，使水与待分离样品一同蒸出；混合蒸气在直形冷凝管的冷凝作用下进入接收瓶中收集。由于水的冷凝热较大，冷却水流量宜开大些。

水蒸气发生器中盛水量以占烧瓶容积的 1/2～3/4 为宜，所用的烧瓶也可以用三口烧瓶代替，瓶内加入沸石或磁子防止暴沸。安全管需正对并要几乎插到烧瓶底部，水蒸气导入管也应正对烧瓶底部中央，管口距瓶底距离应控制在 8～10mm。水蒸气导出管与导入管之间由一“T”形管相连接，用来除去水蒸气中的少量冷凝水，同时可使水蒸气发生器与大气相通，以防止操作不正常的情况出现。样品蒸馏烧瓶与直形冷凝管也可通过克氏蒸馏头或 75°弯管进行连接。

三、仪器与试剂

1. 仪器：电加热套，烧瓶(100mL，150mL)，T 形管，安全管，弹簧夹，直形冷凝管，乳胶管，磁子，剪刀等。

2. 试剂：乙苯(或硝基苯、溴苯、苯胺等)。

四、实验步骤

1. 搭建装置，检查气密性

按照仪器装置图安装好水蒸气蒸馏装置，尤其需注意安全管、水蒸气导入管插入至烧瓶中的位置是否合适。检查整个装置是否漏气。

2. 水蒸气蒸馏

在水蒸气发生瓶中加入约占容器体积 1/2～3/4 的水，旋开“T”形管的螺旋

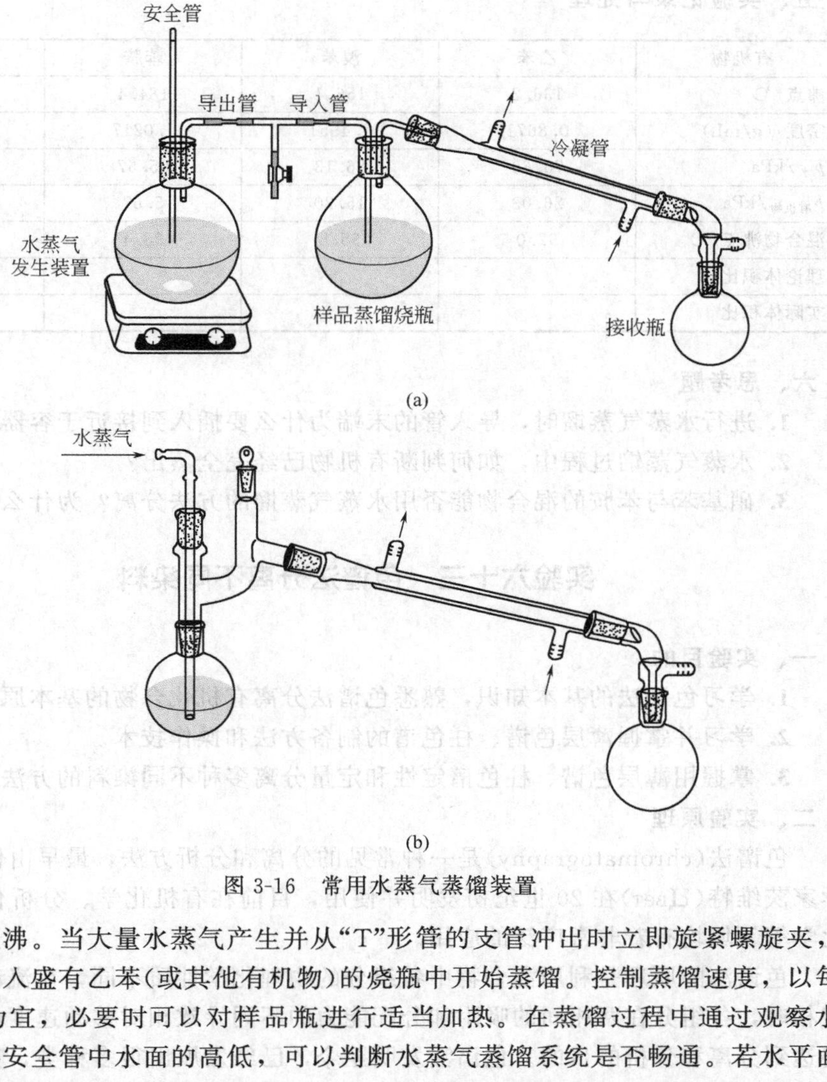

图 3-16　常用水蒸气蒸馏装置

夹加热至沸。当大量水蒸气产生并从“T”形管的支管冲出时立即旋紧螺旋夹，使水蒸气进入盛有乙苯（或其他有机物）的烧瓶中开始蒸馏。控制蒸馏速度，以每秒2～3滴为宜，必要时可以对样品瓶进行适当加热。在蒸馏过程中通过观察水蒸气发生器安全管中水面的高低，可以判断水蒸气蒸馏系统是否畅通。若水平面上升很高，则说明某一部分被阻塞；这时应立即旋开螺旋夹，移去热源，拆开装置进行检查和处理。

当馏出液无明显油珠、澄清透明时，便可停止蒸馏。先旋开螺旋夹，再移去热源，拆卸仪器清洗干燥。

3. 数据记录

测量并记录馏出液中乙苯（或其他有机物）和水的体积，与理论计算进行比较。因为蒸馏过程中有相当一部分水蒸气来不及与被蒸馏物做充分接触便离开蒸馏瓶，同时被蒸馏物在水中有一定的溶解度，所以实验蒸馏出的水量往往超过计算值，故计算值仅为近似值。

五、实验记录与处理

有机物	乙苯	溴苯	苯胺	硝基苯
沸点/℃	136.2	156.1	184.4	210.9
密度/(g/mL)	0.8671	1.4951	1.0217	1.2037
$p_{水}$/kPa	75.60	86.13	95.67	98.47
$p_{有机物}$/kPa	26.03	15.20	5.67	2.68
混合物沸点/℃	92.0	95.5	98.4	99.2
理论体积比				
实际体积比				

六、思考题

1. 进行水蒸气蒸馏时，导入管的末端为什么要插入到接近于容器底部？
2. 水蒸气蒸馏过程中，如何判断有机物已经完全蒸出？
3. 硝基苯与苯胺的混合物能否用水蒸气蒸馏的方法分离？为什么？

实验六十三　色谱法分离不同染料

一、实验目的

1. 学习色谱法的基本知识，熟悉色谱法分离有机化合物的基本原理和应用。
2. 学习并掌握薄层色谱、柱色谱的制备方法和操作技术。
3. 掌握用薄层色谱、柱色谱定性和定量分离多种不同染料的方法。

二、实验原理

色谱法(chromatography)是一种常见的分离和分析方法，最早由俄罗斯植物学家茨维特(Цвет)在20世纪初发明并使用，目前在有机化学、分析化学、生物化学等领域均有着非常广泛的应用。

色谱法的原理是利用混合物中各组分的物理化学性质不同，在流动相流经固定相时，各组分在两相间的吸附和分配能力的不同导致相对移动速度的不同，最终达到分离和分析的目的。色谱法发明至今，已经发展出很多种类，其中按固定相的存在形式不同可具体分为色谱法、薄层色谱法和柱色谱法，本实验中重点学习和掌握用薄层色谱法和柱色谱法分离3种常见的有机染料。

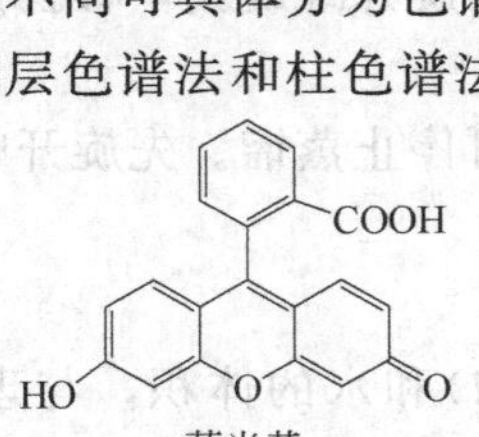

荧光黄

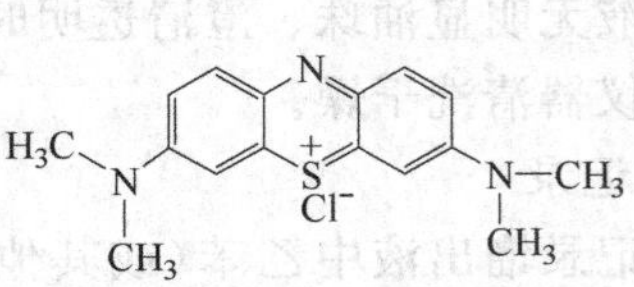

碱性湖蓝BB(亚甲基蓝)

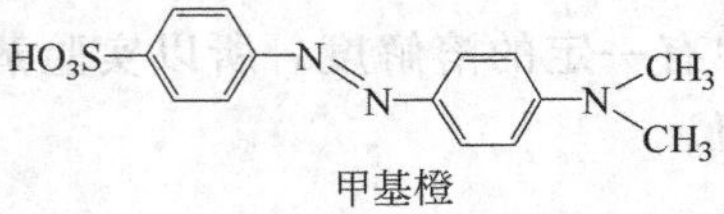

甲基橙

Ⅰ. 薄层色谱法(thin layer chromatography，TLC)

薄层色谱法属于固-液吸附色谱，样品在薄层板上的吸附剂(固定相)和溶剂(移动相)之间进行分离。由于不同化合物在薄层板上的吸附能力不相同，因此在展开剂上移时它们解吸的程度也不同，从而达到分离的目的。

最典型的薄层色谱是在一块洗净干燥的玻璃片上均匀铺上一薄层吸附剂，即薄层板。用毛细管将样品混合液点在起点处，再将薄层板置于盛有溶剂的层析缸中，待溶液到达前沿后取出，晾干、显色后确定色斑的位置。记录原点至各组分斑点中心及展开剂前沿的距离，如图 3-17 所示。

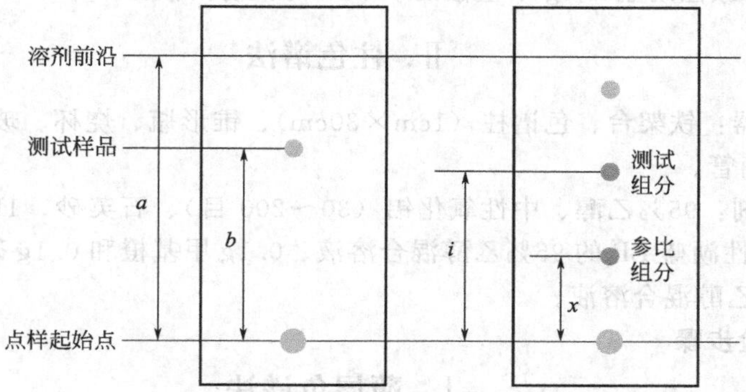

图 3-17　薄层色谱分离样品的示意图

根据不同组分斑点距离原点的距离，按以下公式计算各个组分的比移值(R_f)及各组分对某组分的相对比移值(R_x)。

$$R_f=\frac{\text{溶剂最高浓度中心至原点中心的距离}}{\text{溶剂前沿至原点中心的距离}}=\frac{b}{a}$$

$$R_x=\frac{\text{某组分的比移值}}{\text{组分 }x\text{ 的比移值}}=\frac{i}{x}$$

本实验利用薄层色谱分离的方法，在自制薄层色谱板的基础上以 95％的乙醇为展开剂分离甲基橙和碱性湖蓝 BB，观察薄层色谱分离过程中的现象和分离效果并计算其比移值。

Ⅱ. 柱色谱法 (column chromatography)

柱色谱与薄层色谱一样，属于样品在固定相和移动相之间进行分离的固-液吸附色谱。不同的是，柱色谱是在一根玻璃柱或金属管中进行物质分离的色谱技术，将吸附剂填充到管中而使之成为柱状，这样的管状柱称为色谱柱。利用色谱柱可以分离和精制较大量的样品，尤其适合于分离物理性质比较接近的有机化合物和复杂天然产物。作为柱色谱固定相的吸附剂一般为硅胶或氧化铝（30～200目)，要求颗粒形状均匀、大小适当，对待分离组分具有足够的吸附力并能够进行可逆吸附，能够使组分在固定相与流动相之间最快地达到平衡。

本实验以中性氧化铝为吸附剂，分别以95%乙醇和水作为洗脱剂，分离出荧光黄和碱性湖蓝BB。另外，以95%乙醇和醋酸水（体积比1∶1）作为洗脱剂，分离甲基橙和碱性湖蓝BB。

三、仪器与试剂

Ⅰ. 薄层色谱法

1. 仪器：显微载玻片、烧杯、胶头滴管、玻璃棒、涂布器、点样毛细管、直尺、层析缸、烘箱。

2. 试剂：95%乙醇、0.5%羧甲基纤维素钠（CMC）水溶液、G型硅胶、1L溶有1g碱性湖蓝和1g甲基橙的95%乙醇混合溶液。

Ⅱ. 柱色谱法

1. 仪器：铁架台、色谱柱（1cm×30cm）、锥形瓶、烧杯、玻璃棒、长颈漏斗、胶头滴管。

2. 试剂：95%乙醇、中性氧化铝（30～200目）、石英砂、1L溶有1g荧光黄和1g碱性湖蓝BB的95%乙醇混合溶液、0.1g甲基橙和0.1g碱性湖蓝BB溶于1L95%乙醇混合溶液。

四、实验步骤

Ⅰ. 薄层色谱法

1. 薄层板的制备①。取7.5cm×2.5cm左右的载玻片3～4块，洗净晾干。在50mL烧杯中放置3g G型硅胶，逐渐加入0.5%羧甲基纤维素钠水溶液8mL，调成均匀的糊状。用胶头滴管吸取该糊状物滴至上述洁净的载玻片上，用玻璃棒涂至略均匀后在水平桌面上做上下轻微的颠动，不时转动方向，制成分布均匀、表面光洁平整的薄层板（也可使用涂布器涂布薄层板）。涂好的薄层板水平放置0.5h后放入烘箱中，缓慢升温至110℃活化0.5h，取出冷却后置于干燥器中备用。

2. 点样。取2块制好的薄层板，分别在距一端1cm处用铅笔轻轻划一横线作为点样起始线②。取管口平整的毛细管插入样品混合液中，在一块板的起点线上点样，样点直径不应超过2mm（若样品的颜色较浅可重复点样，重复点样之前须待前一次所点的样品干燥后方可进行）。

3. 展开。将点样后的薄层板竖直放入盛有95%乙醇的层析缸中，一端浸入展开剂中约0.5cm。盖好缸塞，观察展开剂前沿上升至距薄层板上端1cm处取出，尽快用铅笔在展开剂的前沿处划线标记，在空气中晾干后观察分离的情况。

4. 显色（本次实验不需显色），计算比移值。如果组分本身有颜色，可直接观察它的斑点（若样品无色，可先在紫外灯下观察有无荧光斑点，用大头针在薄层上划出斑点的位置；也可在溶液蒸发前用显色剂喷雾显色）。根据混合组分的分离情况，用直尺量取每个组分样点到点样起始点的距离，计算比移值R_f和相

对比移值 R_x 并做好记录。

Ⅱ. 柱色谱法

1. 荧光黄和碱性湖蓝 BB 的分离

（1）搭建色谱柱装置（如图 3-18 所示）。取色谱柱一根，用铁架台固定，以小锥形瓶作为洗脱液的接收容器。向柱中倒入乙醇至约 5～6cm 高，旋动色谱柱下方的活塞控制流速为 1 滴/秒。通过干燥的长颈漏斗慢慢加入 5g 色谱用中性氧化铝，轻敲色谱柱使之填装紧密③，再在吸附剂上加一层石英砂或滤纸片④。操作时使乙醇保持上述流速，注意不能让上层石英砂露出液面⑤。

（2）当乙醇溶剂刚好流至柱子下方的石英砂面时，立即用长颈漏斗沿柱子内壁加入 1mL 荧光黄和碱性湖蓝 BB 的 95％乙醇溶液，用 95％乙醇冲洗管壁残留的有色物质，连续 2～3 次直至洗净为止。在色谱柱上方装上滴液漏斗，用 95％乙醇作洗脱剂，控制其流出速度如前。

（3）碱性湖蓝 BB 染料因极性相对较小，首先向柱子下方移动，极性更大的荧光黄暂时留在柱上。当蓝色的色带即将流出色谱柱时，更换接收容器，继续洗脱至滴出液接近无色为止。换一个锥形瓶，用水作为洗脱剂洗脱荧光黄；待黄绿色色带即将流出时用另一接收器收集至黄绿色全部流出为止。如此即可分别得到两种染料的溶液。

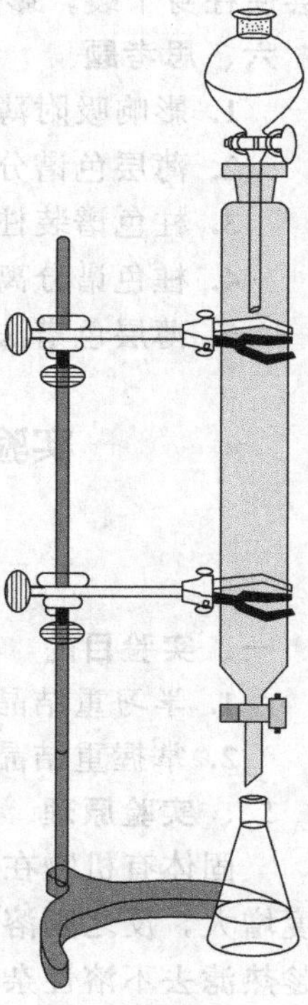
图 3-18　柱色谱示意图

2. 甲基橙和碱性湖蓝 BB 混合染料的分离

装柱、上样的操作流程同上。洗脱分离时，用 95％乙醇洗脱出碱性湖蓝并收集；待碱性湖蓝完全洗脱后，改用醋酸和水作为洗脱剂将甲基橙洗脱下来。实验完毕，倒出柱中的氧化铝，将色谱柱洗净晾干。

3. 实验现象记录

荧光黄和碱性湖蓝混合物的颜色	荧光黄的颜色	碱性湖蓝的颜色	甲基橙和碱性湖蓝混合物的颜色	甲基橙的颜色

五、注意事项

① 薄层色谱分离实验的关键在于制备的薄层板要平滑均匀，不应有裂纹、团聚点或空白处。

② 点样时样点不能过大，使毛细管液面刚好接触到薄层板表面即可。

③ 填充色谱柱时，如出现氧化铝填料不紧密或留有气泡断层现象，会影响

组分的正常渗透和显色的均匀性。

④ 柱色谱中，石英砂的作用是避免加入溶剂时溶剂将吸附剂冲起，影响分离效果。如果没有石英砂，也可用脱脂棉或小滤纸片代替。

⑤ 柱色谱分离过程中，吸附剂必须浸泡在溶液中。否则当柱中溶剂流干时会使柱身干裂，影响渗透和显色的均匀性。

六、思考题

1. 影响吸附薄层色谱 R_f 值的因素有哪些？

2. 薄层色谱分离无色组分时，常用的显色方法有哪些？

3. 柱色谱装柱有哪两种方法？在装柱和加样时应注意什么问题？

4. 柱色谱分离不同物质时，为何有时要采用不同的洗脱剂洗脱？

5. 薄层色谱法和柱色谱法有何异同点？

实验六十四　粗苯甲酸的重结晶和熔点的测定

Ⅰ. 粗苯甲酸的重结晶

一、实验目的

1. 学习重结晶的基本原理。

2. 掌握重结晶的实验基本操作。

二、实验原理

固体有机物在溶剂中的溶解度与温度有密切关系，一般是随温度升高其溶解度增大，反之则溶解度降低。若把固体有机物溶解在热的溶剂中使其达到饱和，趁热滤去不溶性杂质，冷却时则由于溶解度降低，溶液变成过饱和而析出晶体。就同一种溶剂而言，对于不同的固体化合物，其溶解性是不同的。重结晶就是利用不同物质在同一种溶剂中溶解度的不同，经热过滤将溶解性差的杂质滤除；或者让溶解性好的杂质在冷却结晶过程中仍保留在母液中，从而达到分离纯化的目的。

三、仪器与试剂

1. 仪器：锥形瓶，烧杯，天平，量筒，布氏漏斗，抽滤瓶，循环水泵，玻璃棒。

2. 试剂：粗苯甲酸。

3. 其他：活性炭，沸石，滤纸。

四、实验步骤

1. 溶样：在 150mL 锥形瓶里加入 3g 粗苯甲酸、100mL 水和几粒沸石，玻璃棒搅拌下加热至沸，使固体尽可能溶解①。

2. 脱色：上述溶液稍冷后在搅拌下加入约 0.1g 活性炭②，继续加热微沸约 3min。

3. 热过滤：在布氏漏斗里叠放好滤纸并用少量热水润湿，装上抽滤瓶并在抽气状态下将上述热溶液倒入布氏漏斗里，趁热抽滤（见图 2-25）③，滤液迅速转移至烧杯中。

4. 冷却结晶：滤液静置自然冷却后，再用冰水冷却，尽量使晶体析出完全。

5. 晶体收集：再次经过抽滤操作将晶体从母液中分离出来④，收集滤纸上的晶体，干燥后称重并计算回收率。

五、实验记录与处理

类别	初始质量/g	最终质量/g	回收率/%	颜色	晶形
苯甲酸					

六、注意事项

① 不要长时间沸腾，以防溶剂挥发过多而使样品不能充分溶解。

② 不要在沸腾状态下加入活性炭，防止暴沸。加入量为样品量的 1%～5%，过少脱色不完全，过多会吸附样品而导致回收率偏低。

③ 事先要准备好抽滤装置，操作要迅速，以防止由于温度下降使晶体在漏斗内析出。

④ 转移瓶壁上的残留晶体时，应用母液转移，不能用新的溶剂转移，以防溶剂将晶体溶解而造成产品损失。用母液转移的次数和每次母液的用量都不宜太多，一般 2～3 次即可。

七、思考题

1. 简述重结晶的基本原理和操作要点。

2. 重结晶时，为什么溶剂不能太多，也不能太少？如何正确控制剂量？

3. 在重结晶过程中如何去除有色杂质？操作时应注意哪些问题？

4. 停止抽滤时如不先解除真空，会产生什么现象？为什么？

Ⅱ. 熔点的测定

一、实验目的

1. 了解熔点测定的意义。

2. 掌握测定熔点的操作方法。

二、实验原理

晶体的熔点是指在标准大气压下固、液两态平衡时的温度。熔点是晶体物质的重要物理常数。纯的固体有机化合物一般都有固定的熔点，熔程（即开始熔化到完全熔化的温度区间）一般在 0.5～1℃。当有杂质存在时，熔点降低，熔程变长。因此，常通过测定熔点来初步判断化合物的纯度。

三、仪器与试剂

1. 仪器：显微熔点仪（这类仪器型号较多，图 3-19 所示为其中一种）。

2. 试剂：经重结晶精制的苯甲酸。

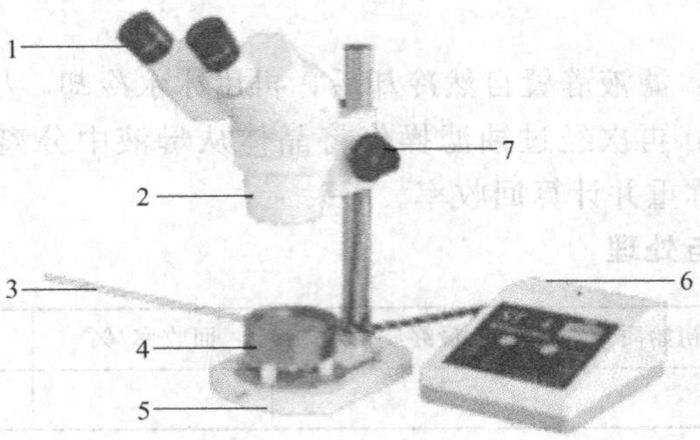

图 3-19　显微熔点仪

1—目镜；2—物镜；3—温度计；4—热台；
5—底座；6—数显调压器；7—调节手轮

3. 其他：载玻片，镊子，玻璃棒，滤纸等。

四、实验步骤

1. 置样：将微量试样① 放在干净的载玻片上并置于电热板的中心空洞上，调整到从镜孔可以看到清晰的晶体外形，再用另一载玻片盖住试样。

2. 加热：开启加热器，控制好加热速度，当温度接近样品熔点时，控制温度上升的速度为 1～2℃/min。当试样的结晶棱角开始变圆时是熔化的开始(记录此初熔温度)，结晶形状完全消失是熔化的完成(记录此终熔温度)。重复测定两次②。第一次可升温较快以大致测定样品的熔点范围(粗测)；第二次慢慢升温，进行准确测定(精测)。

3. 冷却清理：测定结束后停止加热，稍冷后用镊子拿走载玻片，将一厚铝板盖放在热板上，加快冷却，然后清洗载玻片，以备再用。

五、实验记录与处理

第一次(粗测)			第二次(精测)			文献值
始熔温度	全熔温度	熔程	始熔温度	全熔温度	熔程	

六、注意事项

① 待测样品一定要经充分干燥后再进行熔点测定，否则含有水分的样品会导致其熔点下降、熔程变长。另外，对于块状样品还应充分研细，均匀铺平，不可堆积，样品不宜多，否则样品颗粒间传热不均，也会使熔程变长。

② 样品经熔化冷却再次变成固态后，由于结晶条件不同，会产生不同的晶形；而同一化合物的不同晶形可能具有不同的熔点。因此，每一次测定时要用新的样品，更换新的或清洗过的载玻片。

实验六十五　环己烯的制备

一、实验目的

1. 学习在酸性介质中醇脱水反应的原理，掌握环己烯的制备方法。

2. 巩固蒸馏和分液漏斗的实验操作。

二、实验原理

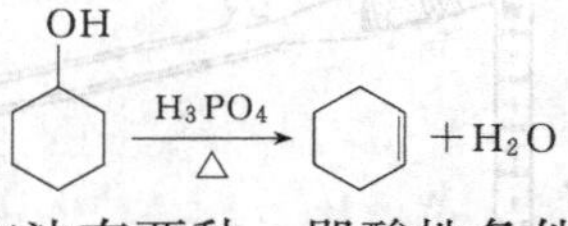

实验室制备烯烃常用的方法有两种，即酸性条件下醇脱水或碱性条件下卤代烷脱卤化氢。本实验采用酸催化条件下的醇脱水反应制备，反应机理属于E1消除反应历程。常用的酸性催化剂有浓硫酸、磷酸和对甲基苯磺酸等。相对于脱水剂浓硫酸，磷酸的氧化性小于硫酸，不易使产物炭化，而且没有刺激性 SO_2 气体放出。此反应属于可逆反应，为了提高产物收率，通常把生成物蒸馏出来以促使反应右移。

三、仪器与试剂

1. 仪器：圆底烧瓶、蒸馏头、分馏柱、冷凝管、锥形瓶、温度计等。

2. 试剂：环己醇、浓磷酸、氯化钠、碳酸钠、无水氯化钙等。

四、实验步骤

在50mL干燥的圆底烧瓶中，加入20mL环己醇(密度0.96g/mL)，5mL磷酸和少量沸石①，充分振摇混合均匀。

如图3-20所示安装分馏装置，将接收瓶放入冰水中以避免环己烯的挥发。开启电源加热，控制加热速度，使分馏柱顶部馏出液温度不超过90℃，蒸出生成的环己烯和水，直至无液体馏出为止②。

将馏出液加入食盐饱和后③，加入5%碳酸钠溶液中和溜出液微量酸，使pH值在8左右。将液体倒入分液漏斗，震摇静置分层，放出水层，将上层产品转入干燥的三角烧瓶，加入1～2g无水氯化钙干燥，直至澄清④。

将干燥后的环己烯溶液倒入50mL蒸馏烧瓶中进行蒸馏，接收瓶放入冰水中冷却，收集80～85℃馏分。称量并计算产率。

环己烯的沸点为82.8℃，$n_D^{20}=1.4465$。

五、实验记录与处理

产品性状	理论产量/g	实际产量/g	产率/%	折射率

六、注意事项

① 环己醇在常温下是黏稠状液体，用量筒量取时应注意转移中的损失；磷

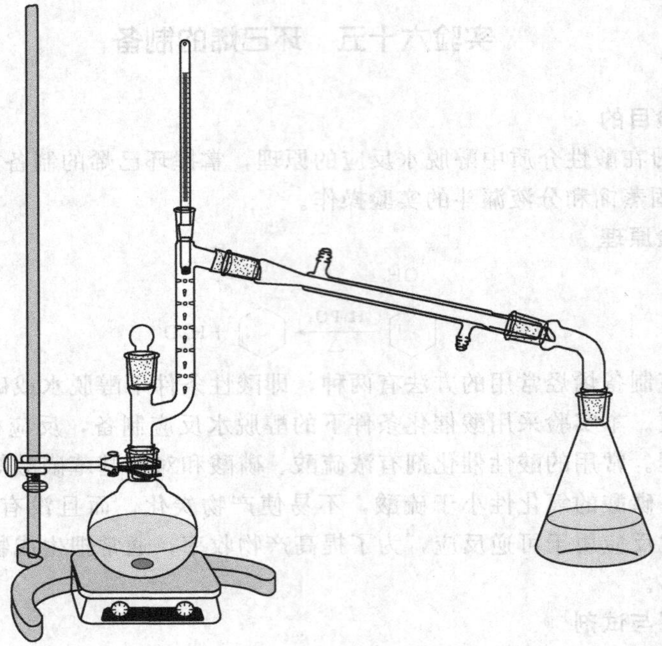

图 3-20 环己烯的分馏装置

酸具有腐蚀性，称量时应小心。环己烯与磷酸应充分混合，避免局部酸浓度过高。

② 温度不宜过高，蒸馏速度控制在 2～3 滴/秒为宜，避免未反应的环己醇蒸出。环己烯与水共沸物沸点为 70.8℃。环己醇沸点为 161℃，但和水形成二元共沸物的沸点为 97.8℃。最后忌蒸干，反应液剩余 1～2mL 即可停止。

③ 馏出液中分几次加入固体氯化钠，缓缓旋摇烧瓶至氯化钠不再溶解即可。

④ 加入无水氯化钙干燥 10min 左右，不仅可除水，还可以除少量环己醇。

七、思考题

1. 写出环己醇在酸性条件下发生脱水反应的历程？

2. 用磷酸作脱水剂比用浓硫酸作脱水剂有什么优点？

3. 在粗制的环己烯中加入固体氯化钠的作用是什么？

4. 为什么在本实验中，分馏的温度不可以过高，馏出速度不可过快？

实验六十六 正溴丁烷的合成

一、实验目的

1. 学习以正丁醇、溴化钠和浓硫酸制备正溴丁烷的原理和方法。

2. 学习连有气体吸收装置的加热回流操作，掌握液体干燥技术。

3. 掌握分液漏斗的使用方法，巩固蒸馏操作。

二、实验原理

本实验主反应为可逆反应，提高产率的措施是让 HBr 过量，并用 NaBr 和 H_2SO_4 代替 HBr，边生成 HBr 边参与反应，这样可提高 HBr 的利用率；H_2SO_4 还起到催化脱水的作用。反应中为防止反应物正丁醇被蒸出，采用了回流装置。由于 HBr 有毒害，为防止 HBr 逸出和污染环境，需安装气体吸收装置。回流后再进行粗蒸馏，一方面使生成的产品正溴丁烷分离出来，便于后面的洗涤操作；另一方面，粗蒸过程可进一步使正丁醇与 HBr 的反应趋于完全。

粗产品中含有未反应的醇和副反应生成的醚，用浓 H_2SO_4 洗涤可将它们除去，因为二者能与浓硫酸形成鎓盐。

主反应 $NaBr+H_2SO_4 \longrightarrow HBr+NaHSO_4$

$$n\text{-}C_4H_9OH+HBr \xrightarrow[\triangle]{H_2SO_4} n\text{-}C_4H_9Br+H_2O$$

副反应 $CH_3CH_2CH_2CH_2OH \xrightarrow[\triangle]{H_2SO_4} CH_3CH_2CH{=}CH_2+H_2O$

$$2n\text{-}C_4H_9OH \xrightarrow[\triangle]{H_2SO_4} (n\text{-}C_4H_9)_2O+H_2O$$

三、仪器与试剂

1. 仪器：圆底烧瓶（100mL），球形冷凝管，烧杯（100mL），漏斗，分液漏斗，蒸馏头，直形冷凝管，尾接管，锥形瓶（50mL），量筒，加热套，玻璃棒，气体吸收管，温度计（200℃）。

2. 试剂：正丁醇，溴化钠，浓硫酸，饱和碳酸氢钠溶液，无水氯化钙。

四、实验步骤

1. 在 100mL 圆底烧瓶中加入 14mL 水，再小心加入 20mL 浓硫酸，混合均匀后冷却至室温。边摇动烧瓶边依次加入 10g（0.13mol，12.3mL）正丁醇、16.6g（0.16mol）研细的溴化钠及几粒沸石①。尽快安装好回流冷凝管和气体吸收装置（见图 3-21）。

2. 加热②回流 1h，在此期间不断摇动反应装置③，使之充分反应。冷却后改为蒸馏装置，重新加入几粒沸石，将所有正溴丁烷蒸出④。

3. 将馏出液倒入分液漏斗中，用 10mL 水洗涤⑤，分去水层。再用 7mL 浓硫酸洗涤，分出硫酸层，有机相依次用 10mL 水、10mL 饱和碳酸氢钠溶液和 10mL 水洗涤。将所得有机层盛于干燥的锥形瓶中，加入适量的无水氯化钙干燥后过滤。

4. 将滤液置于 50mL 圆底烧瓶中，加入几粒沸石，加热蒸馏，收集 99～103℃ 的馏分。产量约 12.5g，产率约 68%（正溴丁烷的沸点文献值为 101.6℃，折射率文献值为 1.4399）。

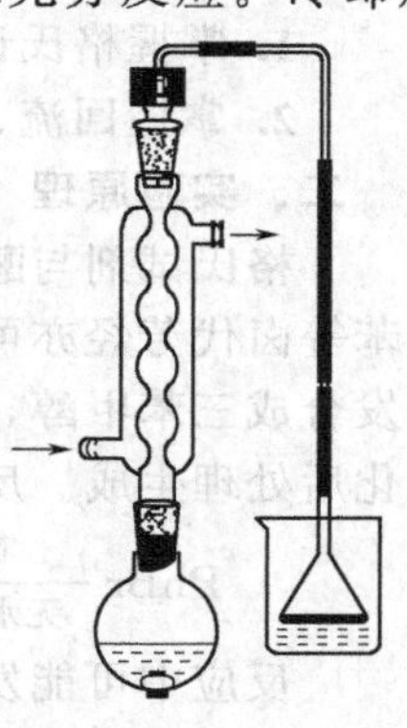

图 3-21 正溴丁烷的合成装置

五、实验记录与处理

产品性状	实际产量/g	理论产量/g	产率/%	沸点/℃	折射率

六、注意事项

① 加料顺序不能颠倒。

② 切忌剧烈加热以避免副反应发生，烧瓶距离石棉网有 1～2cm 的高度。

③ 反应为非均相反应，回流过程要充分振摇。

④ 正溴丁烷是否蒸馏完，可以从以下几方面判断：a. 蒸出液是否由浑浊变为澄清；b. 蒸馏瓶中的上层油状物是否消失；c. 取一试管收集几滴馏出液，加水摇动观察有无油珠。如无，表示馏出液中已无有机物，蒸馏完成。

⑤ 如水洗后产物尚呈红色，可用少量的饱和亚硫酸氢钠水溶液洗涤，以除去由于浓硫酸的氧化作用而生成的溴。

七、思考题

1. 加料时，先使溴化钠和浓硫酸混合，再加正丁醇和水，行不行？为什么？

2. 反应后的产物中可能含有哪些杂质？简述液液萃取操作，每一步液液萃取分离什么杂质？

3. 用分液漏斗洗涤产物时，产物时而在上层，时而在下层，用什么简便的方法来加以判断？

4. 为什么用分液漏斗洗涤产物时，经摇动后要放气？应从何处放气？指向什么方向？

5. 沸石使用后能否回收再用？为什么？

实验六十七　三苯甲醇的合成

一、实验目的

1. 掌握格氏试剂的制备方法及其在复杂醇制备中的应用。

2. 掌握回流、萃取、水蒸气蒸馏、重结晶等操作。

二、实验原理

格氏试剂与醛酮加成是制备伯、仲、叔醇的重要方法。与卤代烷烃类似，溴苯等卤代芳烃亦可与金属镁作用制成格氏试剂并应用于复杂醇的合成。从溴苯出发合成三苯甲醇，先由溴苯与镁作用生成苯基溴化镁，再与二苯甲酮加成，经酸化后处理生成。反应式如下：

$$\mathrm{PhBr} \xrightarrow[\text{无水乙醚}]{\mathrm{Mg}} \mathrm{PhMgBr} \xrightarrow[\text{无水乙醚}]{\mathrm{PhCOPh}} \mathrm{Ph_3COMgBr} \xrightarrow[\mathrm{H_2O}]{\mathrm{NH_4Cl}} \mathrm{Ph_3COH}$$

反应中可能发生以下副反应：

三、仪器与试剂

1. 仪器：三口烧瓶，圆底烧瓶(250mL、100mL)，恒压滴液漏斗，球形冷凝

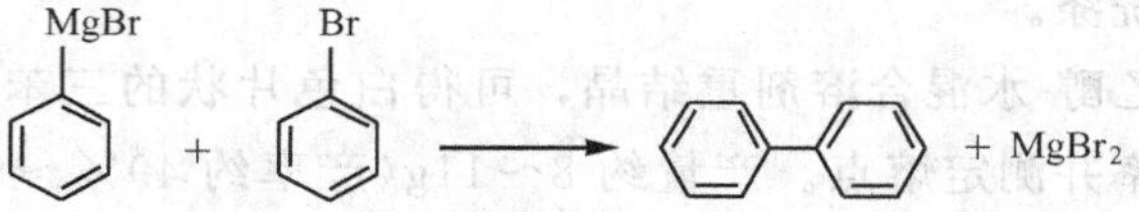

管，干燥管，蒸馏头，直形冷凝管，尾接管，锥形瓶，分液漏斗，T形管，安全管，磁力搅拌器，电加热套，弹簧夹，乳胶管，磁子，剪刀，烘箱，显微熔点仪。

2. 试剂：镁条或镁屑，溴苯，二苯甲酮，无水乙醚，碘粒，无水氯化钙，无水碳酸钠，饱和氯化铵溶液，95%乙醇，蒸馏水。

四、实验步骤

1. 仪器及试剂准备

所有反应仪器洗涤后必须在烘箱中充分干燥①。镁条表面易形成氧化膜，用砂纸打磨光亮后用剪刀剪成0.5cm的小段(若用镁屑，则用5%盐酸溶液作用数分钟后，依次用水、乙醇、乙醚洗涤并干燥，放置于干燥器中备用)。溴苯用无水氯化钙干燥过夜后蒸馏纯化。

2. 苯基溴化镁的制备

在干燥的250mL三口烧瓶中加入1.5g镁(0.063mol)、一小粒碘和磁子；安装好恒压滴液漏斗及回流冷凝管，上口安装无水氯化钙干燥管，隔绝水汽；恒压滴液漏斗也可用塞子塞紧(见图3-22)。将6.6mL溴苯(9.8g，0.063mol)与25mL无水乙醚混合并加入恒压滴液漏斗中，先将6～8mL混合溶液滴入三口烧瓶中引发反应，此时镁表面产生气泡，碘颜色消失，乙醚自行回流。若反应进行得不明显，可用水浴温热。

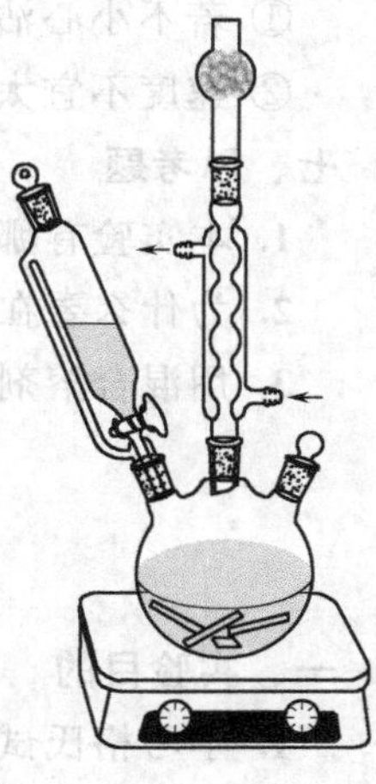

图3-22 三苯甲醇的合成装置

反应缓和后将其余的混合溶液慢慢滴入，使反应混合物保持温和回流；若反应进行得过于剧烈，则可用冷水对其稍微冷却。反应物滴加完毕且回流平稳后，在40℃水浴上加热回流30min，使镁反应完全，冷却后即得到苯基溴化镁乙醚溶液。

3. 与二苯甲酮的加成反应

将三口烧瓶在冷水浴中冷却；搅拌下滴加11.4g二苯甲酮(0.063mol)和30mL无水乙醚的混合液，滴加完毕后用水浴温热30min，促使反应完全。

4. 加成产物水解和三苯甲醇的纯化

用冷水冷却反应瓶，滴入用12.0g氯化铵配制的饱和溶液(约加43～48mL水)，分解加成产物②。分液，醚层用温水浴蒸出乙醚；搭建水蒸气蒸馏装置，蒸馏除去未反应的溴苯和副产物联苯，直至无油状物馏出为止。此时瓶中三苯甲醇呈固体析出(亦可用沸点30～60℃的石油醚直接沉淀出来)。冷却后抽滤，收集固体并用水洗涤。

粗产物用乙醇-水混合溶剂重结晶，可得白色片状的三苯甲醇结晶。干燥后称重，计算产率并测定熔点。产量约 8～11g（产率约 49%～68%），熔点 160～162℃（纯三苯甲醇的熔点为 164.2℃）。

五、实验记录与处理

产品性状	理论产量/g	实际产量/g	产率/%	熔点/℃

六、注意事项

① 若不小心沾水，可用红外快速干燥箱或其他方法重新干燥处理。

② 速度不宜太快，否则太剧烈可能会造成冲料。

七、思考题

1. 本实验有哪些可能的副反应？溴苯加得太快或一次性加入有什么不好？

2. 为什么要在反应开始时加入碘？

3. 用混合溶剂进行重结晶时，操作顺序如何？

实验六十八　2-甲基-2-己醇的合成

一、实验目的

1. 学习格氏试剂的制备方法及其在醇类化合物制备中的应用。

2. 掌握简单无水操作技术，巩固回流、萃取、蒸馏、干燥等基本操作技能。

二、实验原理

格氏试剂是格利雅（Grignard）试剂的简称，由金属镁与卤代烃在无水乙醚溶液中反应制得。格氏试剂制成后可不经分离立即进行下一步反应，尤其是与醛酮加成再水解是制备伯、仲、叔醇的重要方法。例如，从正溴丁烷出发可制得正丁基溴化镁，在无水乙醚中不经分离与丙酮反应后再在酸性条件下水解，可合成出结构相对复杂的叔醇：2-甲基-2-己醇，其反应方程式如下所示。

$$n\text{-}C_4H_9Br + Mg \xrightarrow{\text{无水乙醚}} n\text{-}C_4H_9MgBr$$

$$n\text{-}C_4H_9MgBr + CH_3\overset{\overset{\displaystyle O}{\|}}{C}CH_3 \xrightarrow{\text{无水乙醚}} n\text{-}C_4H_9\overset{\overset{\displaystyle OMgBr}{|}}{\underset{\underset{\displaystyle CH_3}{|}}{C}}CH_3$$

$$n\text{-}C_4H_9\overset{\overset{\displaystyle OMgBr}{|}}{\underset{\underset{\displaystyle CH_3}{|}}{C}}CH_3 + H_2O \xrightarrow{H^+} n\text{-}C_4H_9\overset{\overset{\displaystyle OH}{|}}{\underset{\underset{\displaystyle CH_3}{|}}{C}}CH_3$$

格氏试剂的化学性质非常活泼，能与水、醇、羧酸、氧气甚至二氧化碳等起反应而遭到破坏，因此在实验中所有的仪器和原料都必须经过严格仔细的干燥处理，实验过程中需通氮气或利用乙醚挥发性大的特性赶走空气。

三、仪器与试剂

1. 仪器：三口烧瓶，磁力搅拌器，球形冷凝管，恒压滴液漏斗，干燥管，分液漏斗，电加热套，圆底烧瓶，蒸馏接头，空气冷凝管，尾接管，锥形瓶，烘箱。

2. 试剂：镁条或镁屑，正溴丁烷，丙酮，无水乙醚，碘粒，乙醚，无水氯化钙，无水碳酸钠，无水碳酸钾，10%硫酸溶液，5%碳酸钠溶液。

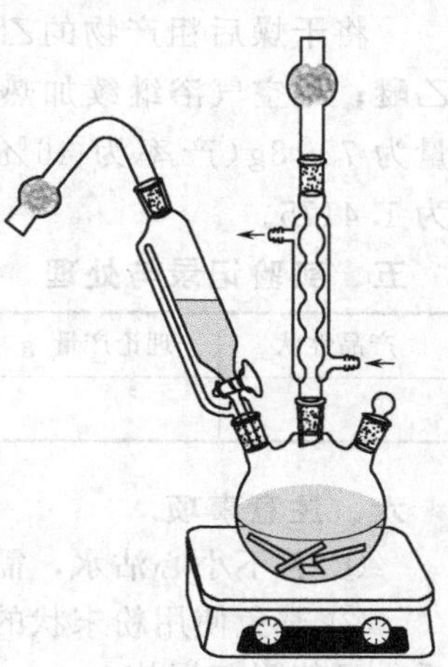

图 3-23　2-甲基-2-己醇的合成装置

四、实验步骤

1. 准备仪器及试剂

所有反应仪器洗涤后在烘箱中充分干燥①。镁条表面易形成氧化膜，用砂纸打磨光亮后用剪刀剪成 0.5cm 的小段，放置于干燥器中备用。正溴丁烷用无水氯化钙干燥过夜后蒸馏纯化，丙酮用无水碳酸钠干燥后蒸馏。

2. 搭建反应装置和投料

如图 3-23 所示，在 250mL 三口烧瓶上分别安装回流冷凝管和恒压滴液漏斗(若无磁力搅拌，还需安装电动搅拌器)。三口烧瓶中放入 3.1g(约 0.13mol)处理好的镁条或镁屑和 15mL 无水乙醚，可加一小粒碘对反应进行催化。在滴液漏斗中加入已混合均匀的 13.5mL 正溴丁烷(17g，约 0.13mol)和 15mL 无水乙醚。在冷凝管及滴液漏斗的上口装上大颗粒或块状无水氯化钙干燥管，以隔绝外界水汽②。

3. 格氏试剂的制备

先往三口烧瓶中滴入 3～4mL 混合液，数分钟后溶液即可呈微沸状态，此时镁表面产生气泡，碘的颜色消失，乙醚自行回流。若反应发生不明显，可用水浴温热。开始阶段若反应比较剧烈，可用冷水作适当冷却。待反应缓和后自冷凝管上端加入 25mL 无水乙醚，开动磁力搅拌，滴入剩余的正溴丁烷乙醚溶液，控制滴加速度，维持乙醚溶液呈微沸状态。加料完毕，用水浴温热回流 15min，至镁反应完全(若镁反应未完全，不影响后续操作；全程加热禁止用明火)。

4. 与丙酮加成

在冷水浴冷却下自滴液漏斗加入 9.5mL 丙酮(7.5g，0.13mol)和 10mL 无水乙醚的混合液，控制滴加速度，仍维持乙醚微沸。加完后在室温下继续搅拌 15min，观察三口烧瓶中可能会有灰白色黏稠固体析出。

5. 加成物的水解与产物纯化

反应体系冷却后，自滴液漏斗中先慢后快分批加入 100mL 10%硫酸溶液，并不停搅拌以分解产物。随后将溶液倒入分液漏斗中分出醚层。水层用 25mL 乙醚萃取两次，合并醚层，用 30mL 5%碳酸钠溶液洗涤一次后用无水碳酸钾充分干燥(否则与水共沸，后续蒸馏时前馏分很多)。

将干燥后粗产物的乙醚溶液滤入干燥的 100mL 圆底烧瓶中，水浴温热蒸去乙醚；用空气浴继续加热蒸馏，收集 137～141℃的馏分。称重，计算产率。产量为 7～8g(产率为 46%～53%)。纯 2-甲基-2-己醇的沸点为 143℃，折射率为 1.4175。

五、实验记录与处理

产品性状	理论产量/g	实际产量/g	产率/%	沸点/℃	折射率

六、注意事项

① 若不小心沾水，需重新干燥处理。

② 避免使用粉末状的氯化钙，否则遇水汽后结块会堵死管道，造成封闭体系，可能引起爆炸。

七、思考题

1. 格氏试剂制备及反应过程中，为什么反应所需药品和仪器必须绝对干燥？

2. 镁条可通过打磨抛光的方法去除氧化膜，镁屑表面的氧化物该如何处理？

3. 滴加丙酮反应时出现的灰白色固体物质是什么？

4. 本实验不同阶段下分别采用了温热或冷却等针对性操作，试解释原因。

5. 水解步骤中除用稀硫酸进行水解外，还可用什么试剂替代？

实验六十九　苯频哪醇的制备及重排反应

一、实验目的

1. 学习二苯甲酮光化还原制备苯频哪醇的原理和方法。

2. 加深对光化学反应基本概念及实验方法的认识，了解其在有机合成中的应用。

二、实验原理

将二苯甲酮溶于质子溶剂如异丙醇中并接受日光照射时，300～350nm 波段的紫外光并不能直接被异丙醇吸收。但二苯甲酮中的羰基可在吸收光子后，外层的非键电子会发生 $n\rightarrow\pi^*$ 跃迁，经单线态(S_1)系间窜越成三线态(T_1)，由于该三线态(T_1)有较长的半衰期和较高的能量(314～335kJ/mol)，它可以从异丙醇的 C-2 上夺取氢原子后各自形成自由基，再经自由基转移及偶合，形成苯频哪醇，具体过程如下：

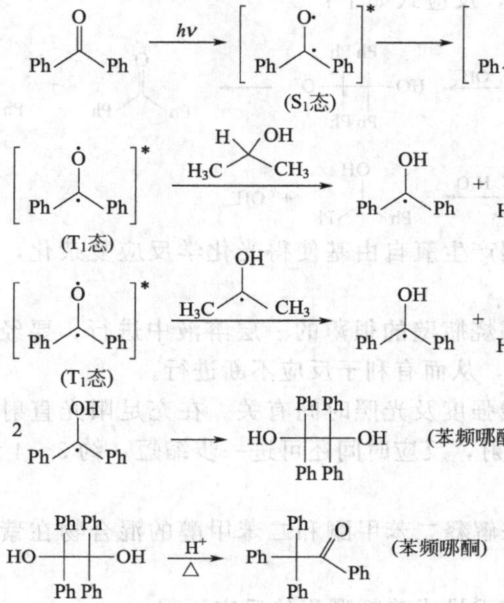

三、仪器及试剂

1. 仪器：磁力搅拌器、加热套、磁子、圆底烧瓶、球形冷凝管、烧杯、玻璃棒、水浴锅、布氏漏斗、抽滤瓶、真空泵、量筒等。

2. 试剂：二苯甲酮、异丙醇、冰醋酸、碘、95%乙醇。

四、实验步骤

1. 在 25mL 单口圆底烧瓶中加入二苯甲酮(3.0g，0.016mol)和 20mL 异丙醇，水浴中温热使之完全溶解，冷却至室温后加入一滴冰醋酸①，再用异丙醇将烧瓶充满，用塑料膜绑紧，倒置观察瓶内基本无气泡②。

2. 将烧瓶放置于日光下(或日光灯下)，光照一至数小时(视光线强弱)后即有晶体析出③，继续光照到下次实验④。

3. 将晶体过滤，固体用少量异丙醇洗涤、干燥，得苯频哪醇约 2～2.5g。

4. 在 50mL 圆底烧瓶中加入 1.5g 苯频哪醇、8mL 冰醋酸和一小粒碘，装上回流冷凝管，加热回流反应 10min。

5. 稍冷后加入 8mL 乙醇(95%)，充分搅拌后自然冷却结晶，抽滤，并用少量冷乙醇洗涤以去除吸附的游离碘，干燥后称重，产物约 1.0～1.2g。

五、实验记录与处理

产品	产品性状	理论产量/g	实际产量/g	产率/%
苯频哪醇				
苯频哪酮				

六、注意事项

① 玻璃呈碱性，加少许冰醋酸旨在消除玻璃碱性的影响。极少量碱的存在

可能会使苯频哪醇分解，反应式如下：

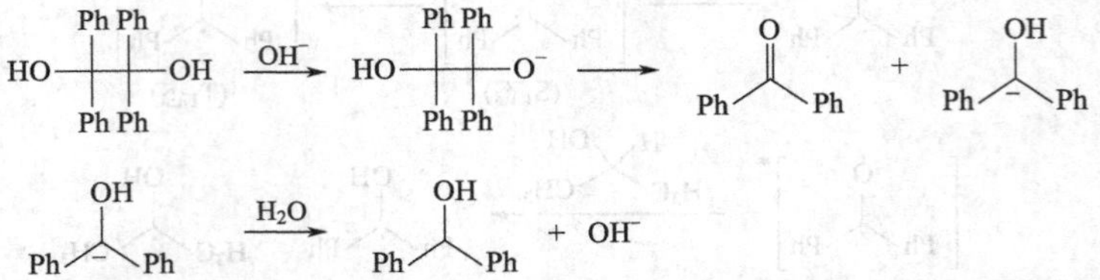

② 氧气的存在常因产生氧自由基使得光化学反应复杂化，故用溶剂充满容器以排除氧。

③ 反应主要在紧靠烧瓶壁的很薄的一层溶液中进行，要经常摇动烧瓶，以防止晶体黏结在瓶壁上，从而有利于反应不断进行。

④ 反应效果与光线强度及光照时间有关。在充足阳光直射下大约 4 天可反应完全；如用日光灯照射，反应时间还可进一步缩短，约 3~4 天反应完毕。

七、思考题

1. 通过反应机理来解释二苯甲酮和二苯甲醇的混合物在紫外光照射下能否生成苯频哪醇？

2. 试写出苯频哪醇重排成苯频哪酮的反应历程。

实验七十　正丁醚的合成

一、实验目的

1. 掌握醇分子间脱水制醚的反应原理和实验方法。

2. 巩固分水器及分液漏斗的实验操作。

二、实验原理

醇分子间脱水生成醚是制备简单醚的常用方法。用浓硫酸作为催化剂，在不同温度下正丁醇和硫酸作用生成的产物会不同，主要是正丁醚或丁烯，所以应严格控制反应温度。

主反应：

$$2CH_3CH_2CH_2CH_2OH \xrightleftharpoons[134\sim135^\circ C]{H_2SO_4} (CH_3CH_2CH_2CH_2)_2O + H_2O$$

副反应：

$$CH_3CH_2CH_2CH_2OH \xrightleftharpoons[>135^\circ C]{H_2SO_4} CH_3CH_2CH{=}CH_2 + CH_3CH{=}CHCH_3 + H_2O$$

由于原料正丁醇和产物正丁醚的沸点都较高，故在控制反应温度的条件下，反应在装有分离器的回流装置中进行，使生成的水或水的共沸物不断蒸出，促使可逆反应朝有利于生成醚的方向进行。虽然蒸出的水中会夹有正丁醇等有机物，但由于它们在水中的溶解度较小，密度又较小，浮于水层之上，因此借分水器使大部分的正丁醇自动连续地返回反应瓶中继续反应。根据蒸出的水的体积，还可估计反应进行的程度。

三、仪器与试剂

1. 仪器：三口烧瓶，球形冷凝管，空气冷凝管，分水器，水银温度计，分液漏斗，蒸馏烧瓶，尾接管，锥形瓶，T形蒸馏头。

2. 试剂：正丁醇，浓硫酸，无水氯化钙，50%硫酸溶液。

四、实验步骤

1. 合成

(1) 在100mL三口烧瓶中加入25mL正丁醇，将4mL浓硫酸缓慢加入并振荡烧瓶，使浓硫酸和正丁醇混合均匀①，再加入几粒沸石。

(2) 按图3-24安装合成装置，并在分水器内预先加水至支管口后放出2.8mL水②。

(3) 小火加热反应混合物至微沸，并保持平稳回流③。当分水器水面上升至与支管口下沿几乎平齐，且温度上升至134～135℃时④，可停止加热。

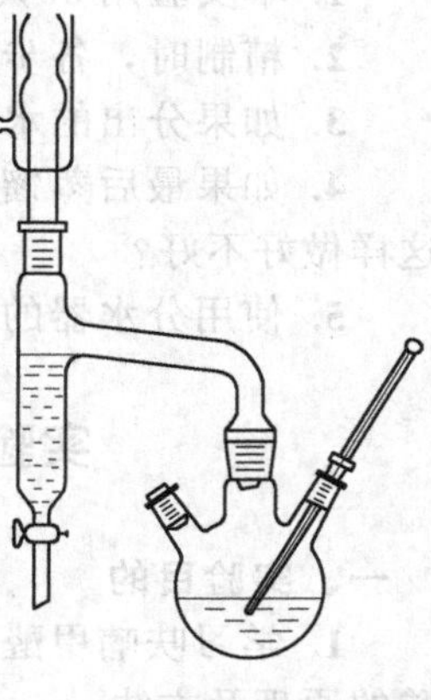

图3-24　正丁醚的合成装置

2. 分离和提纯

(1) 反应烧瓶稍冷后，将反应物连同分水器中的水一起倒入盛有50mL水的分液漏斗中，充分振摇。静置分层后弃去水层，保留有机层。

(2) 有机层每次用15mL 50% $H_2SO_4$⑤洗涤两次，再每次用15mL水洗涤两次。将粗产品移入干燥的锥形瓶中，用约2g无水$CaCl_2$干燥。

(3) 将干燥的粗产品转入50mL蒸馏瓶中，加入沸石，在石棉网上加热蒸馏，收集140～144℃馏分，测定其折射率(正丁醚折射率的文献值为1.3992)。

五、实验记录与处理

产品性状	理论产量/g	实际产量/g	产率/%	沸点/℃	折射率

六、注意事项

① 加料时，正丁醇和浓硫酸如不充分摇动混匀，硫酸局部过浓，加热后易使反应溶液变深(变红甚至变黑)。

② 反应生成的水约为2.43mL，所以分水器放满水后先分掉2.8mL水。

③ 回流开始时微沸一段时间后，应加大加热力度，使蒸汽达到分水器，以达到除水目的。

④ 反应开始回流时，因为正丁醚可与水形成共沸物(沸点94.1℃，含水33.4%)；正丁醇也可与水形成共沸物(沸点93.0℃，含水44.5%)；此外，正丁醚还可与水及正丁醇形成三元共沸物(沸点90.6℃，含水29.9%、正丁醇34.6%)，所以溶液温度不可能马上达到135℃。但随着水被蒸出，温度逐渐升高，最后达到135℃以上，即应停止加热。为了缩短反应时间，必要时可将反应

温度提高到140℃左右，但如果温度升得太高，反应溶液会炭化变黑，并有大量副产物丁烯生成。

⑤ 50% H_2SO_4 溶液的配制方法是20mL水加12mL浓 H_2SO_4。50% H_2SO_4 溶液可洗去粗产品中的正丁醇，但正丁醚也能微溶，所以产率略有降低。上层粗产品的洗涤也可用下法进行：先用5% NaOH溶液洗涤(在碱洗时不要剧烈振动！否则易生成乳浊液难于分离)，再分别用水和饱和 $CaCl_2$ 溶液洗涤。

七、思考题

1. 本实验用50% H_2SO_4 洗涤粗产品，为什么不用浓 H_2SO_4 洗涤粗产品？

2. 精制时，各步洗涤的目的何在？

3. 如果分出的水层超过理论数值，试分析其原因。

4. 如果最后蒸馏前的粗产品中含有正丁醇，能否用分馏的方法将它除去？这样做好不好？

5. 使用分水器的目的是什么？

实验七十一 呋喃甲醇和呋喃甲酸的制备

一、实验目的

1. 学习呋喃甲醛在浓碱作用下发生Cannizzaro反应制备呋喃甲醇和呋喃甲酸的原理及方法。

2. 学习和熟悉萃取、减压蒸馏及重结晶的实验操作。

二、实验原理

呋喃甲醛又称糠醛，它在浓氢氧化钠的作用下，易发生Cannizzaro反应，生成呋喃甲醇和呋喃甲酸，反应如下：

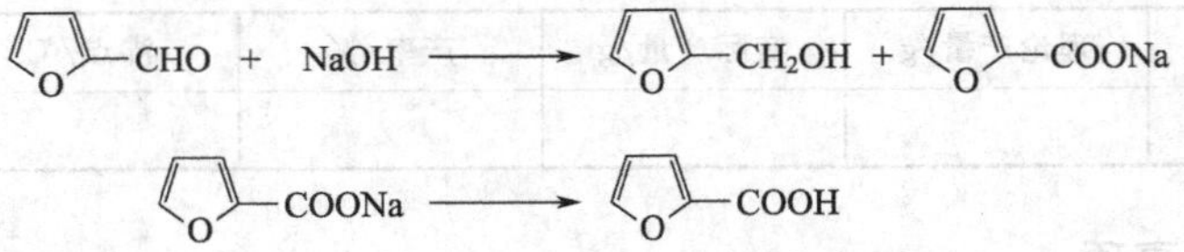

三、仪器及试剂

1. 仪器：磁力搅拌器、加热套、磁子、圆底烧瓶、T形蒸馏头、真空尾接管、直形冷凝管、分液漏斗、烧杯、玻璃棒、水浴锅、布氏漏斗、抽滤瓶、真空泵、量筒等。

2. 试剂：呋喃甲醛、氢氧化钠(43%)、盐酸、乙醚、无水硫酸镁。

四、实验步骤

1. 向烧杯中加入6mL浓氢氧化钠(43%)，置入冰水浴冷却至溶液内温约5℃，在玻璃棒不断搅拌下滴加6.6mL新蒸馏的呋喃甲醛，约10min滴完，在此过程中控制反应温度8～12℃。滴加完毕继续在此温度下搅拌约20min，使反应进行完全，得奶黄色浆糊状物①。

2. 在玻璃棒搅拌下慢慢加入约10mL水至固体全部溶解，将溶液转移至分液漏斗中，用30mL乙醚分三次萃取，收集合并乙醚层，水层保留待用。

3. 乙醚层加约2g无水硫酸镁干燥后滤出滤液。先在水浴加热下蒸出乙醚，再升温蒸馏呋喃甲醇，收集169～172℃的馏分②，产量约2～2.5g。

4. 萃取后的水层(主要含呋喃甲酸钠)在玻璃棒搅拌下，用约15mL对半稀释的浓盐酸慢慢酸化至pH值为2～3③，会有固体析出。

5. 充分冷却后，抽滤并用少量水洗涤所得固体即为呋喃甲酸粗产品。

6. 粗产品用约20mL水重结晶，抽滤，干燥④，得最终产品约3g。

五、实验记录与处理

产品	产品性状	理论产量/g	实际产量/g	产率/%
呋喃甲醇				
呋喃甲酸				

六、注意事项

① 如得不到奶黄色浆糊状物，则可能是由于温度控制不当所致。当反应温度高于12℃时，后续温度会极易升高而难以控制，致使反应混合物颜色很深；若反应温度低于8℃，则反应速率过慢，这样可能会导致部分呋喃甲醛来不及反应而积累，积累的部分一旦反应，就会过于猛烈而使温度快速上升，最终也会使得反应混合物颜色很深。

② 如有必要或条件允许，可采取减压蒸馏。

③ 若酸化不足，呋喃甲酸不能充分游离出来，会直接到影响呋喃甲酸的产率。

④ 干燥温度不要超过85℃，因为呋喃甲酸在温度过高时会有部分升华。

七、思考题

1. 呋喃甲醛为什么要新蒸使用？长期放置的呋喃甲醛含有的主要杂质是什么？若不先除去，对本实验会产生什么影响？

2. 什么样的醛才能在浓碱作用下发生Cannizzaro反应？能否以苯甲醛为原料，通过Cannizzaro反应来制备苯甲醇和苯甲酸？

实验七十二 环己酮的制备

一、实验目的

1. 学习铬酸氧化法制备环己酮的原理和方法。

2. 学习和巩固分液和蒸馏等实验操作。

二、实验原理

在酸性条件下，六价铬可以将仲醇氧化成相应的酮，反应一般采用水和有机溶剂混合进行。反应过程中，仲醇与铬酸形成铬酸酯，然后进入水相，酮生成后进入有机相，从而避免酮被铬酸进一步氧化。本实验通过铬酸氧化环己酮的反应式如下：

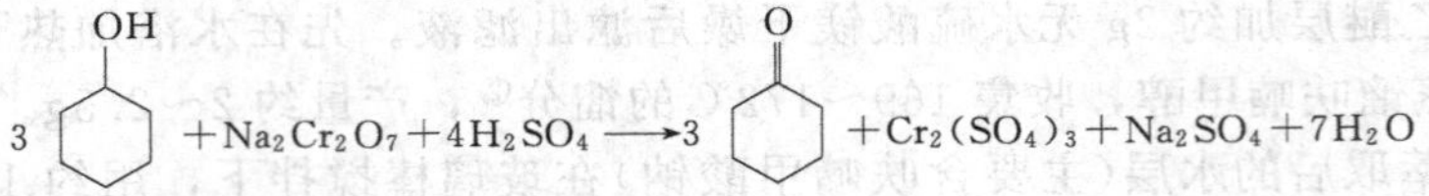

三、仪器及试剂

1. 仪器：磁力搅拌器、加热套、磁子、三口圆底烧瓶、球形冷凝管、烧杯、分液漏斗、蒸馏装置。

2. 试剂：环己醇、铬酸溶液（新配制）、浓硫酸、无水乙醚、无水硫酸钠、碳酸钠溶液（5%）。

四、实验步骤

1. 向含有合适磁子的 100mL 三口圆底烧瓶中依次加入环己醇（5.3mL，0.05mol）和 25mL 乙醚，置于磁力搅拌器的加热套上方，三口依次安装上 50mL 恒压滴液漏斗、回流冷凝管和温度计。

2. 将 50mL 铬酸溶液①分 2 次倒入恒压滴液漏斗中②，在剧烈搅拌下，并在 10min 内将铬酸溶液滴入反应瓶，保持反应温度在 55～60℃，加完后再继续剧烈搅拌 20min。

3. 冷却后反应液转移至分液漏斗，分出乙醚层③。水层用乙醚萃取 2 次（每次约 15mL），合并所有乙醚层并转移至分液漏斗，先用 15mL 碳酸钠溶液（5%）洗涤 1 次④，再用约 60mL 水分 3 次洗涤，收集乙醚层用无水硫酸钠干燥、过滤。

4. 滤液在 50～55℃热水浴加热下蒸馏回收乙醚，至不再有液体蒸出时，改用加热套空气浴加热，升温继续蒸馏，收集 152～155℃的馏分⑤。产量约 3.0～3.5g。

五、实验结果及处理

产品	产品性状	理论产量/g	实际产量/g	产率/%
环己酮				

六、注意事项

① 铬酸溶液的配制方法：将二水合重铬酸钠（50g，0.165mol）溶于 150mL 水中，在搅拌下慢慢加入 35mL 浓硫酸（98%），最后用水稀释至 250mL。

② 恒压滴液漏斗上端口要塞上塞子，以防乙醚挥发。

③ 上下两层都呈深红棕色，加适量水看哪一层体积增大以判定水层。

④ 由于会产生二氧化碳气体，且乙醚沸点极低，要缓缓振荡并及时放气。

⑤ 此时要将直形冷凝管改成空气冷凝管。

七、思考题

1. 本实验所用的铬酸溶液能否用高锰酸钾代替？为什么？

2. 在滴加铬酸溶液的过程中为什么要保持反应温度在55～60℃？

实验七十三　苯乙酮的制备

一、实验目的

1. 熟悉傅列德尔-克拉夫茨（简称傅-克）酰基化反应制备芳酮的方法。

2. 练习和巩固蒸馏和液液萃取实验操作。

二、实验原理

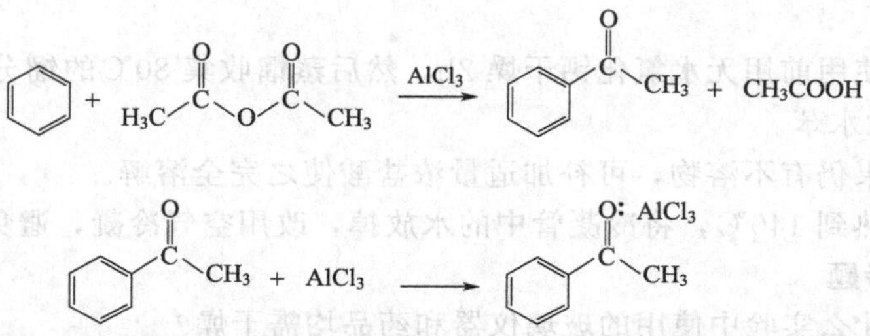

芳烃和酸酐或酰氯在三氯化铝催化条件下，在苯环上引入酰基的反应称为傅-克酰基化反应，酰基化反应是制备芳酮的重要方法。苯和乙酸酐的傅-克反应中，反应得到的苯乙酮产物和三氯化铝形成配合物，故反应中三氯化铝应过量。同时，反应生成的配合物必须用酸分解，得到芳酮产物。分解过程中放出氯化氢气体和大量热，因此要用冰水浴降温并吸收氯化氢气体。

三、仪器及试剂

1. 仪器：250mL三口烧瓶、恒压滴液漏斗、蒸馏装置、干燥管。

2. 试剂：苯、乙酸酐、三氯化铝、盐酸、氢氧化钠、无水硫酸镁。

四、实验步骤

在干燥的250mL三口烧瓶中分别安装搅拌器、冷凝管和分液漏斗①。冷凝管上接上氯化钙干燥管，后者再接上氯化氢气体吸收装置。取下滴液漏斗，迅速向瓶中加入32g（0.24mol）无水三氯化铝②和40mL无水苯③，在搅拌下向烧瓶中慢慢滴入9.5mL（0.1mol）新蒸的乙酸酐与10mL苯的混合液，约20min滴完。反应立即伴随发热和氯化氢气体产生，控制滴加速度以使三口烧瓶稍热为宜，勿使反应混合液剧烈沸腾（必要时可用水冷却反应瓶）。

加完后，在沸水浴中加热，直至无氯化氢气体溢出为止（约需30～40min），此时三氯化铝溶完。将反应液冷却，搅拌下慢慢滴入30mL浓盐酸和70mL冰水的混合液④。当瓶内固体物完全溶解后，分出苯层。水层用20mL苯萃取二次。合并苯层，依次用20mL 5%氢氧化钠、水洗涤，最后苯层用无水硫酸镁干燥。

将干燥后的粗产物滤入到50mL蒸馏瓶中，水浴蒸馏回收苯，然后撤去水浴直接加热，蒸馏197～202℃的馏分⑤，称量计算产率。苯乙酮的沸点为202℃，$n_D^{20}=1.5372$。

五、实验结果及处理

产品性状	理论产量/g	实际产量/g	产率/%	折光率

六、实验注意事项

① 实验所用玻璃仪器、试剂需要干燥，否则影响反应顺利进行。

② 三氯化铝极易吸湿，无水三氯化铝的质量是实验成败的关键。所用无水三氯化铝应是小颗粒或粗粉状，露于空气中立刻冒烟。称取三氯化铝的操作应迅速。

③ 苯使用前用无水氯化钙干燥 2h，然后蒸馏收集 80℃的馏分，最后加入金属钠得到无水苯。

④ 如果仍有不溶物，可补加适量浓盐酸使之完全溶解。

⑤ 加热到 140℃，将冷凝管中的水放掉，改用空气冷凝，避免冷凝管破裂。

七、思考题

1. 为什么实验中使用的玻璃仪器和药品均需干燥？

2. 反应后向瓶中加入浓盐酸和冰水的作用是什么？

实验七十四　苯亚甲基苯乙酮的制备

一、实验目的

1. 掌握羟醛缩合反应的原理。

2. 了解醛酮缩合反应的条件及实验操作。

3. 熟练掌握重结晶技术。

二、实验原理

羟醛缩合反应是制备 α,β-不饱和醛酮的重要方法。无 α-活泼氢的芳香醛可与有 α-活泼氢的醛酮发生交叉的羟醛缩合反应，又称为克莱森-施密特（Claisen-Schmidt）反应。缩合产物自发脱水生成稳定的共轭体系 α,β-不饱和醛酮。它是合成侧链上含两种官能团的芳香族化合物及含几个苯环的脂肪族体系中间体的一条重要途径。实验的主反应为：

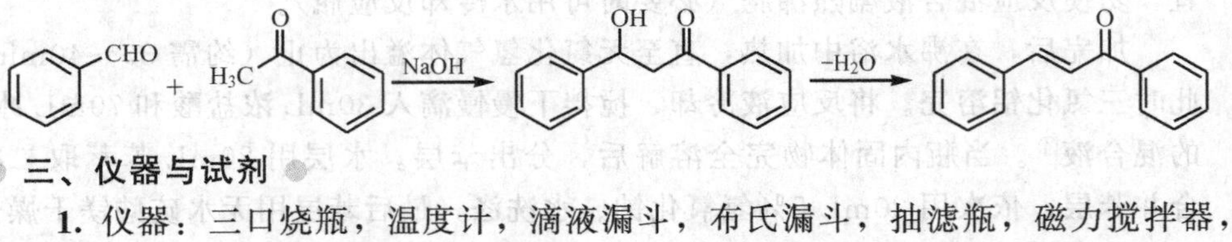

三、仪器与试剂

1. 仪器：三口烧瓶，温度计，滴液漏斗，布氏漏斗，抽滤瓶，磁力搅拌器，真空泵。

2. 试剂：10%氢氧化钠水溶液，苯乙酮，苯甲醛[①]，95%乙醇。

3. 其他：石蕊试纸。

四、实验步骤

1. 在 25mL 三口烧瓶中，加入 5mL 10%氢氧化钠溶液、5mL 95%乙醇和 1.3mL 苯乙酮。

2. 三口烧瓶装上温度计和滴液漏斗，另一口用磨口塞塞住，在搅拌条件下慢慢滴加 1.2mL 新蒸馏过的苯甲醛①，控制温度为 20～25℃②。滴加完毕后，继续保持此温度搅拌 45min。

3. 将反应液在冰水浴中充分冷却 15～30min，待结晶析出完全后，抽滤粗产品并用水充分洗涤，至洗涤液对石蕊试纸呈中性。粗产品用 95%乙醇重结晶（每克产物约需 3～4mL 溶剂），若溶液颜色较深，可加入少量活性炭脱色。得浅黄色片状结晶约 1.6g。熔点 56～57℃。

五、实验记录与处理

产品性状	理论产量/g	实际产量/g	产率/%	熔点/℃

六、注意事项

① 苯甲醛需新蒸馏后使用。

② 控制好反应温度，温度过低产物发黏，过高副反应多。

七、思考题

1. 本实验可能产生哪些副反应，应采取哪些措施，以尽量减少副反应的发生。

2. 本实验中，苯乙酮与苯甲醛发生羟醛缩合后为什么会脱水？

3. 本缩合反应如采用过浓的 NaOH 作催化剂，对反应结果会有什么影响？

实验七十五　2-庚酮的合成

一、实验目的

1. 学习和掌握乙酰乙酸乙酯在合成中的反应原理及应用。

2. 学习乙酰乙酸乙酯的烃基取代、碱性水解和酸化脱羧的原理及实验操作。

3. 进一步熟练掌握蒸馏、减压蒸馏、萃取的基本操作。

二、实验原理

2-庚酮发现于成年工蜂的颈腺中，是一种警戒信息素。同时，也是臭蚁属蚁亚科小黄蚁的警戒信息素。2-庚酮微量存在于丁香油、肉桂油、椰子油中，具有强烈的水果香气，可用于香精。它的合成是由乙酰乙酸乙酯和乙醇钠反应，形成钠代乙酰乙酸乙酯，该碳负离子与正溴丁烷进行 S_N2 反应，得到正丁基乙酰乙酸乙酯，经氢氧化钠水解，再进行酸化脱羧后得到最终产物 2-庚酮。

反应式如下：

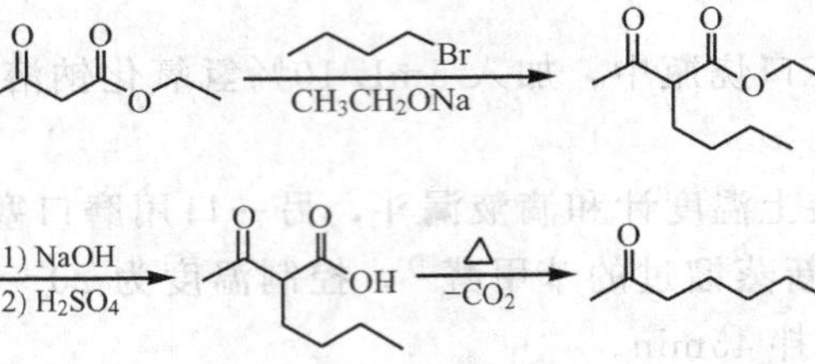

三、仪器与试剂

1. 仪器：三口烧瓶(25mL)，滴液漏斗，分液漏斗，抽滤瓶，锥形瓶，球形冷凝管，直形冷凝管，尾接管，磁力搅拌器，真空泵。

2. 试剂：乙酰乙酸乙酯，正溴丁烷，金属钠，无水乙醇，盐酸，5%氢氧化钠，50%硫酸，石蕊试纸，二氯甲烷，40%氯化钙，无水硫酸镁。

四、实验步骤

1. 正丁基乙酰乙酸乙酯的制备

(1) 在装有磁力搅拌器、球形冷凝管和滴液漏斗的干燥 25mL 三口烧瓶中，放置 7.5mL 绝对乙醇，在冷凝管上方装上干燥管①，将 0.4g 金属钠碎片分批加入②，以维持反应不间断进行为宜，保持反应液呈微沸状态。

(2) 待金属钠全部作用完后，加入 0.2g 碘化钾粉末③，塞住三口烧瓶的另一口，开动搅拌器，室温下滴加 1.95g(1.9mL)乙酰乙酸乙酯④，加完后继续搅拌回流 10min。

(3) 慢慢滴加 2.3g(1.9mL)正溴丁烷，约 15min 加完，使反应液回流 3～4h，直至反应完成为止。此时，反应液呈橘红色，并有白色沉淀析出。为了测定反应是否完成，可取 1 滴反应液点在湿润的红色石蕊试纸上，如果仍呈红色，说明反应已经完成。

(4) 反应物冷却至室温后，过滤除去溴化钠固体，滤渣用 2.5mL 绝对乙醇洗涤 2 次。滤液通过蒸馏以除去乙醇。然后冷却至室温，加入稀盐酸(12.5mL 水加 0.15mL 浓盐酸)，将混合液转移至分液漏斗中，分去水层，有机层用水洗涤后收集，并用无水硫酸钠干燥，滤除干燥剂，减压蒸馏，收集 107～112℃/17kPa(13mmHg)馏分，产量约为 1.5g。

2. 2-庚酮的制备

(1) 在 25mL 圆底烧瓶中加入 12.5mL 5%氢氧化钠水溶液和 1.5g 正丁基乙酰乙酸乙酯，装上冷凝管和磁力搅拌装置，室温剧烈搅拌 3.5h。

(2) 在搅拌下慢慢滴加 2.3mL 50%硫酸⑤，此时有二氧化碳气泡放出。当二氧化碳气泡不再逸出时，将反应装置改成水蒸气蒸馏装置，进行简易水汽蒸馏，使产物和水一起蒸出，直至无油状物蒸出为止，约 6.5mL 馏出液。

(3) 在馏出液中溶解固体氢氧化钠，直至红色石蕊试纸刚呈碱性为止。用分液漏斗分掉水层，收集有机层即得 2-庚酮粗品。

(4) 将水层放回分液漏斗，每次用 5mL 二氯甲烷萃取水层两次，合并二氯甲烷层，并在水浴上蒸除二氯甲烷，得到另一部分少量 2-庚酮粗品。合并两次的酮溶液，用 2mL 的氯化钙水溶液(40%)洗涤 2 次，无水硫酸镁干燥，蒸馏，收集 135～142℃/81.3kPa(150mmHg)的馏分，即 2-庚酮，产品为无色透明液体，产量约为 0.5g。

五、实验记录与处理

产品性状	理论产量/g	实际产量/g	产率/%	折射率

六、注意事项

① 体系中有水会在一定程度上抑制反应的进行，从而会降低产率。

② 金属钠遇水会剧烈反应，产生氢气并放热，使用时应注意安全。

③ 加入碘化钾可起到活化作用，加速反应的进行。

④ 储存时间较长的乙酰乙酸乙酯会出现部分分解，故使用前需新蒸纯化。

⑤ 滴加速度不宜过快，否则酸分解过快使得逸出的二氧化碳气流过于剧烈，从而可能导致冲料。

实验七十六　苯甲酸的水相合成

一、实验目的

1. 学习氧化法制备苯甲酸的方法。

2. 进一步巩固热滤、抽滤、回流、重结晶等操作技能。

二、实验原理

苯甲酸及其钠盐是食品的重要防腐剂，苯甲酸可用作制药和染料的中间体，还可用于制造增塑剂和香料。此外，它还是钢铁设备的防锈剂。芳烃的侧链氧化是制备芳香族羧酸最重要的方法，芳环上的侧链不论长短，氧化后最终都变成羧基。由于侧链氧化是从进攻与苯环相连的碳氢键开始的，所以只有含 α-H 的侧链才能被氧化。本实验用高锰酸钾氧化甲苯，再经酸化后得到苯甲酸。反应式如下：

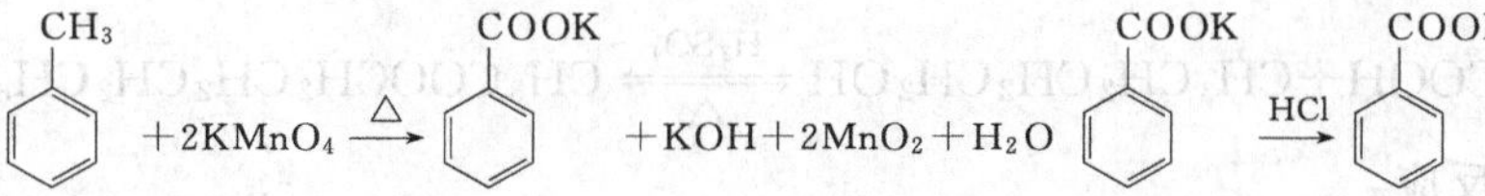

三、仪器与试剂

1. 仪器：圆底烧瓶，球形冷凝管，布氏漏斗，抽滤瓶，循环水真空泵。

2. 试剂：甲苯，高锰酸钾，亚硫酸氢钠，活性炭，浓盐酸。

四、实验步骤

1. 氧化反应　在 250mL 圆底烧瓶中加入 2.7mL 甲苯和 100mL 水，瓶口装回流冷凝管，在石棉网上加热至沸。从球形冷凝管上口分批加入 8.5g 高锰酸钾①；

黏附在冷凝管内壁的高锰酸钾最后用25mL水少量多次地冲洗入瓶内。继续煮沸并间歇摇动烧瓶，直到甲苯层几乎近于消失、回流液不再出现油珠为止(约需4～5h)。

2. 提纯　将反应混合物趁热用水泵减压抽滤②，并用少量热水洗涤滤渣二氧化锰，合并滤液和洗涤液，放在冰水浴中冷却，然后用浓盐酸酸化至刚果红试纸变蓝，直到苯甲酸全部析出。抽滤、压干。若产品不够纯净可用热水重结晶，必要时加少量活性炭脱色。

五、实验记录与处理

产品性状	理论产量/g	实际产量/g	产率/%	熔点/℃

六、注意事项

① 高锰酸钾分批加入，避免反应剧烈从回流管上端喷出。

② 滤液如果呈紫色，可加入少量的亚硫酸氢钠使紫色褪去，并重新抽滤。

七、思考题

1. 在氧化反应中，影响苯甲酸产量的重要因素有哪些？

2. 反应完毕，滤液如果呈紫色，为什么要加入亚硫酸氢钠？

3. 如何鉴定所得产品的纯度？

4. 反应结束为什么应趁热抽滤？

实验七十七　乙酸丁酯的合成

一、实验目的

1. 学习酯化反应原理，掌握乙酸丁酯的制备方法。

2. 掌握共沸蒸馏分水法的原理和分水器的使用。

二、实验原理

制备酯类化合物最常用的方法是由羧酸和醇直接化合而成。合成乙酸正丁酯的反应如下。

主反应：

$$CH_3COOH + CH_3CH_2CH_2CH_2OH \underset{\triangle}{\overset{H_2SO_4}{\rightleftharpoons}} CH_3COOCH_2CH_2CH_2CH_3 + H_2O$$

副反应：

$$2CH_3(CH_2)_3OH \xrightarrow[\triangle]{H_2SO_4} CH_3(CH_2)_3O(CH_2)_3CH_3 + H_2O$$

$$CH_3(CH_2)_3OH \xrightarrow[\triangle]{H_2SO_4} CH_3CH_2CH{=\!=}CH_2 + H_2O$$

酯化反应是一个可逆反应，而且在室温下反应速率很慢。加热、加酸作催化剂，可使酯化反应速率大大加快。同时为了使平衡向生成物方向移动，可以采用增加反应物浓度(冰醋酸)和将生成物除去的方法，使酯化反应趋于完全。为了将反应物中生成的水除去，利用酯、酸和水形成二元或三元恒沸物，采取共沸蒸馏分水法，使生成的酯和水以共沸物形式蒸出来，冷凝后通过分水器分出水，油层则回到反应器中。

三、仪器与试剂

1. 仪器：圆底烧瓶，球形冷凝管，分液漏斗、分水器，加热套，量筒。

2. 试剂：正丁醇，冰醋酸，无水硫酸镁，浓硫酸，5%碳酸钠。

四、实验步骤

1. 在干燥的 100mL 圆底烧瓶中装入 7.4g(11.5mL，0.1mol)正丁醇和 12g(12mL，0.2mol)冰醋酸①，再加入 3～4 滴浓硫酸。混合均匀，投入沸石，然后依实验装置图(见图 3-25)安装分水器及回流冷凝管，并在分水器中预先加入水，使液面略低于支管口，记下预先所加水的体积②。

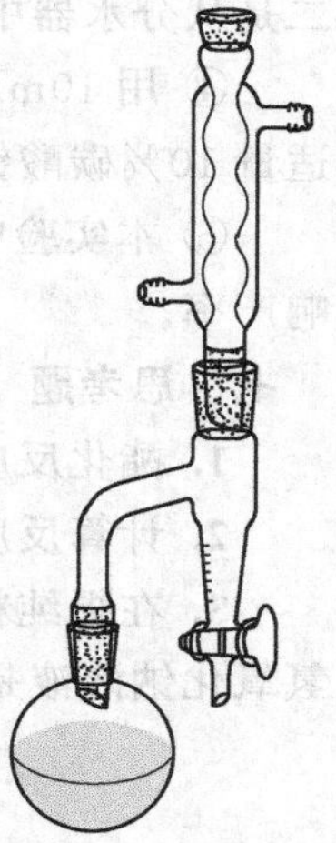

图 3-25 乙酸丁酯的合成装置

2. 加热回流，反应过程中生成的回流液滴逐渐进入分水器，控制分水器中水层液面在初始高度，不至于使水溢入圆底烧瓶内。约 40min 后不再有水生成，表示反应完毕③，停止加热。

3. 冷却后卸下回流冷凝管，将分水器中液体倒入分液漏斗，分出水层，酯层仍然留在分液漏斗中。量取分出水的总体积，减去预加入的水的体积，即为反应生成的水量。

4. 把圆底烧瓶中的反应液倒入分液漏斗中，与分水器中分出的酯层合并。分别用 10mL 水、10mL 10%碳酸钠溶液④、10mL 水洗涤反应液，分去水层。

5. 将酯层倒入小锥形瓶中，加少量无水硫酸镁干燥⑤。

6. 将干燥后的乙酸丁酯过滤后置入 50mL 圆底烧瓶中，加入几粒沸石，安装好蒸馏装置，加热蒸馏。收集 124～126℃的馏分(乙酸丁酯的沸点文献值为 125～126℃，折射率为 1.3951)。

五、实验记录与处理

产品性状	理论产量/g	实际产量/g	产率/%	沸点/℃	折射率

六、注意事项

① 高浓度醋酸在低温时凝结成固体(熔点 16.6℃)，取用时可温水浴中加热使其熔化后量取。

② 为了使醇能及时回到反应体系中参加反应，反应开始前，应在分水器中

先加入计量过的水，使水面稍低于分水器回流支管的下沿，当有回流冷凝液时，水面上仅有很浅的一层油层存在。在操作过程中，不断放出生成的水，保持油层厚度不变；或在分水器中预先加水至支口，放出反应所生成理论量的水。

③ 反应终点的判断可观察下面两种现象：一是分水器中不再有水珠下沉；二是从分水器中分出的水量达到理论分水量，即可认为反应完成。

④ 用 10mL 10%碳酸钠洗涤，检验是否仍呈酸性，如仍呈酸性，则再加入适量 10%碳酸钠洗涤，直至呈中性为止。

⑤ 本实验中不能用无水氯化钙作干燥剂，因为它与产品能形成配合物而影响产率。

七、思考题

1. 酯化反应有哪些特点？本实验中如何提高产品收率？

2. 计算反应完全时应分出多少水。

3. 在提纯粗产品的过程中，用碳酸钠溶液洗涤主要除去哪些杂质？若改用氢氧化钠溶液是否可以？为什么？

实验七十八　邻苯二甲酸二丁酯的合成

一、实验目的

1. 学习二元羧酸酐醇解制备二元羧酸酯的原理和方法。

2. 学习和巩固分水器及减压蒸馏等实验操作。

二、实验原理

羧酸酐与醇发生醇解反应生成羧酸酯和羧酸，浓硫酸对该反应有很强的促进作用。二元羧酸酐的醇解产物是二元羧酸的单酯，在浓硫酸催化下，单酯中的羧基可以与过量的醇继续酯化，最终生成二元羧酸的双酯。第二步酯化由于是平衡反应，且有水生成，为了使反应趋于完全，本实验利用分水器将反应中生成的水及时分出。反应式如下：

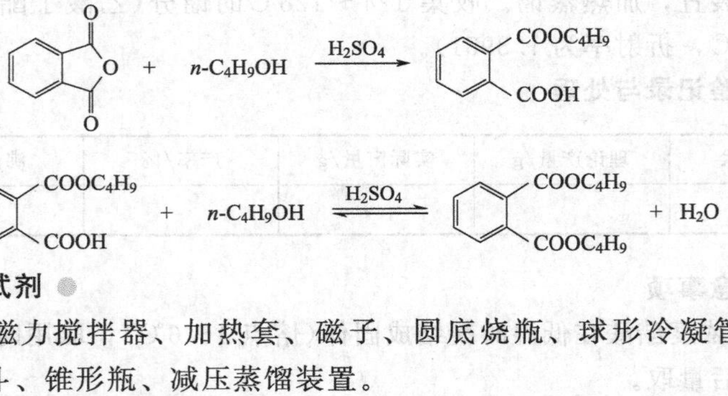

三、仪器及试剂

1. 仪器：磁力搅拌器、加热套、磁子、圆底烧瓶、球形冷凝管、分水器、烧杯、分液漏斗、锥形瓶、减压蒸馏装置。

2. 试剂：邻苯二甲酸酐、正丁醇、浓硫酸、碳酸钠（5%）、饱和氯化钠溶液。

四、实验步骤

1. 向置入合适磁子的100mL三口烧瓶中加入13mL(10.2g，0.14mol)正丁醇，在搅拌下滴入0.2mL浓硫酸，再加入邻苯二甲酸酐(6.0g，0.041mol)。

2. 在反应装置上固定好三口烧瓶后，中间口装上分水器，在分水器中加入正丁醇至支管口①，分水器上方安装好回流冷凝管(用铁架台固定好)，一个侧口装上温度计，另一个侧口塞上塞子。

3. 加热反应，邻苯二甲酸酐固体消失后不久，开始有正丁醇-水共沸物蒸出，可观察到小水珠穿过正丁醇下沉到分水器底部，而正丁醇则溢流回到烧瓶中。

4. 随着反应的进行，产物浓度逐渐增大，烧瓶内反应混合物的温度逐渐上升，当升至约160℃时②，即可停止反应。

5. 冷却反应混合物至60～70℃时③，加入5%碳酸钠水溶液中和，再转入分液漏斗，分去水层，再用水洗涤至有有机层呈中性，收集有机层至50mL烧瓶。

6. 先常压或水泵减压下蒸出正丁醇，再改用油泵减压蒸馏产品，收集180～190℃/1.33kPa(10mmHg)的馏分，产量约10g。

五、实验记录与处理

产品	产品性状	理论产量/g	实际产量/g	产率/%
邻苯二甲酸二丁酯				

六、注意事项

① 液面尽量接近支管口，不要过低于支管口，否则烧瓶中会有过多正丁醇要回流过来填充，从而导致正丁醇量不足而使得反应不彻底。

② 为了节约时间，在低于160℃（如140～150℃）时亦可停止反应，只是产率会有所差别。但是反应温度尽量不要超过160℃，否则会发生醇脱水成烯或醚、异构化等副反应。当温度超过180℃时，生成的邻苯二甲酸二丁酯产物会部分分解：

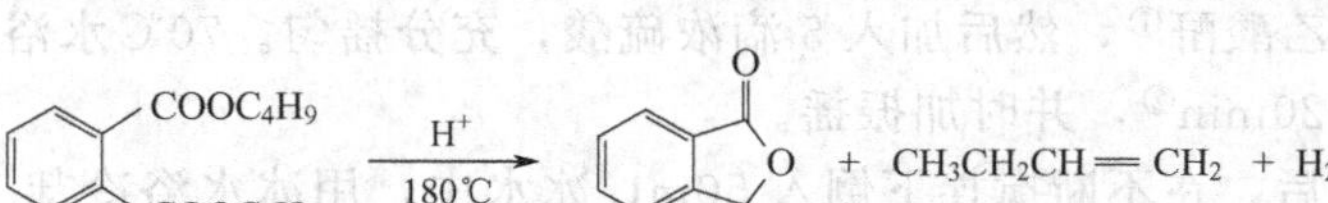

实际上，当反应温度达到140℃后升温速度很慢，此时可补加2滴浓硫酸促进反应，否则还需要约1～2h温度才能达到160℃。

③ 温度不宜太低，否则振荡萃取时易形成难以分层的乳浊液，给操作造成麻烦，也会影响产物的收率。

七、思考题

1. 为什么加热至140℃之前的升温速度较快，而在140℃之后升温速度很慢？

2. 为了加快反应速度，能否一开始就加入较多的浓硫酸？为什么？

3. 在对反应液用碱洗涤时，能否用氢氧化钠代替碳酸钠？为什么？

实验七十九　阿司匹林的合成

一、实验目的

1. 学习以酚类化合物作原料制备酯的原理和方法。

2. 掌握混合溶剂重结晶的操作。

二、实验原理

阿司匹林即乙酰水杨酸（aspirin），1899 年合成成功。阿司匹林为镇痛药，用于治疗伤风、感冒、头痛、发烧、神经痛、关节痛及风湿病等。近年来，又证明它具有抑制血小板凝聚的作用，其治疗范围又进一步扩大到预防血栓形成，治疗心血管疾患。至今 100 多年来仍广泛使用，被称为消炎药中的“常青树”。

醇酯的合成一般采用醇和羧酸在少量脱水剂硫酸催化下合成，而酚酯由于酚羟基的活性小于醇羟基，合成通常是采用活性更高的酰基化试剂酰氯或酸酐发生酯化反应来制备：

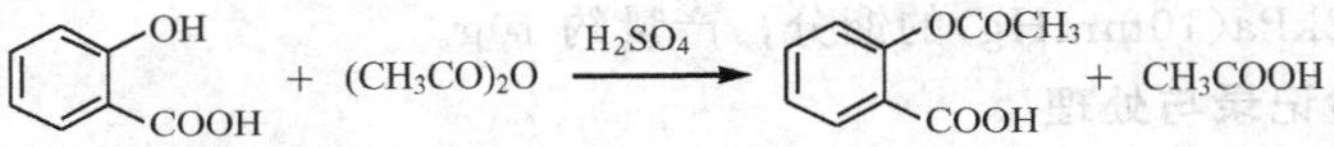

由于水杨酸中的酚羟基和邻位的羧基形成分子内氢键，反应需要 150～160℃的高温。但如果加入少量的浓硫酸、浓磷酸或过氯酸等来破坏氢键，反应可以降低到 60～80℃，副产物会大大降低。

三、仪器与试剂

1. 仪器：锥形瓶，烧杯，量筒，玻璃棒，水浴锅，布氏漏斗，抽滤瓶，真空泵，熔点仪。

2. 试剂：水杨酸，乙酸酐，硫酸，无水乙醇。

四、实验步骤

1. 称取 3.5g（0.025mol）水杨酸放入 100mL 锥形瓶中，加入 5mL（0.05mol）乙酸酐①，然后加入 5 滴浓硫酸，充分摇匀。70℃水浴加热使水杨酸溶解，维持 20min②，并时加振摇。

2. 稍冷后，在不断搅拌下倒入 50mL 冰水中，用冰水浴冷却 15min。抽滤，分别用少量冰水洗涤两次，将粗产物干燥。

3. 用水和乙醇的混合溶剂重结晶③④，干燥产品，称重，计算产率。

4. 测定熔点，纯的乙酰水杨酸为白色晶体⑤，熔点为 136℃。

五、实验记录与处理

产品性状	理论产量/g	实际产量/g	产率/%	熔点/℃

六、注意事项

① 仪器要全部干燥，醋酸酐要使用新蒸馏的，收集139～140℃的馏分。

② 如果体系呈现固体状态，不影响结果。

③ 乙酰水杨酸受热后易发生分解，分解温度为126～135℃，因此重结晶时不宜长时间加热，干燥时温度不宜超过60℃。

④ 乙醇和水的体积比控制在3∶7左右，重结晶采用回流装置操作。

⑤ 为了检验产品中是否还有水杨酸，利用水杨酸属酚类物质可与三氯化铁发生颜色反应的特点，用几粒结晶加入盛有3mL水的试管中，加入1～2滴1% $FeCl_3$ 溶液，观察有无颜色反应。

七、思考题

1. 水杨酸与醋酸酐的反应过程中，浓硫酸的作用是什么？

2. 本实验中可产生什么副产物？加水的目的是什么？

3. 通过什么样的简便方法可以鉴定出阿司匹林的纯度？

实验八十　甲基橙的合成

一、实验目的

1. 熟悉重氮化反应和偶合反应的原理，掌握甲基橙的制备方法。

2. 进一步巩固重结晶的实验操作。

二、实验原理

甲基橙是酸碱指示剂，它是由对氨基苯磺酸重氮盐与 N,N-二甲基苯胺的醋酸盐在弱酸性介质中偶合得到的。偶合首先得到的是亮红色的酸式甲基橙，俗称为酸性黄，在氢氧化钠存在下酸性黄转变为橙黄色的钠盐，即甲基橙。

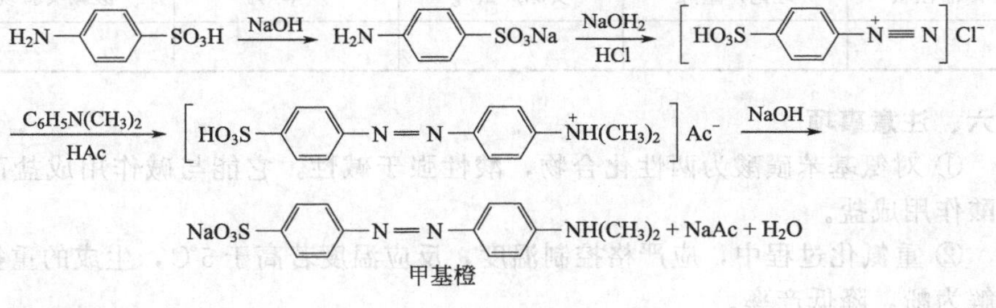

三、仪器与试剂

1. 仪器：烧杯，量筒，玻璃棒，试管，布氏漏斗，抽滤瓶，水浴锅，循环水真空泵。

2. 试剂：对氨基苯磺酸，N,N-二甲基苯胺，亚硝酸钠，5%氢氧化钠溶液，冰水，冰醋酸，浓盐酸，乙醇，乙醚。

3. 其他：KI-淀粉试纸。

四、实验步骤

1. 重氮盐的制备

（1）在 100mL 烧杯中加入 10mL 5%氢氧化钠溶液（0.013mol）和 2.1g 对氨基苯磺酸[①]晶体（约 0.01mol），温热使晶体溶解。

（2）另在一试管中配制 0.8g 亚硝酸钠（0.011mol）和 6mL 水的溶液。将此配制液也加入烧杯中，用冰浴冷却至 0～5℃[②]。

（3）维持温度 0～5℃，在搅拌下，慢慢用滴管将 3mL 浓盐酸与 10mL 水配成的溶液加到上述冷却的重氮盐中，继续在冰盐浴中放置 15min，使反应完全，直至用淀粉-碘化钾试纸检测呈现蓝色为止[③]。这时往往有白色细小晶体析出。

2. 偶合反应

（1）在试管中加入 1.2g *N*,*N*-二甲基苯胺（约 1.3mL，0.01mol）和 1mL 冰醋酸，并混匀。在搅拌下将此混合液缓慢加到上述冷却的重氮盐溶液中，加完后继续搅拌 10min。

（2）缓缓加入 5%氢氧化钠溶液（25～35mL），直至反应物变为橙色（此时反应液为碱性）。甲基橙粗品呈细粒状沉淀析出。

（3）将反应物置沸水浴中加热 5min，冷至室温后，再放入冰浴中冷却，使甲基橙晶体析出完全。抽滤，依次用少量水、乙醇和乙醚洗涤，压紧抽干。干燥后得粗品约 3.0g。

（4）粗产品用 1%氢氧化钠进行重结晶[④]。待结晶析出完全，抽滤，依次用少量水、乙醇和乙醚洗涤，压紧抽干，得片状结晶。产量约 2.5g。

（5）在试管中将少许甲基橙溶于水，加几滴稀盐酸，然后再用稀碱中和，观察颜色变化。

五、实验记录与处理

产品性状	理论产量/g	实际产量/g	产率/%	酸碱实验现象

六、注意事项

① 对氨基苯磺酸为两性化合物，酸性强于碱性，它能与碱作用成盐而不能与酸作用成盐。

② 重氮化过程中，应严格控制温度，反应温度若高于 5℃，生成的重氨盐易水解为酚，降低产率。

③ 若试纸不显色，需补充亚硝酸钠，并充分搅拌直到试纸刚呈蓝色。若已显蓝色表明亚硝酸过量。析出碘使淀粉显蓝色。亚硝酸能起氧化和亚硝基化作用，用量过多会引起一系列副反应，这时应加入少量尿素，以除去过量的亚硝酸。

④ 重结晶操作要迅速，否则由于产物呈碱性，在温度高时易变质，颜色变深。用乙醇和乙醚洗涤的目的是使其迅速干燥。

七、思考题

1. 何谓重氮化反应？重氮化为什么要在低温、强酸条件下进行？

2. 在重氮盐制备前为什么还要加入氢氧化钠？如果直接将对氨基苯磺酸与盐酸混合后，再加入亚硝酸钠溶液进行重氮化操作行吗？为什么？

3. 什么叫偶合反应？结合本实验讨论一下偶联反应的条件。

4. 试解释甲基橙在酸碱介质中变色的原因，并用反应式表示。

实验八十一　对氨基苯甲酸乙酯(苯佐卡因)的合成

一、实验目的

1. 学习多步骤有机合成及其在药物合成中的应用。

2. 掌握和熟悉回流、过滤、重结晶等实验操作。

二、实验原理

对氨基苯甲酸乙酯俗称苯佐卡因，可作为一种局部麻醉药物，有多种不同的合成路线和方法。本实验以对硝基苯甲酸为原料，经还原及酯化两步反应制得：

1. 对氨基苯甲酸的合成

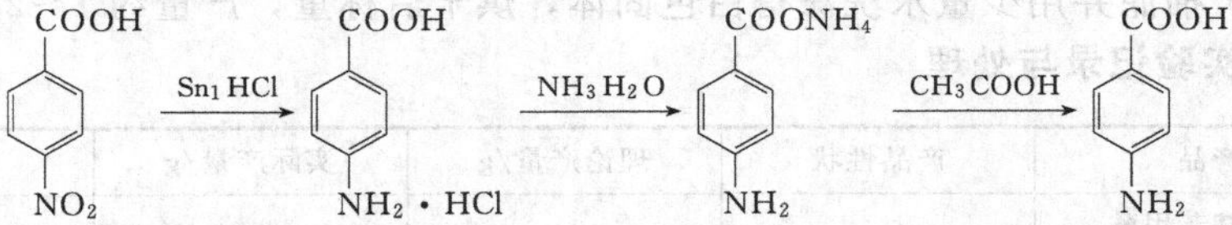

2. 对氨基苯甲酸乙酯的合成

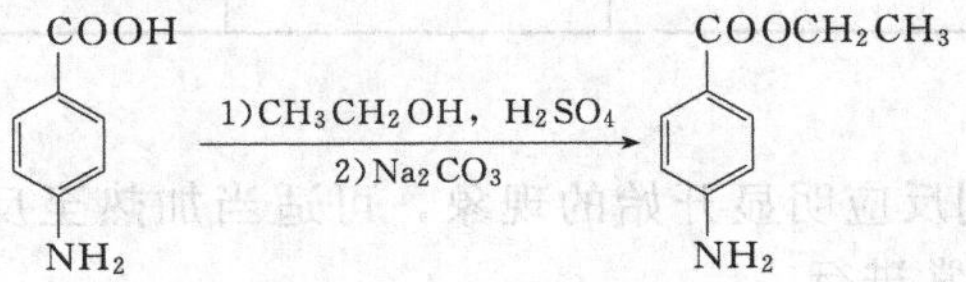

三、仪器与试剂

1. 仪器：磁力搅拌器，加热套，磁子，圆底烧瓶，球形冷凝管，烧杯，玻璃棒，水浴锅，布氏漏斗，抽滤瓶，真空泵，量筒等。

2. 试剂：对硝基苯甲酸，锡粉或锡粒，冰醋酸，浓盐酸，浓硫酸，浓氨水，无水乙醇，碳酸钠等。

四、实验步骤

1. 对氨基苯甲酸的制备(还原反应)

(1) 称取对硝基苯甲酸(4.0g，0.024mol)、锡粉或锡粒(9.0g，0.08mol)加入到 100mL 圆底烧瓶中，套上回流冷凝管。

(2) 从回流冷凝管上口分批加入浓盐酸(20mL，0.25mol)，边加边振荡反应烧瓶，反应立即开始①，反应液中锡粉或锡粒逐渐减少。

(3) 维持回流温度约 20min 至 30min 后，反应液呈透明状。稍冷却后将反应液倾倒入烧杯中，反应瓶中残余的锡块用少量水洗涤后合并到烧杯中。

(4) 冷却至室温后，在玻璃棒搅拌下，向烧杯中慢慢用滴管滴加浓氨水，使溶液刚成碱性。

(5) 过滤除去析出的氢氧化锡沉淀，并用少量水洗涤沉淀，合并滤液和洗涤液，注意总体积不要超过 55mL②。

(6) 在玻璃棒搅拌下向滤液中慢慢滴加冰醋酸，渐渐有白色固体析出，继续滴加至 pH 值至 4 左右。将溶液至于冰水浴中冷却使固体析出充分。

(7) 抽滤得白色固体，烘干后称重，产量约 2g。

2. 对氨基苯甲酸乙酯的制备(酯化反应)

(1) 将上述自制的对氨基苯甲酸(2.0g，0.015mol)置入含有磁力搅拌子的 100mL 圆底烧瓶中，加入 25mL 无水乙醇，搅拌下滴加 2.5mL 浓硫酸③，套上回流冷凝管。

(2) 加热回流约 1h，反应液呈无色或淡黄色透明状；趁热将反应液倒入盛有 85mL 水的烧杯中。稍冷却后，在玻璃棒搅拌下慢慢加入碳酸钠固体粉末，使之能充分溶解④。

(3) 当液面开始有少许白色固体浮现时，慢慢滴加 10% 的碳酸钠水溶液，将溶液 pH 值调至中性，会析出白色固体。

(4) 抽滤并用少量水洗涤得白色固体，烘干后称重，产量约 1～2g。

五、实验记录与处理

产品	产品性状	理论产量/g	实际产量/g	产率/%
对氨基苯甲酸				
对氨基苯甲酸乙酯				

六、注意事项

① 如观察不到反应明显开始的现象，可适当加热至反应发生，必要时继续微热以保持反应正常进行。

② 若总体积超过 55mL，可在热水浴上适当浓缩。

③ 乙醇和浓硫酸的用量可根据上一步得到的对氨基苯甲酸的实际投料量按比例调整。

④ 加碳酸钠固体粉末时不宜过快，以防产生气泡过猛导致液料溢出。

七、思考题

1. 如何判断还原反应已经结束？为什么？

2. 在还原反应后处理中，能否用盐酸代替冰乙酸进行酸化？为什么？

3. 在酯化反应后处理中，能否用氢氧化钠代替碳酸钠进行碱化？为什么？

实验八十二　安息香的辅酶合成及其衍生物的转化

Ⅰ. 安息香的合成

一、实验目的

1. 掌握安息香缩合反应的原理。

2. 熟悉安息香的不同合成方法及操作，了解生物分子催化在有机合成中的应用。

二、实验原理

安息香缩合反应传统的催化剂是氰化物，本实验采用维生素 B_1 代替剧毒的氰化物。维生素 B_1 分子中噻唑环上的氮原子和硫原子邻位的氢在碱的作用下易被夺去而生成碳负离子 **1**；**1** 对苯甲醛的亲核加成反应生成中间体 **2**（必要时该中间体可以被分离出来）；**2** 经异构化并脱去质子后形成烯胺中间体 **3**，它与另一分子苯甲醛继续发生亲核加成反应并经质子转移后生成缩合中间体 **4**；**4** 经消除后形成最终安息香酸。具体反应流程如下：

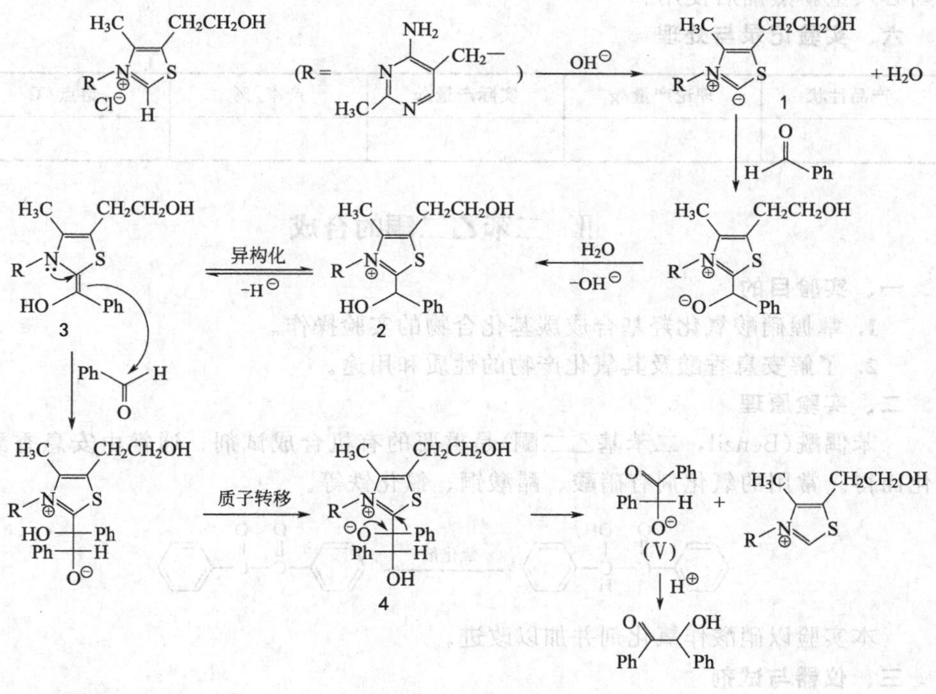

三、仪器与试剂

1. 仪器：单口烧瓶（100mL），球形冷凝管，烧杯，载玻片，水浴锅，布氏漏斗，抽滤瓶，真空泵，熔点仪。

2. 试剂：苯甲醛（新蒸），维生素 B_1，95%乙醇，氢氧化钠水溶液（3mol/L）。

四、实验步骤

1. 在 100mL 单口烧瓶加入 3.5g（0.01mol）维生素 B_1[①] 和 7mL 水使其溶解，再加入 30mL 95%的乙醇。在室温下边摇动边逐滴加入 7mL 3mol/L 氢氧化钠溶液（约需 5min）。

2. 量取 20mL（20.8g，0.196mol）新蒸的苯甲醛[②]，倒入上述反应混合物中，摇匀后（pH 值为 8～9）加入沸石，套上冷凝管，于 70～75℃水浴上加热

60～90min（或用塞子把瓶口塞住，于室温放置24h以上）。反应混合物经冷却后即有白色晶体析出。抽滤，用100mL冷水分几次洗涤，干燥后称重。

3. 用95%乙醇重结晶（每克产物约需乙醇6mL），纯化后得白色晶体状产物。干燥称重并计算产率。

4. 测定产品的熔点（约137℃）。

五、注意事项

① 维生素B_1受热易变质，将失去催化作用。应放于冰箱内保存，使用时取出，用后及时放回冰箱中。

② 苯甲醛极易被氧化，如发现实验中所使用的苯甲醛有固体物苯甲酸存在，则必须重新蒸馏后使用。

六、实验记录与处理

产品性状	理论产量/g	实际产量/g	产率/%	熔点/℃

Ⅱ. 二苯乙二酮的合成

一、实验目的

1. 掌握硝酸氧化羟基合成羰基化合物的实验操作。

2. 了解安息香酸及其氧化产物的性质和用途。

二、实验原理

苯偶酰(Benzil，二苯基乙二酮)是重要的有机合成试剂，通常由安息香酸氧化而得。常用的氧化剂有硝酸、醋酸铜、氯化铁等。

本实验以硝酸作氧化剂并加以改进。

三、仪器与试剂

1. 仪器：圆底烧瓶(100mL)，球形冷凝管、漏斗、烧杯，水浴锅，布氏漏斗，抽滤瓶，真空泵，熔点仪。

2. 试剂：安息香(自制)，浓硝酸，10%NaOH 95%乙醇。

四、实验步骤

1. 在100mL圆底烧瓶中将4.2g安息香(0.02mol)和14mL浓硝酸(20g，0.22mol)混合均匀。冷凝管上端接一气体吸收装置，用稀碱吸收放出的氧化氮气体，水浴加热10～15min，并间歇振动。在加热过程中固体逐渐溶解，同时生成油状物。

2. 待反应物冷却后，自冷凝管顶端加入75mL冰水，析出黄色晶体，冰浴冷却使晶体完全析出。抽滤，用少量冰水洗去硝酸。

3. 干燥后，粗产物用95%乙醇进行重结晶得终产品，干燥称重并计算产率。

4. 测定终产品的熔点(文献值为约95℃)。

五、实验记录与处理

产品性状	理论产量/g	实际产量/g	产率/%	熔点/℃

Ⅲ. 二苯乙醇酸的合成

一、实验目的

1. 掌握二苯乙醇酸重排反应的原理。

2. 掌握混合溶剂进行重结晶的实验操作。

二、实验原理

二苯乙二酮与氢氧化钾溶液回流，生成二苯乙醇酸盐，称为二苯乙醇酸重排。形成稳定的羧酸盐是反应的推动力。一旦生成羧酸盐，经酸化后即产生二苯乙醇酸。这一重排反应可普遍用于将芳香族α-二酮转化为芳香族α-羟基酸，某些脂肪族α-二酮也可发生类似的反应。总反应式为：

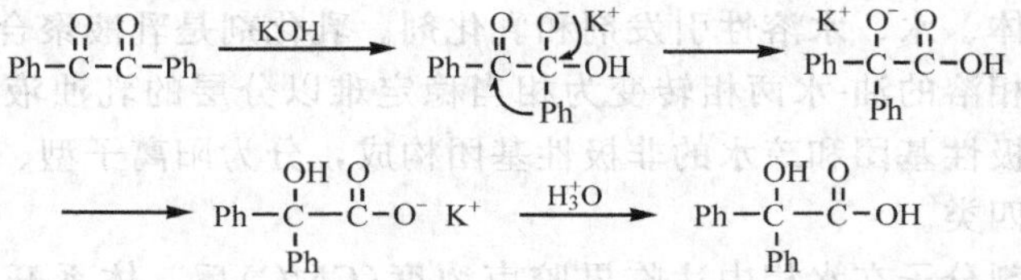

三、仪器与试剂

1. 仪器：锥形瓶，圆底烧瓶，球形冷凝管，水浴锅，布氏漏斗，抽滤瓶，真空泵，熔点仪。

2. 试剂：二苯乙二酮(自制)，氢氧化钾，95%乙醇，稀盐酸(约10%)，活性炭。

四、实验步骤

1. 在锥形瓶中将2.1g氢氧化钾①溶于5mL水中，冷至室温待用。在50mL圆底烧瓶中加入2.1g二苯乙二酮(0.01mol)和8mL 95%乙醇溶液，不断摇动使固体溶解，振摇下加入冷的氢氧化钾溶液，加入沸石后，装上回流冷凝管，在水浴上回流，直到原先的蓝紫色转变为棕色为止(约需25～30min)。

2. 向上述烧瓶中加入20mL水和约0.3g活性炭，加热脱色后，趁热过滤。滤液在搅拌下用稀盐酸(约10%)酸化到pH值为2左右。溶液冷至室温后再用冰浴冷却。抽滤，用少量冷水洗涤晶体，以除去晶体中的无机盐，干燥称重。

3. 粗产物用1∶3的乙醇水溶液重结晶(加入活性炭再次脱色②)，抽滤收集终产品(纯的二苯乙醇酸为白色晶体)，干燥称重并计算产率。

4. 测定产品的熔点(文献值约150℃)。

五、实验记录与处理

产品性状	理论产量/g	实际产量/g	产率/%	熔点/℃

六、注意事项

① 只能用氢氧化钾，不能用氢氧化钠。

② 脱色应充分，否则产品有颜色。

实验八十三　醋酸乙烯酯的乳液聚合

一、实验目的

1. 学习乳液聚合的机理和方法，了解乳液聚合的特点、配方及各组分所起的作用。

2. 掌握聚醋酸乙烯酯乳液聚合的基本操作。

二、实验原理

单体在水相介质中由乳化剂分散成乳液状态进行的聚合，称乳液聚合。其主要成分是单体、水、水溶性引发剂和乳化剂。乳化剂是乳液聚合的重要组分，它可以使互不相溶的油-水两相转变为相当稳定难以分层的乳浊液。乳化剂分子一般由亲水的极性基团和疏水的非极性基团构成，分为阳离子型、阴离子型、两性和非离子型四类。

当乳化剂分子在水相中达临界胶束浓度(CMC)后，体系开始出现胶束。胶束是乳液聚合的主要场所，聚合后的胶束称作为乳胶粒。随着反应的进行，乳胶粒数不断增加，胶束消失，乳胶粒数恒定，由单体液滴提供单体在乳胶粒内进行反应。此时，由于乳胶粒内单体浓度恒定，聚合速率恒定。到单体液滴消失后，随乳胶粒内单体浓度的减少而速率下降。乳液聚合的反应机理不同于一般的自由基聚合，其聚合速率及聚合度式可表示如下：

$$R_p=\frac{10^3 Nk_p[M]}{2N_A} \quad \overline{X_n}=\frac{Nk_p[M]}{R_i}$$

式中，N 为乳胶粒数，N_A 是阿伏伽德罗常数。由此可见，聚合速率与引发速率无关，而取决于乳胶粒数。乳胶粒数的多少与乳化剂浓度有关。增加乳化剂浓度，即增加乳胶粒数，可以同时提高聚合速度和分子量。本体、溶液和悬浮聚合中使聚合速率提高的一些因素，往往使分子量降低。所以乳液聚合具有聚合速率快、分子量高的优点。醋酸乙烯酯(VAc)的乳液聚合机理与一般乳液聚合相同。采用水溶性的过硫酸盐为引发剂，乳化剂是聚乙烯醇(PVA)。为使反应平稳进行，单体和引发剂均需分批加入。实验中还常采用两种乳化剂合并使用，其乳化效果和稳定性比单独使用一种好。本实验采用 PVA-1788 和 OP-10 两种乳化剂。

1. 链引发

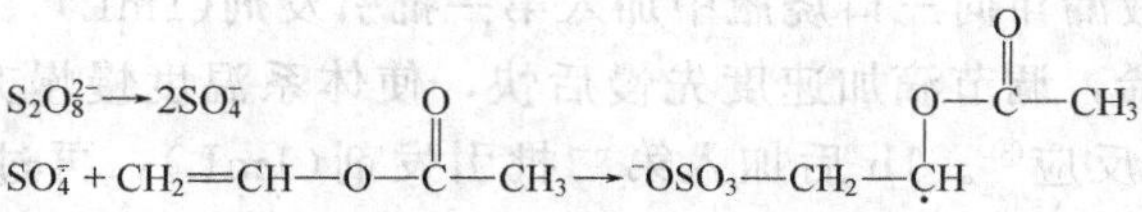

2. 链增长

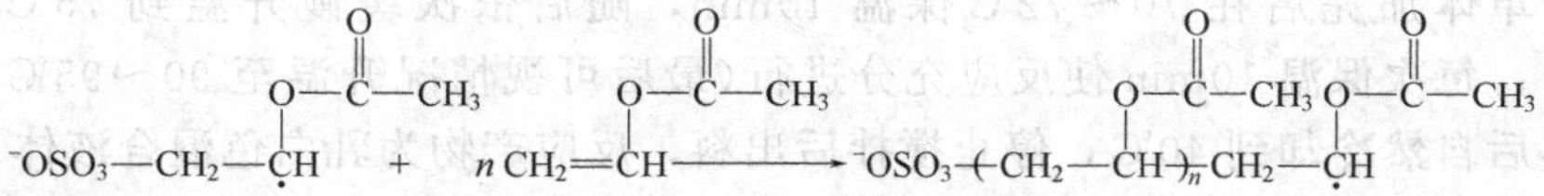

3. 链终止

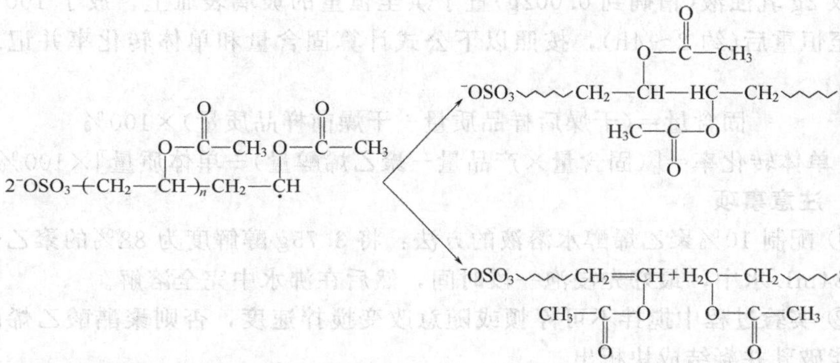

三、仪器与试剂

1. 仪器：三口烧瓶、恒压滴液漏斗、回流冷凝管、烧杯、玻璃棒、玻璃表面皿；电子天平、温度计、温度计套管、电动搅拌器(桨式)、搅拌封、恒温水浴锅、烘箱。

2. 试剂：醋酸乙烯(精制)、聚乙烯醇 1788(聚合度 1700，醇解度 88%)、过硫酸铵(精制)、去离子水、OP-10 乳化剂。

四、实验步骤

1. 试剂准备

将 0.1g 精制过的过硫酸铵溶解于 3mL 蒸馏水中配制成溶液。称取平均聚合度在 1700 左右、醇解度约为 88%聚乙烯醇 4.0g，放入烧杯后加入 36mL 蒸馏水，在水浴锅中搅拌加热至 85℃以上(可煮沸)使之完全溶解，冷却待用。

2. 乳液聚合

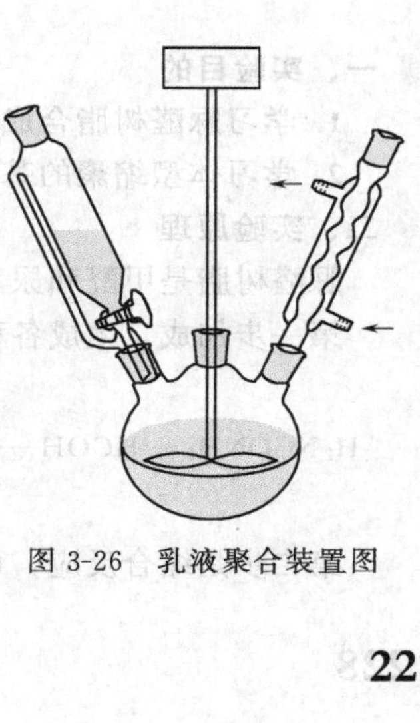

图 3-26　乳液聚合装置图

如图 3-26，在恒温水浴锅中搭建实验装置，250mL 三口烧瓶中口安装电动搅拌器，两侧边口分别接恒压滴液漏斗(或温度计)和回流冷凝管。往三口烧瓶中分别加入 37.5g 10%的聚乙烯醇水溶液①、0.3g OP-10、44mL 去离子水，开动电动搅拌器搅拌并升温至 65℃至充分乳化(此时或有乳白色出现!)②。

用恒压滴液漏斗向三口烧瓶中加入第一批引发剂(1mL)，随后用滴液漏斗滴加 34g 醋酸乙烯，调节滴加速度先慢后快，使体系温度慢慢升至 70℃并维持在(70±1)℃进行反应③。1h 后加入第二批引发剂(1mL)，再过 1h 后加入第三批引发剂(1mL)，在 2h 内将单体加完。

单体加完后在 70～72℃保温 10min，随后依次缓慢升温到 75℃、78℃、80℃，每次保温 10min 使反应充分进行(最后可视情况升温至 90～95℃)。停止加热后自然冷却到 40℃，停止搅拌后出料，反应产物为乳白色混合液体。

3. 固含量测定

取 2g 乳浊液(精确到 0.002g)置于烘至恒重的玻璃表皿上，放于 100℃烘箱中烘至恒重后(约 2～4h)，按照以下公式计算固含量和单体转化率并记录实验结果。

固含量=(干燥后样品质量÷干燥前样品质量)×100％

单体转化率=[(固含量×产品量－聚乙烯醇量)÷单体质量]×100％

五、注意事项

① 配制 10％聚乙烯醇水溶液的方法：将 3.75g 醇解度为 88％的聚乙烯醇溶解在 34mL 水中，最好先浸泡一段时间，然后在沸水中完全溶解。

② 实验过程中搅拌不可停顿或随意改变搅拌速度，否则聚醋酸乙烯酯乳液有可能破乳并凝结成块析出。

③ 本实验中，温度控制对聚合的影响尤为关键，需尽可能保持精确控温。

六、思考题

1. 聚醋酸乙烯的乳液聚合是何种聚合反应机理？是何种聚合反应形式？

2. 聚乙烯醇在反应中起什么作用？为何要与乳化剂 OP-10 混合使用？

3. 为什么大部分的单体和引发剂采用逐步滴加的方式加入？

实验八十四　脲醛树脂的合成

一、实验目的

1. 学习脲醛树脂合成的原理和方法，加深对缩聚反应的理解。

2. 学习体型缩聚的基本操作，掌握脲醛树脂合成中监控反应程度的方法。

二、实验原理

脲醛树脂是甲醛和尿素在一定条件下经缩合反应而成。

第一步加成，生成各种羟甲基脲的混合物。

$$H_2NCONH_2 + HCOH \longrightarrow \underset{\text{一羟甲基脲}}{HOCH_2NH-\overset{\overset{O}{\|}}{C}-NH_2} \quad 或 \quad \underset{\text{二羟甲基脲}}{HOCH_2NH-\overset{\overset{O}{\|}}{C}-NHCH_2OH}$$

第二步是缩合反应，可以在亚氨基和羟甲基间脱水缩合。

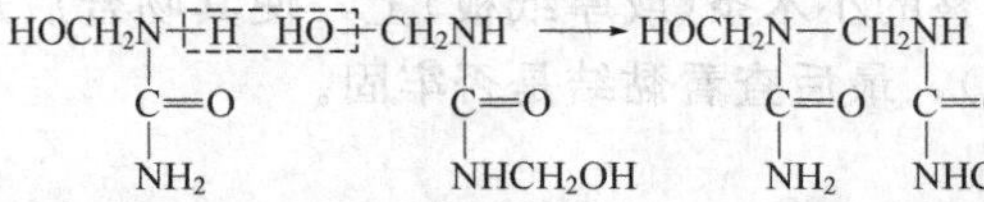

$$HOCH_2N-[\underline{H}\ \underline{HO}]-CH_2NH \longrightarrow HOCH_2N-CH_2NH$$
$$|\qquad\qquad\qquad |\qquad\qquad\qquad |\qquad\qquad |$$
$$C=O\qquad\qquad C=O\qquad\qquad C=O\quad C=O$$
$$|\qquad\qquad\qquad |\qquad\qquad\qquad |\qquad\qquad |$$
$$NH_2\qquad\qquad NHCH_2OH\qquad\ NH_2\quad\ NHCH_2OH$$

羟甲基与羟甲基之间也可以缩合脱水。此外，甲醛与亚氨基间的缩合也可形成低分子量的线型缩聚物，这样继续下去会形成低交联度的脲醛树脂。脲醛树脂的结构尚未完全确定，可认为分子主链上有以下结构：

$$\begin{array}{ccccccc}&&H&&&&O\\&&|&&&&\|\\HOCH_2-N-C-N-CH_2-N-CH_2-N-CH_2-N-C-N-CH_2OH\\&&\|&&\ \ |&\ \ \ \ |&&&|\\&&O&&CONH_2&CONH_2&&&H\end{array}$$

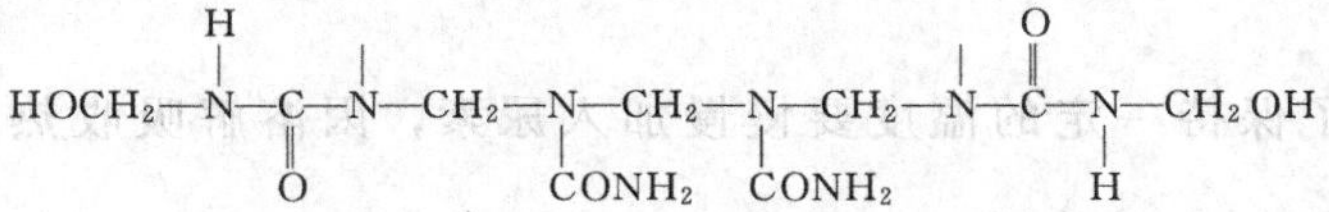

上述中间产物含有易溶于水的羟甲基，故可作胶黏剂使用。当进一步加热，或者在固化剂作用下，羟甲基与氨基进一步缩合交联成复杂的网状体型结构。

三、仪器与试剂

1. 仪器：三口烧瓶，回流冷凝管，玻璃棒，电动搅拌器，恒温水浴锅，温度计及套管，烘箱，小木条或纸板。

2. 试剂：甲醛（37％），六亚甲基四胺，浓氨水，尿素，1％氢氧化钠溶液，氯化铵，pH 试纸。

四、实验步骤

1. 搭建反应装置

如图 3-27，在 250mL 的三口烧瓶上分别装上电动搅拌器、回流冷凝管和温度计，并把三口烧瓶置于恒温水浴锅的浴槽中。

2. 合成反应

向三口烧瓶内加入 35mL 甲醛溶液（37％），开动搅拌器，用环六亚甲基四胺（约 1.2g）或浓氨水（约 1.8mL）调至 pH＝7.5～8[①]，慢慢加入全部尿素的 95％（约 11.4g）[②]。待尿素溶解后稍热至 20～25℃，缓缓升温至 60℃并保温 15min[③]。升温至 97～98℃，加入余下尿素的 5％（约 0.6g），保温反应 50min[④]。在此期间 pH 值约为6～5.5。

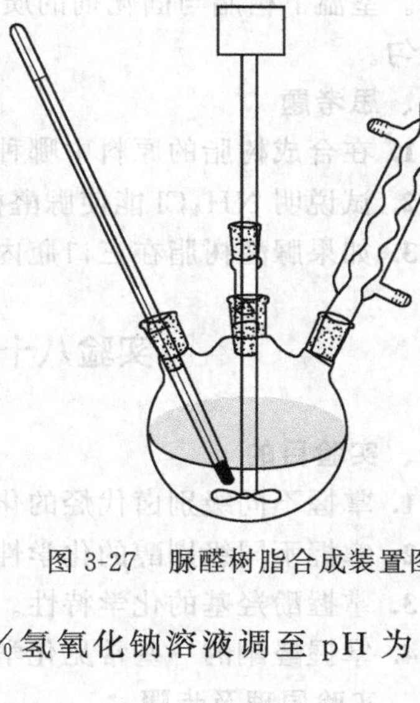

3. 出料

保温 40min 时开始检查反应是否达到终点[⑤]，一旦达到终点后应立即停止加热，在水浴中加入冷水使体系降温至 50℃以下。取出 5mL 黏胶液留做黏结实验，其余产物用 1％氢氧化钠溶液调至 pH 为 7～8，出料收集并密封于广口瓶中。

图 3-27　脲醛树脂合成装置图

4. 黏结实验

在取出的 5mL 脲醛树脂中加入适量的氯化铵固化剂[⑥]，充分搅匀后均匀涂在两块表面干净、平整的小木条(或厚纸板)上，使其吻合后适当加压黏结(可在烘箱中烘干一段时间)，最后查看黏结是否牢固。

五、实验注意事项

① 混合物的pH值不应超过8～9，防止甲醛发生Cannizzaro反应。

② 制备脲醛树脂时，尿素与甲醛的摩尔以1∶1.6～2为宜，可一次加入，但以二次加入为好，使甲醛有充分的机会与尿素反应，大大减少树脂中的游离甲醛。

③ 为了保持一定的温度要慢慢加入尿素，因溶解吸收热可使温度降低5～10℃。

④ 在二次保温期间，如发现黏度骤增、出现冻胶就应立即采用补救措施，出现这种现象的原因：a. 酸度太重，降低至pH=4.0以下；b. 升温太快。可采取的补救办法：a. 用NaOH把pH值调到7；b. 降低水浴锅加热温度；c. 加入适量的甲醛水溶液稀释树脂，从反应体系内部降温。补救处理后，酌情确定出料或继续加热反应。

⑤ 树脂是否制成可用如下办法检验：a. 用玻璃棒蘸点树脂，最后两滴迟迟不落，末尾略带丝状并缩回棒上，则表示已经成胶；b. 1份样品加2份水，出现浑浊；c. 取少量树脂放在两个手指间不断接触分离，觉得有一定黏度则表示已经成胶。

⑥ 常用固化剂有氯化铵、硝酸铵等，以氯化铵和硫酸铵为好。固化速度取决于固化剂的性质、用量和固化温度。若用量过多，胶质变脆；过少则固化时间太长。室温下树脂与固化剂的质量比以100∶0.5～1.2为宜。加入固化剂后应充分调匀。

六、思考题

1. 在合成树脂的原料中哪种原料对pH值影响最大？为什么？

2. 试说明NH_4Cl能使脲醛树脂固化的原因。你认为还可加入哪些固化剂？

3. 如果脲醛树脂在三口瓶内发生了固化，可能有哪些原因？如何处理？

实验八十五　有机官能团的性质

一、实验目的

1. 掌握不同级别卤代烃的化学鉴定方法。

2. 掌握不同级别醇的化学性质及鉴别方法。

3. 掌握酚羟基的化学特性。

4. 掌握醛酮的一些常见化学性质。

二、实验原理及步骤

1. 卤代烃与硝酸银的乙醇溶液的反应

取5支干净的试管，分别加入3滴1-氯丁烷、2-氯丁烷、叔丁基氯、苄氯、氯苯，然后在试管中各加入1mL 1%硝酸银乙醇溶液。边加边摇动试管。记录试管中出现的变化，记下产生沉淀的时间。5min后，没有出现沉淀的试管水浴加热(水浴温度不宜超过50℃)。加热6min后，观察试管中是否出现沉淀。请从结构和反应方程式进行解释。

2. 醇的性质实验

(1) 卢卡斯反应　取3支干燥试管，分别加入1mL正丁醇、仲丁醇和叔丁醇，然后各加入2mL卢卡斯试剂①，塞住试管口，摇动试管后静置，观察变化，并记录混合液变浑浊和出现分层的时间。

(2) 醇的氧化　取3支试管，各加入5滴0.5%高锰酸钾和5滴5%碳酸钠溶液；然后在每支试管中分别加入5滴正丁醇、仲丁醇和叔丁醇。摇动试管，观察混合液的颜色有何变化。

(3) 多元醇的反应　取4支试管，分别加入3滴5%硫酸铜和6滴5%氢氧化钠溶液，有何现象发生？然后在每支试管中分别加入5滴10%乙二醇、10% 1,3-丙二醇、10%甘油、10%甘露醇。摇动试管，有何现象？最后在每支试管中各加入1滴浓盐酸，混合液的颜色又有什么变化？

3. 酚的性质反应

(1) 酚的酸性　取2支试管，分别加入0.3g苯酚、α-萘酚，再加入1mL水。摇动试管。然后在两支试管中滴加5%氢氧化钠至酚全部溶解为止。将制得的清亮溶液再用15%稀硫酸酸化，观察有何现象发生。

(2) 取3支试管，分别加入2滴苯酚、α-萘酚、对苯二酚的饱和水溶液。再加入2滴饱和溴水。摇动试管，观察有何变化。

(3) 取4支试管，分别加入5滴苯酚、α-萘酚、对苯二酚的饱和水溶液。再加入3滴1% $FeCl_3$溶液。摇动试管，观察有何现象。

4. 醛和酮的性质实验

(1) 与2,4-二硝基苯肼作用　取8支试管编号，分别加入2滴甲醛、乙醛、丙酮、2-戊酮、3-戊酮、环已酮、苯甲醛和苯乙酮，在8支试管中分别加入2滴二苯基乙二酮的饱和乙醇溶液。然后分别加入2,4-二硝基苯肼试剂②，边滴加边摇动试管，一般滴加10滴即可。观察有无沉淀产生，每支试管中出现的沉淀为何种颜色，颜色不同说明什么？写出反应方程式。

(2) 与饱和亚硫酸氢钠作用　取6支试管编号，分别加入10滴苯甲醛、正丁醛、2-戊酮、3-戊酮、环已酮和苯乙酮，然后再各加1mL新配的饱和亚硫酸氢钠溶液③，边加边用力摇动试管，注意有无晶体产生。如果没有晶体产生，可将试管放置5～10min再观察。

(3) 碘仿反应　取5支试管，编号后分别加入3滴甲醛、乙醛、丙酮、乙醇和异丙醇。然后各加入7滴碘溶液④，溶液呈深红色。加完碘液后，接着滴加5%氢氧化钠溶液。边滴加边摇动，一直滴到深红色刚好消失为止。注意观察试管中的溶液，当深红色消失后有没有沉淀立即产生？是否嗅到碘仿的气味？如果试管中出现白色乳浊液，还不能说是碘仿，应该将白色乳浊液的试管放到50～60℃的水浴中温热几分钟，再观察有何现象。

(4) 与托伦试剂作用 取4支试管，加入托伦试剂⑤，分别加入1滴甲醛、乙醛、丙酮、苯甲醛，边加边用力振摇。观察试管变化。

(5) 与费林试剂作用 取4支试管，各加入1mL费林试剂A和费林试剂B⑥，用力摇匀。然后分别加入10滴甲醛、乙醛、丙酮及苯甲醛，边加边摇动试管。摇匀后，将4支试管一起放入沸水浴中加热3～5min。观察现象并解释。

三、实验记录与处理

记录每个性质实验的现象并列表整理，写出相应的反应方程式。并对每个现象加以解释。

四、注意事项

① 卢卡斯试剂一般现配现用。配制方法：将34g无水氯化锌在蒸发皿强热熔融，稍冷后放在干燥器中冷却到室温，取出捣碎，溶于23mL浓盐酸中(相对密度1.187)。配制时必须加以搅动，并把容器放在冰水中冷却，以防氯化氢逸出。

② 2,4-二硝基苯肼溶液的配制方法：在15mL浓硫酸中，溶解3g 2,4-二硝基苯肼。另在70mL 95%乙醇里加入20mL水。然后把硫酸苯肼倒入稀乙醇溶液中，搅拌混合均匀即成橙红色溶液(若有沉淀，应过滤)。

③ 饱和亚硫酸氢钠溶液的配制：先配制40%亚硫酸氢钠水溶液。然后在每100mL的40%亚硫酸氢钠水溶液中，加入无水乙醇25mL，溶液呈现透明清亮状。

④ 碘溶液的配制方法：20g碘化钾溶于100mL水中，然后加入10g研细的碘粉，搅动使其全溶，呈深红色溶液；或1g碘化钾溶于100mL水中，然后加入0.5g碘，加热溶解即得红色清亮溶液。

⑤ 托伦试剂的配制方法：加入2mL 5%硝酸银溶液和2mL 5%氢氧化钠溶液。试管中出现棕黑色沉淀，用力摇动试管，使反应完全。然后向试管中滴加氨水，慢慢滴加，边滴加边摇动试管，直滴加到棕黑色沉淀全部溶解，这时溶液呈无色清亮状。

⑥ 费林试剂A的配制方法：将3.5g五水硫酸铜溶于100mL水中；费林试剂B的配制方法为：将17g四水酒石酸钾钠溶于20mL热水中，然后加入由5g氢氧化钠和20mL水配成的溶液，再用水稀释至100mL。

五、思考题

1. 卤代烃和硝酸银的乙醇溶液反应，不同结构的卤代烃为什么反应速率不一样？

2. 如何鉴别乙醇、正丁醇、1,2-丁二醇和1,3-丁二醇？

3. 制备托伦试剂时，安全方面应注意些什么问题？

实验八十六　脂类化合物的性质

一、实验目的

1. 了解脂类化合物的结构与性质。

2. 掌握皂化反应的基本原理及操作。

二、实验原理

脂类化合物一般包括油脂和类脂。油是不饱和高级脂肪酸甘油酯，脂肪是饱和高级脂肪酸甘油酯，统称为油脂，都是高级脂肪酸甘油酯。一般把常温下是液体的称作油，而把常温下是固体的称作脂肪。油脂的主要生理功能是贮存和供应热能，在代谢中可以提供的能量比糖类和蛋白质约高一倍。油脂除食用外，还用于肥皂生产和油漆制造等工业中。

油脂在碱性条件下发生水解反应，产物为高级脂肪酸钠盐和甘油，由于高级脂肪酸盐为肥皂的主要成分，所以该水解反应称为皂化反应。

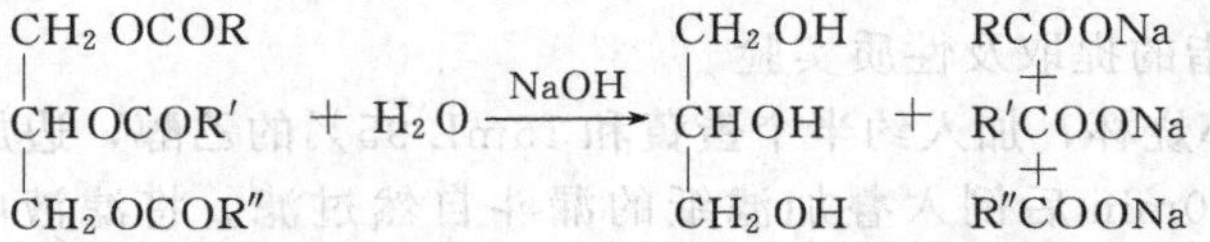

类脂主要是指在结构或性质上与油脂相似的天然化合物。它们在动植物界中分布较广，种类也较多，主要包括蜡、磷脂、萜类和甾族化合物等。磷脂有卵磷脂、脑磷脂、肌醇磷脂等。

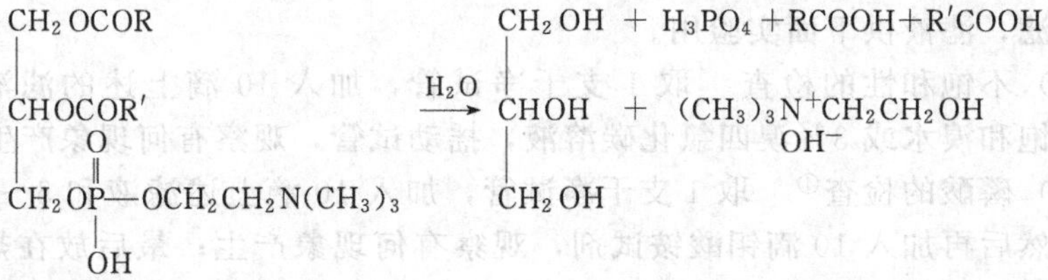

三、仪器与试剂

1. 仪器：50mL单口烧瓶，烧杯，试管，玻璃棒，球形冷凝管，三角漏斗，蒸发皿，电加热套，水浴锅。

2. 试剂：30%和5%氢氧化钠，10%盐酸，95%乙醇，10%氯化钙，10%氯化镁(或硫酸镁)，5%硫酸铜，饱和食盐水，3%溴四氯化碳溶液，钼酸铵试剂，硫酸氢钾。

3. 其他：豆油，鸡蛋黄，纱布。

四、实验步骤

1. 油脂的皂化(肥皂的制备)

(1) 称取3～5g豆油于50mL烧瓶中，加入6mL 95%乙醇[①]及10mL 30%氢氧化钠溶液，如氢氧化钠滴在瓶口处，应擦干净，否则反应完后，冷凝管难以取下。安装球形冷凝管，接通冷却水，加热回流 30min 并经常摇动烧瓶。

(2) 待皂化完全后，拆除装置，将皂化液倒入一个盛有 30mL 饱和食盐水的小烧杯里，边倒边搅拌。就会有一层肥皂浮到溶液的表面，冷却后，将析出的肥皂用纱布过滤，滤渣即是肥皂，所得滤液留作鉴别甘油的实验用。

2. 肥皂的性质实验

(1) 取 1 个小烧杯，加入少量制得的肥皂，再加入 20mL 蒸馏水，在沸水浴中稍稍加热，并用玻璃棒搅拌使其溶解成为均匀的肥皂水溶液，待用。

(2) 取 1 支试管，加入 1～3mL 肥皂水溶液，在振荡下滴入 5～10 滴 10% 盐酸，观察有何现象发生。

(3) 取 2 支试管，各加入肥皂水溶液 1～3mL，分别加入 5～10 滴 10%氯化钙溶液和 10%氯化镁(或硫酸镁)溶液，观察有何结果。

3. 甘油的性质实验②

取 2 支干净试管，一支试管中加入 1mL 皂化反应的滤液，另一支试管中加入 1mL 水做空白试验。然后，在 2 支试管中分别加入 5 滴 5%氢氧化钠溶液及 3 滴 5%硫酸铜溶液。试比较两支试管中颜色有何区别。

4. 卵磷脂的提取及性质实验

取 1 个小烧杯，加入约半个蛋黄和 15mL 95%的乙醇，边加入边用玻璃棒搅拌均匀，约 10min 后倒入叠加滤纸的漏斗自然过滤。将滤液收集在蒸发皿中，于沸水浴上蒸干，残留物即是卵磷脂。

(1) 三甲胺的检查③　取 1 支干燥的试管，加入一小粒(约绿豆大)卵磷脂和 2～5mL 10%氢氧化钠溶液。放入沸水浴中加热 10min，并用玻璃棒加以搅拌。卵磷脂分解，有三甲胺生成，用玻璃棒蘸取溶液少许，嗅其气味。然后，将溶液过滤，滤液供下面实验用。

(2) 不饱和性的检查　取 1 支干净试管，加入 10 滴上述的滤液，再加入 1～2滴饱和溴水或 3%溴四氯化碳溶液，摇动试管，观察有何现象产生。

(3) 磷酸的检查④　取 1 支干净试管，加入 10 滴上述滤液和 5～10 滴 95% 乙醇，然后再加入 10 滴钼酸铵试剂，观察有何现象产生；最后放在热水浴中加热 5～10min，观察有何变化。

(4) 甘油的检查⑤　取 1 支干燥的硬质试管，加入少许卵磷脂和 0.2g 硫酸氢钾，用试管夹夹住，小火先稍微加热，使硫酸氢钾与卵磷脂混熔，然后将试管强热，待有水蒸气放出时，嗅有何气味。

五、实验记录与处理

记录每个实验现象并列表整理，写出相应的反应方程式对每个实验现象加以解释。

六、注意事项

① 油脂不溶于碱的水溶液，皂化作用进行很慢，加入乙醇可增加溶解度，使油脂和碱形成均匀的溶液，加速皂化的进行。

② 甘油在碱性条件下和铜离子发生配合反应，生成绛蓝色的配合物。

③ 三甲胺为无色气体，有氨和鱼腥的气味。

④ 生成黄色的磷钼酸铵沉淀，反应式如下：

$$PO_4^{3-} + 3NH_4^+ + 12MoO_4^{2-} + 24H^+ \longrightarrow (NH_4)_3PO_4 \cdot 12MoO_3 \cdot 6H_2O \downarrow + 6H_2O$$

⑤ 甘油和硫酸氢钾供热会发生脱水反应，得到具有特殊臭味的丙烯醛。

七、思考题

1. 油脂的皂化反应中，氢氧化钠起什么作用？乙醇又起什么作用？

2. 如何判断油脂已经基本皂化完全？如何鉴别副产物甘油？

实验八十七　茶叶中咖啡碱的提取

一、实验目的

1. 了解固液萃取的基本原理和方法。

2. 掌握用脂肪提取器提取有机物的原理和方法。

二、实验原理

咖啡碱为嘌呤的衍生物，化学名称是1,3,7-三甲基-2,6-二氧嘌呤，其结构式如下

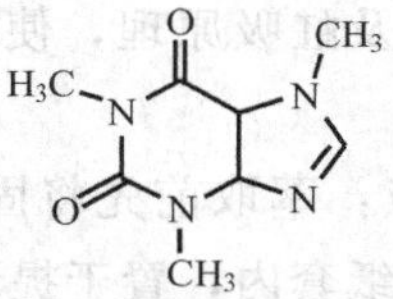

含结晶水的咖啡碱为白色针状结晶粉末，味苦。能溶于水、乙醇、丙酮、氯仿等，微溶于石油醚，在100℃时失去结晶水，开始升华，120℃时升华相当显著，178℃以上升华加快。无水咖啡碱的熔点为238℃。

茶叶中含有咖啡碱，另外还含有丹宁酸、色素、纤维素、蛋白质等。为了从茶叶中提取咖啡碱，可用乙醇在脂肪提取器中连续萃取，然后蒸去溶剂，即得粗咖啡碱。粗咖啡碱中的其他一些生物碱和杂质可利用升华进一步提纯。

三、仪器与试剂

1. 仪器：脂肪提取器，圆底烧瓶(250mL)，转接头，蒸馏头，直形冷凝管，尾接管，锥形瓶(100mL)，温度计(200℃)，蒸发皿，玻璃棒，玻璃漏斗，加热套，量筒(100mL、50mL)，石棉网，托盘天平。

2. 试剂及用品：茶叶末，95%乙醇，生石灰。

四、实验步骤

1. 萃取　称取研细的10g茶叶，放入脂肪提取器①的滤纸套筒中，在烧瓶中加入110mL 95%乙醇，按照装置图(见图3-28)连接

图3-28　咖啡碱的连续萃取装置

好仪器，连续提取虹吸4～5次②，停止加热。

2. 蒸馏　稍冷后改成蒸馏装置，蒸馏回收提取液中的乙醇，得墨绿色浓缩液③。

3. 焙烧　将浓缩液倒入蒸发皿中，拌入5g生石灰粉④放在石棉网上，用小火焙烧至干砂状。

4. 升华　冷却后，将玻璃漏斗罩在隔以刺有许多小孔滤纸⑤的蒸发皿上。当滤纸上出现许多白色针状结晶时，停止加热。自然冷却后，揭开滤纸，用刮刀将纸上和器皿周围的咖啡碱刮下，称重并测定熔点。

五、实验记录与处理

产品性状	产品质量/g	熔点/℃

六、注意事项

① 脂肪提取器的工作原理：脂肪抽取器又称索氏提取器，由提取瓶、提取管和冷凝器三部分组成，提取管两侧分别有虹吸管和连接管。各部分连接处要严密不能漏气。它利用溶剂回流及虹吸原理，使固体物质连续不断地被溶剂萃取，既节约溶剂，萃取效率又高。

② 脂肪提取器的操作要点：萃取前先将固体物质研碎，以增加固液接触的面积。然后将固体物质放在滤纸套内，置于提取器中，提取器的下端与盛有溶剂的圆底烧瓶相连，上面接回流冷凝管。加热圆底烧瓶，使溶剂沸腾，蒸气通过提取器的支管上升，被冷凝后滴入提取器中，溶剂和固体接触进行萃取，当溶剂面超过虹吸管的最高处时，含有萃取物的溶剂虹吸回烧瓶，因而萃取出一部分物质，如此重复，使固体物质不断为纯的溶剂所萃取，将萃取出的物质富集在烧瓶中，从而达到连续萃取的目的。滤纸套筒的底部应封紧，避免茶叶末泄漏，套筒上部应盖上滤纸片，滤纸套筒的直径应小于萃取室的直径，套筒的高度应低于支管口。

③ 蒸馏不能蒸干。

④ 生石灰起中和作用，以除去部分杂质，应研细使之能充分吸水。

⑤ 滤纸上的小孔大小应合适，且应使大孔一面向下，控制好温度，让咖啡碱充分升华。

七、思考题

1. 利用脂肪提取器提取有哪些优点？

2. 本实验为什么选用乙醇做萃取剂？

3. 实验中加入生石灰的作用是什么？

4. 简述固液萃取的基本原理。

实验八十八　槐花米中芦丁的提取

一、实验目的

1. 通过芦丁的提取与精制掌握碱酸法提取黄酮类化合物的原理及操作。

2. 进一步掌握热过滤及重结晶等基本操作

二、实验原理

芦丁(rutin)又称云香苷(rutioside)，有调节毛细管壁的渗透性作用，临床上用作毛细血管止血药，作为高血压症的辅助治疗药物。芦丁存在于槐花米和荞麦中，槐花米中芦丁含量高达12%～16%，荞麦中含8%左右。从化学结构而言，芦丁属黄酮苷，其结构如下：

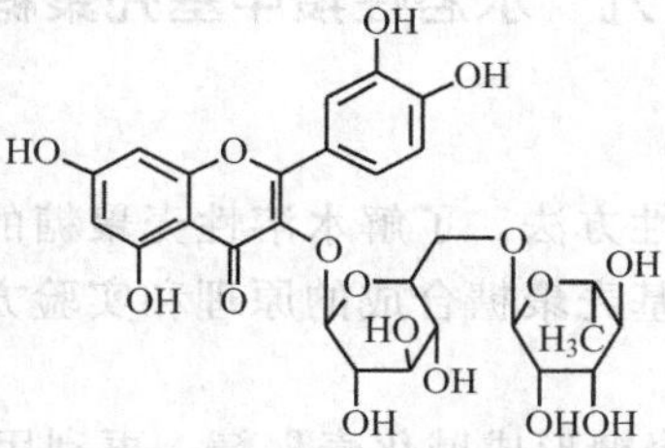

其分子中含有酚羟基，显酸性，可溶于稀碱液中，在酸性溶液中会沉淀析出，可利用这一性质进行提取分离。利用芦丁易溶于热水、热乙醇，较难溶于冷水、冷乙醇的性质，通过重结晶的方法可对其进行精制。

三、仪器与试剂

1. 仪器：研钵，烧杯，加热装置，抽滤装置。

2. 试剂及用品：饱和石灰水，15%盐酸，槐花米。

四、实验步骤

1. 称取15.0g槐花米于研钵中，研成粉状物后置于250mL烧杯中，加入150mL饱和石灰水溶液①，在石棉网上加热至沸腾并不断搅拌，继续煮沸15min后抽滤。

2. 滤渣置于100mL饱和石灰水中煮沸10min，抽滤。合并两次滤液，用15%盐酸(约需5mL)中和，调节pH值为3～4②。放置1～2h使沉淀完全后抽滤。沉淀用水洗涤2～3次即得芦丁的粗产物。

3. 将制得的芦丁粗品置于250mL烧杯中，加入150mL水，搅拌下加热至沸，再慢慢加入约50mL饱和石灰水溶液，调节溶液的pH值至8～9，待溶解完后趁热过滤。

4. 滤液置于250mL烧杯中，用15%盐酸调节溶液的pH值至4～5。静置约30min后芦丁以浅黄色晶体析出，抽滤收集该晶体并用少量水洗涤1～2次，烘干称重后测其熔点(文献值为174～178℃)。

五、实验记录与处理

产品性状	产品质量/g	熔点/℃

六、注意事项

① 用石灰水调节芦丁提取溶液的 pH 值，既可以达到碱提取芦丁的目的，还可以除去槐花米中含有的大量黏液质。但钙离子浓度及 pH 值均不宜过高，否则多余的钙能与芦丁形成螯合物沉淀，同时黄酮母核在强碱性条件下易被破坏。

② 用盐酸调 pH 值时，应注意 pH 值不要过低，因为 pH 值过低会使芦丁形成盐，而使已形成的沉淀重新溶解，从而导致产率下降。

实验八十九　水溶性羧甲基壳聚糖的合成设计

一、实验目的

1. 学习壳聚糖的改性方法，了解水溶性壳聚糖的应用。

2. 掌握水溶性羧甲基壳聚糖合成的原理和实验方法。

二、实验原理

用氢氧化钠处理壳聚糖形成碱化壳聚糖，再利用碱化壳聚糖分子中活泼的氨基和羟基与氯乙酸发生取代反应，制备氨基和羟基被取代的羧甲基壳聚糖。

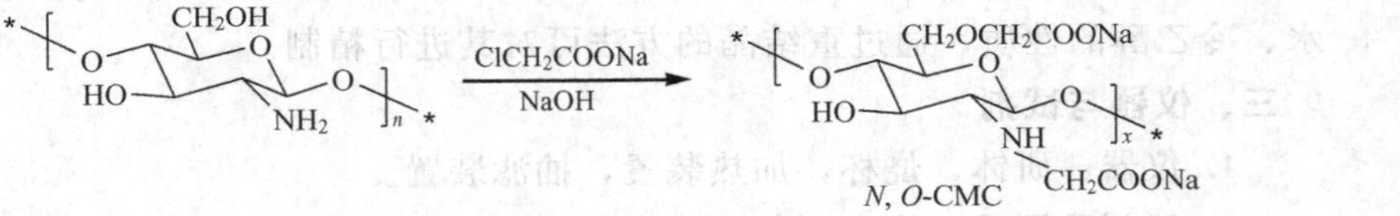

三、设计内容及要求

1. 写一篇关于水溶性壳聚糖合成方法的文献综述。

2. 设计由壳聚糖和氯乙酸为原料制备羧甲基壳聚糖的实验方案和步骤。

3. 设计考察不同实验条件(反应温度、反应时间、碱的用量)对合成羧甲基壳聚糖产率及取代度的影响。

四、思考题

1. 水溶性壳聚糖主要有哪些应用？其现有的合成方法主要有哪些？

2. 本实验中温度过高或碱用量过大，对合成羧甲基壳聚糖的产率以及取代度会有何影响？

五、参考文献

[1] Song Q-P, Zhang Z, Gao J-G, Ding C M. Synthesis and property studies of *N*-carboxymethyl chitosan. J. Appl. Polym. Sci., 2011, 119: 3282-3285.

[2] 赵爱杰，原续波，常津. *O*-羧甲基壳聚糖的制备及应用研究进展. 高分子通报，2004，4：59-63.

实验九十 查尔酮的水相合成设计

一、实验目的

1. 了解水相反应在有机合成中的应用。

2. 掌握羟醛缩合反应的原理和实验方法。

3. 了解查尔酮的结构、性质及其在有机化学中的用途。

二、实验原理

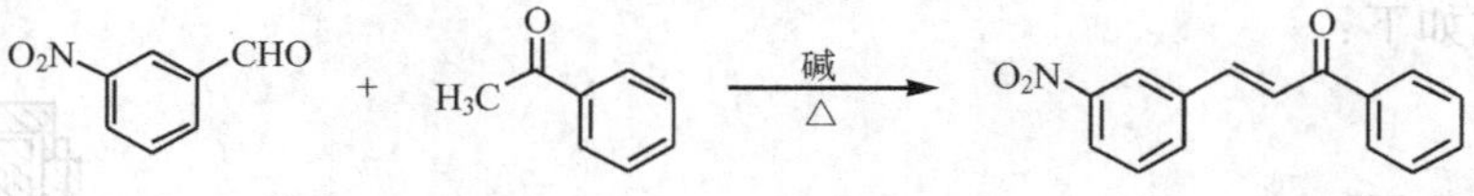

三、设计内容及要求

1. 写出一篇关于水相反应和查尔酮合成方面的文献综述。

2. 设计水相条件下由间硝基苯甲醛和苯乙酮缩合制备查尔酮的实验方案和操作步骤。

3. 设计对比实验，考察不同碱作催化剂对反应进程及选择性的影响。

4. 设计对比实验，考察碱的用量对反应进程及选择性的影响。

四、思考题

1. 水相反应与一般有机溶剂中进行的反应相比，有哪些优势？操作上有什么不同？

2. 本实验中碱的强度及用量对反应有何影响？

五、参考文献

Zhang Z，Dong Y-W，Wang G-W. Efficient and clean aldol condensation catalyzed by sodium carbonate in water. Chem. Lett.，2003，32：966-967.

四、物理化学实验

实验九十一 燃烧热的测定

一、实验目的

1. 明确燃烧热的定义，了解恒压燃烧热与恒容燃烧热的差别。

2. 了解量热计结构和工作原理，掌握氧弹量热计的使用方法。

3. 学会用雷诺图解法校正温度改变值。

二、实验原理

在恒容或恒压条件下可以分别测得同一物质的恒容燃烧热 Q_v 和恒压燃烧热 Q_p。由于 $Q_V=\Delta U$，$Q_p=\Delta H$，若把反应气体都作为理想气体处理，则有

$$\Delta H=\Delta U+\Delta(pV)=Q_V+\Delta n(g)RT$$

所以有

$$\Delta_c H_m^{\ominus}=Q_{v,m}+\sum\nu_B(g)RT$$

氧弹量热计如图 3-29 所示。其基本原理是能量守恒定律。样品完全燃烧后所释放的能量使得氧弹本身及其周围的介质和与量热计有关的附件温度升高，因此，测量介质在燃烧前后体系温度的变化值，就可求算该样品的恒容燃烧热。其关系式如下：

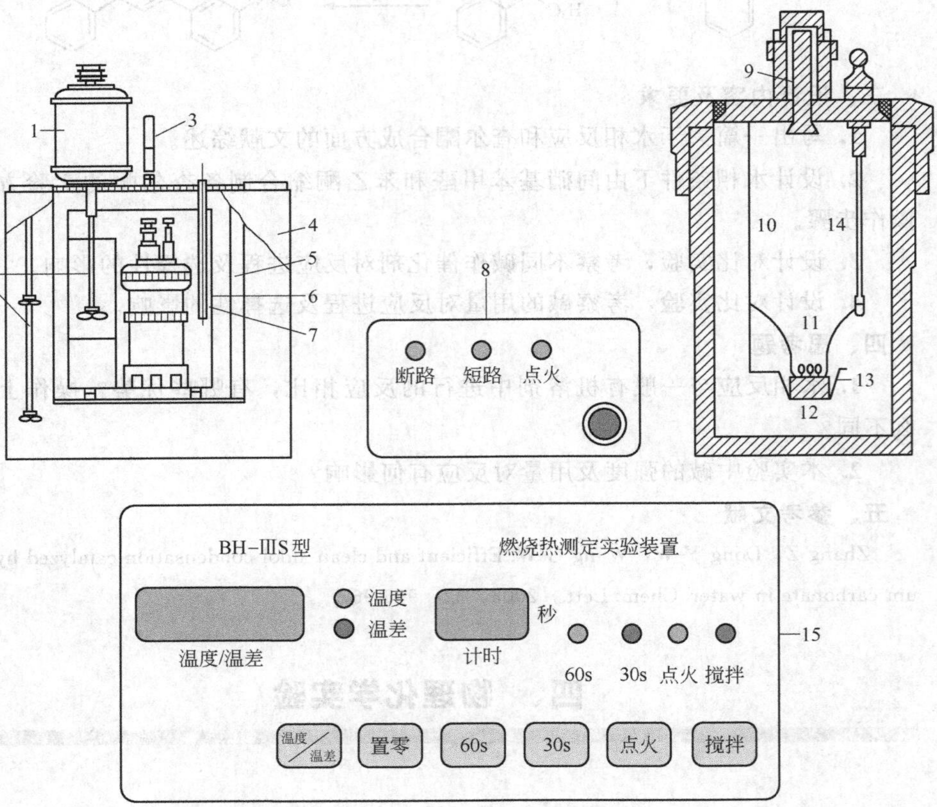

图 3-29　氧弹量热计结构装置图

1—内筒搅拌器；2—搅拌器；3—温度计；4—恒温水夹套；5—挡板；6—盛水桶；7—温度探头；8—点火器；9—出气管道；10—电极；11—引燃丝；12—样品片；13—金属小皿；14—进气管兼电极；15—面板

$$-\frac{m_{样}}{M}Q_{V,m}-l\cdot Q_l=K\Delta T$$

式中，$m_{样}$ 和 M 分别为样品的质量和摩尔质量，单位分别为 g 和 g/mol；$Q_{V,m}$ 为样品的恒容摩尔燃烧热，kJ/mol；l 和 Q_l 是已燃引燃丝的长度和单位长度引燃丝的燃烧热，单位为 cm 和 J/cm；K 为介质水和量热计的总热容，即介质水和量热计每升高 1℃所吸收的热量，kJ/℃，与水的量和量热计的性能有关，称为仪器常数；ΔT 为样品燃烧前后水温的变化值，℃。

三、仪器与试剂

1. 仪器：氧弹量热计，氧气钢瓶，0～50℃温度计 1 支，压片机，药物天平，电子天平，专用引燃丝。

2. 试剂：苯甲酸(分析纯)，蔗糖。

四、实验步骤

1. 样品准备

准确量取 11cm 引燃丝，两端各留 3cm，中间绕成弹簧状，称重。将引燃丝两端插入模具垫片两孔中，称取 1g 左右的苯甲酸加入模具中，用压片机压成片状，准确称重。

2. 装样与充氧

将引燃丝插入氧弹电极的引燃丝槽中，拉下卡子卡紧。两端伸出的引燃丝不得长于 0.5cm。插入电极，按下仪器面板“搅拌”按钮，点火器显示“点火”为正常。取下电极，拧紧氧弹(注意配套编号)。在立式充氧器上充氧气，直到氧弹内压力达 1.8～2.0MPa 为止。

3. 测量温度变化值

将自来水温度调节到低于室温 1.0℃，用 1000mL 容量瓶准确量取 3000mL 水于盛水桶内，将氧弹放于水桶中。

按下搅拌按钮，待温度稳定上升后，每隔 30s 读取一次温度(准确至 0.01℃)。读取 10 次后，按下仪器面板“点火”按钮及点火器上的红色按钮。若温度明显上升，表示氧弹内样品已燃烧。继续每隔 30s 读取一次温度，直至温度开始下降后，再读取最后阶段的 10 次读数(若温度变化不大，即说明点火不成功，需放出氧气，检查点火丝是否虚接，以及是否存在故障，重新开始实验)。

完成观测温度后，从热量计中取出氧弹，用放气帽缓缓压下放气阀，在 1min 左右放尽气体，拧开并取下氧弹，测量未燃烧完的引燃丝长度，计算出实际燃烧掉的铁丝长度。

4. 称取 1.0g 左右的水杨酸，同上方法测出蔗糖燃烧的温度变化值。

五、数据记录与处理

1. 记录苯甲酸燃烧热测定数据

将苯甲酸燃烧过程测定数据及相关数据记录如下：

室温/℃	实验用水温/℃	燃烧样品质量/g	已燃引燃丝长度/cm

初期		主期				末期	
次数	温度/℃	次数	温度/℃	次数	温度/℃	次数	温度/℃
1		1(点火)		11		1(降温)	
2		2		12		2	
3		3		13		3	
4		4		14		4	
5		5		15		5	
6		6		16		6	
7		7		…		7	
8		8				8	
9		9				9	
10		10				10	

2. 作雷诺校正图，求 ΔT

将上表数据作温度 T-时间 t 图，可得到如图 3-30 所示两种曲线。图中 H 点为点火时的温度，表示燃烧开始；D 点为观察到的最高值；J 点表示室温。从 J 点作水平线交曲线与 I 点，过 I 点作垂线 ab，再将 FH 和 GD 分别延长交 ab 线与 A、C 两点，其间的温度差值即为经校正过的 ΔT。图中 AA'为开始燃烧到体系温度上升到室温这一段时间 Δt_1 内，由环境辐射和搅拌引起的能量所造成的升温，故应予以扣除。CC'是室温升高到最高点 D 这一段时间 Δt_2 内，热量计向环境的热漏造成的温度降低，应予以加上。故可以认为，A、C 两点的差值较客观地表示了样品燃烧引起的升温数值。

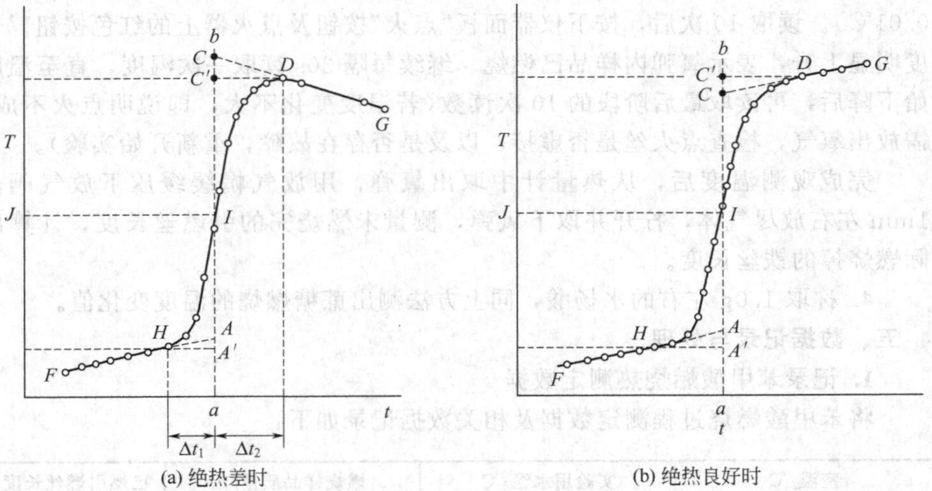

图 3-30　雷诺温度校正图

3. 仪器常数 K 的计算

将 ΔT 及其他已知条件代入下式即可求得 K 值，已知苯甲酸燃烧热文献值 $Q_{V,m}=-3326.9$kJ/mol，引燃铁丝的燃烧热值 $Q_l=-2.9$J/cm。

$$K=(-\frac{m_{样}}{M}Q_{V,m}-l\cdot Q_l)/\Delta T$$

4. 求蔗糖燃烧的 ΔT

同第一步记录下蔗糖燃烧的数据，同第二步作出蔗糖燃烧的雷诺温度校正图，求蔗糖燃烧的 ΔT。

5. 求蔗糖的 $Q_{V,m}$

将 ΔT、K 及蔗糖样品的质量等数据代入下式，即可求得蔗糖的 $Q_{V,m}$

$$Q_{V,m}=-(K\Delta T+l\cdot Q_l)\cdot\frac{M}{m_{样}}$$

6. 求蔗糖的摩尔燃烧焓

将 $Q_{V,m}$ 值及蔗糖燃烧反应的 $\sum\nu_B$ (g) 和反应时的温度代入下式即可求得蔗糖的摩尔燃烧焓

$$\Delta_c H_m^{\ominus}=Q_{V,m}+\sum\nu_B(g)RT$$

7. 将以上计算结果填于下表

所求物理量	计算结果
苯甲酸燃烧温度改变量 ΔT/℃	
仪器常数 K/kJ/℃	
蔗糖燃烧温度改变量 ΔT/℃	
蔗糖摩尔恒容燃烧热 $Q_{V,m}$/kJ/mol	
蔗糖燃烧焓 $\Delta_c H_m^{\ominus}$/kJ/mol	

六、注意事项

1. 氧气遇油脂会爆炸。因此，氧气减压器、氧弹以及氧气通过的各个部件、各连接部分不允许有油污，更不允许用润滑油。如发现油污，应用乙醚或其他有机溶剂清洗干净。

2. 金属小皿在每次使用后，必须清洗和除去碳化物，并用纱布清除黏着的污点。

七、思考题

1. 固体样品为什么要压成片状？如何测定液体样品的燃烧热？

2. 根据误差分析本实验的最大测量误差在哪儿？

实验九十二　液体饱和蒸气压的测定

一、实验目的

1. 了解纯液体饱和蒸气压与温度的关系，理解 Clausius-Clapeyron 方程的适

用范围。

2. 掌握静态法测定乙醇饱和蒸气压的原理及方法，学会用图解法求被测液体在实验温度范围内的平均摩尔汽化焓。

3. 初步掌握真空实验技术，进一步熟悉恒温槽及气压计的使用方法。

二、实验原理

在一定温度的封闭体系中，纯液体与其蒸气可达成一种动态平衡，即单位时间内由气体分子变成液体分子的数目与由液体分子变成气体分子的数目相同，宏观上说即气体的凝结速度与液体的蒸发速度相同，这种状态即为汽液平衡。汽液呈平衡时，其蒸气的压力就是该温度下的饱和蒸气压。温度升高，其饱和蒸气压也升高，饱和蒸气压与温度的关系服从 Clausius-Clapeyron 方程：

$$\frac{\mathrm{dln}p}{\mathrm{d}T}=\frac{\Delta_{\mathrm{vap}}H_{\mathrm{m}}^{*}}{RT^{2}}$$

在一定温度范围内，$\Delta_{\mathrm{vap}}H_{\mathrm{m}}^{*}$ 可近似作为常数，将上式积分得：

$$\ln p=\frac{-\Delta_{\mathrm{vap}}H_{\mathrm{m}}^{*}}{RT}+C$$

以 $\ln p$ 对 $1/T$ 作图，可得一直线，斜率为$-\frac{\Delta_{\mathrm{vap}}H_{\mathrm{m}}^{*}}{R}$，由斜率可求算液体的摩尔汽化热 $\Delta_{\mathrm{vap}}H_{\mathrm{m}}^{*}$。

液体饱和蒸气压的测定方法有三种，即静态法、动态法和饱和气流法。本实验采用静态法测定液体的饱和蒸气压，即在某一温度下直接测量气液两相平衡时的压力。将被测液体装在玻璃制作的平衡管的 A 管内(见图 3-31)，并在 B、C 构成的 U 形管处造成液封。在一定温度下，当 A 管的液面上完全是待测液体的蒸气，而 B 管与 C 管的液面处于同一水平时，则表示 C 管液面上蒸气压(即 A 管液面上的蒸气压)与加在 B 管液面上的外压相等。测得 B 管液面上的压力即为 A 管液面上的蒸气压，也即应测样品的饱和蒸气压。而此时的温度称为液体在此外压下的沸点。液体的沸点和外压有关，外压越低，沸点也越低。当外压为标准压力时液体的沸点为该液体的正常沸点。

三、仪器与试剂

1. 仪器：恒温水浴，磁力搅拌器，平衡管，数字压力计，真空泵及附件。

2. 试剂：环已烷(分析纯)。

四、实验步骤

1. 装样

平衡管中的液体可用下法装入，先将平衡管取下洗净，烘干，然后烘烤 A 管，赶走管内空气，速将液体自 B 管的管口灌入，冷却 A 管，液体即被吸入。反复两三次，使液体灌至 A 管高度的 2/3 为宜，然后接在装置上。

2. 检查气密性

将仪器按图装好，缓慢旋转三通旋塞，使系统通大气。开启冷却水，接通电

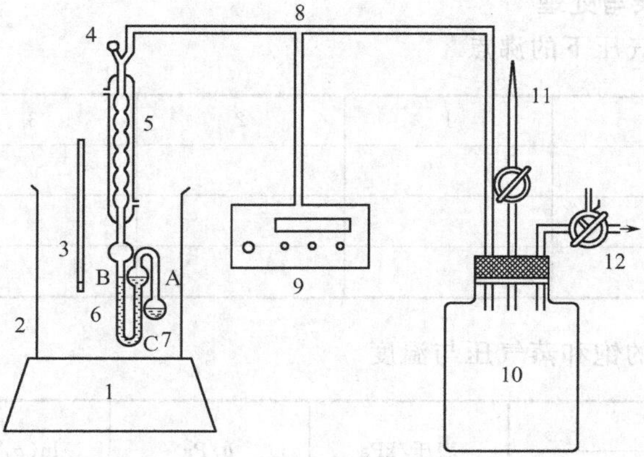

图 3-31　饱和蒸气压实验装置

1—磁力搅拌器；2—玻璃恒温水浴；3—温度计；4—加样口；
5—冷凝管；6—平衡管；7—试样球；8—真空橡皮管；9—数字压力计；
10—缓冲瓶；11—进气毛细管口；12—接真空泵三通

源，使真空泵正常运转 4～5min，转动活塞使系统抽气减压，使余压大约为 1×10^4 Pa 后关闭活塞，此时系统处于真空状态。若数字压力计上的数字 10min 基本不变，表明系统不漏气，否则要检查原因，设法加以密封。

3. 赶净平衡管中的空气

（1）读取当日室温及室内大气压。

（2）通冷却水。

（3）转动三通活塞，使系统与大气相通，开动搅拌器，并将水浴加热。随着温度逐渐上升，平衡管中有气泡逸出。继续加热至正常沸点之上大约 5℃。保持此温度数分钟，将平衡管中的空气赶净。

4. 测定室内大气压下的沸点

系统空气被赶净后，停止加热。让温度缓慢下降，C 管中的气泡将逐渐减少直至消失。C 管液面开始上升而 B 管液面下降。严密注视两管液面，一旦两液面处于同一水平时，记下此时的温度。细心而快速转动三通活塞，使系统与泵略微连通。既要防止空气倒灌，也应避免系统减压太快。

重复测定三次，结果应在测量允许误差范围内。

5. 测定不同温度下纯液体的饱和蒸气压

在大气压力下测定沸点之后，旋转三通活塞，使系统慢慢减压。减至压差约为 4×10^3 Pa 时，平衡管内液体又明显汽化，不断有气泡逸出。随着温度下降，气泡再次减少直至消失。同样等 B、C 两管液面相平时，记下温度和真空计读数。再次转动三通活塞，缓慢减压，减压幅度同前，直至烧杯内水浴温度下降至 50℃左右。停止实验，再次读取大气压力。

6. 实验结束后，把各种仪器复原

五、数据记录与处理

1. 室内大气压下的沸点

测定次数	1	2	3	平均
室温/℃				
大气压/kPa				
沸点/℃				

2. 环已烷的饱和蒸气压与温度

温度		表压/kPa	p/Pa	$\ln(p/\text{Pa})$	$\frac{1}{T}/\text{K}^{-1}$
t/℃	T/K				
⋮					

3. 以 $\ln p$ 对 $1/T$ 作图，得直线，由直线的斜率求出 $\Delta_{\text{vap}}H_{\text{m}}^{*}$。

六、注意事项

1. 抽气速度必须慢，避免等压计中环已烷因抽气速度过快而挥发掉。

2. 等压计中有溶液的部分必须放置于恒温水浴锅内的液面以下，否则所测溶液温度与水浴温度不同。

3. 整个实验过程中，严防空气倒灌，否则会影响实验的进行。

4. 在关闭真空泵前一定要先将系统排空，然后关闭真空泵。

七、思考题

1. Clausius-Clapeyron 方程的适用范围是什么？

2. 纯液体的饱和蒸气压与哪些因素有关？

实验九十三　双液系气-液平衡相图

一、实验目的

1. 掌握测定双液系液体的沸点和组成的方法。

2. 绘制常压下环已烷-乙醇双液系的温度-组成图，加深理解相律和相图的基本概念。

二、实验原理

常温下，两液态物质混合而成的体系称为双液系。若两液体能以任意比例相互溶解，称为完全互溶双液系。环已烷-乙醇体系是完全互溶双液系。

液体的沸点是指液体的蒸气压与外压相等时的温度。在一定的外压下，纯液体的沸点有确定的值。但对于双液系来说，沸点不仅与外压有关，还与双液系的组成有关。

如果溶液的实际蒸气压与按拉乌尔定律计算的理论值偏差不大，在 T-x 图上，溶液的蒸气压和沸点介于A、B两纯组分蒸气压和沸点之间，如图3-32(a)所示。

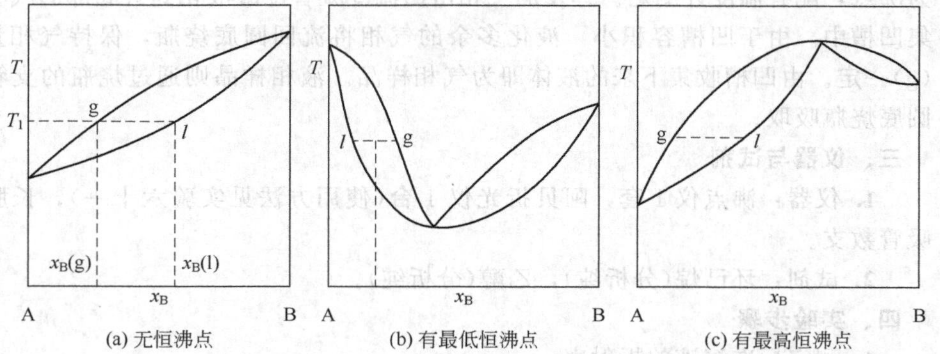

图 3-32　二组分汽液平衡温度-组成图

实际溶液由于A、B两组分间的相互影响，常与拉乌尔定律有较大的偏差。在T-x图上可能有极低点和极高点出现，如图3-32中(b)和(c)所示。这些点称为恒沸点。其相应的溶液称为恒沸混合物。恒沸混合物蒸馏时气相与液相的组成相同，因此不能用蒸馏的方法将它们分离。

对二组分二相平衡系统，当压力恒定时，由相律$F=C-P+1$知，其自由度数$F=1$。对给定的系统，即系统总量n和总组成x_0一定时，温度T、气相组成y和液相组成x、两相的量n(g)和n(l)等变量只有一个是独立可变的。因此只要再固定一个量不变，则体系就成为无变量系统，即其他变量都有唯一确定的值。实验时保持气相量n(g)一定，此时测出温度T和两相的组成y和x，可在T-x图上画出气、液两个坐标点。改变系统的总组成x_0，可测得另一组值，可画出另一对坐标点。这样测得若干对坐标点后，分别按气相点和液相点连成气相线和液相线，即得双液系的T-x相图。

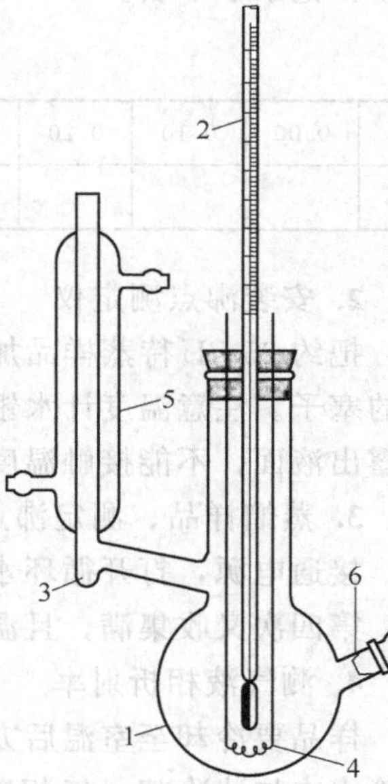

图 3-33　沸点测定仪

1—圆底烧瓶；2—温度计；3—气相收集凹槽；4—电加热丝；5—冷凝管；6—支管

本实验两相组成的测定采用折射率法。折射率是物质的特征值，与温度和物质的组成有关。可配制一系列已知组成的溶液，在恒定温度下测其折射率，作出折射率-组成工作曲线。这样测出未知溶液的折射率，就可在工作曲线上查出其组成。

沸点测定仪就是用来保持气相量n(g)一定的汽液平衡实验装置，如图3-33

所示。因此对给定的系统组成 x_0，体系的 T、y 和 x 都有唯一确定的值。将组成一定的二组分溶液加入长颈圆底烧瓶，由电加热丝加热蒸馏。沸腾时的温度即为沸点，配有温度计测定。挥发的气相由回流冷凝管冷凝液化到管底部的气相收集凹槽中。由于凹槽容积小，液化多余的气相将流回圆底烧瓶，保持气相量 n(g)一定。由凹槽收集下来的液体即为气相样品。液相样品则通过烧瓶的支管从圆底烧瓶吸取。

三、仪器与试剂

1. 仪器：沸点仪 1 套，阿贝折光仪 1 台(使用方法见实验六十一)，长胶头吸管数支。

2. 试剂：环己烷(分析纯)，乙醇(分析纯)。

四、实验步骤

1. 测定标准溶液的折射率

用阿贝折光仪测定组成为 0.10～0.90 的标准溶液及纯环己烷和纯乙醇的折射率，记录于下表。

环己烷-乙醇标准溶液的折射率

x	0.00	0.10	0.20	0.30	0.40	0.50	0.60	0.70	0.80	0.90	1.00
n_D											

2. 安装沸点测定仪

把约 25mL 待蒸样品加入干燥的长颈圆底烧瓶中，塞上装有电加热丝和温度计的塞子。注意温度计水银球应一半浸在溶液中，一半露在蒸气中。电加热丝不能露出液面，不能接触温度计。

3. 蒸馏样品、测定沸点

接通电源，打开循环水开始加热。前三次凹槽收集的液体要用吸管吸回烧瓶。第四次又收集满，且温度值稳定后读取沸点温度，然后停止加热。

4. 测气液相折射率

样品要冷却至室温后方可测定，否则误差很大，前功尽弃。液相可将烧瓶放入冷水中加速冷却。气相冷凝液量少，注意测定时要确保成功，否则要重新蒸馏。要等到手摸凹槽不热后，再等 5min 才能测定。液相可用温度计测量，冷却到室温即可测定。测完将圆底烧瓶中的液体倒回原试剂瓶中。

重复步骤 2、3 和 4，测其他样品。注意长颈圆底烧瓶中的液体尽量倒干净，不能用水洗，可用被测液荡洗，或不洗。

五、数据记录与处理

1. 由标准液的折射率与组成数据，绘制工作曲线。

2. 将实验测得的沸点和折射率数据记录于下表，从工作曲线上查得相应的组成，填入相应位置。

环己烷-乙醇溶液的测定数据与处理结果

样品组成 x	沸点		折射率 n_D		组成	
	t/℃	T/K	气相	液相	气相 y	液相 x
0.05						
…						
0.95						

3. 绘制沸点-组成图，并标明恒沸点和恒沸点组成。

六、注意事项

1. 由于整个体系并非绝对恒温，气、液两相的温度会有少许差别，因此温度计水银球应一半浸在溶液中，一半露在蒸气中。应避免温度计水银球直接接触电热丝。

2. 每次取样量不宜过多，取样时吸管一定要干燥，不能留有上次的残液，如不能及时干燥，可先取部分待测液润洗吸管。

3. 使用折光仪时，棱镜不能触及硬物，如滴管。擦拭棱镜要用擦镜纸。

七、思考题

1. 在连续测定法实验中，样品的加入量需要十分精确吗？为什么？

2. 本实验误差的主要因素有哪些？

实验九十四　溶液偏摩尔体积的测定

一、实验目的

1. 理解偏摩尔体积的物理意义。

2. 掌握用比重瓶测定溶液比容(或密度)的方法。

3. 测定指定组成的乙醇-水溶液中各组分的偏摩尔体积。

二、实验原理

在多组分体系中，某组分 B 的偏摩尔体积定义

$$V_B = \left(\frac{\partial V}{\partial n_B}\right)_{T,P,n_c} \tag{1}$$

若是二组分体系，则有

$$V_1 = \left(\frac{\partial V}{\partial n_1}\right)_{T,P,n_2} \tag{2}$$

$$V_2 = \left(\frac{\partial V}{\partial n_2}\right)_{T,P,n_1} \tag{3}$$

体系总体积：

$$V_{总} = n_1 V_1 + n_2 V_2 \tag{4}$$

将式(4)两边同除以溶液质量 m

$$\frac{V}{m}=\frac{m_1}{M_1}\times\frac{V_1}{m}+\frac{m_2}{M_2}\times\frac{V_2}{m}$$

可改写为
$$\frac{V}{m}=\frac{m_1}{m}\times\frac{V_1}{M_1}+\frac{m_2}{m}\times\frac{V_2}{M_2} \tag{5}$$

令
$$\frac{V}{m}=\alpha,\ \frac{V_1}{M_1}=\alpha_1,\ \frac{V_2}{M_2}=\alpha_2 \tag{6}$$

式中，α 是溶液的比容，α_1，α_2 分别为组分 1、2 的偏质量体积，都是单位质量的物质的体积，是密度的倒数，单位为 L/kg 或 mL/g。

将式(6)代入式(5)可得
$$\alpha=w_1\alpha_1+w_2\alpha_2=(1-w_2)\alpha_1+w_2\alpha_2 \tag{7}$$

式中，$w_1=m_1/m$，$w_2=m_2/m$，分别是组分 1 和 2 的质量分数。

将式(7)对 w_2 微分得：$\frac{\partial\alpha}{\partial w_2}=-\alpha_1+\alpha_2$　即　$\alpha_2=\alpha_1+\frac{\partial\alpha}{\partial w_2}$　(8)

将式(8)代入式(7)，整理得
$$\alpha=\alpha_1+w_2\frac{\partial\alpha}{\partial w_2} \tag{9}$$

或
$$\alpha=\alpha_2-w_1\frac{\partial\alpha}{\partial w_2} \tag{10}$$

所以，实验求出不同浓度溶液的比容 α（即密度的倒数），作 α-w_2 关系图，得曲线 CC'（见图 3-34）。如欲求质量分数为 w 的溶液中各组分的偏摩尔体积，可在 w 对应的 D 点作切线，此切线在两边的截距 AB 和 $A'B'$ 即为 α_1 和 α_2，再由关系式(6)就可求出 V_1 和 V_2。

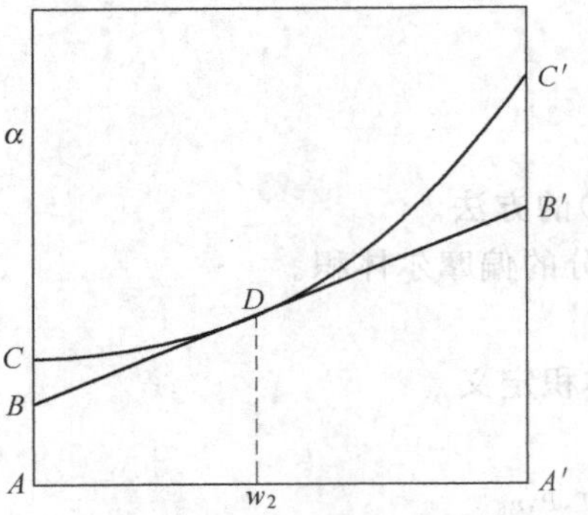

图 3-34　比容-质量分数关系

三、仪器与试剂

1. 仪器：恒温设备，电子天平，5mL 或 10mL 比重瓶，50mL 磨口锥形瓶 4 只。

2. 试剂：无水乙醇(分析纯)，蒸馏水。

四、实验步骤

1. 调节恒温槽温度为(25.0±0.1)℃。

2. 配制溶液：以蒸馏水为溶剂(组分 1)，无水乙醇为溶质(组分 2)，在磨口锥形瓶中用电子天平准确称量(即要精确至 0.0001g)，配制质量分数 w 分别为 20%、40%、60%、80%、100%的乙醇水溶液。因很难精确配制整数浓度，实际配制浓度可能会有不同的偏差，但要尽量接近设定值，并记下准确值。每份溶液的总质量控制在 15g(使用 10mL 比重瓶时，可配制 25g)左右，所称质量准确记录入下表。配好后盖紧塞子，以防挥发。

3. 比容测定

（1）将比重瓶洗净干燥，称量空瓶质量G_0。

（2）取下毛细管塞，将蒸馏水注满比重瓶。轻轻塞上塞，让瓶内液体经由塞毛细管溢出，注意瓶内不得留有气泡，将比重瓶置于25℃的恒温槽中，使水面浸没瓶颈。

（3）恒温10min后，用滤纸迅速吸去塞毛细管口上溢出的液体。将比重瓶从恒温槽中取出。用吸水纸擦干瓶外壁后称其总质量为G_1。

（4）依次用待测液冲洗净比重瓶后，注满待测液。重复步骤(2)和(3)的操作，称得总重为G_2。

五、数据记录与处理

设定乙醇质量分数 w/%	20	40	60	80	100
蒸馏水质量 m_1/g					
乙醇质量 m_2/g					
溶液总质量 m/g					
乙醇质量分数 w_2/%					
空瓶的质量 G_0/g		蒸馏水＋空瓶的质量 G_1/g			
乙醇液＋空瓶质量 G_2/g					
α					
α_0		α_1		α_2	
$V_{总}$		V_1		V_2	

1. 查得25℃时水的密度$\rho=1.0042\text{g/cm}^3$，可近似按$\rho=1\text{g/cm}^3$计算，由$\alpha_0=1$计算出水的比容α_0。

2. 计算所配溶液中乙醇的准确质量分数。

3. 按下式计算各溶液的比容：$\alpha=\dfrac{G_1-G_0}{G_2-G_0}\alpha_0$

4. 以α对w_2作图，并在$w_2=35\%$处作切线与两侧纵轴相交，即可求得α_1和α_2。

5. 由关系式(6)求算含乙醇35%的溶液中各组分的偏摩尔体积V_1和V_2，由关系式(4)求100g该溶液的总体积$V_{总}$。$M_1=18.015\text{g/mol}$，$M_2=46.069\text{g/mol}$。

六、注意事项

1. 恒温过程应密切注意毛细管出口液面，如因挥发液滴消失，可滴加少许被测溶液，以防挥发误差。

2. 拿比重瓶时应手持其颈部。

3. 实验过程中毛细管里始终要充满液体，注意不得存留气泡。

七、思考题

1. 使用比重瓶应注意哪些问题？

2. 如何使用比重瓶测量液体的密度？

3. 为提高溶液比容测量的精度，可作哪些改进？

实验九十五　凝固点降低法测定摩尔质量

一、实验目的

1. 理解凝固点概念及稀溶液依数性质。

2. 掌握凝固点降低法测量摩尔质量的原理及方法。

3. 用凝固点降低法测定萘的摩尔质量。

二、实验原理

1. 稀溶液的依数性

稀溶液的依数性是指与纯溶剂相比，稀溶液中溶剂的蒸气压下降、凝固点降低、沸点升高和渗透压等性质。这些性质只取决于所含溶质粒子的数目，而与溶质的本性无关。纯溶剂的凝固点（T_f^*）是在一定外压下其液相与固相共存时的平衡温度，溶液的凝固点（T_f）是溶剂固体与溶液共存时的平衡温度。根据凝固点降低公式有：

$$\Delta T_f = T_f^* - T_f = k_f b_B \qquad (1)$$

式中，k_f 为凝固点降低常数，(K·kg)/mol；b_B 为溶质的质量摩尔浓度，mol/kg。

2. 凝固点降低法测量摩尔质量的原理

依据式(1)，则有

$$M_B = k_f \frac{m_B}{\Delta T_f m_A} \qquad (2)$$

式中，M_B 为溶质的摩尔质量；m_A、m_B 分别代表溶剂和溶质的质量。若已知溶剂的凝固点降低常数 k_f 以及溶剂、溶质质量 m_A、m_B，并测得溶液的凝固点降低值 ΔT_f，即可由式(2)求得溶质的摩尔质量。

3. 凝固点测量技术

采用将纯溶剂和溶液逐渐冷却析出固体的方法，记录温度与时间对应关系数据，绘出步冷曲线，求得凝固点。纯溶剂逐步冷却时，在凝固点之前，体系温度以一定速度均匀下降，到达凝固点开始凝固后由于冷却速度慢，放出的凝固热补偿热损失，体系中液固两相平衡，体系温度不变，直至全部凝固，温度再继续均匀下降，见图 3-35 中曲线(a)。如果冷却结晶过程中产生过冷现象，步冷曲线如图 3-35 中曲线(b)所示。溶液的步冷曲线与纯溶剂有所不同，在凝固点之前与纯溶剂相似，体系温度以一定速度均匀下降，但达到凝固点后，随着纯溶剂的不断析出，剩余溶液的浓度逐渐增大，因此溶液的凝固点逐渐降低，见图 3-36 中曲线(a)。若出现过冷现象，如图 3-36 中曲线(b)所示，此时温度回升的最高点可视作溶液的凝固点。

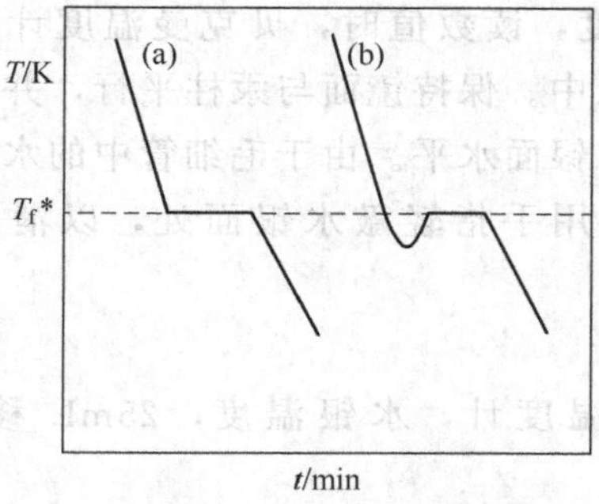

图 3-35 纯溶剂步冷曲线示意图

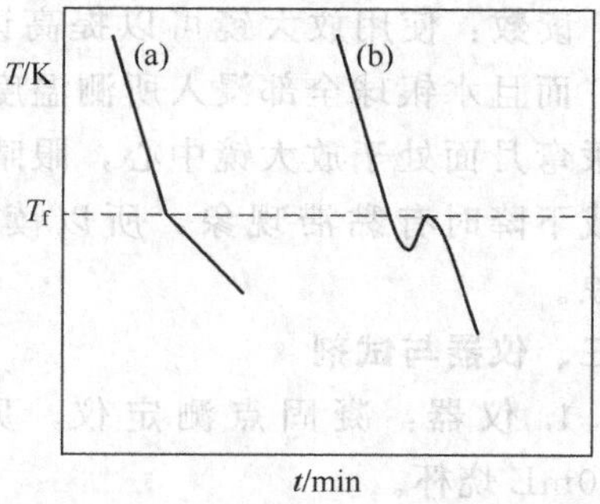

图 3-36 溶液步冷曲线示意图

4. 贝克曼温度计

构造：贝克曼温度计结构如图 3-37 所示。2 是顶部贮汞槽，5 是温度计汞球，借助贮汞槽调节汞球中的水银量。温度计上最小刻度 0.01℃，可以估读到 0.002℃，整个温度计的刻度范围一般是 5℃或 6℃，主要用于介质温度在－20～＋155℃范围内不超过 5～6℃温差的精密测量，但不能用来准确测量温度的绝对值，因为水银球中的水银量是可以调节的。贮汞槽背后的温度标尺粗略地表示温度数值(贮汞槽中的汞与汞球中的汞相连时，贮汞槽中汞面所在的刻度就表示温度的粗略值)。贝克曼温度计适用于量热、测定溶液的沸点升高、凝固点降低以及其他需要测量微小温差的场合。

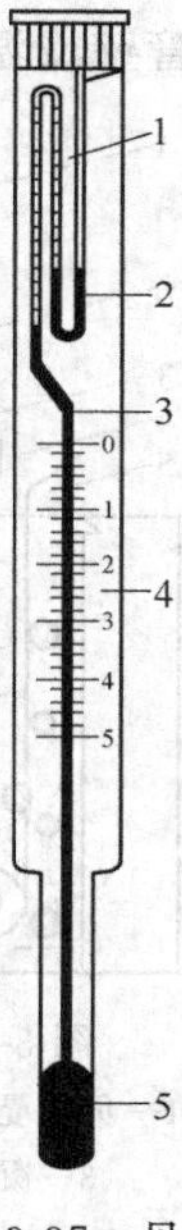

图 3-37 贝克曼温度计

1—温度标尺；
2—贮汞槽；
3—毛细管；
4—刻度尺；
5—温度计汞球

使用方法：(1) 根据被测介质的温度变化情况，检查温度计汞球的汞量是否合适。汞球的汞量合适与否，由温度计在被测介质中的汞柱读数判断。测量温度降低值时，读数应是 4℃左右为宜，汞柱达不到这一示值，则说明汞量过少，需将贮汞槽 2 中的汞适量转移至温度计汞球 5 中。测量温度升高值时，读数应是 1℃左右为宜，若汞柱超过这一示值，则说明汞量过多，则须从 5 中赶出一部分汞至 2 中。

(2) 调整温度计汞球的汞量。贮汞槽 2 中的汞转移至汞球 5 中的方法：倒置温度计，借重力作用使 5 中的汞流入 2(如此时不流，可向下抖动温度计)，并与 2 中的汞相连，然后慢慢倒转温度计，使 2 位置高于 5，这时汞从 2 流向 5，当 2 处汞面对应的标尺温度与被测介质温度相当时，右手持温度计约 1/2 处，轻轻在左手拇指与食指之间凹处敲打 2 部位，使汞在顶部毛细管端断开。然后将温度计汞球置被测介质中，看温度计示值是否恰当，如汞还少，则再按上法调整；如汞过多，则需从 5 中赶出一部分汞至 2 中。调节好后勿使毛细管中水银柱与顶端水银相连。

读数：使用放大镜可以提高读数精度，读数值时，贝克曼温度计必须垂直，而且水银球全部浸入所测温度的体系中。保持镜面与汞柱平行，并使汞柱中汞弯月面处于放大镜中心，眼睛要与水银面水平。由于毛细管中的水银面上升或下降时有黏滞现象，所以读数前先用手指轻敲水银面处，以消除黏滞现象。

三、仪器与试剂

1. 仪器：凝固点测定仪，贝克曼温度计，水银温度，25mL 移液管，1000mL 烧杯。

2. 试剂：环己烷(分析纯)，萘(分析纯)，冰。

四、实验步骤

1. 组装实验装置

按图 3-38 安装好凝固点测定仪。贝克曼温度计、搅拌棒和凝固点管均须洁净干燥。温度计居于凝固点管中间，下端距管底 1cm 左右。搅拌棒搅拌时不能与管壁或温度计相摩擦。

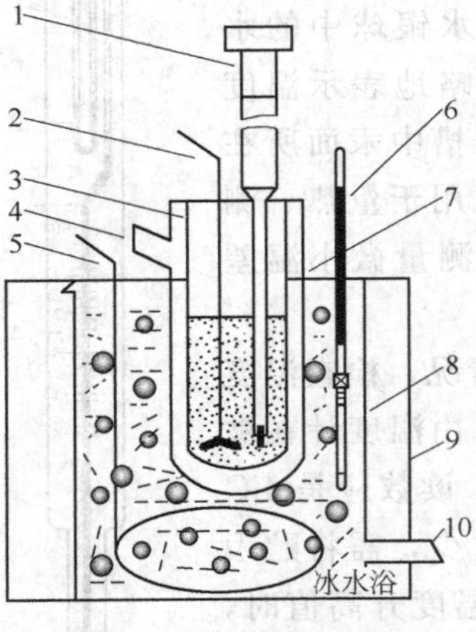

图 3-38 凝固点测定仪

1—贝克曼温度计；2—内管搅拌器；3—凝固点管；4—投料管；5—冰水搅拌器；6—温度计；7—空气套管；8—恒温槽；9—外套；10—放水止水夹

2. 调节冰水浴

将冰敲成小碎块，加入适量冷水(冬天：冰/水=1/2，夏天：冰/水=1/1)，保持冰水浴温度 3℃左右。实验时经常加碎冰保持温度。

3. 溶剂凝固点的测定

(1) 测定近似凝固点

用移液管准确移取 25mL 环己烷放入凝固点管中(注意：不要将环己烷溅到管壁上)，塞紧软木塞，记下溶剂温度。将盛有环己烷的凝固点管直接插进冰水浴中，上下抽动搅拌棒，当有固体析出时，从冰水浴中取出凝固点管，擦干管外冰水，插入空气套管中，以约每秒一次的速度搅拌，观察贝克曼温度计读数至稳定值，即为环己烷的近似凝固点。

(2) 环己烷凝固点的测定

取出上述凝固点管，用手心温热至管中固体全部融化，再插入冰水浴中，搅拌，当温度降至高于近似凝固点 0.5℃时，迅速取出擦干，插入空气套管中，约每秒一次缓慢搅拌，这时环己烷温度逐渐降低。若温度低于近似凝固点 0.2℃还没有固体析出时，加快搅拌速度，促使固体析出，固体析出后，温度开始回升，这时放慢搅拌速度，连续记录回升后贝克曼温度计读数直至稳定值，即为环己烷的凝固点。重复测定两次，要求两次绝对误差小于 0.006℃。

4. 溶液凝固点的测定

称取萘 0.15～0.20g，压成片状，再准确称取质量。取出凝固点管使固体全部融化，从支管口加入萘片，立即塞紧管口，搅拌使萘完全溶解。按照溶剂凝固点测定方法，测定溶液的凝固点，先测定近似凝固点，再测定精确凝固点值。溶液凝固点是过冷后回升达到的最大值。重复测定两次，取平均值。

五、数据记录与处理

1. 数据记录

2. 萘摩尔质量的计算

由测得的环己烷和溶液的凝固点求出 ΔT_f，已知环己烷 $k_f = 20.8(K \cdot kg)/mol$，根据实验所用环己烷和萘的质量，由式(2)求出萘的摩尔质量。

体系	近似凝固点/℃	精确凝固点/℃		
		1	2	平均值
纯溶剂				
溶　液				

六、注意事项

1. 凝固点装置容易损坏，实验时注意轻拿轻放。

2. 实验中用搅拌速度控制过冷过程，注意控制好不同时段的搅拌速度。

3. 冰水浴温度对测定有影响，过高或过低会导致实验测不出正确结果。

4. 贝克曼温度计属精密仪器，且由薄玻璃制成，比一般水银温度计长得多，易受损坏；一般应放置温度计盒中，或者安装在使用仪器架上，或者握在手中，不应任意放置。实验前要充分了解其使用方法，调节时注意勿让它受骤热或骤冷。

七、思考题

1. 为什么采用先测近似凝固点再测精确凝固点的方法？

2. 在精确测量凝固点时，为什么在温度低于近似凝固点 0.2℃还没有固体析出时，要加快搅拌速度？

3. 出现过冷现象时，为什么温度回升的最高点可视作溶液的凝固点？

实验九十六　黏度法测分子量

一、实验目的

1. 了解黏度法测定高聚物溶液黏度的原理。

2. 掌握用乌氏(Ubbelohde)黏度计测定高聚物溶液黏度的实验方法。

二、实验原理

高聚物溶液的黏度 η，一般都比溶剂的黏度 η_0 大得多，黏度增加的分数叫增比黏度 η_{sp}，即：

$$\eta_{sp}=\frac{\eta-\eta_0}{\eta_0}=\frac{\eta}{\eta_0}-1=\eta_r-1$$

式中，η_r 称为相对黏度。

增比黏度随溶液中高聚物的浓度和摩尔质量的增加而增大，为找到摩尔质量与黏度的关系，采用单位浓度时的增比黏度$\frac{\eta_{sp}}{c}$，即比浓黏度。

比浓黏度随着溶液浓度 c 而改变，如图 3-39 所示。

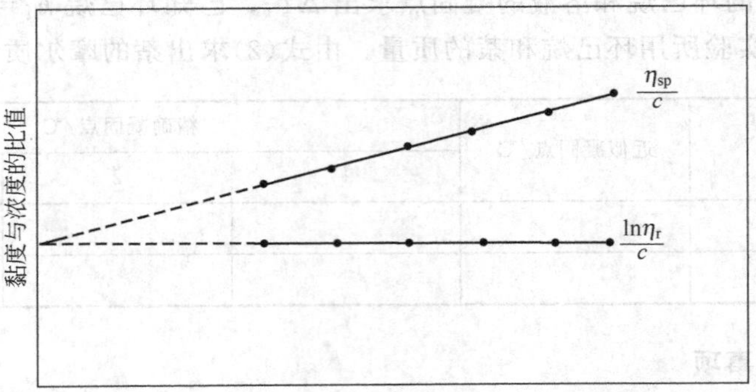

图 3-39　η_{sp}/c 和 $\ln\eta_r/c$ 与浓度 c 的关系

当 c 趋近 0 时，比浓黏度趋近于一固定的极限值[η]，[η]叫特性黏度，即：$\lim\limits_{c\to 0}\frac{\eta_{sp}}{c}=[\eta]$。当 c 趋近于 0 时，$\ln\eta_r=\ln(1+\eta_{sp})=\eta_{sp}$，即 $\lim\limits_{c\to 0}\frac{\ln\eta_r}{c}=\lim\limits_{c\to 0}\frac{\eta_{sp}}{c}=[\eta]$，这样以$\frac{\eta_{sp}}{c}$及$\frac{\ln\eta_r}{c}$对 c 作图(见图 3-39)得两条直线，这两直线在纵坐标轴上相交于同一点，可求出[η]的数值。

[η]和高聚物的摩尔质量 M 的关系，通常用 Mark-Houwink 经验方程表示：

$$[\eta]=kM^{\alpha}$$

式中，M 为黏均摩尔质量；k、α 为经验常数，可查表，右旋糖酐在 25℃时，$k=9.22\times10^{-2}\,dm^3/kg$，$\alpha=0.5$。

本实验采用毛细管法，用乌氏黏度计测定(见图 3-40)。

当液体在重力作用下流经毛细管时，遵守泊松(Poiseuille)定律：

$$\eta=\frac{\pi r^4 pt}{8Vl}=\frac{\pi hgr^4 t}{8Vl}$$

式中，t 是液体流经毛细管的时间。当用同一支黏度计在相同的条件下测定两种液体的黏度时，它们的黏度之比就等于密度与时间之比的乘积：

$$\frac{\eta_1}{\eta_2}=\frac{\rho_1 t_1}{\rho_2 t_2}$$

在测定溶液和溶剂的相对黏度时，如果是稀溶液，溶液的密度与溶剂的密度可近似看作相同，则相对黏度可以表示为：

$$\eta_r=\frac{\eta}{\eta_0}=\frac{t}{t_0}$$

式中，η 和 η_0 分别为溶液和纯溶剂的黏度，t 和 t_0 分别为溶液和纯溶剂的流出时间。

若测出不同浓度下高聚物的相对黏度，即可求得 η_{sp} 和 $\frac{\ln\eta_r}{c}$。作 $\frac{\eta_{sp}}{c}$ 对 c、$\frac{\ln\eta_r}{c}$ 对 c 的关系图，外推至 $c\to0$ 时即得$[\eta]$，由式$[\eta]=kM^\alpha$ 即可求得高聚物的分子量。

三、仪器与试剂

1. 仪器：玻璃恒温水浴 1 套，乌氏黏度计 1 支（见图 3-40），10mL 移液管 2 支，5mL 移液管 1 支，循环水泵 1 台，抽滤瓶一只，砂芯漏斗 1 个，秒表一只，电子天平 1 台，电炉 1 台，250mL 容量瓶 1 个，乳胶管，铁架台，洗耳球。

2. 试剂：右旋糖酐。

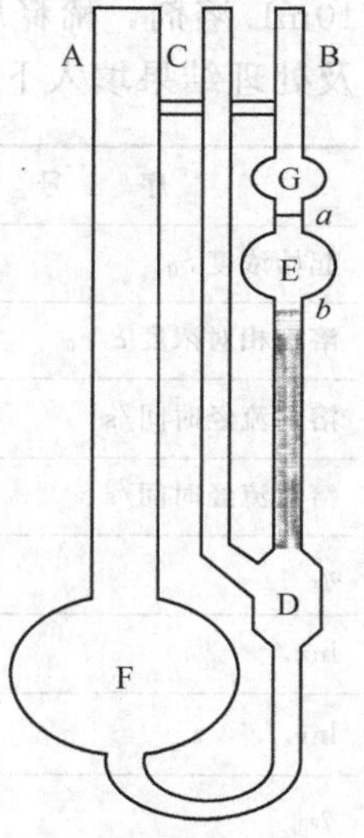

图 3-40　乌氏黏度计

四、实验步骤

1. 配制 6%右旋糖酐溶液

（1）称取右旋糖酐 15g，加入约 200mL 蒸馏水，加热并搅拌至溶液呈透明状，冷却至室温。

（2）将冷却后的溶液加入 250mL 容量瓶中，定容至刻度。

（3）将溶液用砂芯漏斗过滤，得待测液（公用）。

2. 将玻璃恒温水浴调节至（25.00±0.10）℃，在黏度计的 B、C 两管上分别装上乳胶管。将黏度计垂直安装在铁架台上并放入恒温水浴中，要将水面浸没 G 球。

3. 用移液管吸取 10mL 右旋糖酐溶液（浓度记为 1），由 A 口加入黏度计中，恒温 15min。

4. 夹住 C 管的乳胶管，使不通气，用洗耳球从 B 管处将溶液吸起，一直到 G 球的中部，然后将 C、B 管放开，使溶液下落。当溶液落到 a 刻度时开始计时，落到 b 刻度时停止计时，其时间差即为液体流经毛细管所需的时间。重复至少 3 次，相差不超过 0.3s，取平均值记为 t_1。

5. 用移液管吸取 5mL 蒸馏水，由 A 管加入黏度计中，由 C 管处用洗耳球打气将溶液混合均匀（浓度记为 2/3），恒温后按步骤 4 测流经毛细管的时间 t_2（在恒温过程中应按测量方法润洗毛细管）。

6. 依次由 A 管用移液管加入 5mL、10mL、10mL 蒸馏水，将溶液稀释，此时浓度分别记为 1/2、1/3、1/4，恒温后按步骤 4 测定每份溶液流经毛细管的时

间 t_3、t_4、t_5。注意每次加入蒸馏水后要充分混合并抽洗黏度计的 E 球和 G 球，使黏度计各处的浓度相等。

7. 将黏度计用自来水洗净，然后放入盛有洁净蒸馏水的超声波清洗机中清洗 5min，最后用蒸馏水冲洗。

8. 用移液管吸取 10mL 蒸馏水，加入到刚洗好的黏度计中，恒温后按步骤 4 测定水流经毛细管的时间。

9. 实验结束后，按步骤 7 清洗黏度计，并放入烘箱烘干。

五、数据记录与处理

1. 为了作图方便，假定起始浓度 c_0 为 1，依次加入 5mL、5mL、10mL、10mL 溶剂，稀释后的浓度分别取相对值 2/3、1/2、1/3、1/4，将实验数据记录及处理结果填入下表：

序　号	1	2	3	4	5
起始浓度 c_0			6%		
溶液相对浓度 c/c_0	1	2/3	1/2	1/3	1/4
溶剂流经时间/s					
溶液流经时间/s					
η_r					
$\ln\eta_r$					
$\ln\eta_r/c$					
η_{sp}					
η_{sp}/c					
$[\eta]$					
M					

2. 作 $\dfrac{\eta_{sp}}{c}$-c 图和 $\dfrac{\ln\eta_r}{c}$-c 图，并外推至 $c=0$，求出$[\eta]$值。

3. 由式$[\eta]=kM^{\alpha}$ 及在所用溶剂和温度条件下的 k 和 α 值，求出高聚物的相对分子质量 M。

六、注意事项

1. 实验过程中要恒温，否则不易达到测定精度。

2. 实验中溶液的稀释是在黏度计中直接进行的。因此，每加入 1 次，溶液要充分混合，并抽洗黏度计的 E 球和 G 球，使黏度计的浓度处处相等。

3. 黏度计要垂直放置，实验过程中不要使其振动和拉动。

4. 实验结束时一定要按要求清洗黏度计。

七、思考题

1. 如果黏度计未干燥，对实验结果有影响吗？

2. 影响黏度准确测定的因素有哪些？

实验九十七　紫外分光光度法测定活度系数

一、实验目的

1. 了解和初步掌握紫外分光光度计的使用方法。

2. 了解紫外分光光度法测定萘在硫酸铵水溶液中活度系数的基本原理。

3. 测定萘在硫酸铵水溶液中的活度系数，并求出极限盐效应常数。

二、实验原理

把盐加入饱和的非电解质水溶液，非电解质的溶解度就起变化。如果盐的加入使非电解质的溶解度减小(增加非电解质的活度系数)，这种现象叫盐析，反之叫盐溶。

早在 1889 年 Setschenon 提出了盐效应经验公式

$$\lg\frac{c_0}{c}=Kc_s$$

式中，K 为极限盐效应常数；c_0 和 c 分别为非电解质在纯水和盐溶液中的饱和浓度；c_s 为盐的浓度，mol/L。如果 K 是正值，则 $c_0>c$，这就是盐析作用；如果 K 是负值，则 $c_0<c$，这就是盐溶作用。

当纯的非电解质和它的饱和溶液两相平衡时，溶质在两相中的化学势相等，即二者的活度也是相同的。

$$a=\gamma c=\gamma_0 c_0$$

式中，γ、γ_0 为活度系数。

$$\lg\frac{\gamma}{\gamma_0}=\lg\frac{c_0}{c}=Kc_s$$

许多有机物在紫外线区具有特征的吸收光谱，而对具有 π 键电子及共轭双键的化合物特别灵敏，在紫外线区具有强烈的吸收。实验表明萘的水溶液和萘的盐水溶液吸收光谱几乎相同，吸光系数相同。因萘的水溶液和盐水溶液符合朗伯-比耳(Lambert-Beer)定律：

$$A=\varepsilon bc$$

式中，ε 为摩尔吸光系数；b 为比色皿厚度；c 为溶液浓度。

因此：$\lg\dfrac{\gamma}{\gamma_0}=\lg\dfrac{c_0}{c}=Kc_s=\lg\dfrac{A_0}{A}$

通过测定萘水溶液的吸光度与萘盐水溶液的吸光度就可以求出活度系数，γ_0 近似取为“1”。

三、仪器与试剂

1. 仪器：紫外分光光度计 1 台，100mL 试剂瓶 6 只，25mL 容量瓶 4 只，

25mL 锥形瓶 6 只，10mL 刻度移液管 1 支，5mL 刻度移液管 2 支。

2. 试剂：萘(分析纯)，硫酸铵(分析纯)。

四、实验步骤

1. 溶液配制

(1) 25℃下配制萘在纯水中的饱和溶液 100mL。

(2) 配制 1.2mol/L、1.0mol/L、0.8mol/L、0.6mol/L、0.4mol/L、0.2mol/L 的硫酸铵溶液。

(3) 取 4 只 25mL 容量瓶，分别配制相对浓度为 0.20 倍(取 5mL 萘水饱和溶液用纯净水稀释至 25mL)、0.4 倍(取 10mL 萘水饱和溶液用纯净水稀释至 25mL)、0.6 倍(取 15mL 萘水饱和溶液用纯净水稀释至 25mL)、0.8 倍(取 20mL 萘水饱和溶液用纯净水稀释至 25mL)的四个萘水溶液。不同相对浓度的萘水溶液配制如下表所示：

萘水溶液相对浓度	0.2	0.4	0.6	0.8
加入饱和萘水溶液体积/mL	5	10	15	20
加入稀释纯净水体积/mL	20	15	10	5

(4) 取 6 只 25mL 的锥形瓶分别加入 1.2mol/L、1.0mol/L、0.8mol/L、0.6mol/L、0.4mol/L、0.2mol/L 的硫酸铵溶液 10mL 左右。然后加入萘，置于振荡器上充分振荡，使成为相应盐溶液浓度的饱和萘水盐溶液。

2. 光谱测定

(1) 用 5mL 饱和萘水溶液与 5mL 水混合，以水作为参比液，测定 $\lambda=$ 260～290nm 间萘的吸收光谱，作萘的吸收光谱图。

用 5mL 饱和萘水溶液与 5mL 1mol/L 硫酸铵溶液混合，用 5mL 水加 5mL 1mol/L 硫酸铵溶液为参比液，测定 $\lambda=260$～290nm 间萘的吸收光谱，作萘水盐溶液的吸收光谱图并比较萘水盐溶液和萘水溶液吸收光谱的差异。

(2) 以水作为参比液，分别用 $\lambda=267$nm、275nm、283nm 的光测定不同相对浓度的萘水溶液的吸光度，计算三个波长下的摩尔吸光系数。

(3) 用同浓度的硫酸铵水溶液作为参比液，在 $\lambda=267$nm、275nm、283nm 波长处分别测定不同浓度的饱和萘-硫酸铵水溶液的吸光度，计算极限盐效应常数。

五、数据记录与处理

1. 作出萘的吸收光谱图。

2. 测定不同相对浓度的萘水溶液在三个波长下的吸光度值记于下表，根据所得不同浓度萘水溶液的吸光度值对萘溶液的相对浓度作图，得三条通过零点的直线，求出吸光系数 ε；计算出三个波长下饱和萘水溶液的吸光度 A_0，记于下表最后一栏。

波长 λ/nm	不同相对浓度萘水溶液的吸光度 A				ε	A_0(饱和)
	0.2	0.4	0.6	0.8		
267						
275						
283						

3. 根据测得不同浓度的硫酸铵饱和萘溶液的吸光度，计算出活度系数 γ 值 (γ_0 近似取为 1)，以三个波长的 $\lg\gamma$ 对硫酸铵溶液的相应浓度作图，应呈直线关系。直线斜率为极限盐效应常数 K，三个波长下所得 K 求平均值即为极限盐效应常数，结果见下表：

波长/nm	数值类别	不同浓度 c_s/(mol/L)溶液的 A 与 $\lg\gamma$						K	$\overline{K}$
		1.2	1.0	0.8	0.6	0.4	0.2		
267	A								
	$\lg\gamma$								
275	A								
	$\lg\gamma$								
283	A								
	$\lg\gamma$								

六、注意事项

1. 本实验所用试剂萘和硫酸铵纯度要求较高，可以通过再结晶处理来提高试剂纯度，满足实验需要。

2. 萘水饱和溶液和萘的盐水饱和溶液的饱和度一定要充分，可以通过振荡器使其充分饱和。

七、思考题

1. 本实验中把萘在纯水中的饱和溶液的活度系数假设为 1，试讨论其可行性。

2. 如果用 $\lambda=267$nm、275nm、283nm 的光测定萘在乙醇溶液中的含量是否可行?

3. 通过本实验是否可测定其他非电解质在盐水溶液中的活度系数?

4. 影响本实验的因素有哪些?

5. 为什么要测定($\lambda=260\sim290$nm)的萘水溶液及萘水盐溶液的吸收光谱?

注：紫外分光光度计的使用方法见实验五十一(附)。

实验九十八　差热分析

一、实验目的

1. 了解差热分析法的一般原理和差热分析仪的基本构造。

2. 掌握差热分析仪的使用方法。

3. 测定 $CuSO_4 \cdot 5H_2O$ 的差热谱图，并根据所得到的差热谱图分析样品在加热过程中所发生的化学变化。

二、实验原理

差热分析是在程序控温下，测定试样物质 S 和参比物 R 的温度差与温度关系的一种技术。如图 3-41 所示，差热分析仪包括带有控温装置的加热炉、放置样品和参比物的坩埚、用以盛放坩埚并使其温度均匀的保持器、测温热电偶、差热信号放大器和信号接收系统(记录仪或微机)。试样 S 与参比物 R 分别装在两个坩埚内。在坩埚下面各有一个片状热电偶，这两个热电偶相互反接。对 S 和 R 同时进行程序升温，当加热到某一温度试样发生放热或吸热时，试样的温度 T_S 会高于或低于参比物温度 T_R，产生温度差 ΔT，该温度差就由上述两个反接的热电偶以差热电势形式输给差热放大器，经放大后输入记录仪，得到差热曲线，即 DTA 曲线。另外，从差热电偶参比物一侧取出与参比物温度 T_R 对应的信号，经热电偶冷端补偿后送记录仪，得到温度曲线，即 T 曲线。

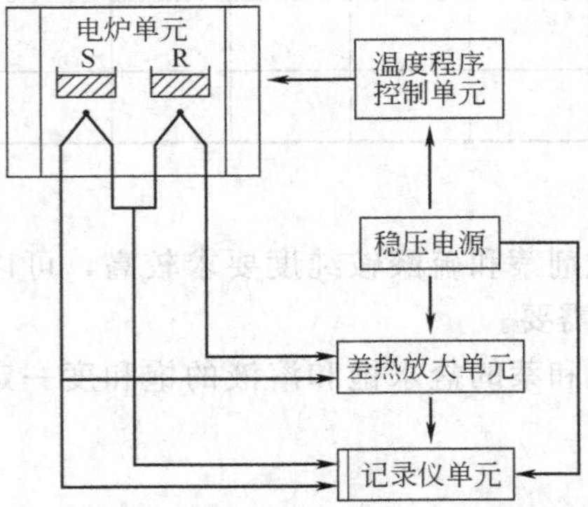

图 3-41　差热分析原理示意图

图 3-42 为完整的差热分析示意曲线。从图中可清晰地观察差热峰的数目、位置、方向、宽度、高度、对称性以及峰面积等信息。峰的数目表示物质发生物理化学变化的次数；峰的位置表示物质发生变化的转化温度；峰的方向表明体系发生热效应的正负性——吸热向下，放热向上；峰面积说明热效应的大小——相同条件下，峰面积大的表示热效应也大。在相同的测定条件下，许多物质的热谱图具有特征性：即一定的物质就有一定的差热峰的数目、位置、方向、大小等。因此，可通过与已知的热谱图的比较来鉴别样品的种类、相变温度、热效应等物

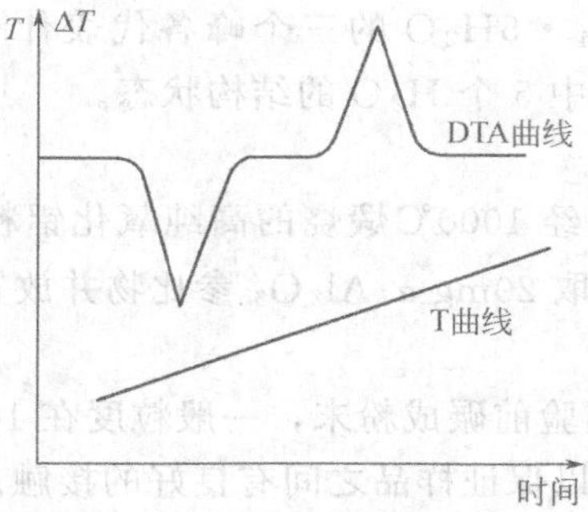

图 3-42　差热分析示意曲线

理化学性质。差热分析广泛应用于化学、化工、冶金、陶瓷、地质和金属材料等领域的科研和生产部门。

$CuSO_4 \cdot 5H_2O$ 是一种蓝色晶体，属斜方晶系。晶体结构分析显示：四个水分子与一个铜离子配位键结合，第五个水分子以氢键与两个配位水分子和 SO_4^{2-} 离子结合。因此，$CuSO_4 \cdot 5H_2O$ 晶体在加热失水时，先失去 Cu^{2+} 的两个配位水分子，再失去两个氢键水分子，最后失去以氢键连接在 SO_4^{2-} 上的水分子。本实验测定 $CuSO_4 \cdot 5H_2O$ 的差热谱图，研究 $CuSO_4 \cdot 5H_2O$ 晶体中 Cu^{2+} 与 H_2O 的结合能力。

三、仪器与试剂

1. 仪器：差热分析仪 1 套；大、小镊子各一个；铝坩埚 2 个。

2. 试剂：α-Al_2O_3(分析纯)，$CuSO_4 \cdot 5H_2O$(分析纯)。

四、实验步骤

1. 开启仪器电源开关，将各控制箱开关打开，仪器预热。开启计算机。

2. 取两只干净的空坩埚，分别装入等质量的 $CuSO_4 \cdot 5H_2O$ 样品和参比物 α-Al_2O_3(小于 30mg)，装满，颠实 50 次，备用。

3. 抬升炉盖，将样品坩埚放在样品杆上的左侧托盘上，参比物坩埚放在右侧托盘上，盖好炉盖。

4. 打开计算机软件进行参数设定：横坐标 3000s，纵坐标 400℃，升温速率 10℃/min。

5. 参数设定完毕后点击“开始实验”，点击“加热”后点击“继续”，待图中出现三个脱水峰，温度曲线趋于平稳后，停止实验，读取数据。由于温度较高，实验完毕后坩埚不必取出。

五、数据记录及处理

1. 样品 $CuSO_4 \cdot 5H_2O$ 的分解温度

样品	$CuSO_4 \cdot 5H_2O$		
峰号	1	2	3
脱水温度/K			
峰顶温度/K			

2. 指出样品 $CuSO_4 \cdot 5H_2O$ 的三个峰各代表什么变化，写出反应方程式，并推测 $CuSO_4 \cdot 5H_2O$ 中 5 个 H_2O 的结构状态。

六、注意事项

1. 常用的参比物：经 1000℃煅烧的高纯氧化铝粉，α-Al_2O_3 晶型，可多次重复利用。实验前已称取 20mg α-Al_2O_3 参比物并放置好，在另一只坩埚中装入 20mg 被测样品即可。

2. 被测样品应在实验前碾成粉末，一般粒度在 100～300 目。装样时，应在实验台上轻轻敲几下，以保证样品之间有良好的接触。

3. 如果差热偏差表头指针不为负偏差，则一定不要按下加热开关。

4. 坩埚用镊子搁放(离操作者近的为待测样，离操作者远的为参比样)，动作要轻巧、稳、准确，切勿将样品洒落到炉膛里面。

5. 升起炉子时，手不要接触炉体，否则会烫伤。

七、思考题

1. 影响差热分析结果的主要因素有哪些？

2. 升温过程与降温过程所做的差热分析结果相同吗？

实验九十九　分配系数的测定

一、实验目的

1. 测得苯甲酸在苯和水体系的分配系数，理解物质在两相的分配规律。

2. 掌握分液漏斗的使用方法。

二、实验原理

在恒定的温度下，将一种溶质 A 溶解在两种不互溶的液体溶剂中，达到平衡时，此溶质在这两种溶剂中的溶解度成一固定的比例，如果溶质 A 在此两种溶剂中皆无缔合作用，A 在 1、2 两种溶剂中的浓度比(严格地说是活度比)将是一个常数，即

$$K = c_2 / c_1$$

此规律称为分配定律。式中，c_1 为 A 在溶剂 1 中的浓度；c_2 为 A 在溶剂 2 中的浓度；K 称为分配系数。

K 是温度的函数，温度恒定，K 恒定。溶质在两种溶剂中分子形态相同，即不发生缔合、解离、络合等现象。

如果溶质在溶剂 1 和 2 中的分子形态不同，分配系数的形式也要作相应的改变。例如溶质 A 在溶剂 1 中发生缔合现象，即

$$\underset{(溶剂1中)}{A_n} \longrightarrow \underset{(溶剂2中)}{nA}$$

式中，n 是缔合度，表明缔合物是由 n 个分子组成的。则分配系数符合关系式

$$K = c_2^n / c_1$$

式中，c_1 是 A_n 分子在溶剂 1 中的浓度。因此，可以根据分配系数分析溶质在溶剂中的缔合情况。

上述例子也可以看出 A_n 分子在溶剂 2 中解离，故也可用以研究溶质的解离性质。

在许多情况下，特别是无机离子在有机相和水相中分布时，情况较为复杂：不仅有缔合效应，而且金属离子和有机溶剂还可能发生缔合作用。此外，溶质在两相中的分配还与有机溶剂的性质、溶质浓度、介质酸度、温度等因素有关。

三、仪器与试剂

1. 125mL 分液漏斗 4 个，25mL 移液管 1 支，2mL 移液管 2 支，50mL 磨口锥形瓶 1 个。

2. 苯甲酸（分析纯），苯（分析纯），NaOH（分析纯），酚酞（分析纯）。

四、实验步骤

1. 在 4 个编号为 1～4 的 125mL 分液漏斗中，各放入 40mL 蒸馏水，分别加入 0.3g、0.5g、1.0g、1.5g 苯甲酸。用移液管各加入 25mL 苯，将塞子盖好。

2. 经常摇动，使两相充分混合、接触。如此摇动 0.5h 后，静置数分钟，使苯和水分层。上面是苯层，下面是水层。

3. 将两层分开，苯层放在带盖的瓶子里，以避免苯挥发。分别测定 1～4 号分液漏斗中苯层及水层内苯甲酸的浓度。

(1) 苯层苯甲酸的浓度的测定　用带刻度的移液管吸取 2mL 上层溶液，加入 25mL 蒸馏水，加热至沸。冷却后以酚酞为指示剂，用 0.05mol/L 的 NaOH 滴定。

(2) 水层苯甲酸的浓度的测定　用移液管吸取 5mL 水溶液，加入 25mL 蒸馏水，以酚酞为指示剂，用 0.05mol/L 的 NaOH 滴定。

五、数据记录与处理

将测得浓度数据及处理结果记录于下表：

实验号	溶剂	V_{NaOH}/mL	c/(mol/L)	$c_水/c_苯$	$c_水^2/c_苯$ /(mol/L)	$c_水/c_苯^2$ /(L/mol)
1	水					
	苯					
2	水					
	苯					
3	水					
	苯					
4	水					
	苯					

六、注意事项

1. 摇动时，切勿用手抚握漏斗的膨大部分，避免体系温度改变。因为分配系数是温度的函数，温度改变分配系数也改变。

2. 溶液浓度 c_1、c_2 都较大时，应改用活度计算。

七、思考题

1. 称量和量取时，哪些要准确，哪些可以不准确？

2. 所用器皿，哪些要烘干，哪些可以不烘干？

实验一〇〇　氨基甲酸铵分解反应标准平衡常数的测定

一、实验目的

1. 用等压法测定氨基甲酸铵的分解压力，并计算分解反应平衡的有关热力学常数。

2. 掌握测定平衡常数的一种方法。

二、实验原理

NH_2COONH_4 不稳定，易发生分解反应：

$$NH_2COONH_4(s) \longrightarrow 2NH_3(g) + CO_2(g)$$

该反应为复相反应，在封闭体系中很容易达到平衡，在常压下其平衡常数可近似表示为：

$$K^{\ominus} = \left[\frac{p_{NH_3}}{p^{\ominus}}\right]^2 \left[\frac{p_{CO_2}}{p^{\ominus}}\right] \tag{1}$$

式中，p_{NH_3}、p_{CO_2} 分别表示反应温度下 NH_3 和 CO_2 平衡时的分压；$p^{\ominus}$ 为标准压力。在压力不大时，气体的逸度近似为 $1p^{\ominus}$，且纯固态物质的活度为 1，体系总压 $p = p_{NH_3} + p_{CO}$。从化学反应计量方程式可知：

$$p_{NH_3} = \frac{2}{3}p, \; p_{CO_2} = \frac{1}{3}p \tag{2}$$

将式(2)代入式(1)得：

$$K^{\ominus} = \left(\frac{2p}{3p^{\ominus}}\right)^2 \left(\frac{p}{3p^{\ominus}}\right) = \frac{4}{27}\left(\frac{p}{p^{\ominus}}\right)^3 \tag{3}$$

因此，当体系达平衡后，测量其总压 p，即可计算出平衡常数 $K^{\ominus}$。

温度对平衡常数的影响可用下式表示：

$$\frac{\mathrm{d}\ln K^{\ominus}}{\mathrm{d}T} = \frac{\Delta_r H_m^{\ominus}}{RT^2} \tag{4}$$

式中，T 为热力学温度；$\Delta_r H_m^{\ominus}$ 为标准摩尔反应焓。氨基甲酸铵分解反应是一个热效应很大的吸热反应，温度对平衡常数的影响比较灵敏。当温度在不大的范围内变化时，$\Delta_r H_m^{\ominus}$ 可视为常数，由式(4) 积分得：

$$\ln K^{\ominus} = -\frac{\Delta_r H_m^{\ominus}}{RT} + C \quad (C\text{ 为积分常数}) \tag{5}$$

以 $\ln K^{\ominus}$ 对 $1/T$ 作图，得一直线，其斜率为 $-\Delta_r H_m^{\ominus}/R$。由此可求出 $\Delta_r H_m^{\ominus}$。并按式(6)计算 T 温度下反应的标准摩尔吉布斯函数变 $\Delta_r G_m^{\ominus}$

$$\Delta_r G_m^{\ominus} = -RT\ln K^{\ominus} \tag{6}$$

利用实验温度范围内反应的标准摩尔反应焓 $\Delta_r H_m^{\ominus}$ 和 T 温度下的标准摩尔吉布斯函数变 $\Delta_r G_m^{\ominus}$，可近似计算出该温度下的熵变 $\Delta_r S_m^{\ominus}$

$$\Delta_r S_m^{\ominus} = \frac{\Delta_r H_m^{\ominus} - \Delta_r G_m^{\ominus}}{T} \tag{7}$$

因此，通过测定一定温度范围内某温度的氨基甲酸铵的分解压（测平衡总压），就可以利用上述公式分别求出 $K^{\ominus}$，$\Delta_r H_m^{\ominus}$，$\Delta_r G_m^{\ominus}(T)$，$\Delta_r S_m^{\ominus}(T)$。

三、仪器与试剂

1. 仪器：循环水泵 1 台，低真空数字测压 1 套，等压计 1 支，恒温槽 1 套，样品管 1 支。

2. 试剂：氨基甲酸铵，液体石蜡。

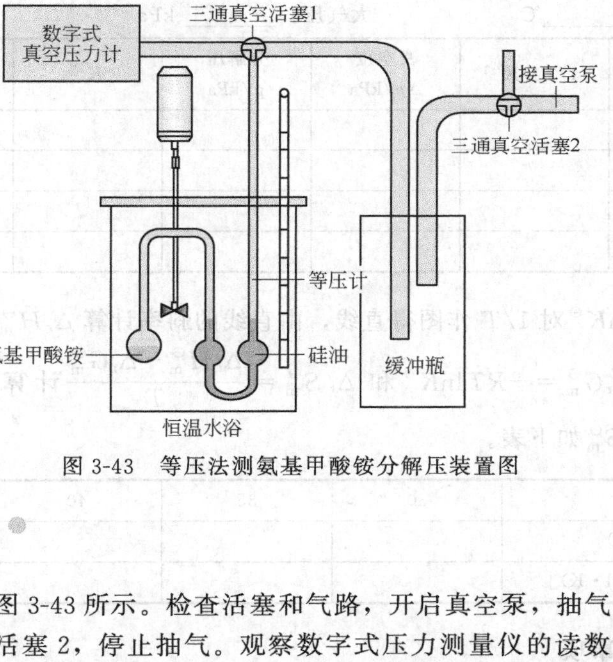

图 3-43　等压法测氨基甲酸铵分解压装置图

四、实验步骤

1. 检漏

实验装置如图 3-43 所示。检查活塞和气路，开启真空泵，抽气至系统达到一定真空度，关闭活塞 2，停止抽气。观察数字式压力测量仪的读数，判断是否漏气，如果在数分钟内压力计读数基本不变，表明系统不漏气。若有漏气，则应从泵至系统分段检查，并用真空油脂封住漏口，直至不漏气为止，才可进行下一步实验。

2. 测量

打开恒温水浴开关，设定温度为（30±0.1）℃。打开真空泵，将系统中的空气排出，约 15min，关闭旋塞，停止抽气。缓慢开启旋塞接通毛细管，小心地将空气逐渐放入系统，直至等压计 U 形管两臂硅油齐平，立即关闭旋塞，观察硅油面，反复多次地重复放气操作，直至 10min 内硅油面齐平不变，即可读数。

3. 重复测量

使系统与真空泵相连，在开泵 1～2min 后，再打开旋塞。继续排气，约 10min 后，如上操作重新测定氨基甲酸铵分解压力。如果两次测定结果压力差小于 200Pa，则可进行下一步实验。

4. 升温测量

调节恒温槽的温度为 35℃，在升温过程中逐渐从毛细管缓慢放入空气，使分解的气体不至于通过硅油鼓泡。恒温 10min。最后至 U 形管两臂硅油面齐平且保持 10min 不变，即可读取测压仪读数及恒温槽温度。同法测定 40℃、45℃ 的分解压。

5. 复原

实验完毕后，将空气慢慢放入系统，使系统解除真空。关闭测压仪。

五、数据记录与处理

1. 将温度与压力数据及处理结果记录于下表。

室温：________℃　　　　大气压：________kPa

t/℃	$(1/T)/K^{-1}$	真空度 Δp/kPa	分解压 p/kPa	$K^{\ominus}$	$\ln K^{\ominus}$
30					
35					
40					
45					

2. 以 $\ln K^{\ominus}$ 对 $1/T$ 作图得直线，由直线的斜率计算 $\Delta_r H_m^{\ominus}$。

3. 由 $\Delta_r G_m^{\ominus} = -RT\ln K^{\ominus}$ 和 $\Delta_r S_m^{\ominus} = \dfrac{\Delta_r H_m^{\ominus} - \Delta_r G_m^{\ominus}}{T}$ 计算出不同温度下的 $\Delta_r G_m^{\ominus}$ 和 $\Delta_r S_m^{\ominus}$ 如下表。

温度/℃	30	35	40	45
$\Delta_r G_m^{\ominus}$/(J/mol)				
$\Delta_r S_m^{\ominus}$/[J/(mol·K)]				

六、注意事项

1. 体系必须达平衡后，才能读取压力计的压力差。

2. 恒温槽温度控制到±0.1℃。

3. 玻璃等压计中的封闭液一定要选用黏度小、密度小、蒸气压低，并且与反应体系不发生作用的液体。

七、思考题

1. 若体系有漏气的地方会发生什么现象？

2. 当空气通入体系时，若通得过多有何现象？怎么办？

实验一〇一　旋光度法测定蔗糖水解反应的速率常数

一、实验目的

1. 理解蔗糖转化反应各物质浓度与旋光度之间的关系，理解旋光度与蔗糖转化反应速率常数的关系。

2. 测定蔗糖转化反应的速率常数，计算半衰期和活化能。

3. 了解旋光仪的基本原理，掌握其使用方法。

二、实验原理

蔗糖转化反应为：

$$\underset{\text{蔗糖}}{C_{12}H_{22}O_{11}} + H_2O \longrightarrow \underset{\text{葡萄糖}}{C_6H_{12}O_6} + \underset{\text{果糖}}{C_6H_{12}O_6}$$

该反应为二级反应。为使水解反应加速，常以酸为催化剂，故反应在酸性介质中进行。由于反应中水是大量的，可以认为整个反应中水的浓度基本是恒定的。而 H^+ 是催化剂，其浓度也是固定的。所以，此反应可视为假一级反应。其动力学方程为

$$-\frac{dc}{dt}=kc \tag{1}$$

式中，k 为反应速率常数；c 为时间 t 时的反应物浓度。

将式(1)积分得：

$$\ln c=-kt+\ln c_0 \tag{2}$$

式中，c_0 为反应物的初始浓度。

当 $c=\frac{1}{2}c_0$ 时，t 可用$t_{\frac{1}{2}}$表示，即为反应的半衰期。由式(2)可得：

$$t_{1/2}=\frac{\ln 2}{k}=\frac{0.693}{k} \tag{3}$$

蔗糖及水解产物均为旋光性物质。但它们的旋光能力不同，故可以利用体系在反应过程中旋光度的变化来确定反应物的浓度变化。溶液的旋光度与溶液中旋光物质的种类、浓度、溶剂的性质、液层厚度、光源波长及温度等因素有关。当溶剂、温度和光源波长一定时，旋光度主要与溶液浓度 c 和液层厚度 l 成正比，将其相比得一定值$[\alpha]_D^t$，称作比旋光度，可用下式表示

$$[\alpha]_D^t=\frac{\alpha}{lc} \tag{4}$$

式中，t 为实验温度，℃；D 为光源波长；α 为旋光度；l 为液层厚度，m；c 为浓度，g/L。

由式(4)可知，当其他条件不变时，旋光度 α 与浓度 c 成正比。即：

$$\alpha=Kc \tag{5}$$

式中的 K 是一个与物质旋光能力、液层厚度、溶剂性质、光源波长、温度等因

素有关的常数。

在蔗糖的水解反应中，反应物蔗糖是右旋物质，其比旋光度$[\alpha]_D^{20}=66.6°$。产物中葡萄糖也是右旋物质，其比旋光度$[\alpha]_D^{20}=52.5°$；而产物果糖则是左旋物质，其比旋光度$[\alpha]_D^{20}=-91.9°$。因此，随着水解反应的进行，右旋值将不断减小，然后经过零点变成左旋。旋光度与浓度成正比，并且溶液的旋光度为各组成的旋光度之和。对下列反应

$$C_{12}H_{22}O_{11}+H_2O \longrightarrow C_6H_{12}O_6+C_6H_{12}O_6$$

$t=0$	c_0	0	0
$t=t$	c	c_0-c	c_0-c
$t=\infty$	0	c_0	c_0

若反应时间为 0、t、∞时，溶液的旋光度分别用α_0、α_t、α_∞表示，则：

$$\alpha_0=K_{反}c_0 \tag{6}$$

$$\alpha_t=K_{反}c+K_{产}(c_0-c) \tag{7}$$

$$\alpha_\infty=K_{产}c_0 \tag{8}$$

式(6)和式(7)中的$K_{反}$和$K_{产}$分别为对应反应物与产物的比例常数。

由式(6)～式(8)三式联立可以解得：

$$c_0=\frac{\alpha_0-\alpha_\infty}{K_{反}-K_{产}}=K'(\alpha-\alpha_\infty) \tag{9}$$

$$c=\frac{\alpha_t\ \alpha_\infty}{K_{反}-K_{产}}=K'(\alpha_t-\alpha_\infty) \tag{10}$$

将式(9)、式(10)两式代入式(2)即得：

$$\ln(\alpha_t-\alpha_\infty)=-kt+\ln(\alpha_0-\alpha_\infty) \tag{11}$$

由式(11)可见，以$\ln(\alpha_t-\alpha_\infty)$对$t$作图为一直线，由该直线的斜率即可求得反应速率常数$k$，进而可求得半衰期$t_{\frac{1}{2}}$。

由于α_∞是反应完全时的旋光度，本反应需反应 24h 才能反应完全，测定不方便。因此可用 Guggenheim 处理方法（推导详见 272 页附 1），速率方程为：

$$\ln(\alpha_t-\alpha_{t+\Delta t})=-kt+\ln(1-e^{-k\Delta t})(\alpha_0-\alpha_\infty)$$

以$\ln(\alpha_t-\alpha_{t+\Delta t})$对$t$作图，可得一直线，斜率为$-k$；半衰期$t_{\frac{1}{2}}=\frac{\ln 2}{k}$。如测得两个温度下的速率常数，根据 Arrhenius 公式，有

$$\ln\frac{k_2}{k_1}=-\frac{E_a}{R}\left(\frac{1}{T_2}-\frac{1}{T_1}\right)$$

可求得活化能E_a。

三、仪器与试剂

1. 仪器：自动指示旋光仪（图 3-44）1 台，恒温旋光管 1 只，恒温槽 1 套，台秤 1 台，秒表 1 只，100mL 烧杯 1 个，25mL 移液管 2 支，100mL 带塞锥形瓶 2 只。

2. 试剂：HCl 溶液（4mol/L），蔗糖（分析纯）。

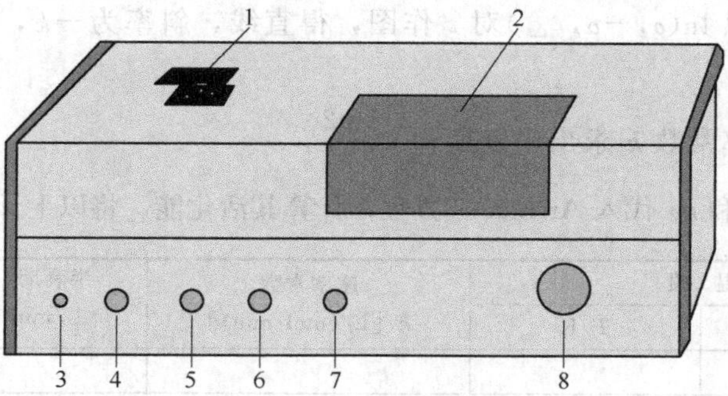

图 3-44　自动指示旋光仪

1—读数窗口；2—样品室盖；3—电源指示灯；4—电源开关；
5—光源开关；6—示数开关；7—复测按钮；8—调零旋钮

四、实验步骤

1. 旋光仪的准备

（1）预热　打开电源预热 30min。

（2）校零　装蒸馏水，液面凸出管口，将玻璃盖沿管口边缘轻轻平推盖好，尽量不产生气泡，然后旋上螺丝帽盖，放入样品槽。调整读数盘为零，按复测键，重复操作至少五次。

2. α_t 的测定

（1）用台秤称取 10g 蔗糖，放入 100mL 烧杯中，加入 50mL 蒸馏水配成溶液，连同预先配制的 HCl 溶液放入水浴中恒温。若溶液浑浊则需过滤。

（2）用移液管移取已恒温的 25mL 蔗糖溶液于 100mL 锥形瓶中，然后移取 25mL 4mol/L HCl 溶液迅速加入其中，开始计时。摇匀，使之充分混合。

（3）将混合液装满旋光管，操作与装蒸馏水相同，擦净置于旋光仪槽中，盖上槽盖，应在 5min 之内完成。注意用手送下槽盖。

（4）每 5min 测一次溶液旋光度 α_t。测定时先记下时间，等待时应先读一次旋光度，时间一到，再读取旋光度，以免时间到时没能准确读取数据。测定 1h，计 12 次。

3. 同步骤 2，测 45℃下的旋光度。结束时应将旋光管洗净放回原处。

五、数据记录与处理

1. 将测定旋光度数据及处理结果记录于下表：

t/min	α_t	$(t+\Delta t)$/min	$\alpha_{t+\Delta t}$	$\alpha_t-\alpha_{t+\Delta t}$	$\ln(\alpha_t-\alpha_{t+\Delta t})$
5		35			
10		40			
15		45			
20		50			
25		55			
30		60			

2. 分别以 $\ln(\alpha_t-\alpha_{t+\Delta t})$ 对 t 作图，得直线，斜率为 $-k$，计算速率常数 k_1 和 k_2。

3. 由速率常数 k 求出半衰期 $t_{\frac{1}{2}}=\dfrac{\ln 2}{k}$。

4. 将 k_1 和 k_2 代入 Arrhenius 方程，计算其活化能。将以上计算结果记于下表。

温　度		速率常数	半衰期	活化能
t/℃	T/K	k/[L/(mol·min)]	$t_{\frac{1}{2}}$/min	E_a/(kJ/mol)
室温				
45℃				

六、注意事项

1. 装样品时，旋光管管盖旋至不漏液体即可，不要用力过猛，以免压碎玻璃片。

2. 由于酸对仪器有腐蚀，操作时应特别注意，避免酸液滴漏到仪器上。实验结束后必须将旋光管洗净。

3. 旋光仪中的钠光灯不宜长时间开启，测量间隔较长时应熄灭，以免损坏。

七、思考题

1. 实验中，为什么用蒸馏水来校正旋光仪的零点？

2. 蔗糖溶液为什么可粗略配制？

3. 蔗糖的转化速率与哪些因素有关？

附 1： Guggenheim 处理方法推导过程

蔗糖转化反应的速率方程为：

$$\ln(\alpha_t-\alpha_\infty)=-kt+\ln(\alpha_0-\alpha_\infty) \tag{1}$$

用 α_t 和 $\alpha_{t+\Delta t}$ 表示在 t 和 $t+\Delta t$(Δt 为时间间隔)测得的 α，则有

$$\alpha_t-\alpha_\infty=(\alpha_0-\alpha_\infty)\mathrm{e}^{-kt} \tag{2}$$

$$\alpha_{t+\Delta t}-\alpha_\infty=(\alpha_0-\alpha_\infty)\mathrm{e}^{-k(t+\Delta t)} \tag{3}$$

式(2)－式(3)得

$$\alpha_t-\alpha_{t+\Delta t}=(\alpha_0-\alpha_\infty)\mathrm{e}^{-kt}(1-\mathrm{e}^{-k\Delta t}) \tag{4}$$

取对数得：

$$\ln(\alpha_t-\alpha_{t+\Delta t})=-kt+\ln[(1-\mathrm{e}^{-k\Delta t})(\alpha_0-\alpha_\infty)] \tag{5}$$

附 2： 自动指示旋光仪(见图 3-44)的使用方法

1. 将仪器电源插头插入 220V 交流电源，要求使用交流电子稳压器，并将接地脚可靠接地。

2. 打开电源开关，5min 钠光灯预热，使之发光稳定。

3. 打开直流开关(若直流开关扳上后，钠光灯熄灭，则再将直流开关上下重复扳动 1～2 次，使钠光灯在直流下点亮，为正常)。

4. 打开示数开关，调节零位手轮，使旋光显示值为零。

5. 将装有蒸馏水或其他空白溶剂的旋光管放入样品室，盖上箱盖。旋光管中若有气泡，应先让气泡浮在凸颈处；通光面两端的雾状水滴，应用软布揩干。旋光管螺帽不宜旋得过紧，以免产生应力，影响读数。旋光管安放时应注意标记的位置和方向。

6. 取出旋光管。将待测样品注入旋光管，按相同的位置和方向放入样品室内，盖好箱盖。示数盘将转出该样品的旋光度。示数盘上红色示值为左旋(－)黑色示值为右旋(＋)。

7. 逐次揿下复测按钮，重复读几次数，取平均值作为样品的测定结果。

8. 如样品超过测量范围，仪器在±45°处自动停止。此时，取出旋光管，揿一下复位按钮开关，仪器即自动转回零位。

9. 仪器使用完毕后，应依次关闭示数、直流、电源开关。

10. 钠灯在直流供电系统出现故障不能使用时，仪器也可在钠灯交流供电的情况下测试，但仪器的性能可能略有降低。

实验一〇二 电导法测定乙酸乙酯皂化反应的速率常数

一、实验目的

1. 学会使用电导率仪。

2. 理解电导法测定化学反应速率常数的原理。

3. 学会用图解法求二级反应的速率常数，计算反应的活化能。

二、实验原理

乙酸乙酯皂化是一个二级反应，其反应式为：

$$CH_3COOC_2H_5 + OH^- \longrightarrow CH_3COO^- + C_2H_5OH$$

随着反应的进行，OH^-逐渐减少，CH_3COO^-逐渐增多。由于CH_3COO^-的迁移速度比OH^-慢，溶液的导电能力逐渐下降。因此可用电导仪测定溶液的电导值G来监测反应的进程。

若反应物$CH_3COOC_2H_5$和NaOH的初始浓度相同(用c表示)，设反应时间为t时，反应所产生的CH_3COO^-和C_2H_5OH的浓度为x，忽略逆反应，则反应物和产物的浓度与时间的关系为：

$$CH_3COOC_2H_5 + NaOH \longrightarrow CH_3COONa + C_2H_5OH$$

$t=0$	c	c	0	0
$t=t$	$c-x$	$c-x$	x	x
$t=\infty$	0	0	c	c

反应速率可用生成物的生成速率表示，因此速率方程可表示为：

$$\frac{dx}{dt}=k(c-x)(c-x) \tag{1}$$

积分得：

$$\frac{x}{c(c-x)}=kt \tag{2}$$

因此，只要测出反应任意时刻 t 的浓度 x 值，将已知浓度 c 代入上式，即可得到反应的速率常数 k 值。

$t=0$ 时，只有 NaOH 导电，因此电导 $G_0=L_{NaOH}c$；

$t=t$ 时，溶液中产生了 NaAc(CH_3COONa)，由 NaOH 和 NaAc 共同导电，电导 $G_t=L_{NaOH}(c-x)+L_{NaAc}x$；

$t=\infty$，反应完成后，只有 NaAc 导电，电导 $G_\infty=L_{NaAc}c$。

相减可得

$$G_0-G_t=(L_{NaOH}-L_{NaAc})x \tag{3}$$

$$G_t-G_\infty=(L_{NaOH}-L_{NaAc})(c-x) \tag{4}$$

将式(3)和式(4)代入式(2)得：

$$\frac{G_0-G_t}{G_t-G_\infty}=ckt \tag{5}$$

因此，只要测出 G_0、G_∞ 和一组 G_t 值，以 $\frac{G_0-G_t}{G_t-G_\infty}$ 对 t 作图，可得一直线，从其斜率即可求得速率常数 k 值。测出两个温度下的 k 值，代入 Arrhenius 方程，即可求出反应的活化能。

三、仪器与试剂

1. 仪器：DDB-303A 型电导率仪（附 DJS-1C 型铂黑电极）（见图 3-45）1 台，双管电导池（见图 3-46）1 只，恒温水浴 1 套，秒表 1 只，10mL 移液管 3 支，

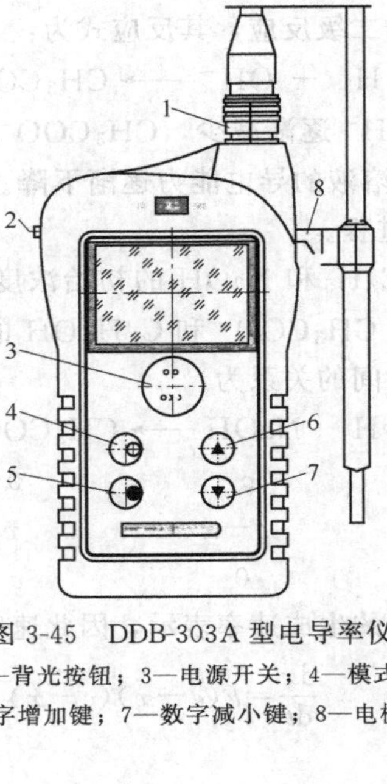

图 3-45　DDB-303A 型电导率仪

1—电极插口；2—背光按钮；3—电源开关；4—模式键；5—确认键；6—数字增加键；7—数字减小键；8—电极支架

50mL 烧杯 2 个。

2. 试剂：NaOH(分析纯)，乙酸乙酯(分析纯)，电导水。

四、实验步骤

1. 调节恒温槽

将恒温槽的温度调至(25.0±0.1)℃。

2. 调节电导率仪

按“模式”键进入电极常数校准状态，显示“C=”，再按“▲”或“▼”键调节电极常数值，然后按“确认”键退出常数调节状态，进入测量状态。

调整方法：如常数为 0.95 的电极，则调节使数字显示为 .950；如常数为 11 的电极，则调节使数字显示为 1.100；如常数为 0.012 的电极，则调节使数字显示为 1.200。

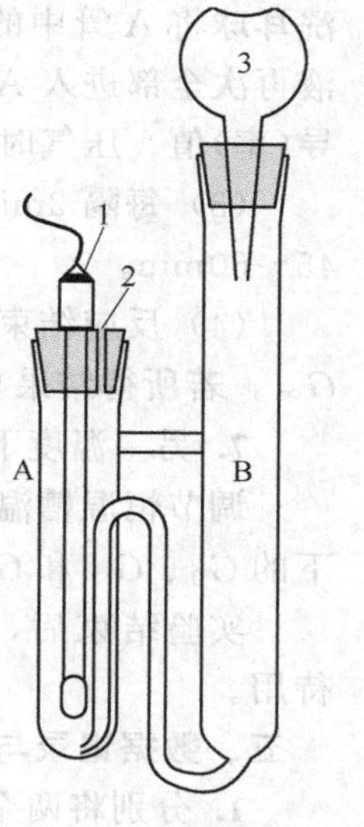

图 3-46 双管电导池
1—铂黑电极；2—通气孔；3—洗耳球

3. 配制溶液

配制 0.0200mol/L NaOH、0.0100mol/L NaAc、0.0200mol/L 乙酸乙酯各 50mL。

4. G_0 的测定

(1) 洗净双管电导池并烘干，加入适量 0.01mol/L NaOH 溶液(浸没铂黑电极并高出 1cm)。

(2) 用电导水洗涤铂黑电极，再用 0.01mol/L NaOH 溶液淋洗，然后插入电导池中。

(3) 将安装好的双管电导池置入已恒温的水浴中恒温 10min。

(4) 测量溶液的电导(率)值，每隔 2min 测量一次，共 3 次。

(5) 更换 0.01mol/L NaOH 溶液，重复(3)、(4)两步测定。若两组数据的测量误差超出允许范围内，则必须重复测定，直至符合要求为止。

5. G_∞ 的测定

实验测定过程不可能进行到 $t=\infty$，且反应也并不完全可逆，故通常以 0.01mol/L 的 CH_3COONa 溶液的电导(率)值作为 G_∞，测量方法与 G_0 的测量方法相同。但必须注意，每次更换测量溶液时，需用电导水淋洗电极和电导池，再用被测溶液淋洗三次。

6. G_t 的测定

(1) 用移液管准确量取 10mL 0.0200mol/L NaOH 溶液，加入洗净并干燥的电导池 A 管，盖上装好电导电极的橡皮塞；用另一支移液管吸取 20mL 0.0200mol/L $CH_3COOC_2H_5$ 溶液注入电导池的 B 管中，盖上带洗耳球的橡皮塞，置于恒温水浴中恒温至少 10min。

(2) 用洗耳球从 B 管压气，将 $CH_3COOC_2H_5$ 溶液快速压入 A 管中。溶液压入一半时开始计时，并继续压气，将 B 管中的溶液全部压入 A 管，松手，让洗耳球将A管中的溶液吸入B管，约到一半时，再用力压洗耳球，使B管中溶液再次全部进入A管。如此反复几次，使溶液混合均匀，并立即测量溶液的电导(率)值。压气时注意不要使溶液冲出！

(3) 每隔2min测量一次，直至电导(率)值基本不变为止。整个反应约需时45～60min。

(4) 反应结束后，倒掉反应液，洗净电导池和电导电极，按步骤3重新测量G_∞，若所得结果与前次基本一样，则可进行下一步实验。

7. 另一温度下G_0、G_∞和G_t的测定

调节恒温槽温度为(35.0±0.1)℃。重复上述4、5、6步骤，测定另一温度下的G_0、G_∞和G_t。

实验结束后，关闭电源，取出电极，用电导水洗净并置于电导水中保存待用。

五、数据记录与处理

1. 分别将两个温度的G_0、G_∞、G_t记于下表，并将相应处理结果一并记于表中。

温度 $t=$____℃

测定项目	1	2	3	平　均
G_0/S				
G_∞/S				
t/min	G_t/S	(G_0-G_t)/S	(G_t-G_∞)/S	$\frac{G_0-G_t}{G_t-G_\infty}$
2				
4				
⋮				

2. 分别以两个温度的$\frac{G_0-G_t}{G_t-G_\infty}$对$t$作图，得两条直线，斜率为$ck$。

3. 由直线的斜率计算各温度下的速率常数k和反应半衰期$t_{1/2}$。

4. 由两温度下的速率常数k，代入Arrhenius方程，计算反应的活化能。将以上计算结果记于下表。

温　度		速率常数k/[L/(mol·min)]	半衰期$t_{\frac{1}{2}}$/min	活化能E_a/(kJ/mol)
t/℃	T/K			

六、注意事项

1. 本实验需用电导水，并避免接触空气及落入灰尘杂质。

2. 配好的 NaOH 溶液要防止空气中的 CO_2 气体进入。

3. 乙酸乙酯溶液和 NaOH 溶液浓度必须相同。

4. 乙酸乙酯溶液需临时配制，配制时动作要迅速，以减少挥发损失。

七、思考题

1. 为什么 0.0100mol/L NaOH 溶液的电导率可认为是 G_0？

2. 如果 NaOH 和 $CH_3COOC_2H_5$ 溶液为浓溶液时，能否用此法求 k 值，为什么？

附：乙酸乙酯皂化反应实验测定文献值

$c(CH_3COOC_2H_5)$ /(mol/L)	$c(OH^-)$ /(mol/L)	t/℃	k/[L/(mol·min)]	E_a/(kJ/mol)
0.01	0.02	0	0.519	61.09
		10	1.41	
		19	3.02	
0.021	0.023	25	6.85	
$\lg\{k/[L/(mol\cdot min)]\}=-1780/(T/K)+0.00754T/K+4.53$				

实验一〇三　过氧化氢的催化分解

一、实验目的

1. 测定过氧化氢催化分解的反应速率常数。

2. 学会共沉淀法制备催化剂。

3. 理解催化剂对反应速率的影响。

二、基本原理

过氧化氢在没有催化剂存在时，分解反应进行得很慢，加入催化剂则能加快其分解。过氧化氢分解反应的化学计量式如下：

$$H_2O_2 \xrightarrow{OH^-} \frac{1}{2}O_2(g)+H_2O$$

已证实此反应属一级，其速率方程可表示为：

$$-\frac{dc_t}{dt}=kc_t$$

积分得

$$\ln\frac{c_t}{c_0}=-kt$$

式中，c_t 为 t 时刻 H_2O_2 的浓度；c_0 为 H_2O_2 初始浓度；k 反应速率常数。因为 $c=n/V$，所以 $n_0=c_0V$，$n_t=c_tV$，即溶质的物质的量与其浓度成比例。而对于低压下的气体，可看作理想气体。温度、压力一定时，产生的气体体积与气体物质的量成正比，即 $V=n\dfrac{RT}{p}$。对于 H_2O_2 的分解反应，可得到下列关系

$$H_2O_2 \xrightarrow{OH^-} \frac{1}{2}O_2(g) + H_2O$$

$$t=0 \qquad n_0 \qquad 0 \qquad V_0=0$$

$$t=t \qquad n_0-n \qquad \frac{1}{2}n \qquad V_t=\frac{1}{2}n\frac{RT}{p}$$

$$t=\infty \qquad 0 \qquad \frac{1}{2}n_0 \qquad V_\infty=\frac{1}{2}n_0\frac{RT}{p}$$

可得 $$V_\infty - V_t = \frac{1}{2}(n_0-n)\frac{RT}{p} \qquad \frac{V_\infty - V_t}{V_\infty}=\frac{n_0-n}{n_0}$$

所以 $$\ln\frac{c_t}{c_0}=\ln\frac{n_0-n}{n_0}=\ln\frac{V_\infty-V_t}{V_\infty}=-kt$$

得 $$\ln\frac{V_\infty-V_t}{V_\infty}=-kt \quad 或 \quad \ln(V_\infty-V_t)=-kt+\ln V_\infty$$

以 $\ln\frac{V_\infty-V_t}{V_\infty}$ 对 t 作图或以 $\ln(V_\infty-V_t)$ 对 t 作图为一直线，由直线的斜率就可求出反应速率常数 k。

V_∞ 应是反应完全时测得的氧气的体积，但后期反应很慢，测定时难以判断是否反应完全，故测定的值往往不可靠。可由 H_2O_2 的初始浓度及体积计算出。但由于 H_2O_2 会不断分解，虽然速率很慢，其真实浓度常常和溶液瓶标签上的值不符合，故应在实验前用高锰酸钾标定。

三、仪器与试剂

1. 仪器：磁力搅拌器 1 台，测量气体装置 1 套，秒表 1 只，电子天平 1 台。

2. 试剂：1% H_2O_2 水溶液，1mol/L KOH 溶液，0.02mol/L $KMnO_4$ 标准溶液，3mol/L H_2SO_4 溶液，$CuCl_2 \cdot 6H_2O$（化学纯），$FeCl_3 \cdot 6H_2O$（化学纯），5mol/L NaOH 溶液，凡士林。

四、实验步骤

1. 催化剂的制备

（1）称取 0.01mol $FeCl_3$ 于 50mL 烧杯中，加 20mL 水溶解。称取 0.01mol $CuCl_2$ 于另一 50mL 烧杯中，加 20mL 水溶解。将 $FeCl_3$ 溶液加入 250mL 烧杯内，在搅拌下将 $CuCl_2$ 溶液缓缓加入 $FeCl_3$ 溶液中。要将小烧杯中的溶液洗入大烧杯中，连同洗水共 50～60mL。

（2）在剧烈搅拌下缓缓滴加 5mol/L NaOH 溶液，直到棕色沉淀生成，这时 pH 值约为 12.5，可用 pH 试纸检验。

（3）在蒸汽浴上保温 30min，然后在室温下静置沉降，用蒸馏水滗洗沉淀，直到洗水接近中性为止。

（4）将沉淀抽滤，在 85～100℃下干燥过夜，然后研磨成细粉。

2. H_2O_2 催化分解时间的测定

催化分解装置见图 3-47。

（1）将 50mL 1mol/L KOH 溶液和 10mL 1% H_2O_2 溶液加入锥形瓶中。准确称取 50mg 催化剂待用。塞好瓶塞，检查是否漏气。注意三通活塞的位置：a 位置导气管只与量气管相通，与大气不通，实验测定时应为 a 位置，因此检查是否漏气时也应在 a 位置；b 位置导气管不仅与量气管相通，还与大气相通，下面调节量气管两管的液面时需在 b 位置。

（2）调节量气管两管的液面在零刻度，将 50mg 催化剂加入锥形瓶后立即塞紧瓶塞，并开动磁力搅拌器，同时按下电子秒表按钮，开始计时。

（3）量气管左管的刻度每下降 2mL 记一次反应时间，直到液面不再下降，反应基本结束为止。重复测定三次。量气管的读数应为导气管内压力 p 下氧气的体积，导气管内压力 p 等于大气压 p_0 加上右管液柱 h 产生的静压强 ρgh，应校正为大气压下的体积。由于 ρgh 相对于大气压 p_0 来说较小，可以近似用左量气管的读数代替所产生的氧气体积。

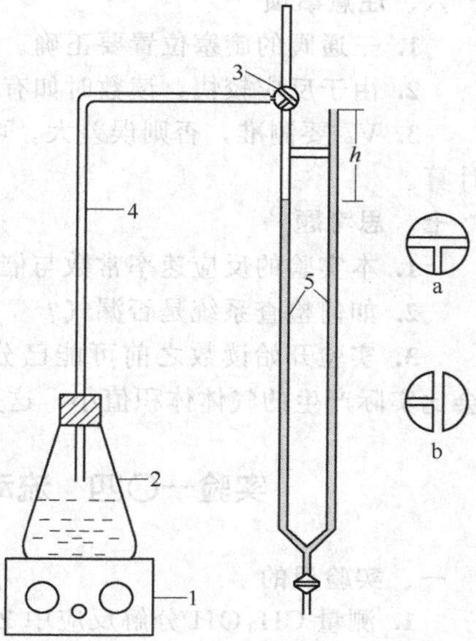

图 3-47　过氧化氢催化分解装置

1—磁力搅拌器；2—锥形瓶；3—三通活塞；4—导气管；5—U 形量气管

（4）测定 H_2O_2 初始浓度以确定 V_∞。在酸性溶液中，H_2O_2 与 $KMnO_4$ 按下式反应：

$$2KMnO_4+5H_2O_2+3H_2SO_4 = 2MnSO_4+K_2SO_4+8H_2O+5O_2\uparrow$$

在 250mL 锥形瓶中，加入 5mL 1% H_2O_2 溶液，用 $KMnO_4$ 标准溶液滴定 H_2O_2，计算出 H_2O_2 的准确浓度。然后由 H_2O_2 的分解反应式，计算 10mL 该溶液在实验条件下全部分解应放出的 O_2 的体积 V_∞。

五、数据记录与处理

1. 实验所测数据及处理结果记录于下表：

体积 V/mL	2	4	6	8	10	12	…	V_∞
时间 t/s								
$(V_\infty-V_t)/V_\infty$								
$\ln[(V_\infty-V_t)/V_\infty]$								
k/(1/s)								

2. 以 $\ln[(V_\infty-V_t)/V_\infty]$ 对 t 作图可得一直线。由直线的斜率就可求出反应速率常数 k。

六、注意事项

1. 三通阀的旋塞位置要正确。

2. 由于反应较快，读数时如有困难，可两位同学合作完成。

3. V_∞要测准，否则误差大。可与理论值比较，如相差太大，用理论值代入计算。

七、思考题

1. 本实验的反应速率常数与催化剂用量有无关系？

2. 如何检查系统是否漏气？

3. 实验开始读数之前可能已分解放出部分氧气，所以最后得到的体积V_t会比实际产生的气体体积值小，这是否会影响实验结果？

实验一〇四　流动法测定氧化锌的催化活性

一、实验目的

1. 测量CH_3OH分解反应中ZnO催化剂的催化活性，了解反应温度对催化活性的影响。

2. 熟悉动力学实验中流动法的特点，掌握流动法测定催化剂活性的实验方法。

二、实验原理

催化剂的活性是催化剂催化能力的量度，通常用单位质量或单位体积催化剂对反应物的转化百分率来表示。测定催化剂活性的方法可分为静态法和流动法两类。静态法是指反应物不连续加入反应器，产物也不连续移去的实验方法；流动法则相反，反应物稳定地进入反应器发生催化反应，离开反应器后再分析其产物的组成。使用流动法时，当体系达到稳定状态后，反应物的浓度就不随时间而变化。流动法操作难度较大，计算也比静态法麻烦，保持体系达到稳定状态是其成功的关键，因此温度、压力、流量等必须稳定，且流速应该合理。

本实验采用流动法测量催化剂ZnO在不同温度下对CH_3OH分解反应的催化活性。近似认为该反应无副反应发生，反应式为：

$$CH_3OH(g) \xrightarrow[\triangle]{ZnO} CO(g) + 2H_2(g)$$

反应装置如图3-48所示。N_2的流量由质量流量控制仪监控，N_2流经预饱和器、饱和器，在饱和器温度下达到CH_3OH蒸气的吸收平衡。混合气进入管式炉中的反应管与催化剂接触而发生反应，流出反应器的混合物中有N_2、未分解的CH_3OH、产物CO及H_2。混合气体用冰盐冷却剂制冷，CH_3OH蒸气被冷凝截留在捕集器中，最后由湿式气体流量计测得的是N_2、CO、H_2的流量。如果反应管中无催化剂，则测得的是N_2的流量。根据这两个流量便可计算出反应产物CO及H_2的体积，通过计算即可获得催化剂的活性大小。

催化剂的催化活性用每克催化剂在指定条件下使100g CH_3OH分解掉的质

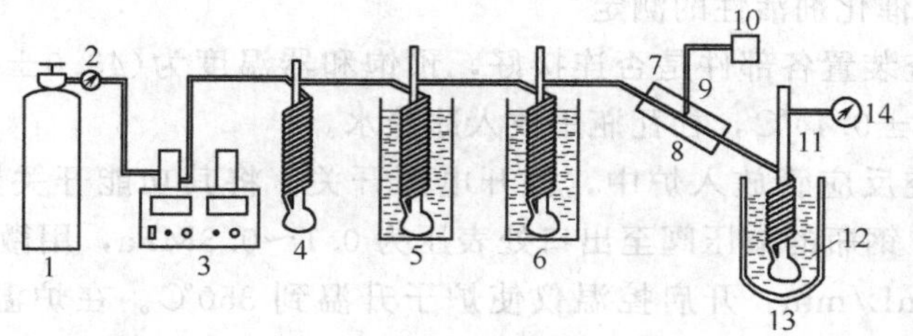

图 3-48　氧化锌活性测定装置

1—N_2 钢瓶；2—减压阀；3—质量流量控制仪；4—缓冲瓶；5—预饱和器；6—饱和器；7—反应管；8—管式炉；9—热电偶；10—控温仪；11—捕集器；12—冰盐冷剂；13—杜瓦瓶；14—湿式流量计

量分数表示。

$$催化活性=\frac{m'_{CH_3OH}}{m_{CH_3OH}}\times\frac{100g}{m_{ZnO}}=\frac{n'_{CH_3OH}}{n_{CH_3OH}}\times\frac{100g}{m_{ZnO}} \tag{1}$$

式中，n_{CH_3OH} 和 n'_{CH_3OH} 分别为进入反应管和分解掉的 CH_3OH 的摩尔数，近似认为体系的压力为实验时的大气压，因此

$$p_{体系}=p_{大气}=p_{CH_3OH}+p_{N_2} \tag{2}$$

式中，p_{CH_3OH} 为 40℃时 CH_3OH 的饱和蒸气压；p_{N_2} 为体系中 N_2 分压。根据道尔顿分压定律：

$$\frac{p_{N_2}}{p_{CH_3OH}}=\frac{x_{N_2}}{x_{CH_3OH}}=\frac{n_{N_2}}{n_{CH_3OH}} \tag{3}$$

可得 30min 内进入反应管的 CH_3OH 的物质的量 n_{CH_3OH}，式中，n_{N_2} 为 30min 内进入反应管的 N_2 的物质的量。由理想气体状态方程：

$$p_{CH_3OH}\cdot V_{CH_3OH}=n'_{CH_3OH}\cdot RT$$

可得分解掉 CH_3OH 的物质的量 n'_{CH_3OH}。其中，$V_{CH_3OH}=\frac{1}{3}V_{CO+H_2}$；$T$ 为湿式流量计上指示的温度。

三、仪器与试剂

1. 仪器：管式炉，控温仪，质量流量控制仪，饱和器，湿式流量计，N_2 钢瓶。

2. 试剂：CH_3OH(分析纯)，$Zn(NO_3)_3\cdot 6H_2O$(化学纯)，活性 Al_2O_3(10～20 目)，NaCl(化学纯)。

四、实验步骤

1. ZnO 催化剂的制备

取 6～8g 的 $Zn(NO_3)_3\cdot 6H_2O$ 溶解于适量水中，搅拌均匀，将 2.4 倍于 $Zn(NO_3)_3\cdot 6H_2O$ 质量的活性 Al_2O_3 加入此溶液中浸渍 30min，然后在烘箱中不断搅拌使水蒸发。再置于马弗炉中，在 550℃煅烧 2h，取出自然冷却备用。实验前须在马弗炉中于 350℃活化 1h。

2. ZnO 催化剂活性的测定

(1) 检查装置各部件是否连接好，预饱和器温度为(43.0±0.1)℃；饱和器温度为(40.0±0.1)℃，杜瓦瓶里放入冰盐水。

(2) 将空反应管放入炉中，打开电源开关，将其功能开关置于中间控制档位，开启 N_2 钢瓶的减压阀至出口处表压为 0.1～0.3MPa，用微调旋钮调至流量为(100±5)mL/min。开启控温仪使炉子升温到 350℃。在炉温恒定的情况下，每 5min 记录湿式流量计读数一次，连续记录 30min。

(3) 用托盘天平称取 4g 催化剂，取少量玻璃棉置于反应管中，为使装填均匀，一边向管内装催化剂，一边轻轻转动管子，装完后再于上部覆盖少量玻璃棉以防松散，催化剂的位置应处于反应管的中部。

(4) 将装有催化剂的反应管装入炉中，热电偶刚好处于催化剂的中部，控制毛细管流速计的压差与空管时完全相同，待其不变及炉温恒定后，每 5min 记录湿式流量计读数一次，连续记录 30min。

(5) 调节控温仪使炉温升至 400℃、450℃、500℃，不换管，重复步骤 4 的测量。

五、数据记录及处理

1. 将湿式流量计读数记录于下表。

t/min	$V_{N_2+H_2+CO}$/mL			
	350℃	400℃	450℃	500℃
5				
10				
15				
20				
25				
30				

2. 以装入催化剂后不同炉温时的流量 $V_{N_2+H_2+CO}$ 对时间 t 作图延长至 60min，并由四条直线得出 60min 内的 $V_总$（即 $V_{N_2+H_2+CO}$），再分别求出各温度条件下分解所增加的体积 $V_{H_2+CO}=V_总-V_{N_2}$。

3. 计算 60min 内进入反应管的 CH_3OH 物质的量。

$$n_{CH_3OH}=\frac{p_{CH_3OH}}{p_{N_2}}\cdot n_{N_2}=\frac{p_{CH_3OH}}{p_{大气}-p_{CH_3OH}}\cdot\frac{p_{大气}\cdot V_{N_2}}{RT}$$

4. 计算 60min 内不同温度下，催化反应中分解掉的 CH_3OH 物质的量。

$$n'_{CH_3OH}=\frac{p_{大气}\cdot V_{H_2+CO}}{3RT}$$

5. 计算不同温度下 ZnO 催化剂的活性如下表。

$$催化活性=\frac{n'_{CH_3OH}}{n_{CH_3OH}}\times\frac{100g}{m_{ZnO}}$$

温度/℃	350	400	450	500
V_{H_2+CO}/mL				
n_{CH_3OH}/mol				
n'_{CH_3OH}/mol				
催化活性				

六、注意事项

1. 实验中应确保 N_2 流量在有或无催化剂时均相同。

2. 系统必须不漏气。

3. 实验前需检查湿式流量计的水平和水位，并预先运转数圈，使水与气体饱和后方可进行计量。

七、思考题

1. 为什么 N_2 的流速要始终控制不变？

2. 冰盐冷却器的作用是什么？是否盐加得越多越好？

3. 试讨论本实验评价催化剂的方法有什么优缺点。

实验一〇五　分光光度法测定蔗糖酶的米氏常数

一、实验目的

1. 用分光光度法测定蔗糖酶的米氏常数 K_m 和最大反应速率 v_{max}。

2. 了解底物浓度与酶反应速率之间的关系。

3. 掌握分光光度计的使用方法。

二、实验原理

酶是由生物体内产生的具有催化活性的蛋白质，因其表现出特异的催化功能，而被称作生物催化剂。酶催化反应一般在常温、常压下进行，具有高度选择性和催化活性。

在酶催化反应中，底物浓度远远超过酶的浓度。在指定实验条件下，酶的浓度一定时，总的反应速率随底物浓度的增加而增大，直至底物过剩，此时底物的浓度不再影响反应速率，反应速率最大。

Michaelis 应用酶反应过程中形成中间络合物的学说，导出了米氏方程，给出了酶反应速率和底物浓度的关系：

$$v=\frac{v_{max}\cdot[S]}{K_m+[S]}$$

式中，v 为反应初速率；v_{max} 为最大反应速率；$[S]$为底物浓度；K_m 为米氏常数，mol/L。K_m 值是酶的一个特征性常数，一般说来，K_m 值可以近似地表示酶与底物的亲和力。测定 K_m 值是酶学研究的一个重要方法。

Lineweaver 和 Burk 将米氏方程改写成倒数形式：

$$\frac{1}{v}=\frac{K_m}{v_{max}[S]}+\frac{1}{v_{max}}$$

实验时选择不同浓度的[S]，测定相对应的 ν，求出两者的倒数，以 $\frac{1}{v}$ 对 $\frac{1}{[S]}$ 作图，所得直线的截距是 $\frac{1}{v_{max}}$，斜率是 $\frac{K_m}{v_{max}}$，直线与横坐标的交点为 $-\frac{1}{K_m}$。

本实验用的蔗糖酶是一种水解酶，它能使蔗糖水解成葡萄糖和果糖。该反应的速率可以用单位时间内葡萄糖浓度的增加来表示，葡萄糖与3,5-二硝基水杨酸共热后被还原成棕红色的氨基化合物，在一定浓度范围内，葡萄糖的量和棕红色物质颜色深浅程度成一定比例关系，因此可以用分光光度计来测定反应在单位时间内生成葡萄糖的量，从而计算出反应速率。所以测量不同底物(蔗糖)浓度[S]的相应反应速率 v，就可用作图法计算出米氏常数 K_m 值。

三、仪器与试剂

1. 仪器：高速离心机 1 台；分光光度计 1 台；恒温水浴 1 套；比色管(25mL)9 支；移液管(1mL)10 支；移液管(2mL)4 支；试管(10mL)20 支。

2. 试剂：DNS 试剂；0.1mol/L 醋酸缓冲溶液；0.1mol/L NaOH 溶液；蔗糖酶溶液；蔗糖(分析纯)；葡萄糖(分析纯)。

四、实验步骤

1. 制取蔗糖酶

在 50mL 的锥形瓶中加入 10g 鲜酵母，加入 0.8g 醋酸钠，搅拌 15～20min 后使块团溶解，加入 1.5mL 甲苯，用软木塞将瓶口塞住，振荡 10min，放入 37℃的恒温箱中保温 60h。取出后加入 1.6mL 4mol/L 醋酸和 5mL 水，使 pH 值为 4.5 左右。混合物以 3000r/min 的速度离心 0.5h，混合物形成三层，将中层移出，注入试管中，为粗制酶液。

2. 溶液配制

(1) 1mg/mL 葡萄糖标准液：先在 90℃下将葡萄糖烘 1h，然后准确称取 1g 葡萄糖，溶解后定容至 1000mL。

(2) DNS 试剂：将 6.3g 3,5-二硝基水杨酸和 262mL 2mol/L NaOH 加到酒石酸钾钠的热溶液中(182g 酒石酸钾钠溶于 500mL 水中)，再加 5g 苯酚和 5g 亚硫酸钠，微热搅拌溶解，冷却后加蒸馏水定容到 1000mL，贮于棕色瓶中备用。

(3) 0.3mol/L 蔗糖溶液：准确称取 10.26g 蔗糖溶解后定容至 100mL。

3. 绘制葡萄糖标准曲线

取 6 支试管，按照“制作葡萄糖标准曲线加样表”进行加样。加样后混合均匀，盖上试管帽，于沸水浴中加热 5min，取出后用自来水冷却 3min，以 0 号试管样品调零，在 520nm 处测定其余 5 支试管中样品的吸光度 A_{520}。以葡萄糖含量为横坐标，吸光度为纵坐标绘制葡萄糖标准曲线。

制作葡萄糖标准曲线加样表

试管号	0	1	2	3	4	5
1mg/mL 葡萄糖标准液的体积/mL	0	0.2	0.4	0.6	0.8	1.0
0.1mol/L 醋酸缓冲溶液的体积/mL	0.2	0.2	0.2	0.2	0.2	0.2
蒸馏水的体积/mL	1.8	1.6	1.4	1.2	1.0	0.8
DNS 试剂的体积/mL	0.5	0.5	0.5	0.5	0.5	0.5
0.1mol/L NaOH 溶液的体积/mL	2.5	2.5	2.5	2.5	2.5	2.5
A_{520}						

4. 预测试蔗糖酶活性

(1) 向反应管和对照管中分别加入 0.6mL 0.3mol/L 蔗糖溶液、0.2mL 0.1mol/L 醋酸缓冲溶液、1.1mL 蒸馏水，再将反应管和对照管均置于 25℃水中预热 3min。

(2) 向反应管加入 0.1mL 不同稀释倍数的蔗糖酶溶液；向对照管中加入 0.1mL 蒸馏水。再将反应管和对照管均置于 25℃水浴中保温 5min，最后加入 0.5mL DNS 试剂、2.5mL 0.1mol/L NaOH 溶液。

(3) 将对照管和反应管均置于沸水中煮 5min，然后用自来水冷却到室温，以对照管调“0”，于 520nm 条件下测反应管的 A_{520} 值。选择 A_{520} 值在 1.0 左右的酶溶液作为测定蔗糖酶 K_m 值的样品。

5. 测定蔗糖酶米氏常数 K_m

取 14 支试管，其中 7 支试管分别作为另外 7 支试管的对照。对照管中反应物与反应管中完全相同，只是加入的顺序不同，对照管中的蔗糖酶在 DNS 试剂和 NaOH 加入后加入，其余步骤相同。具体步骤：(1)按照下表进行加样，再将加样完成的试管放在 25℃水中预热 3min。(2)向反应管中分别加入 0.1mL 稀释后的蔗糖酶，再置于 25℃水浴中保温 5min，最后加入 0.5mL DNS 试剂、2.5mL 0.1mol/L NaOH 溶液；向对照管中分别加入 0.5mL DNS 试剂、2.5mL 0.1mol/L NaOH 溶液，再加入 0.1mL 稀释后的蔗糖酶，最后置于 25℃水浴中保温 5min。(3)将对照管和反应管均置于沸水中煮 5min，然后用自来水冷却到室温，以对照管调“0”，于 520nm 条件下测反应管的 A_{520} 值。

测定蔗糖酶 K_m 值的加样表

试管号	0	1	2	3	4	5	6
0.3mol/L 蔗糖液的体积/mL	0.04	0.06	0.08	0.1	0.2	0.4	0.6
0.1mol/L 醋酸缓冲溶液的体积/mL	0.2	0.2	0.2	0.2	0.2	0.2	0.2
蒸馏水的体积/mL	1.66	1.64	1.62	1.6	1.5	1.3	1.1

五、数据记录及处理

1. 由葡萄糖含量和吸光度数据，绘制工作曲线。

2. 将实验测得的 A_{520} 数据记录于下表，从工作曲线上查得相应的葡萄糖的量，并计算蔗糖酶的 K_m 值。表中 v 表示生成产物葡萄糖的速率，即 5min 内 1mL 蔗糖酶反应生成的葡萄糖的量；[S] 表示底物蔗糖的摩尔浓度，$[S]=\frac{300\text{mmol/L}}{V/(2\text{mL})}$，$V$ 表示每只试管中加入底物蔗糖的体积。

试管号	1	2	3	4	5	6	7
A_{520}							
0.1mL 蔗糖酶生成葡萄糖的量/mg							
v(反应速率)/(mg/mL)							
底物浓度[S]/(mmol/L)							
$\frac{1}{[S]}$/(L/mmol)							
$\frac{1}{v}$/(mL/mg)							

六、思考题

1. 为什么测定酶的米氏常数要采用初始速度法？

2. 试讨论本实验对米氏常数的测定结果与底物浓度、反应温度和酸度的关系。

实验一〇六　电池电动势及温度系数的测定

一、实验目的

1. 掌握电位差计的使用和对消法测定原电池反应电动势的原理。

2. 测定原电池反应在不同温度下的电动势，计算电池反应的有关热力学函数。

二、实验原理

1. 对消法测定电动势的原理

根据可逆过程的定义，可逆电池应满足如下条件：(1) 电池反应可逆，亦即电池电极反应可逆；(2) 电池中不允许存在任何不可逆的液体接界；(3) 电池必须在可逆的情况下工作，即充放电过程必须在平衡态下进行，亦即允许通过电池的电流为无限小。

因此在制备可逆电池、测定可逆电池的电动势时应符合上述条件。在精确度不高的测量中，常用正负离子迁移数比较接近的盐类构成“盐桥”来消除液接电势。用电位差计测量电动势也可满足通过电池电流为无限小的条件。

测量可逆电池的电动势不能直接用伏特计来测量。因为电池与伏特计相接后，整个线路便有电流通过，此时电池内部由于存在内电阻而产生某一电位降，并在电池两极发生化学反应，溶液浓度发生变化，电动势数据不稳定。所以要准确测定电池的电动势，只有在电流无限小的情况下进行，常用的对消法就是根据这个要求设计的。

2. 电池反应电动势温度系数与热力学函数的关系

测定某一原电池反应在不同温度下的电动势 E，即可求得电动势的温度系数，由 E 和 $\left(\frac{\partial E}{\partial T}\right)_p$ 根据如下关系式可计算电池反应的吉布斯函数变化、熵变与焓变：

$$\Delta_r G_m = -zFE \tag{1}$$

$$\Delta_r S_m = zF\left(\frac{\partial E}{\partial T}\right)_p \tag{2}$$

$$\Delta_r H_m = \Delta_r G_m + T\Delta_r S_m \tag{3}$$

式中，z 为反应的电荷数；F 为法拉第常数，即 9.6485×10^4 C/mol。

三、仪器与试剂

1. 仪器：SDC-Ⅱ数字电位差综合测试仪，恒温水浴，原电池装置，AgCl/Ag电极，Ag电极，盐桥。

2. 试剂：0.1mol/L NaCl 溶液，0.1mol/L $AgNO_3$ 溶液。

四、实验步骤

1. 调节恒温槽至 20.0℃。

2. 根据下式计算室温下标准电池电动势 $E_{s,t}$

$$E_{s,t} = E_{s,20} - 4.06\times10^{-5}(t-20) - 9.5\times10^{-7}(t-20)^2 \tag{4}$$

3. 组装电池

将 AgCl/Ag 电极(负极)插入原电池装置的 NaCl 溶液中，Ag 电极(正极)插入 $AgNO_3$ 溶液中，装入盐桥，将电池与电位差计相接，注意正负极要对应。将电池放入恒温水浴中。

4. 电位差计采零

将电位差计“测量选择”钮打到“内标”，调节各电位钮，使电位指示为 1V，然后按一下“采零”钮，使“检零指示”为“0”。

电位差计的详细操作见仪器说明。

5. 原电池电动势的测量

待电池中溶液的温度稳定后(需 10～15min)，可以测量其电动势。

将电位差计“测量选择”钮打到“测量”，调节各电位钮，直到“检零指示”为“0”，此时电位指示值就是该温度下的电池电动势，每个温度下读 3 次，每次间隔 1～2min。

在 25℃下，待测电池的电动势约为 0.45V，调节时可参考此值。

第一次测量可以控制恒温槽温度比室温高 1～2℃，此后每次升温 3～5℃，共测 5～6 次。注意测量温度不应高于 50℃。

在 20～50℃下每隔 5℃测一次电池反应的电动势，将测定值记录于表格中。

五、数据记录与处理

1. 计算原电池反应电动势的温度系数：$\left(\frac{\partial E}{\partial T}\right)_p$

根据不同温度下测得的 E 值，在坐标纸上对 T 作图，求出斜率$\left(\frac{\partial E}{\partial T}\right)_p$ 并填入下表。

温　度		电动势值 E/V				$\left(\frac{\partial E}{\partial T}\right)_p$/(V/K)
t/℃	T/K	1	2	3	平均	
⋮						

2. 根据式(1)～式(3)分别计算 25℃和 50℃时电池反应的 $\Delta_r G_m$、$\Delta_r S_m$、$\Delta_r H_m$，将热力学计算结果填入下表。

温度		$\left(\frac{\partial E}{\partial T}\right)_p$/(V/K)	$\Delta_r G_m$ /(kJ/mol)	$\Delta_r S_m$ /[J/(K·mol)]	$\Delta_r H_m$ /(kJ/mol)
t/℃	T/K				
25℃					
50℃					

六、注意事项

原电池电动势的测定应该在可逆条件下进行，但在实验过程中不可能一下子找到平衡点，因此在原电池中或多或少地有电流经过而产生极化现象。当外电压大于电动势时，原电池相当于电解池，极化结果使反应电动势增加；相反，原电池放电极化，反应电势降低。这种极化会使电极表面状态变化(此变化即使在断路后也难以复原)，从而造成电动势测定值不能恒定。因此在实验中寻找平衡点时，应该间断而短促地按测量电键，才能又快又准地求得实验结果。

七、思考题

1. 为什么测定时原电池内进行的化学反应必须是可逆的，且需用对消法测定电池电动势？

2. 测电动势时为何要用盐桥？如何选用盐桥以适合不同的体系？

实验一〇七　希托夫法测定离子迁移数

一、实验目的

1. 加深理解迁移数的基本概念。

2. 用希托夫法测定 H_2SO_4 水溶液和 HCl 水溶液中离子迁移数，掌握其方法与技术。

二、实验原理

当电流通过电解质溶液时，溶液中的正负离子各自向阴阳两极迁移，由于各种离子的迁移速度不同，各自所带过去的电量也必然不同。每种离子所带过去的电量与通过溶液的总电量之比，称为该离子在此溶液中的迁移数。迁移数与浓度、温度、溶剂的性质有关。希托夫法测定离子迁移数的示意图见图 3-49。

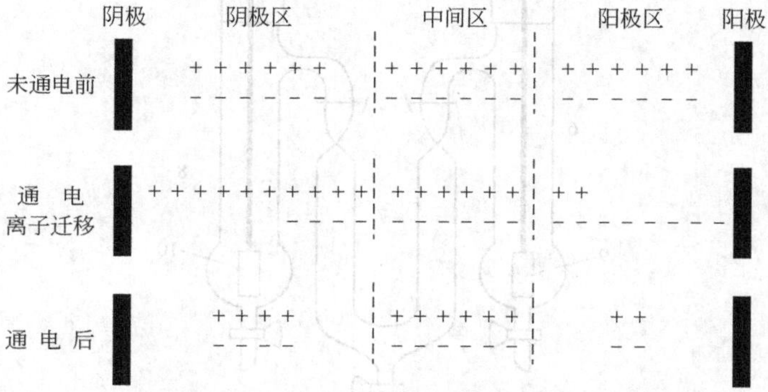

图 3-49 希托夫法测定离子迁移数示意图

将已知浓度的硫酸放入迁移管中，若有 Q 库仑电量通过体系，在阴极和阳极上分别发生如下反应：

阳极： $$2OH^- \longrightarrow H_2O + \frac{1}{2}O_2 + 2e$$

阴极： $$2H^+ + 2e \longrightarrow H_2$$

此时溶液中 H^+ 向阴极方向迁移，SO_4^{2-} 向阳极方向迁移。电极反应与离子迁移引起的总的结果是阴极区的 H_2SO_4 浓度减少，阳极区的 H_2SO_4 浓度增加，且增加与减小的浓度数值相等，因为流过小室中每一截面的电量都相同，因此离开与进入假想中间区的 H^+ 数相同，SO_4^{2-} 数也相同，所以中间区的浓度在通电过程中保持不变。由此可得计算离子迁移数的公式如下：

$$t_{SO_4^{2-}} = \frac{\left[\text{阴极区}\left(\frac{1}{2}H_2SO_4\right)\text{减少量}\right]F}{Q} = \frac{\left[\text{阳极区}\left(\frac{1}{2}H_2SO_4\right)\text{增加量}\right]F}{Q}$$

$$t_{H^+} = 1 - t_{SO_4^{2-}}$$

式中，$F = 96500C/mol$，为法拉第(Farady)常数；Q 为总电量。

图 3-50 所示的三个区域是假想分割的，实际装置必须以某种方式给予满足。图 3-50 的实验装置提供了这一可能，它使电极远离中间区，中间区的连接处又很细，能有效地阻止扩散，保证了中间区浓度不变的可信度。

希托夫法虽然原理简单，但由于不可避免的对流、扩散、振动而引起一定程度的相混，所以不易获得正确的结果。

必须注意希托夫法测迁移数至少包括了两个假定：(1)电量的输送者只是电解质的离子，溶剂(水)不导电，这与实际情况较接近；(2)离子不水化。否则，离子带水一起运动，而阴阳离子带水不一定相同，则极区浓度改变，部分是由水分子迁移所致。这种不考虑水合现象测得的迁移数称为希托夫迁移数。

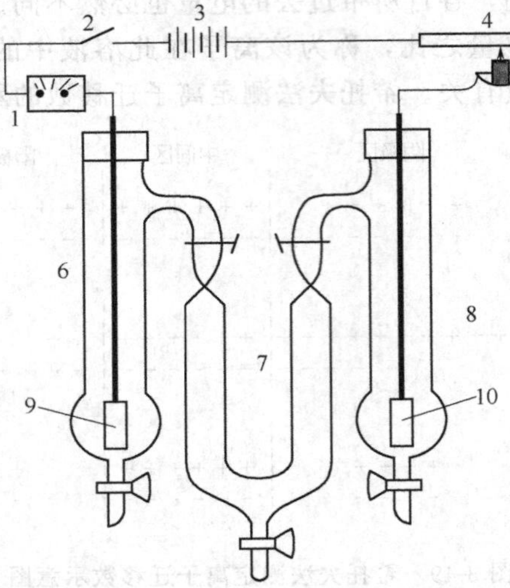

图 3-50 希托夫法测定离子迁移数装置示意图

1—电流计；2—开关；3—直流稳压电源；4—可调电阻；
5—电量计；6—阴极管；7—中间管；8—阳极管；9，10—电极

可用图 3-50 所示的电量计测定通过溶液的总电量，其准确度可达±0.1%，它的原理实际上就是电解水(为减小电阻，水中加入几滴浓 H_2SO_4)。

阳极： $2OH^- \longrightarrow H_2O + \frac{1}{2}O_2 + 2e$

阴极： $2H^+ + 2e \longrightarrow H_2$

根据法拉第定律及理想气体状态方程，据 H_2 和 O_2 的体积得到求算电量公式如下：

$$Q=\frac{4(p-p_w)VF}{3RT}$$

式中，p 为实验时的大气压；p_w 为温度为 T 时水的饱和蒸气压；V 为 H_2 和 O_2 混合气体的体积；F 为法拉第(Farady)常数。

三、仪器与试剂

1. 仪器：迁移管 1 套，铂电极 2 支，250V 直流稳流电源 1 台，电量计 1 套，50mA 直流毫安表 1 只；精度为 0.0001g 分析天平 1 架，50mL 碱式滴定管 1 支，100mL 具塞锥形瓶 5 只，10mL 移液管 3 支；烧杯 3 只，250mL 容量瓶 1 个。

2. 试剂：浓 H_2SO_4，标准 NaOH 溶液(0.1mol/L)。

四、实验步骤

1. 配制 $c\left(\frac{1}{2}H_2SO_4\right)$ 为 0.1mol/L H_2SO_4 溶液 250mL，并用 NaOH 标准溶液标定其浓度。

2. 用 H_2SO_4 溶液冲洗迁移管后，装满迁移管(注意：①溶液不要沾到塞子；②中间管与阴极管、阳极管连接处不留气泡)。

3. 打开气体电量计活塞，移动水准管，使量气管内液面升到起始刻度，关闭活塞，比平后记下液面起始刻度。

4. 按图接好线路，将稳压电源的"调压旋钮"旋至最小处。

5. 经检查后，接通开关 K，打开电源开关，旋转"调压旋钮"使电流强度为 10～15mA，通电约 1.5h 后，立即夹紧两个连接处的夹子，并关闭电源。

6. 将阴极液(或阳极液)放入一个已称重的洁净、干燥的烧杯中，并用少量原始 H_2SO_4 液冲洗阴极管(或阳极管)，一并放入烧杯中，然后称重。中间液放入另一洁净、干燥的烧杯中。

7. 取 10mL 阴极液(或阳极液)放入锥形瓶内，用 NaOH 标准溶液标定(要平行滴定两份)。再取 10mL 中间液标定，检查中间液浓度是否变化。

8. 轻弹量气管，待气体电量计气泡全部逸出后，比平记录液面刻度。

五、数据记录与处理

1. 将所测数据列表

室温/℃	大气压/Pa	饱和水蒸气压/Pa	气体体积 V/mL

溶液	烧杯的质量/g	烧杯＋溶液的质量/g	溶液的质量/g	V(NaOH)/mL	$c\left(\frac{1}{2}H_2SO_4\right)$/(mol/L)
原始溶液					
中间液					
阴极液					
阳极液					

2. 计算通过溶液的总电量 Q

$$Q=\frac{4(p-p_w)VF}{3RT}$$

3. 计算阴极液通电前后 $\left(\frac{1}{2}H_2SO_4\right)$ 减少的量 n

$$n=\frac{(c_0-c)V}{1000}$$

式中，c_0 为 $\left(\frac{1}{2}H_2SO_4\right)$ 的原始浓度；c 为通电后 $\left(\frac{1}{2}H_2SO_4\right)$ 浓度；V 为阴极液体积 cm^3，由 $V=\frac{W}{\rho}$ 求算(W 为阴极液的质量，ρ 为阴极液的密度，20℃时，

$0.1mol/L\left(\frac{1}{2}H_2SO_4\right)$的$\rho=1.002g/cm^3$）。

4. 计算离子的迁移数$t(H^+)$及$t(SO_4^{2-})$。

5. 据阳极液的滴定结果再计算$t(H^+)$及$t(SO_4^{2-})$。

六、注意事项

1. 电量计使用前应检查是否漏气。

2. 阴、阳极区上端应使用带缺口的塞子。

七、思考题

1. 如何保证气体库仑计中测得的气体体积是在实验大气压下的体积？

2. 中间区浓度改变说明什么？如何防止？

3. 为什么不用蒸馏水而用原始溶液冲洗电极？

实验一〇八 最大泡压法测定溶液的表面张力

一、实验目的

1. 掌握最大气泡法测定溶液表面张力的原理和技术。

2. 测定不同浓度乙醇溶液的表面张力，计算吸附量。

3. 了解溶液表面的吸附作用，计算表面层被吸附分子的截面积。

二、实验原理

1. 最大泡压法测表面张力原理

测定溶液的表面张力有多种方法，较为常用的是最大泡压法。其测量实验装置见图3-51。图中2是管端为毛细管的玻璃管，与液面相切。毛细管中大气压为p_0，样品管1中气压为p，当打开4的活塞时，4中的水流出，体系压力p逐渐增大，逐渐把毛细管液面压至管口，形成气泡。在形成气泡的过程中，液面曲率

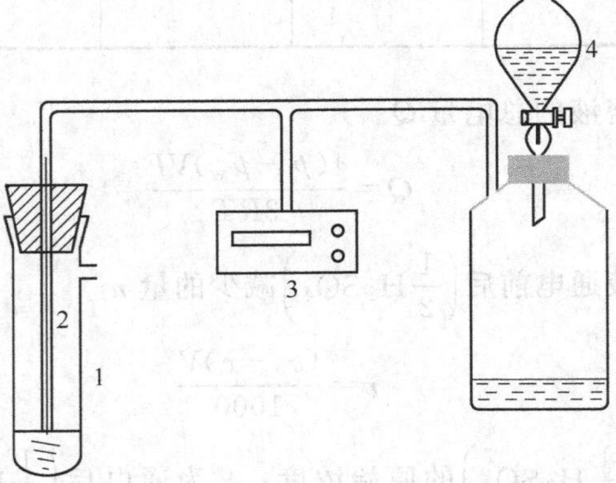

图3-51 最大泡压法测定液体表面张力实验装置

1—样品管；2—毛细管；3—压力测定仪；4—滴液漏斗

半径经历：大→小→大，即中间有一极小值 $R_{\min}$，如图 3-52 所示。此时气泡的曲率半径最小，等于毛细管的半径 r，即 $R_{\min}=r$，根据拉普拉斯公式，气泡承受的压力差也最大：

$$\Delta p=p_0-p=2\gamma/r \tag{1}$$

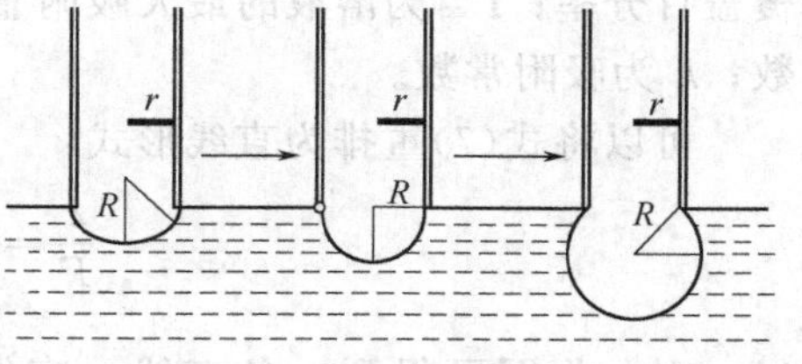

图 3-52　气泡形成过程

R：大⟶小⟶大

此压力差可由压力计 3 读出，故待测液的表面张力为：

$$\gamma=r\Delta p/2 \tag{2}$$

若用同一支毛细管（r 相同）测两种不同液体，其表面张力分别为 γ_1、γ_2，压力计测得压力差分别为 Δp_1、Δp_2，则：

$$\gamma_1/\gamma_2=\Delta p_1/\Delta p_2 \tag{3}$$

若其中一种液体的 γ_1 已知，例如水，则另一种液体的表面张力可由上式求得。即：

$$\gamma_2=(\gamma_1/\Delta p_1)\Delta p_2=K\Delta p_2 \tag{4}$$

式中：

$$K=(\gamma_1/\Delta p_1) \tag{5}$$

称为仪器常数，可用某种已知表面张力的液体（常用蒸馏水）测得。

2. 由表面张力计算表面吸附量，求分子截面积

溶液的表面过剩（吸附量）与溶液浓度和表面张力 γ 的关系符合吉布斯吸附公式：

$$\Gamma=-\frac{c}{RT}\left(\frac{\mathrm{d}\gamma}{\mathrm{d}c}\right)_T \tag{6}$$

$\left(\frac{\mathrm{d}\gamma}{\mathrm{d}c}\right)_T<0$，则 $\Gamma>0$，称为正吸附。

以表面张力对浓度作图，可得到 γ-c 曲线（见图 3-53）。对应浓度 c 点在 γ-c 曲线上作切线，求出斜线的斜率即为 $-\left(\frac{\mathrm{d}\gamma}{\mathrm{d}c}\right)_T$，即可得到该浓度 c 对应的 $\left(\frac{\mathrm{d}\gamma}{\mathrm{d}c}\right)_T$，代入式（6）即可求得该浓度 c 对应的 Γ。

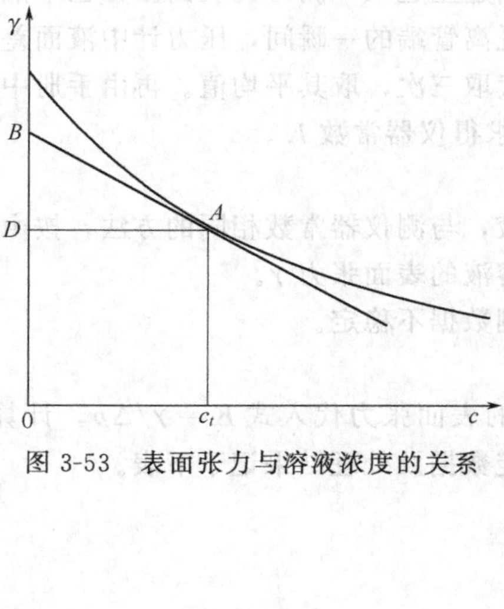

图 3-53　表面张力与溶液浓度的关系

对于溶液表面吸附，可以采用 Langmuir 理想吸附模型描述表面吸附量 Γ 与溶液浓度 c 之间的关系，即：

$$\theta=\frac{\Gamma}{\Gamma_\infty}=\frac{kc}{1+kc} \tag{7}$$

式中，θ 为溶质分子对溶液表面的覆盖百分率；Γ_∞为溶液的最大吸附量，对于给定的体系，一定条件下Γ_∞是常数；k为吸附常数。

可以将式(7)重排为直线形式：

$$\frac{c}{\Gamma}=\frac{c}{\Gamma_\infty}+\frac{1}{k\Gamma_\infty} \tag{8}$$

以$\frac{c}{\Gamma}$对c作图可得到一条直线，直线斜率$1/\Gamma_\infty$，可以求得最大吸附量Γ_∞。如以N代表$1m^2$表面上溶质的分子数，则有：$N=\Gamma_\infty N_A$，式中N_A为阿伏伽德罗常数。由此可得每个溶质分子在表面上所占的横截面积：$A_\infty=1/(\Gamma_\infty N_A)$。

三、仪器与试剂

1. 仪器：最大泡压法表面张力仪，洗耳球，各种量程移液管，50mL 容量瓶，500mL 烧杯。

2. 试剂：乙醇(分析纯)，蒸馏水。

四、实验步骤

1. 仪器准备与检漏

将表面张力仪容器和毛细管先用洗液洗净，再顺次用自来水和蒸馏水冲洗，烘干后按图 3-51 连接好。

将水注入分液漏斗中。在样品管 1 中用移液管注入 50mL 蒸馏水，调节液面，使之恰好与细口管尖端相切。再打开分液漏斗活塞，这时水流入下端瓶，使体系内的压力增加(注意：勿增加到使毛细管口冒泡)，当压力计中指示出若干压差时，关闭分液漏斗活塞。若 2～3min 内，压力计示数不变，则说明体系不漏气，可以进行实验。

2. 仪器常数 K 的测量

打开分液漏斗对体系加压，调节放水速度，使气泡由毛细管尖端成单泡逸出，且每个气泡形成的时间为 10～20s(数显微压差测量仪为 5～10s)。若形成时间太短，则吸附平衡就来不及在气泡表面建立起来，测得的表面张力也不能反映该浓度的真正的表面张力值。当气泡刚脱离管端的一瞬间，压力计中液面差达到最大值，记录压力计的最大读数，连续读取三次，取其平均值。再由手册中查出实验温度时，水的表面张力γ，由式(5)求得仪器常数K。

3. 乙醇水溶液表面张力的测定

按下表给定的体积比配制乙醇水溶液，与测仪器常数相同的方法，按由稀到浓的顺序测定各溶液的最大压差，计算溶液的表面张力γ。

测定时应确保气泡是单个出现，否则数据不稳定。

五、数据记录与处理

1. 由测量的纯水平均Δp值及纯水的表面张力代入式$K=\gamma/\Delta p$，计算K。纯水的表面张力见附录。纯水泡压差测定数据及处理结果记于下表。

$\gamma/(10^{-3}\text{N/m})$				
$\Delta p/\text{Pa}$	1	2	3	平均
$K/[10^{-3}\text{N}/(\text{m}\cdot\text{Pa})]$				

2. 由 K 及所测 Δp 值求出各浓度乙醇溶液的 γ。

3. 作 γ-c 图。

4. 作切线求出各浓度的 $d\gamma/dc$。

5. 求出各浓度下的 Γ。

6. 作 c/Γ-c 图，直线斜率为 $1/\Gamma_\infty$，求出 Γ_∞。

7. 求出 A_∞。

8. 将各步计算结果填于下表

体积比/(mL/mL)	2.5∶47.5	5.0∶45.0	7.5∶42.5	10.0∶40.0	12.5∶37.5	15.0∶35.0	17.5∶32.5	20.0∶30.0
$c/(\text{mol/L})$								
$\Delta p/\text{Pa}$								
$\gamma=K\Delta p/(10^{-3}\text{N/m})$								
$(d\gamma/dc)/[10^{-3}(\text{N}\cdot\text{L})/\text{mmol}]$								
$\Gamma=-c/RT(d\gamma/dc)/(\text{mol/m}^2)$								
$(c/\Gamma)/(\text{m}^2/\text{L})$								
$\Gamma_\infty/(\text{mol/m}^2)$								
A_∞/m^2								

六、注意事项

1. 仪器系统不能漏气。

2. 所用毛细管必须干净、干燥，应保持垂直，其管口刚好与液面相切。

3. 读取压力计的压差时，应取气泡单个逸出时的最大压力差。

七、思考题

1. 毛细管尖端为何必须调节得恰与液面相切？否则对实验有何影响？

2. 最大气泡法测定表面张力时为什么要读最大压力差？如果气泡逸出的很快，或几个气泡一起出，对实验结果有无影响？

附表：不同温度下水的表面张力

t/℃	$\gamma/(10^{-3}$N/m)	t/℃	$\gamma/(10^{-3}$N/m)	t/℃	$\gamma/(10^{-3}$N/m)
0	75.64	19	72.90	30	71.18
5	74.92	20	72.75	35	70.38
10	74.22	21	72.59	40	69.56
11	74.07	22	72.44	45	68.74
12	73.93	23	72.28	50	67.91
13	73.78	24	72.13	55	67.05
14	73.64	25	71.97	60	66.18
15	73.49	26	71.82	70	64.42
16	73.34	27	71.66	80	62.61
17	73.19	28	71.50	90	60.75
18	73.05	29	71.35	100	58.85

实验一〇九 $Fe(OH)_3$ 溶胶的制备及电泳

一、实验目的

1. 掌握凝聚法制备 $Fe(OH)_3$ 溶胶和纯化溶胶的方法。

2. 观察溶胶电泳现象，掌握电泳法测定 $Fe(OH)_3$ 胶体溶液的 ζ 电势的方法。

二、实验原理

溶胶的制备方法可分为分散法和凝聚法。分散法是用适当方法把较大的物质颗粒变为胶体大小的质点；凝聚法是先制成难溶物的分子(或离子)的过饱和溶液，再使之相互结合成胶体粒子而得到溶胶。

本实验采用化学凝聚法制备 $Fe(OH)_3$ 溶胶。氯化铁在水溶液中水解即生成红棕色氢氧化铁溶胶。

$$FeCl_3+3H_2O = Fe(OH)_3+3HCl$$

溶胶表面的氢氧化铁再与 HCl 反应：

$$Fe(OH)_3+HCl = FeOCl+2H_2O$$

FeOCl 离解成 FeO^+ 与 Cl^-，其结构式可表示为

$$\{[Fe(OH)_3]_m \cdot nFeO^+ \cdot (n-x)Cl^-\}^{x+} \cdot xCl^-$$

制成的胶体体系中常有其他杂质存在，而影响其稳定性，因此必须纯化。常用的纯化方法是半透膜渗析法。

在胶体分散体系中，由于胶体本身的电离或胶粒对某些离子的选择性吸附，使胶粒的表面带有一定的电荷。在外电场作用下，胶粒向异性电极定向泳动，这种胶粒向正极或负极移动的现象称为电泳。荷电的胶粒与分散介质间的电势差称为电动电势，用符号 ζ 表示，电动电势的大小影响胶粒在电场中的移动速度，因

此可以用胶体的电动现象来测定其电动电势。也就是通过测定溶胶与导电液体的界面移动速度来计算溶胶的电动电势 ζ。电动电势 ζ 与胶粒的性质、介质成分及胶体的浓度有关。在指定条件下，ζ 的数值可根据亥姆霍兹方程式计算。

$$\zeta=\frac{\eta u}{\varepsilon E}$$

式中，$E=U/L$，为电位梯度或称电场强度，V/m；u 为电泳速度，m/s；η 为介质黏度，本实验中介质为水；ε 为介电常数，$\varepsilon=\varepsilon_0\varepsilon_r$，常温下，$\varepsilon_0=8.8542\times10^{-12}$F/m，水的相对介电常数 $\varepsilon_r=81$。

对于一定溶胶而言，若固定 E 测得胶粒的电泳速度($u=d/t$，d 为胶粒移动的距离，t 为移动时间)，就可以求算出 ζ 电位。

三、仪器与试剂

1. 仪器：电泳仪 1 台，电炉 1 台，电泳 U 形管 1 只，电导率仪 1 台，秒表 1 只，铂电极 2 只，500mL 烧杯 2 只，100mL 烧杯 1 只，水浴锅 1 台。

2. 试剂：火棉胶(化学纯)，$FeCl_3$(分析纯)，盐酸(分析纯)。

四、实验步骤

1. $Fe(OH)_3$ 溶胶的制备

在 250mL 烧杯中加入 100mL 蒸馏水，加热至沸，慢慢滴入 5mL(10%)$FeCl_3$ 溶液，并不断搅拌，加毕继续保持沸腾 5min，即可得到红棕色的 $Fe(OH)_3$ 溶胶。在胶体体系中存在的过量的 H^+、Cl^- 等需要除去。

2. 半透膜的制备

在预先洗净烘干的 100mL 烧杯中，加入约 25mL 胶棉液(溶剂为 1∶3 乙醇-乙醚液)，小心转动烧杯，使胶棉液在烧杯内壁形成一均匀薄膜，倾出多余的胶棉液，将烧杯倒置。待溶剂挥发完，此时烧杯内壁胶膜已不粘手，将其从杯中取出，注入蒸馏水，检查半透膜是否有漏洞。如无漏洞，则置入蒸馏水中浸泡待用。

3. 溶胶的纯化

将冷至约 50℃的 $Fe(OH)_3$ 溶胶约 35mL 转移到半透膜内，扎好袋口，将其用 65～70℃的蒸馏水渗析。约 10min 换一次新鲜蒸馏水，渗析 5 次，直至 $Fe(OH)_3$ 溶胶电导率小于 300mS/cm 即可。此净化过程需 1h 左右。

4. 盐酸辅助液的制备

在进行电泳测量时，要使胶体溶液和辅助溶液的电导率基本相同。因此，先测量渗析好的 $Fe(OH)_3$ 溶胶的电导率，再用 0.1mol/L HCl 溶液和最后一次渗析液配制成与溶胶电导率相同的辅助液。

5. 电泳仪安装

电泳仪应事先洗涤干净，活塞上涂一薄层凡士林，塞好活塞。

将待测的 $Fe(OH)_3$ 溶胶通过小漏斗注入电泳仪的 U 形管底部，将电导率与胶体溶液相同的辅助溶液沿 U 形管左右两管的管壁，用滴管缓缓地加入至约

10cm 高度，保持两液相间的界面清晰（见图 3-54）。轻轻地将铂电极插入辅助溶液中，切勿扰动液面。铂电极应保持垂直，记下胶体液面的初始位置。将两极插入控制箱接口，并调节电泳电压为 150V，按下运行“RUN”按键，观察有无电流，如有说明电路已接通。

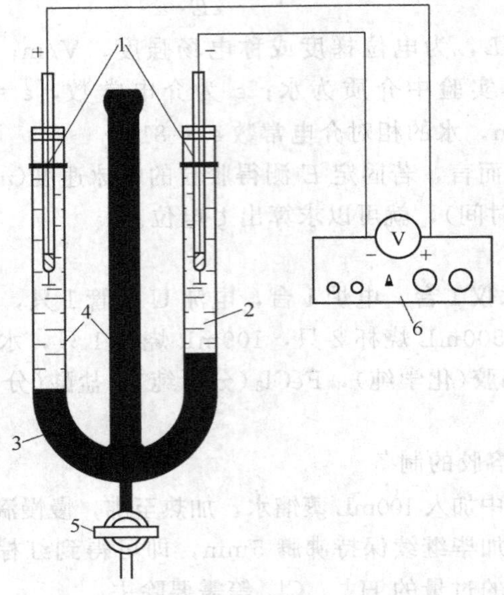

图 3-54　电泳测定装置

1—Pt 电极；2—辅助溶液；3—溶液；4—电泳管；5—活塞；6—电泳仪

6. 测定电泳速率 u

准确测定胶体液面上升至 0.5cm、1.0cm、1.5cm、2.0cm、2.5cm 和 3.0cm 时所需时间 t，以 s 为单位。

7. 测定电位梯度 E

测定两极间的距离 L，此数据须测量多次，取其平均值，并记下电压读数 U。

实验结束后，应回收胶体溶液，拆除线路。用自来水洗电泳管多次，最后用蒸馏水洗一次。

五、数据记录与处理

1. 溶胶界面移动的时间与速率记于下表：

距离 d/m	0.005	0.010	0.015	0.020	0.025	0.030
时间 t/s						
速率 u/(m/s)						
电压 U/V						
两极间距离 L/m						
电场强度 E/(V/m)						

2. 计算 ξ 电势

$$\xi=\frac{\eta u}{\varepsilon E}$$

六、注意事项

1. 在制备半透膜时，加水的时间应适中。过早，因膜中的溶剂还没挥发完，易破损，强度差，不能用。过迟则半透膜过干而变脆，通透效果差。一般乙醚蒸发至闻不出气味，内壁不粘手即可。

2. 用公式计算 ξ 电势时，应注意式中各物理量的单位，一定要用 SI 单位。

七、思考题

1. 为什么所用稀盐酸溶液的电导率必须和所测溶胶的电导率相等或接近？

2. 电泳的速率与哪些因素有关？

3. 在电泳测定中如不用辅助液体，把两电极直接插入溶胶中会发生什么现象？

4. 溶胶胶粒带何种符号的电荷？为什么它会带此种符号的电荷？

实验一一〇　表面活性剂临界胶束浓度的测定

一、实验目的

1. 了解表面活性剂的特性，表面活性剂在水溶液中形成胶束的原理；理解临界胶束浓度的概念及测定原理。

2. 掌握电导法测定表面活性剂临界胶束浓度的方法。

二、实验原理

1. 表面活性剂

表面活性剂是指分子结构中同时含有亲水性极性基团（如—SO_3Na、—COONa 等）和亲油性非极性基团（一般为 8～18 个碳烃基）的有机化合物。表面活性剂通常采用按化学结构来分类，分为离子型和非离子型两大类，离子型中又可分为阳离子型、阴离子型和两性型表面活性剂。如：

$$CH_3-(CH_2)_n-\overset{\oplus}{N}(CH_3)_2-CH_3\ Cl^{\ominus}$$

（阳离子型）

$$CH_3-(CH_2)_n-\overset{\oplus}{N}(CH_3)_2-CH_2COO^{\ominus}$$

（两性型）

$$CH_3-(CH_2)_n-OSO_3^{\ominus}Na^{\oplus}$$

（阴离子型）

2. 胶束形成及临界胶束浓度

表面活性剂溶于水中，低浓度时以单个分子形式存在，由于具有两亲性质，这些分子定向排列在水的表面（亲水的一端在水层），使空气和水的接触面变小，可显著降低水的表面张力。随着溶解浓度的逐渐增大，表面活性剂在水的表面形成单分子层。继续增加溶解浓度，表面活性剂进入溶液体相并三三两两地以憎水基相互靠拢，憎水基向里，亲水基向外，开始形成胶束(见图 3-55)。胶束可以是球形、棒状或层状。临界胶束浓度(critical micelle concentration，简称 CMC)即指开始形成胶束的最低浓度。

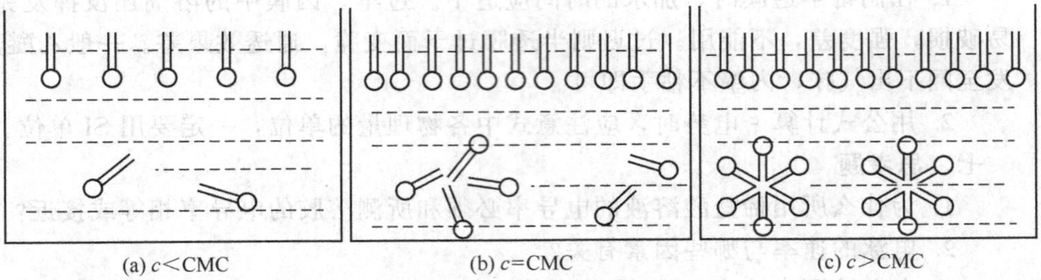

图 3-55　胶束形成过程示意图

3. 临界胶束浓度的测定原理

形成胶束的表面活性剂溶液，由于溶液结构的变化导致溶液的一系列物理化学性质(如表面张力、电导、光学性质、渗透压、浊度等)发生转折性变化。在表面活性剂溶液的性质与浓度的关系曲线上，位于临界胶束浓度处出现转折点。这是测定临界胶束浓度的实验依据。

对于一般电解质溶液，其导电能力由电导 G，即电阻的倒数($1/R$)来衡量，

$$G=\frac{1}{R}=\frac{1}{\rho}\times\frac{A_s}{l}=K\times\frac{A_s}{l}$$

式中，A_s为电极面积；l 为两电极间的距离。若所用的电导管电极面积为 $A_s=1m^2$，电极间距 $l=1m$，用此管测定电解质溶液电导，称作比电导或电导率 κ，其单位为 $1/(\Omega \cdot m)$或 S/m。

本实验利用电导法测定十二烷基硫酸钠的 CMC 值。溶液浓度在达到临界胶束浓度前后，溶液的电导率随浓度的变化规律不同，测定一系列不同浓度十二烷基硫酸钠溶液的电导率，以电导率对浓度作图(见图 3-56)，曲线转折点处即为 CMC 值。

三、仪器与试剂

1. 仪器：50mL 容量瓶 12 只，移液管 5mL、10mL 各一支，50mL 烧杯若干，DDB-303 电导率仪(使用方法见实验一〇二)，HH-6 恒温水浴锅。

2. 试剂：十二烷基硫酸钠。

四、实验步骤

1. 打开电导率仪电源预热 20min，用蒸馏水洗净电极待用。恒温水浴锅加入水，打开电源，将温度调至 30℃。

2. 将装有 0.1mol/L 十二烷基硫酸钠溶液(实验室预先准确配制)的试剂瓶放入水浴中，以使试样完全溶解，当溶液澄清后取出。

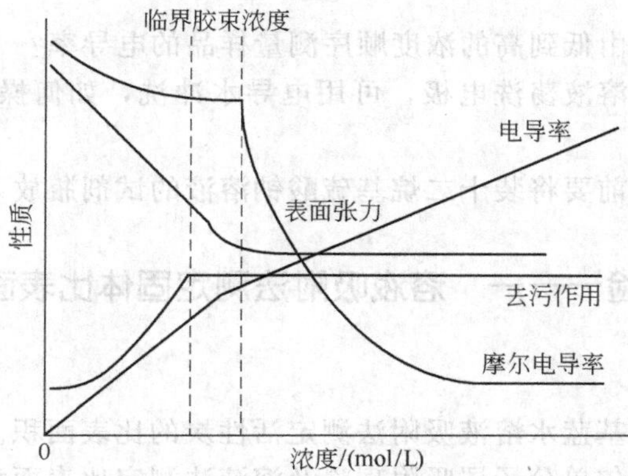

图 3-56　表面活性剂性质与浓度的关系

3. 分别取 0.1mol/L 十二烷基硫酸钠溶液 1mL、2mL、3mL、……、12mL，放入 12 支 50mL 容量瓶中，蒸馏水稀释定容，配制成 0.002mol/L、0.004mol/L、0.006mol/L、……、0.024mol/L 的待测溶液。

4. 用电导率仪由低到高的浓度顺序依次测定样品的电导率。测定前溶液需恒温不少于 10min。测量时用待测溶液荡洗电极和烧杯 3 次以上，将余下的待测液分三份分别测定，记录测定得到的 3 次读数，取平均值。并测定所用水的电导率值。

5. 实验结束后，关闭电源，用蒸馏水洗净电极并擦干。清洗所用的仪器并放回原处。

五、数据记录与处理

1. 实验数据填入下表

浓度 c/(mol/L)	电导率/(μS/cm)			平均值
0.002				
0.004				
⋮				

2. 以电导率对浓度作图，所得曲线拐点处即为十二烷基硫酸钠溶液的 CMC 值。

六、注意事项

1. 清洗电导电极时，两个铂片不能有机械摩擦，可用电导水淋洗，后将其竖直，用滤纸轻吸将水吸净，但不能使滤纸蘸洗内部铂片。

2. 注意应按由低到高的浓度顺序测量样品的电导率，每次取待测液的 1/3，分三次测定。

3. 电极在使用过程中其极片必须完全浸入到所测的溶液中。

七、思考题

1. 为什么采用由低到高的浓度顺序测量样品的电导率？

2. 若不用待测溶液荡洗电极，可用电导水冲洗，如何操作才能保证溶液浓度的准确性？

3. 为什么实验前要将装十二烷基硫酸钠溶液的试剂瓶放入热水浴中？

实验一一一　溶液吸附法测定固体比表面积

一、实验目的

1. 学会用亚甲基蓝水溶液吸附法测定活性炭的比表面积。

2. 了解朗格缪尔单分子层吸附理论及溶液法测定比表面积的基本原理。

二、实验原理

溶液的吸附可用于测定固体的比表面积。亚甲基蓝是易被固体吸附的水溶性染料，在一定浓度范围内，大多数固体对亚甲基蓝的吸附是单分子层吸附，符合朗格缪尔单分子层吸附理论，即满足等式

$$\Gamma=\Gamma_\infty \frac{Kc}{1+Kc}$$

整理得到如下形式：

$$\frac{c}{\Gamma}=\frac{1}{\Gamma_\infty K}+\frac{1}{\Gamma_\infty}c$$

作 c/Γ-c 图，从直线斜率可求得 Γ_∞。Γ_∞是指 1g 吸附剂对吸附质的饱和吸附量(用 mol/g 表示)，若每个吸附质分子在吸附剂上所占据的面积为 σ_A，则吸附剂的比表面积可以按照下式计算：

$$S=\Gamma_\infty L\sigma_A$$

式中，S 为吸附剂的比表面；L 为阿伏伽德罗常数。

亚甲基蓝的结构为

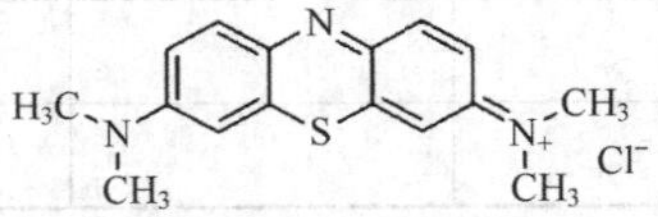

阳离子大小为 $17.0\times7.6\times3.25\times10^{-30}\text{m}^3$。

亚甲基蓝有三种取向：平面吸附投影面积为 $135\times10^{-20}\text{m}^2$，侧面吸附投影面积为 $75\times10^{-20}\text{m}^2$，端基吸附投影面积为 $39\times10^{-20}\text{m}^2$。对于非石墨型的活性炭，亚甲基蓝是以端基吸附取向，因此 $\sigma_A=39\times10^{-20}\text{m}^2$。

亚甲基蓝在可见光区有两个吸收峰 445nm 和 665nm，但在 445nm 处活性炭吸附对吸附峰有很大干扰，故本实验选用 665nm 为工作波长。

三、仪器与试剂

1. 仪器：722 型分光光度计(使用方法见实验四十六)，HY-4 振荡器，电子

天平，容量瓶(50mL 5 个，100mL 5 个，500mL 6 个)，2 号砂芯漏斗 5 个，带塞锥形瓶 5 个，滴管 2 支。

2. 试剂：0.2%左右亚甲基蓝溶液，0.3126mmol/L 亚甲基蓝标准溶液。

3. 材料：颗粒状非石墨型活性炭。

四、实验步骤

1. 样品活化

将颗粒活性炭置于瓷坩埚中，放入 500℃的马弗炉中活化 1h，然后置于干燥器中备用(此步骤由实验室提前做好)。

2. 初始溶液的配制

取 5 个干燥的带塞锥形瓶，编号，按下表准确配制不同浓度的亚甲基蓝初始溶液。

编　号	1	2	3	4	5
$V_{(0.2\%亚甲基蓝溶液)}$/mL	30	25	20	15	10
$V_{(蒸馏水)}$/mL	20	25	30	35	40

3. 初始溶液稀释

分别量取 1.5mL 上述初始溶液于 5 个 500mL 容量中，用蒸馏水稀释并定容至刻度，此为初始溶液稀释液。

4. 溶液吸附

分别准确称取活化过的活性炭约 0.2g，加入 5 个盛有 48.5mL 亚甲基蓝初始溶液的锥形瓶中。塞好锥形瓶，放在振荡器上振荡 2h。达平衡后将锥形瓶取下，静置。分别量取上层清液 1.5mL 于 5 个 500mL 容量瓶中，用蒸馏水稀释并定容，摇匀待用，此为平衡溶液稀释液。

5. 亚甲基蓝标准溶液的配制

分别量取 1mL、2mL、3mL、4mL、5mL 浓度为 $c_{标,0}$ =0.3126mmol/L 的亚甲基蓝标准溶液于 100mL 容量瓶中，蒸馏水定容摇匀。得到相对浓度 $c/c_{标,0}$ 依次为 0.01、0.02、0.03、0.04、0.05 的标准稀释溶液。

6. 选择工作波长

对于亚甲基蓝溶液，工作波长为 665nm。由于各分光光度计波长刻度略有误差，取相对浓度为 0.02 的标准溶液，在 600～700nm 范围内测量吸光度，以吸光度最大的波长为工作波长。

7. 测溶液吸光度

在选定工作波长下，以蒸馏水为参比液，分别测各标准溶液、初始稀释溶液和平衡稀释溶液的吸光度。每个样品需重复测 3 次，然后取平均值。

五、数据记录与处理

1. 计算吸光度平均值

将标准溶液的吸光度测定值记入下表，计算平均值。

相对浓度 $c/c_{标,0}$	0.01	0.02	0.03	0.04	0.05
A_1					
A_2					
A_3					
$\overline{A}$					

2. 做工作曲线

以浓度的相对值作横坐标，以吸光度作纵坐标，将5个标准溶液的吸光度平均值作在图上，得到工作曲线。

3. 由初始溶液的吸光度查得初始溶液的浓度

根据稀释后初始溶液的吸光度 $A_{0,i}$，从工作曲线上查得对应的浓度，乘上稀释倍数1000/3，即为初始溶液浓度 $c_{0,i}$。一并填入下表。

4. 求各平衡溶液的浓度

将实验测定的各个平衡稀释溶液的吸光度，从工作曲线上查得对应的浓度，乘上稀释倍数1000/3，即为平衡溶液的浓度 c_i，填入下表。

5. 计算吸附量

由平衡浓度 c_i 与初始浓度 $c_{i,0}$ 的数据，分别按下式计算吸附量 Γ_i

$$\Gamma_i=\frac{(c_{0,i}-c_i)V}{m_i}$$

式中，V 为吸附溶液的总体积，mL，本实验为48.5mL；m_i 为加入溶液的吸附剂活性炭的质量，g，将计算得到的 Γ_i 填入下表。

6. 求饱和吸附量 Γ_∞

由 Γ_i 和 c_i 的数据计算 c_i/Γ_i 值，然后作 c/Γ-c 图，由图求得饱和吸附量 Γ_∞。

7. 计算试样的比表面积

将 Γ_∞ 值代入式 $S=\Gamma_\infty L\sigma_A$，可算得试样的比表面积，结果记于下表。

实验编号 i		1	2	3	4	5
吸附初始液	吸光度 $A_{0,i}$					
	浓度 $c_{0,i}$/(mmol/L)					
吸附平衡液	吸光度 A_i					
	浓度 c_i/(mmol/L)					
吸附剂活性炭质量 m_i/g						
Γ_i/(mmol/g)						
c_i/Γ_i/(g/L)						
Γ_∞/(mmol/g)						
S/(m^2/g)						

六、注意事项

1. 测量吸光度时要按从稀到浓的顺序，每个溶液要测 3～4 次，取平均值。

2. 用洗涤液清洗比色皿时，接触时间不能超过 2min，以免损坏比色皿。

七、思考题

1. 为什么亚甲基蓝溶液的原始溶液浓度要选在 0.2%左右，吸附后的亚甲基蓝溶液浓度要在 0.1%左右？若吸附后溶液浓度太低，在实验操作方面应如何改动？

2. 溶液产生吸附时，如何判断其达到平衡？

实验一一二　BET 容量法测定固体的比表面积

一、实验目的

1. 了解 BET 容量法测定固体比表面积的基本原理。

2. 用 BET 容量法测定微球硅胶的比表面积。

3. 掌握美国康塔 NOVA 2000e 比表面积及孔径分析仪的工作原理和使用方法。

二、基本原理

固体表面上的气体分子浓度高于气相中的浓度的现象称为固体对气体的吸附。通常把固体叫做吸附剂，被吸附的气体叫做吸附质。按照吸附质和吸附剂相互作用的性质，可分为物理和化学两类吸附。化学吸附时，吸附质和吸附剂之间有化学键力；物理吸附时，吸附质与吸附剂分子依靠范德华(van der Waals)力相结合。

固体物质对气体的吸附大多数属物理吸附，而物理吸附大多是多分子层吸附。1938 年，勃鲁瑙尔(Brunauer)、爱默特(Emmett)和泰勒(Teller)(简称 BET)三人依据基本假设：固体表面是均匀的；吸附质与吸附剂之间、吸附质分子之间的作用力是范德华力，吸附是多层的；被吸附在同一层的吸附质分子之间相互无作用；吸附平衡是吸附与解吸的动态平衡；第二层及其以后各层分子的吸附热等于气体的液化热。根据这些假设，建立了 BET 多分子层吸附理论。

$$\frac{p}{V^a(p^*-p)}=\frac{1}{V^a_m \cdot c}+\frac{c-1}{V^a_m \cdot c}\cdot\frac{p}{p^*} \tag{1}$$

式中，p 为平衡压力；p^* 是吸附平衡温度下吸附质的饱和蒸气压，V^a 为平衡时的吸附量(以标准状况 mL/g 计)；V^a_m 为单分子层饱和吸附所需的气体量(以标准状况 mL/g 计)；c 为温度、吸附热和液化热有关的常数。

固体物质的比表面积，是指 1g 固体所具有的总表面积，包括外表面和内表面。通过实验可以测量一系列的 p 和 V^a，以 $\frac{p}{V^a(p^*-p)}$ 对 $\frac{p}{p^*}$ 作图，得一直线，其斜率为$\frac{c-1}{V_m^a \cdot c}$，由斜率和截距数据可算出$V_m^a$。若知道一个吸附质分子的截面积，则可根据下式算出吸附剂的比表面积

$$A=\frac{V_m^a \cdot L \cdot \sigma_A}{22400\text{mL/mol}} \tag{2}$$

式中，L为阿伏伽德罗常数；σ_A为一个吸附质分子的截面积；22400为标准状况下1mol气体的体积(mL)。

本实验以N_2为吸附质，在78K时其截面积σ_A取$16.2\times10^{-20}\text{m}^2$。将此数值代入式(2)，可得：

$$A=4.316\text{m}^2/\text{mL}\times V_m^a \tag{3}$$

三、仪器与试剂

1. 仪器：美国康塔NOVA 2000e比表面积及孔径分析仪。

2. 试剂：高纯氮、液氮、氦气。

3. 材料：微球硅胶。

四、实验步骤

1. 样品活化

将硅胶先进行活化处理，活化温度150℃，活化时间为1h，系统压力≤70Pa(此步骤由实验室提前做好)。

2. 开机前准备

先打开氮气气阀，并保持气压在0.8MPa，再打开真空泵抽气，待抽气10min后再打开仪器电源开关。适量样品放入合适的真空管中，并用电子天平称出真空管的质量，为以后计算样品干重作准备。

3. 脱气

打开仪器电源开关，将装有样品的真空管安置在脱气站的合适位置，先抽气，抽气完成后加热3h左右(比较湿的样品先用其他加热装置脱水)，然后填充气体，以便取下真空管。

4. 参数设定

在称量完样品的干重以后，将放有相应的填充棒的真空管安置在分析站的相应位置，设置参数，点选“start analysis”选项，再选中“station”选项，在“sample”选项下填写样品ID和质量等重要信息，在“Equilibrium”选项中键入压力偏差值，平衡时间，平衡延时等重要参数。

5. 测试

运行分析软件，进行数据采集。

6. 关机

数据采集完毕后，关闭检测器。拆卸分析站中的真空管，关闭氮气总开关，关闭电源开关。

五、数据记录及处理

1. 将实验记录与处理数据记录于下表

$p/p^{\ominus}$									……
$V^a/(cm^3/g)$									……
p/p^*									……
$\frac{p}{V^a(p^*-p)}$									……
$A/(m^2/g)$									

2. 以$\frac{p}{V^a(p^*-p)}$对$\frac{p}{p^*}$作图，得一直线，其斜率为$\frac{c-1}{V_m^a \cdot c}$，由斜率和截距数据可算出$V_m$。

3. 代入$A=4.316m^2/mL \times V_m^a$中，求得微球硅胶的比表面积$A$。

六、注意事项

1. BET 公式的适用范围是相对压力p/p^*在 0.05～0.35 之间，因而实验时气体的引入量应控制在范围内。

2. BET 容量法适用的测量范围为 1～1500m^2/g，实验时最好选择其比表面积为 100～1000m^2/g 的固体样本。

七、思考题

1. 固体样品测量前为什么要进行活化？

2. BET 公式的建立是基于一定的假设基础的，你认为影响测量精确度的主要假设是哪些？

3. 若用朗格缪尔公式处理实验数据，所得样品的比表面积是偏大还是偏小？

实验一一三　配合物的组成及稳定常数的测定

一、实验目的

1. 掌握连续变化法测配合物组成及稳定常数的原理。

2. 掌握分光光度计的使用方法。

二、实验原理

根据朗伯-比耳定律：　　　　$A=\varepsilon bc$

式中，ε为摩尔吸光系数；b为比色皿厚度；c为溶液浓度。因此可以通过测量溶液的吸光度来测量溶液浓度的变化。

对一般配合反应体系，

$$M+nR \rightleftharpoons MR_n$$

在 M 和 R 的原始浓度相同时，其体积比即为物质的量之比。

依据连续法原理，设计如下表所示，总体积$V=V_M+V_R$不变，M 与 R 配比不同的一系列反应体系，测各体系的吸光度A。

编　　号	1	2	3	4	5	6	7	8	9	10	11
V_M/mL	0	1	2	3	4	5	6	7	8	9	10
V_R/mL	10	9	8	7	6	5	4	3	2	1	0
缓冲溶液 V_M/mL	10	10	10	10	10	10	10	10	10	10	10
配比 V_M/V_R		1/9	2/8	3/7	4/6	5/5	6/4	7/3	8/2	9/1	

以吸光度 A 对配比 V_M/V_R 作图，如图 3-57 所示。

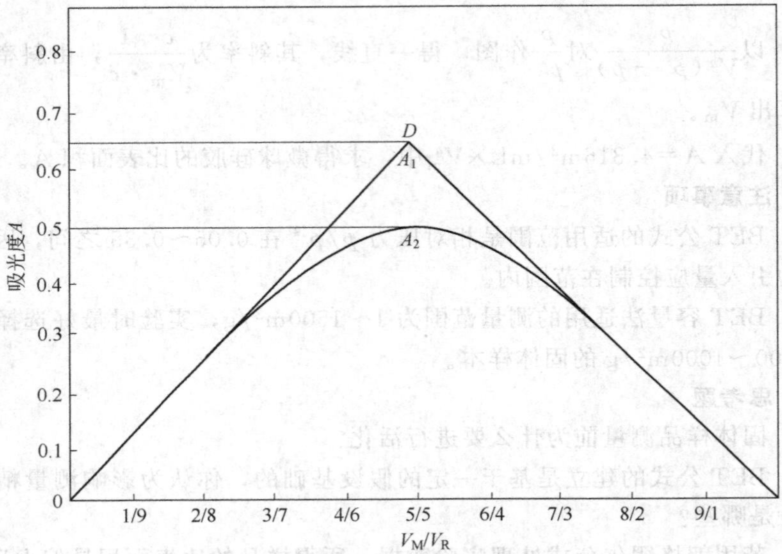

图 3-57　不同配比 V_M/V_R 溶液的吸光度

图中吸光度最大点 A_2 相对应的 V_M/V_R 值，即络合物的组成比 n。

$$n=V_M/V_R$$

由于配合反应存在平衡，配合物总有部分解离，曲线上的极大值实际上是 A_1 点，配合物的解离度 α：

$$\alpha=\frac{A_1-A_2}{A_1} \tag{1}$$

配合物的解离平衡：$MR_n \rightleftharpoons M+nR$

起始浓度　　　　c　　　0　　0

平衡浓度　　　$c(1-\alpha)$　　$c\alpha$　　$nc\alpha$

c 为 $V_M/V_R=n$ 的溶液形成的配合物 MR_n 的浓度。

配合物的稳定常数　　　　$K_{稳}=\dfrac{1-\alpha}{\alpha(nc\alpha)^n}$　　　(2)

本实验中 M 为 Fe^{3+}，R 为钛铁试剂。

三、仪器与试剂

1. 仪器：722 型分光光度计（使用方法见实验四十六），容量瓶数个，移液管。

2. 试剂：醋酸-醋酸铵缓冲溶液(pH=4.6)，硫酸高铁铵[$FeNH_4(SO_4)_2 \cdot 12H_2O$]，钛铁试剂[1,2-二羟基苯-3,5-二磺酸钠，$C_6H_2(OH)_2(SO_3Na)_2 \cdot H_2O$]。

四、实验步骤

1. 按表格配制待测溶液。

2. 取6号试样，在波长600～700nm范围内每隔10nm测定试样的吸光度，找出最大吸收波长λ_{max}。

3. 在波长λ_{max}下，测各溶液的吸光度A。

五、数据记录与处理

1. 最大吸收波长λ_{max}的确定

将6号试样，在波长600～700nm范围内每隔10nm所测定的吸光度值数据填入下表中，并以吸光度对波长作图，找出最大吸收波长λ_{max}。

波长/nm	600	610	620	630	640	650	660	670	680	690	700
吸光度 A											

2. 确定n和A_2

将实验步骤3所测得的不同溶液吸光度数据填入下表。

编号	1	2	3	4	5	6	7	8	9	10	11
吸光度 A											

以A对V_M/V_R作图。找出吸光度最大值A_2及所对应的体积比V_M/V_R，即为n。

3. 最大值两侧沿曲线作外延线交于D点，确定A_1。

4. 由式(1)计算α，再由式(2)求$K_{稳}$。

六、注意事项

1. 样品配制要准确。

2. 测量过程中，取比色皿时应拿毛面，每个比色皿每次都要固定槽位放置。

3. 取点、作图要规范。

七、思考题

1. 为什么要控制溶液的pH值？

2. 为什么要在λ_{max}下，测定配合物的吸光度？

3. 若配合物的n不等1时，配合物稳定常数K的计算公式应如何推导？

实验一一四　茶叶对水中金属离子的吸附实验设计

一、实验目的

1. 了解吸附法的基本原理和主要应用领域，理解吸附量、饱和吸附量、等温吸附方程。

2. 设计实验方案，研究茶叶对金属离子的吸附性能。

3. 设计水中金属离子的定量分析方法。

二、实验原理

吸附量按下式计算：

$$\Gamma=\frac{(c_0-c)V}{\omega} \tag{1}$$

式中，Γ 为吸附量，mol/g；c_0、c 分别为吸附前后金属离子浓度，mol/L；V 为被吸溶液的体积，L；ω 为吸附剂茶叶的质量，g。

若为单分子层吸附，平衡吸附量与吸附平衡浓度之间符合 Langmiur 等温吸附方程：

$$\Gamma=\Gamma_\infty\frac{bc}{1+bc} \tag{2}$$

式中，Γ 为平衡吸附量，mol/g；Γ_∞ 为饱和吸附量，mol/g；c 为吸附平衡溶液浓度，mol/L；b 为吸附系数，L/mol。

三、设计内容及要求

1. 设计 1 种重金属离子溶液的配制和含量的测定方法。

2. 优化茶叶对重金属离子的吸附条件，考察茶叶对重金属离子的等温吸附方程。

3. 处理实验数据，归纳总结茶叶对重金属离子的性能影响，提出吸附的最佳工艺条件。

四、思考题

1. 重金属离子含量可用配合滴定法，也可用原子吸收分光光度法，两种方法的特点各是什么？你认为本实验应选择哪种方法？

2. 实验选择金属离子浓度应该在哪个范围内？

五、参考文献

［1］黄江胜，陶庭先．茶叶质铁的吸附性能及动力学研究．化学世界，2010，(9)：516-519.

［2］张军科，郝庆菊，江长胜等．废弃茶叶渣对废水中铅(Ⅱ)和镉(Ⅱ)的吸附研究．中国农学通报，2009，25(04)：256-259.

实验一一五　玉米芯对水溶液中染料的吸附实验设计

一、实验目的

1. 理解吸附法的基本原理及吸附量、饱和吸附量、吸附方程等概念。

2. 设计玉米芯吸附染料的实验方案，研究玉米芯对不同染料的吸附性能。

3. 确定水溶液中染料的定量分析方法。

二、实验原理

吸附量计算式同实验一一四中式(1)。

一般情况下，稀溶液浓度范围内，等温吸附符合 Frundlich 经验式：

$$\Gamma = kc^n \tag{1}$$

式中，Γ 为平衡吸附量，mol/g；c 为吸附平衡溶液浓度，mol/L；n、k 为经验常数。

若为单分子层吸附，等温吸附方程同实验七十八式(2)。

三、设计内容及要求

1. 设计染料溶液的配制及浓度测定方法。

2. 优化吸附条件，考察玉米芯对染料的吸附性能，建立玉米芯对染料的等温吸附方程。

3. 处理实验数据，给出玉米芯吸附染料的最佳工艺条件和等温吸附方程。

四、思考题

1. 你认为影响吸附性能的主要因素有哪些？为什么？

2. 实验选择染料浓度应该在哪个范围内？

五、参考文献

[1] 许茂东，吴之传，张勇，黄江胜. 玉米芯对活性艳红 K-2BP 染料的吸附性能及动力学研究. 安徽工程科技学院学报，2009，24(1)：23-4-28.

[2] 许茂东，黄江胜，何苏皖，吴之传. 预处理玉米芯对活性翠蓝的吸附性能研究. 山西化工，2009，29(5)：60-62.

实验一一六　模板吸附剂的固相合成及其吸附性能实验设计

一、实验目的

1. 了解模板法合成多孔、比表面积大的无机材料的原理和方法；掌握固相反应合成化合物的实验方法。

2. 掌握磷酸铝类材料吸附水中金属离子的实验方法和吸附性能。

3. 设计金属离子的定量分析方法。

二、实验原理

通过模板固相合成法合成多孔磷酸铝：

$$AlCl_3(s) + NH_4H_2PO_4(s) + 模板试剂\left(如\ \begin{array}{c} COONH_4 \\ | \\ COONH_4 \end{array}\right) \xrightarrow{充分研磨}$$

$$\xrightarrow{高温加热} AlPO_4(s) + N_2(g)\uparrow + CO_2(g)\uparrow + H_2O(g)\uparrow$$

然后以合成的磷酸铝为吸附剂，吸附水中的重金属离子，考察磷酸铝对重金属离子的吸附性能。吸附量计算同实验一一四中式(1)。

稀溶液浓度范围内，等温吸附方程同实验一一五中式(1)。

三、设计内容及要求

1. 设计模板磷酸铝的固相合成方案。

2. 设计重金属离子含量的测定方法——重金属离子溶液和标准溶液的配制，标准曲线的测定与绘制。

3. 设计模板磷酸铝对水中重金属离子的吸附方案，优化吸附条件。

4. 处理实验数据，提出吸附工艺条件对吸附性能的影响。

四、思考题

1. 你认为影响吸附性能的主要因素有哪些？为什么？

2. 为什么选择有机胺类作为模板试剂？

3. 分组设计、比较吸附性能时可能会出现哪些误差？如何避免？

五、参考文献

赵吉寿，颜莉，戴建辉，忻新泉. 磷酸铝的有机铵模板固相合成及离子吸附性. 应用化学，2004，21(2)：203-205.

实验一一七　胶体与乳状液的制备及性质

一、实验目的

1. 了解溶胶的制备及基本性质。

2. 了解乳状液制备原理。

3. 掌握乳状液的性质及其鉴别方法。

二、实验原理

实验室制备溶胶一般采用凝聚法，即通过水解或复分解反应生成难溶物，在适当的浓度、温度等条件下使生成物分子聚集成较大颗粒的胶核而形成溶胶。

实验室鉴别乳状液类型的方法主要有下列三种。

（1）稀释法　乳状液能被外相液体所稀释。例如牛奶能被水稀释。因此，如加一滴乳状液于水中，立即散开，说明乳状液的分散介质是水，故乳状液属油/水型。如果不立即散开，则属于水/油型。

（2）导电法　水相中一般都含有离子，故其导电能力比油相大得多。当水为分散介质，外相是连续的，则乳状液的导电能力大。反之，油为分散介质，水为内相，内相是不连续的，乳状液的导电能力很小。

（3）染色法　选择一种能溶于其中一相的染料，如能溶于水相的染料亚甲基蓝，能溶于油相的染料苏丹Ⅲ，加入乳状液中。如将亚甲基蓝加入乳状液中，整个溶液呈蓝色，说明水是外相，乳状液是油/水型；若将苏丹Ⅲ加入乳状液，整个溶液呈红色说明油是外相，乳状液是水/油型。

三、设计内容及要求

1. 设计一种溶胶的制备方法，并用丁铎尔效应装置研究溶胶透射光颜色与胶体粒子大小的关系。

2. 设计一种乳状液的制备方法，并用稀释法和染色法鉴别乳状液的类型。

四、思考题

1. 胶体具有动力学性质、光学性质、电学性质等。上述三种性质中的哪一种性质有助于了解胶体体系的稳定性？

2. 影响胶体体系稳定性的因素有哪些？

3. 稀释法和染色法均可用于鉴别乳状液的类型，这两种方法的特点各是什么？

4. 影响乳状液稳定性的因素有哪些？

实验一一八　铁在酸性溶液中的阳极溶解与钝化

一、实验目的

1. 了解铁在酸性溶液中的阳极溶解与钝化过程。

2. 设计实验方案，测定铁在酸性溶液中的阳极溶解与钝化曲线。

二、实验原理

金属腐蚀有多种形式，包括孔蚀、电偶腐蚀、缝隙腐蚀、均匀腐蚀、磨损腐蚀和应力腐蚀等。孔蚀是在金属材料表面形成直径小于1mm并向厚度方向发展的孔，是破坏性和隐患最大的腐蚀形式之一。有时金属的大部分表面不发生腐蚀或腐蚀很轻微，但在局部地方出现腐蚀小孔并向深处发展。有些孔独立存在，有些孔紧凑地连在一起，但都比较小。介质发生泄露，大多是孔蚀造成的。氯离子对钝化膜的破坏和对钝化过程的阻碍，是孔蚀和缝隙腐蚀产生的主要原因。

1. 金属的阳极溶解及钝化

铁在酸性溶液中的极化曲线如图3-58所示。OA段是裸露铁的正常溶解区，铁开始溶解，阳极电流增加，电极表面保持银白色。开始lg[I]-E图呈Tafel直线关系，电位继续增加，电极表面开始形成黑色膜，lg[I]-E图开始偏离Tafel直线关系，膜不断剥落，电流不断增加，至A点开始下降。A点对应的电位称致钝电位，A点对应的电流称致钝电流。AB段是活性-钝态转换区，电流急剧减小，除掉表面附着的黑色膜，表现出电极的金属光泽。至B点电流达最小，对应电流为钝化电流。BC段为稳定钝态区，金属的腐蚀速率急剧下降，铁离子的溶解速度维持在钝化电流下。CD段为过钝化区，在钝化膜上发生水的分解产生氧气，阳极的电流密度随电位的增大而增大，金属的溶解速度加大。

2. 金属阳极溶解及钝化曲线的测量方法

可采取控制恒电位测极化曲线的方法测金属阳极溶解及钝化曲线。由于电极表面状态在未建立稳定状态之前，电流会随时间而变，一般测出的是暂态极化曲线。有两种测定方法。

(1) 静态法　将电极电位较长时间地维持在某一恒定值，同时测量电流随时间的变化，直到电流值基本达到某一稳定值，如此逐点地测量各个电极电位下的稳定电流值，以获得完整的极化曲线。

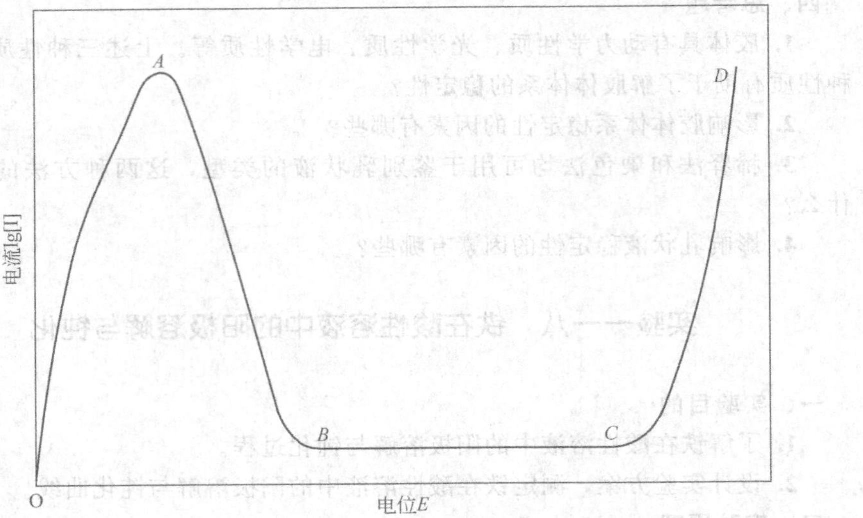

图 3-58　酸性溶液中铁的极化曲线

(2) 动态法　控制电极电位以较慢的速度改变(扫描)，测量对应电位下的瞬时电流值，以瞬时电流对电极电位作图，获得极化曲线。

三、设计的内容及要求

1. 设计研究铁在酸性溶液中的阳极溶解与钝化过程的实验方案。

2. 测定铁电极的阳极溶解及钝化曲线，求出致钝电位、致钝电流、钝化电流。

四、思考题

1. 影响金属腐蚀的因素有哪些？

2. 怎样利用电化学方法进行防腐？

实验一一九　极化曲线法测定自组装膜对金属基底的缓蚀效率

一、实验目的

1. 了解制备自组装膜的技术。

2. 了解缓蚀效率的测定和表示方法。

3. 设计极化曲线法测定自组装膜对金属基底的缓蚀效率的实验。

二、实验原理

自组装膜是分子在溶液(或气态)中自发通过化学键牢固地吸附在固体基底上而形成的有序分子膜。因其堆积紧密、结构稳定而具有抑制腐蚀的作用。在金属表面上组装有序分子膜，可通过设计分子结构单元来赋予膜特定的缓蚀功能。

自组装膜研究的表征技术有：电化学、红外光谱、扫描隧道显微镜和原子力显微镜等。电化学方法已应用于自组装膜的研究，给出关于自组装膜的界面结构和性质的直接信息。通过极化曲线的测量，可获得腐蚀速率的信息，同时还可以测定与腐蚀过程有关的电极反应的其他动力学参数。

1. 极化曲线的测量方法

测定极化曲线的方法有两种，即恒电流法和恒电位法。(1)恒流法是控制电流密度，使其分别恒定在不同的电流密度值，测出相应的电极电位值，以电流密度为自变量，电极电位是因变量，绘制成极化曲线。(2)恒电位法是控制电极电位，使其分别恒定在不同的数值上，然后测定相应的电流密度值。电流密度是电极电位的函数，如果函数关系是单值的，两种方法测出的极化曲线完全相同。用恒电位法测极化曲线时，虽然电极电位恒定在某一数值上，但由于电极表面状态未达稳定之前，电流密度会随时间而变，因此又分稳态法和暂态法。

稳态是指体系各个变量都不随时间而变的状态，也就是电极过程都达到稳态。测量方法是慢扫描法，利用慢速线性扫描信号控制恒电位仪或恒电流仪，使极化测量的自变量连续线性变化，同时自动测绘极化曲线。从开始极化到电极过程达到稳态的这一阶段称为暂态过程。此过程中电极电位、电极界面状态等体系的各变量随时间而变化。暂态法就是将指定小幅度的电流或电位信号加到研究电极上，使处在平衡状态的电极体系发生扰动，同时测量电极参数的响应，来研究电极体系的各种性质。

2. 缓蚀效率的表示方法

当电极被自组装膜覆盖时，自组装膜对金属基底的缓蚀效率用下式表示：

$$P=\frac{v^0-v}{v^0}\times100\%=\frac{i^0-i}{i^0}\times100\%$$

式中，v^0 和 v 分别为空白金属和自组装膜修饰的金属电极的腐蚀速率；i^0 和 i 分别为空白金属和自组装膜修饰的金属电极的腐蚀电流，可从极化曲线获得。

三、设计内容和要求

1. 设计研究金属在溶液中的腐蚀及自组装膜缓蚀效率的实验方案。

2. 分别测定空白金属和自组装膜修饰的金属电极在溶液中的稳态极化曲线。

3. 计算并比较不同自组装膜对金属基底的缓蚀效率。

四、思考题

1. 测定金属基底的缓蚀效率还有哪些方法？

2. 金属防腐的电化学保护方法的基本原理是什么？

实验一二〇　纳米 TiO_2 的制备及其光催化性能

一、实验目的

1. 了解纳米材料的基本概念；掌握纳米 TiO_2 的制备方法。

2. 掌握纳米 TiO_2 光催化降解染料废水的实验方法及光催化性能。

3. 设计水溶液中有机染料的定量分析方法。

二、实验原理

通过 Ti（Ⅳ）的控制水解制备纳米 TiO_2。然后以制备的纳米 TiO_2 为光催化剂，催化降解模拟废水的有机染料，以降解率为指标，考察纳米 TiO_2 对有机染料的降解性能。降解率 η 的计算按下式进行：

$$\eta=\frac{c_0-c}{c_0}\times 100\%$$

式中，c_0 降解前溶液中染料浓度；c 降解后溶液中染料浓度。

三、设计内容及要求

1. 设计纳米 TiO_2 合成方案。

2. 设计模拟废水中染料含量的测定方法——染料溶液和标准溶液的配制，标准曲线的测定与绘制。

3. 设计纳米 TiO_2 光催化降解染料废水的实验方案，优化降解条件。

4. 处理实验数据，提出工艺条件对降解性能的影响。

四、思考题

1. 为什么纳米 TiO_2 比普通 TiO_2 具有更高的光催化活性？

2. 你认为影响纳米 TiO_2 光催化降解染料性能的主要因素有哪些？

五、参考文献

［1］范崇政，肖建，丁延伟．纳米 TiO_2 的制备与光催化反应研究进展，科学通报，2001，46(4)：265-273.

［2］陶庭先，王洁．纳米 TiO_2/偕胺肟纤维的光催化降解性能，高分子通报，2013，12：71-76.

附　录

一、常用酸的浓度及配制方法

名称(分子式)	浓度/(mol/L)	密度/(g/mL)	质量分数/%	配制1L不同浓度溶液所用的体积/mL(或质量/g)			
				1mol/L	2mol/L	3mol/L	6mol/L
浓盐酸(HCl)	11.6～12.4	1.18～1.19	36～38	83	167	250	500
浓硝酸(HNO_3)	14.4～15.2	1.39～1.40	65～68	64	128	191	381
浓硫酸(H_2SO_4)	17.8～18.4	1.83～1.84	95～98	14	28	42	84
浓磷酸(H_3PO_4)	14.6	1.69	85	6	12	19	39
冰醋酸(HAc)	17.4	1.05	99	59	118	177	253
浓氨水($NH_3 \cdot H_2O$)	13.3～14.8	0.88～0.90	25.0～28.0	77	134	200	400
氢氧化钠(NaOH)				(40)	(80)	(120)	(240)
氢氧化钾(KOH)				(56.5)	(113)	(170)	(339)

二、常用pH缓冲溶液的配制

溶液名称	pH值	配制方法
氯化钾-盐酸	1.7	13.0mL 0.2mol/L HCl与25.0mL 0.2mol/L KCl混合均匀后，加水稀释至100mL
氨基乙酸-盐酸	2.3	在500mL水中溶解氨基乙酸150g，加480mL浓盐酸，再加水稀释至1L
一氯乙酸-氢氧化钠	2.8	在200mL水中溶解2g一氯乙酸后，加40g NaOH，溶解完全后再加水稀释至1L
邻苯二甲酸氢钾-盐酸	3.6	把25.0mL 0.2mol/L的邻苯二甲酸氢钾溶液与6.0mL 0.1mol/L HCl混合均匀，加水稀释至100mL
邻苯二甲酸氢钾-氢氧化钠	4.8	把25.0mL 0.2mol/L的邻苯二甲酸氢钾溶液与17.5mL 0.1mol/L NaOH混合均匀，加水稀释至100mL
六亚甲基四胺-盐酸	5.4	在200mL水中溶解六亚甲基四胺40g，加浓HCl 10mL，再加水稀释至1L
磷酸二氢钾-氢氧化钠	6.8	把25.0mL 0.2mol/L的磷酸二氢钾与23.6mL 0.1mol/L NaOH混合均匀，加水稀释至100mL

续表

溶液名称	pH值	配制方法
硼酸-氯化钾-氢氧化钠	8.0	把25.0mL 0.2mol/L的硼酸-氯化钾与4.0mL 0.1mol/L NaOH混合均匀，加水稀释至100mL
氯化铵-氨水	9.1	把0.1mol/L氯化铵与0.1mol/L氨水以2∶1比例混合均匀
硼酸-氯化钾-氢氧化钠	10.0	把25.0mL 0.2mol/L的硼酸-氯化钾与43.9mL 0.1mol/L NaOH混合均匀，加水稀释至100mL
氨基乙酸-氯化钠-氢氧化钠	11.6	把49.0mL 0.1mol/L氨基乙酸-氯化钠与51.0mL 0.1mol/L NaOH混合均匀
磷酸氢二钠-氢氧化钠	12.0	把50.0mL 0.05mol/L Na_2HPO_4与26.9mL 0.1mol/L NaOH混合均匀，加水稀释至100mL
氯化钾-氢氧化钠	13.0	把25.0mL 0.2mol/L KCl与66.0mL 0.2mol/L NaOH混合均匀，加水稀释至100mL

三、金属氢氧化物沉淀和溶解所需的pH值

氢氧化物	开始沉淀的pH值		pH值		
	原始浓度(1mol/L)	原始浓度(0.01mol/L)	沉淀完全	沉淀开始溶解	沉淀完全溶解
$Sn(OH)_4$	0	0.5	1.0	13	>14
$TiO(OH)_2$	0	0.5	2.0		
$Sn(OH)_2$	0.9	2.1	4.7	10	13.5
$ZrO(OH)_2$	1.3	2.3	3.8		
$Fe(OH)_3$	1.5	2.3	4.1	14	
HgO	1.3	2.4	5.0	11.5	
$Cr(OH)_3$	4.0	4.9	6.8	12	>14
$Be(OH)_2$	5.2	6.2	8.8		
$Zn(OH)_2$	5.4	6.4	8.0	10.5	12～13
$Fe(OH)_2$	6.5	7.5	9.7	13.5	
$Co(OH)_2$	6.6	7.6	9.2	14	
$Ni(OH)_2$	6.7	7.7	9.5		
$Cd(OH)_2$	7.2	8.2	9.7		
Ag_2O	6.2	8.2	11.2	12.7	
$Mn(OH)_2$	7.8	8.8	10.4	14	
$Mg(OH)_2$	9.4	10.4	12.4		

四、常见化合物的溶解性

离子	Mg^{2+}	Ca^{2+}	Ba^{2+}	Cr^{3+}	Mn^{2+}	Fe^{2+}	Fe^{3+}	Co^{2+}	Ni^{2+}	Cu^{2+}	Ag^{+}	Zn^{2+}	Cd^{2+}	Hg^{2+}	Al^{3+}	Sn^{2+}	Pb^{2+}
OH^-	HCl	HCl	HCl	HCl	HCl	HCl	HCl	HCl	HCl	HCl	HNO_3	HCl	HCl	—	HCl	HCl	HNO_3
SO_4^{2-}	水	微溶	不溶	水	水	水	水	水	水	水	微溶	水	水	微溶	水	水	不溶
CO_3^{2-}	微溶	HCl	HCl	—	HCl	HCl	—	HCl	HCl	HCl	HNO_3	HCl	HCl	HCl	—	—	HNO_3
PO_4^{3-}	HCl	HCl	HCl	HCl	HCl	HCl	HCl	HCl	HCl	HCl	HNO_3	HCl	HCl	HCl	HCl	HCl	HNO_3
F^-	HCl	不溶	微溶	水	HCl	HCl	HCl	HCl	HCl	HCl	水	HCl	HCl	水	水	水	HNO_3
Cl^-	水	水	水	水	水	水	水	水	水	水	不溶	水	水	水	水	HCl	沸水
Br^-	水	水	水	水	水	水	水	水	水	水	不溶	水	水	水	水	HCl	不溶
I^-	水	水	水	水	水	水	水	水	水	微溶	不溶	水	水	HCl	水	水	HNO_3
SO_3^{2-}	水	HCl	HCl	—	HCl	HCl	—	HCl	HCl	HCl	HNO_3	HCl	HCl	HCl	HCl	HCl	HNO_3
CrO_4^-	水	水	HCl	HCl	HCl	—	水	HCl	HCl	水	HNO_3	水	HCl	HCl	—	HCl	HNO_3
S^{2-}	水	水	水	HCl	HCl	HCl	HCl	HNO_3	HNO_3	HNO_3	HNO_3	HCl	HNO_3	王水	HCl	浓 HCl	HNO_3
$S_2O_3^{2-}$	水	水	HCl	—	水	水	—	水	水	—	HNO_3	水	水	—	水	水	HNO_3
CNS^-	水	水	水	水	水	水	水	水	水	HNO_3	不溶	水	HCl	水	水	—	HNO_3
CH_3COO^-	水	水	水	水	水	水	水	水	水	水	微溶	水	水	水	水	水	水
NO_3^-	水	水	水	水	水	水	水	水	水	水	水	水	水	水	水	—	水

五、常见离子及化合物的颜色

1. 离子

物质	颜色	物质	颜色	物质	颜色
$[Ti(H_2O)_6]^{3+}$	紫色	$[Mn(H_2O)_6]^{2+}$	肉色	$[CoCl_4]^{2-}$	蓝色
$[TiO(H_2O_2)]^{2+}$	橙色	MnO_4^{2-}	绿色	$[Co(NCS)_4]^{2-}$	蓝色
TiO^{2+}	无色	MnO_4^-	紫红色	$[Ni(H_2O)_6]^{2+}$	亮绿色
$[V(H_2O)_6]^{2+}$	蓝紫色	Mn^{3+}	棕色	$[Ni(NH_3)_6]^{2+}$	蓝色
$V(H_2O)_6^{3+}$	绿色	$[Fe(phen)_2]^{2+}$	深红色	$[Ni(CN)_4]^{2-}$	黄色
VO^{2+}	蓝色	$[Fe(phen)_3]^{3+}$	蓝色	$[Ni(NCS)_4]^{2-}$	无色
VO_2^+	黄色	$[Fe(H_2O)_6]^{2+}$	浅绿色	FeF_6^{3-}	无色
$[Cr(H_2O)_6]^{2+}$	蓝紫色	$[Fe(H_2O)_6]^{3+}$	淡紫色	$[Ni(NH_3)_6]^{3+}$	蓝紫色
$[Cr(H_2O)_6]^{3+}$	天蓝色	$[Fe(NCS)_n]^{3-n}$	血红色($n \leqslant 6$)	$[Cu(H_2O)_4]^{2+}$	蓝色
$[Cr(NH_3)_6]^{3+}$	黄色	$[Fe(CN)_6]^{4-}$	黄色	$[Cu(NH_3)_4]^{2+}$	深蓝色
$[CrCl(H_2O)_5]^{2+}$	蓝绿色	$[Fe(CN)_6]^{3-}$	红棕色	$[Cu(OH)_4]^{2-}$	亮蓝色
$[CrCl_2(H_2O)_4]^+$	绿色	$[FeCl_6]^{3-}$	黄色	$[CuCl_3]^-$	无色
$[Cr(OH)_4]^-$	亮绿色	$[Fe(C_2O_4)_3]^{3-}$	黄色	$[Cu(NH_3)_2]^+$	无色
CrO_4^{2-}	黄色	$[Co(H_2O)_6]^{2+}$	粉红色	$[CuCl_4]^{2-}$	黄色
$Cr_2O_7^{2-}$	橙色	$[Co(NH_3)_6]^{2+}$	土黄色	I_3^-	浅棕黄色

2. 氧化物

物质	颜色	物质	颜色	物质	颜色
PbO_2	棕褐色	Cr_2O_3	绿色	NiO	暗绿色
Pb_3O_4	红色	CrO_3	橙红色	Ni_2O_3	黑色
Pb_2O_3	橙色	MoO_2	紫色	CuO	黑色
Sb_2O_3	白色	WO_2	棕红色	Ag_2O	褐色
Bi_2O_3	黄色	MnO_2	黑色	CdO	棕黄色
TiO_2	白色	FeO	黑色	ZnO	白色
V_2O_5	橙或黄色	Fe_2O_3	棕红色	Hg_2O	黑色
VO_2	深蓝色	Fe_3O_4	红色	HgO	红或黄色
V_2O_3	黑色	CoO	灰绿色	Cu_2O	暗红色
VO	黑色	Co_2O_3	黑色		

3. 氢氧化物

物质	颜色	物质	颜色	物质	颜色
$Mg(OH)_2$	白色	$CoO(OH)$	褐色	$Cr(OH)_3$	灰绿色
$Al(OH)_3$	白色	$Ni(OH)_2$	绿色	$Sn(OH)_2$	白色
$Ca(OH)_2$	白色	$NiO(OH)$	黑色	$Sn(OH)_4$	白色
$Mn(OH)_2$	白色	$Cu(OH)$	黄色	$Sn(OH)Cl$	白色
$MnO(OH)$	棕黑色	$Cu(OH)_2$	浅蓝色	$Pb(OH)_2$	白色
$Fe(OH)_2$	白色	$Zn(OH)_2$	白色	$Sb(OH)_3$	白色
$Fe(OH)_3$	红棕色	$Cd(OH)_2$	白色	$Bi(OH)_3$	白色
$Co(OH)_2$	粉红色				

4. 卤化物和拟卤化物

物质	颜色	物质	颜色	物质	颜色
$BiOCl$	白色	$CuCl$	白色	Hg_2I_2	黄绿色
$SbOCl$	蓝紫色	$AgCl$	白色	HgI_2	红色
$TiCl_2\cdot 6H_2O$	紫或绿色	Hg_2Cl_2	白色	PbI_2	黄色
$CrCl_3\cdot 6H_2O$	绿色	$Hg(NH_2)Cl$	白色	SbI_3	黄色
$FeCl_3\cdot 6H_2O$	棕黄色	$PbBr_2$	白色	$CuCN$	白色
$CoCl_2$	蓝色	$AgBr$	淡黄色	$Cu(CN)_2$	黄色
$CoCl_2\cdot 2H_2O$	紫红色	BiI_3	褐色	$Ni(CN)_2$	浅绿色
$CoCl_2\cdot 6H_2O$	粉红色	CuI	白色	$AgSCN$	白色
$Co(OH)Cl$	蓝色	AgI	黄色	$Cu(SCN)_2$	黑绿色

5. 硫化物

物质	颜色	物质	颜色	物质	颜色
SnS	褐色	Bi_2S_3	黑色	NiS	黑色
SnS_2	黄色	Bi_2S_5	黑褐色	Cu_2S	黑色
PbS	黑色	MnS	肉色	Ag_2S	黑色
As_2S_5	黄色	FeS	黑色	ZnS	白色
As_2S_3	黄色	Fe_2S_3	黑色	CdS	黄色
Sb_2S_3	橙色	CoS	黑色	HgS	红或黑色

6. 硫酸盐

物质	颜色	物质	颜色	物质	颜色
$CaSO_4$	白色	$Cr(SO_4)_3\cdot18H_2O$	紫色	$CuSO_4\cdot5H_2O$	蓝色
$SrSO_4$	白色	$Cr(SO_4)_3\cdot6H_2O$	绿色	Ag_2SO_4	白色
$BaSO_4$	白色	$[Fe(NO)]SO_4$	深棕色	$ZnSO_4$	白色
$MnSO_4$	肉色	$(NH_4)_2FeSO_4\cdot6H_2O$	浅绿色	$CdSO_4$	白色
$PbSO_4$	白色	$NH_4Fe(SO_4)_2\cdot12H_2O$	浅紫色	Hg_2SO_4	黄色
$Cr_2(SO_4)_3$	桃红色	$CoSO_4\cdot7H_2O$	红色	$HgSO_4\cdot HgO$	白色

7. 碳酸盐

物质	颜色	物质	颜色	物质	颜色
$Mg_2(OH)_2CO_3$	白色	$MnCO_3$	白色	$Zn_2(OH)_2CO_3$	白色
$CaCO_3$	白色	$FeCO_3$	白色	$Cd_2(OH)_2CO_3$	白色
$SrCO_3$	白色	$CdCO_3$	白色	$Hg_2(OH)_2CO_3$	红褐色
$BaCO_3$	白色	$Co_2(OH)_2CO_3$	红色	Ag_2CO_3	白色
$Pb_2(OH)_2CO_3$	白色	$Ni_2(OH)_2CO_3$	浅绿色	Hg_2CO_3	浅黄色
$Bi(OH)CO_3$	白色	$Cu_2(OH)_2CO_3$	蓝色		

8. 硅酸盐、铬酸盐、草酸盐和磷酸盐

物质	颜色	物质	颜色	物质	颜色
$Fe_2(SiO_3)_3$	棕红色	$SrCrO_4$	浅黄色	PbC_2O_4	白色
$BaSiO_3$	白色	$BaCrO_4$	黄色	FeC_2O_4	浅黄色
$CoSiO_3$	紫色	$PbCrO_4$	黄色	$Ag_2C_2O_4$	白色
$NiSiO_3$	翠绿色	Ag_2CrO_4	砖红色	$Ca_3(PO_4)_2$	白色
$CuSiO_3$	蓝色	Hg_2CrO_4	棕色	$CaHPO_4$	白色
$ZnSiO_3$	白色	$HgCrO_4$	红色	$BaHPO_4$	白色
Ag_2SiO_3	黄色	$CdCrO_4$	黄色	$MgNH_4PO_4$	白色
Na_2SiO_3	浅黄色	CaC_2O_4	白色	$FePO_4$	浅黄色
$CaCrO_4$	黄色	BaC_2O_4	白色	Ag_3PO_4	黄色

9. 其他化合物

物质	颜色	物质	颜色	物质	颜色
$BaSO_3$	白色	$Co_2[Fe(CN)_6]$	绿色	$Pb_2[Fe(CN)_6]$	白色
BaS_2O_3	白色	$Ni_2[Fe(CN)_6]$	浅绿色	$Cd_2[Fe(CN)_6]$	白色
$NaBiO_3$	浅黄色	$Zn_2[Fe(CN)_6]$	白色	二丁二酮合镍(Ⅱ)	桃红色
$Ag_2S_2O_3$	白色	$Cu_2[Fe(CN)_6]$	棕红色	$Mn_2[Fe(CN)_6]$	白色
$K_4[Fe(CN)_6]$	深蓝色	$Ag_4[Fe(CN)_6]$	白色	$(NH_4)_3PO_4\cdot12MoO_3\cdot6H_2O$	黄色

六、指示剂配制

1. 酸碱指示剂

名　　称	变色 pH 范围	颜色变化	配制方法
百里酚蓝,0.1%	1.2～2.8	红—黄	0.1g 指示剂与 4.3mL 0.05mol/L NaOH 溶液一起研匀,加水稀释成 100mL
	8.0～9.6	黄—蓝	
甲基橙,0.1%	3.1～4.4	红—黄	0.1g 甲基橙溶于 100mL 热水
溴酚蓝,0.1%	3.0～4.6	黄—紫蓝	0.1g 溴酚蓝与 3mL 0.05mol/L NaOH 溶液一起研匀,加水稀释成 100mL
溴甲酚绿,0.1%	3.8～5.4	黄—绿	0.1g 指示剂与 21mL 0.05mol/L NaOH 溶液一起研匀,加水稀释 100mL
甲基红,0.1%	4.8～6.0	红—黄	0.1g 甲基红溶于 60mL 乙醇中,加水至 100mL
中性红,0.1%	6.8～8.0	红—黄橙	0.1g 中性红溶于 60mL 乙醇中,加水至 100mL
酚酞,1%	8.2～10.0	无色—淡红	1g 酚酞溶于 90mL 乙醇中,加水至 100mL
百里酚酞,0.1%	9.4～10.6	无色—蓝色	0.1g 指示剂溶于 90mL 乙醇中,加水至 100mL
茜素黄 R,0.1%	10.1～12.1	黄—紫	0.1g 茜素黄溶于 100mL 水中
混合指示剂：			
甲基红-溴甲酚绿	5.1	红—绿	3 份 0.1%溴甲酚绿乙醇溶液与 1 份 0.2%甲基红乙醇溶液混合
甲酚红-百里酚蓝	8.3	黄—紫	1 份 0.1%甲酚红钠盐水溶液与 3 份 0.1%百里酚蓝钠盐水溶液
百里酚酞-茜素黄 R	10.2	黄—紫	0.1g 茜素黄和 0.2g 百里酚酞溶于 100mL 乙醇中

2. 氧化还原法指示剂

名　　称	变色电位 $\varphi^{\ominus}$/V	颜　色		配制方法
		氧化态	还原态	
二苯胺,1%	0.76	紫	无色	1g 二苯胺在搅拌下溶于 100mL 浓硫酸和 100mL 浓磷酸,储于棕色瓶中
二苯胺磺酸钠,0.5%	0.85	紫	无色	0.5g 二苯胺磺酸钠溶于 100mL 水中,必要时过滤
邻菲啰啉硫酸亚铁,0.5%	1.06	淡蓝	红	0.5g $FeSO_4 \cdot 7H_2O$ 溶于 100mL 水中,加 2 滴硫酸,加 0.5g 邻菲啰啉
邻苯氨基苯甲酸,0.2%	1.08	红	无色	0.2g 邻苯氨基苯甲酸加热溶解在 100mL 0.2% Na_2CO_3 溶液中,必要时过滤
淀粉,1%				1g 可溶性淀粉,加少许水调成浆状,在搅拌下注入 100mL 沸水中,微沸 2min,静置,取上层溶液使用(若要保持稳定,可在研磨淀粉时加入 1mg HgI_2)

3. 沉淀及金属指示剂

名称	颜色		配制方法
	游离态	化合态	
铬酸钾	黄	砖红	5%水溶液
硫酸铁铵,40%	无色	血红	$NH_4Fe(SO)_2\cdot 12H_2O$ 饱和水溶液,加数滴浓硫酸
荧光黄,0.5%	绿色荧光	玫瑰红	0.50g 荧光黄溶于乙醇,并用乙醇稀释至100mL
铬黑T	蓝	酒红	(1)0.2g 铬黑 T 溶于 15mL 三乙胺醇及 5mL 甲醇中; (2)1g 铬黑 T与 100g NaCl 研细,混匀(1:100)
钙指示剂	蓝	红	0.5g 钙指示剂与 100g NaCl 研细混匀
二甲酚橙,0.1%	黄	红	0.1g 二甲酚橙溶于 100mL 去离子水中
K-B指示剂	蓝	红	0.5g 酸性铬蓝 K 加 1.25g 萘酚绿 B,再加 25g K_2SO_4 研细,混匀
磺基水杨酸	无	红	10%水溶液
PAN指示剂,0.2%	黄	红	0.2g PAN 溶于 100mL 乙醇中
邻苯二酚紫,0.1%	紫	蓝	0.1g 邻苯二酚紫溶于 100mL 离子交换水中
酸性铬蓝K	蓝	红	0.1%乙醇溶液

七、常见基准物质

名称	干燥后的固体组成	相对分子质量	标定对象	使用前的干燥或灼烧条件/℃
碳酸钠	Na_2CO_3	105.99	酸	270~300
碳酸钾	K_2CO_3	138.21	酸	270~300
硼砂	$Na_2B_4O_7\cdot 10H_2O$	381.37	碱	室温,相对湿度60%
邻苯二甲酸氢钾	$C_6H_4\cdot COOH\cdot COOK$	204.22	碱	105~110
草酸	$H_2C_2O_4\cdot 2H_2O$	126.07	碱或氧化剂	室温
草酸钠	$Na_2C_2O_4$	134.00	氧化剂	105~110
溴酸钾	$KBrO_3$	167.01	氧化剂	130
碘酸钾	KIO_3	214.00	氧化剂	105~110
重铬酸钾	$K_2Cr_2O_7$	294.19	氧化剂	120
碳酸钙	$CaCO_3$	100.09	EDTA	110
氧化锌	ZnO	81.39	EDTA	900~1000
氯化钠	NaCl	58.44	$AgNO_3$	500~600

八、常用有机溶剂沸点、密度及折射率

名称	沸点/℃	密度/(g/mL)	折射率 n_{25}^{D}	名称	沸点/℃	密度/(g/mL)	折射率 n_{25}^{D}
正戊烷	36.1	0.626	1.4440	甲醇	64.9	0.791	1.3284
正己烷	68.7	0.659	1.3751	乙醇	78.5	0.789	1.3600
环己烷	80.7	0.779	1.4262	异丙醇	82.4	0.785	1.3772
正庚烷	98.4	0.648	1.3870	正丙醇	97.2	0.804	1.3862
苯	80.1	0.879	1.5011	叔丁醇	82.8	0.786	1.3880
甲苯	110.6	0.867	1.4969	正丁醇	117.7	0.810	1.3990
邻二甲苯	144.4	0.897	1.5058	乙二醇	197.8	1.113	1.4318
对二甲苯	138.3	0.866	1.4950	丙酮	56.2	0.790	1.3587
乙苯	136.2	0.867	1.4950	乙腈	81.1	0.786	1.3440
乙醚	34.5	0.714	1.3530	硝基乙烷	114.0	1.050	1.3917
二氧六环	101.5	1.034	1.4220	二甲亚砜	189.0	1.110	1.4783
正丁醚	142.0	0.764	1.3992	二硫化碳	46.2	1.266	1.6272
苯甲醚	153.8	0.995	1.5170	乙酸乙酯	77.1	0.900	1.3724
二氯甲烷	39.7	1.316	1.4244	丁酮	79.6	0.805	1.3790
氯仿	61.7	1.483	1.4458	吡啶	115.5	0.982	1.5102
四氯化碳	76.8	1.595	1.4601	硝基苯	210.8	1.204	1.5562
氯苯	131.7	1.106	1.5240	乙酸	117.9	1.049	1.3716
邻二氯苯	178.0	1.305	1.5520	丙酸	140.7	0.992	1.3848
1,2-二氯乙烷	83.4	1.253	1.4448	甲酸	100.7	1.220	1.3704
四氢呋喃	67.0	0.889	1.4070	*N*,*N*-二甲基甲酰胺	153.0	0.948	1.4305

九、常用有机溶剂的纯化方法

1. 无水乙醇(CH_3CH_2OH)

(1) 含量99.5%无水乙醇的制备

向500mL圆底烧瓶中加入200mL 95%乙醇和50g生石灰，用木塞塞紧瓶口，放置过夜。实验时去木塞，装上回流冷凝管，其上端接一无水氯化钙干燥管，水浴上回流加热3h，稍冷后取下冷凝管，改成蒸馏装置。蒸去前馏分后，用干燥的吸滤瓶或蒸馏瓶作接收器，其支管接一无水氯化钙干燥管，并与大气相通。用水浴加热，得含量约99.5%的无水乙醇。

另外，可利用苯、水和乙醇形成低共沸混合物的性质，将苯加入乙醇中，进行分馏，在64.9℃时蒸出苯、水和乙醇的三元恒沸混合物，在68.3℃时多余苯与乙醇形成二元恒沸混合物被蒸出，最后蒸出乙醇。工业上多采用此方法。

(2) 含量99.95%无水乙醇的制备

① 用金属镁制取　250mL圆底烧瓶中，放置0.6g干燥洁净的镁条及10mL 99.5%的乙醇，装上回流冷凝管，并在冷凝管上端装一无水氯化钙干燥管。在沸水浴上加热至微沸，移去热源，立刻加入几粒碘片(注意此时不要振荡)，顷刻即在碘粒附近发生反应，碘的棕色减退，镁条周围变浑浊，并伴随着氢气放出，至碘粒完全消失，最后可以达到相当剧烈的程度。有时反应太慢不剧烈则需加热。如果在加碘之后，反应仍不开始，则可再加入数粒碘。待全部镁反应完毕后，加入100mL 99.5%的乙醇和几粒沸石，继续加热回流1h，改为蒸馏装置蒸出乙醇，所得乙醇纯度可超过99.95%。

② 用金属钠制取　装置和操作同①。在250mL圆底烧瓶中，放置2g金属钠和100mL纯度至少为99%的乙醇，加入几粒沸石。加热回流30min后，加入4g邻苯二甲酸二乙酯，再回流10min。取下冷凝管，改成蒸馏装置，按收集无水乙醇的要求进行蒸馏。产品贮于带有磨口塞或橡皮塞的容器中。

2. 甲醇(CH_3OH)

工业甲醇含水量在0.5%～1%，含醛酮(以丙酮计)约0.1%。由于甲醇和水不形成共沸混合物，因此可用高效精馏柱将少量水除去。精制甲醇中含水0.1%和丙酮0.02%，一般已可应用。若需含水量低于0.1%，可用3A或4A型分子筛干燥，也可用镁处理(见无水乙醇的制备)。若要除去含有的羰基化合物，可在500mL甲醇中加入25mL糠醛和60mL 10% NaOH溶液，回流6～12h，即可分馏出无丙酮的甲醇，丙酮与糠醛生成树脂状物留在瓶内。

3. 无水乙醚($CH_3CH_2OCH_2CH_3$)

在250mL圆底烧瓶中放置100mL除去过氧化物的普通乙醚和几粒沸石，装上回流冷凝管。冷凝管上端通过一带有侧槽的软木塞，插入盛有10mL浓硫酸的滴液漏斗。通入冷凝水，将浓硫酸慢慢滴入乙醚中。由于脱水发热，乙醚会自行沸腾。加完后摇动反应瓶，待乙醚停止沸腾后，拆下回流冷凝管，改成蒸馏装置回收乙醚。在收集乙醚的接收瓶支管上连一无水氯化钙干燥管，用与干燥管连接的橡皮管把乙醚蒸气导入水槽。在水槽中加入沸石，用事先准备好的热水浴加热蒸馏，蒸馏速度不宜太快，以免乙醚蒸气来不及冷凝而逸散室内。收集约70mL乙醚，待蒸馏速度显著变慢时，可停止蒸馏。瓶内所剩残液，倒入指定的回收瓶中，切不可将水加入残液中(以免飞溅)。

将蒸馏收集的乙醚倒入干燥的锥形瓶中，加入1g钠屑或钠丝，然后用带有氯化钙干燥管的软木塞塞住，或在木塞中插入末端拉成毛细管的玻璃管防止潮气侵入，并可使产生的气体逸出。放置24h以上，使乙醚中残留的少量水和乙醇转化成氢氧化钠和乙醇钠。如不再有气泡逸出，同时钠的表面较好，则可将钠屑储存备用。如放置24h后，金属钠表面已全部发生变化，需重新加入少量钠丝，放置至无气泡发生。这样制得的无水乙醚可符合一般无水要求。另外，也可用无水氯化钙浸泡几天后，用金属钠干燥以除去少量的水和乙醇。

4. 丙酮(CH_3COCH_3)

普通丙酮含有少量水及甲醇、乙醛等还原性杂质，可用下列方法精制：在100mL 丙酮中加入 2.5g 高锰酸钾回流，以除去还原性杂质，若高锰酸钾紫色很快消失，需再补加少量高锰酸钾继续回流，直至紫色不再消失为止。蒸出丙酮，用无水碳酸钾或无水硫酸钙干燥，过滤、蒸馏，收集 55～56.5℃馏分。

5. 乙酸乙酯($CH_3COOCH_2CH_3$)

一般化学试剂含量为 98%，另含有少量水、乙醇和乙酸，可用以下方法精制。

(1) 取 100mL 98%乙酸乙酯，加入 10mL 乙酸酐和 1 滴浓硫酸，加热回流4h，除去乙醇及水等杂质，然后蒸馏。蒸馏液中加 2～3g 无水碳酸钾，干燥后再重蒸，纯度可达 99.7%左右。

(2) 也可先用与乙酸乙酯等体积的 5%碳酸钠溶液洗涤，再用饱和氯化钙溶液洗涤，然后加无水碳酸钾干燥、蒸馏(如对水分要求严格时，可在经碳酸钾干燥后的酯中加入少许五氧化二磷，振摇数分钟，过滤，在隔湿条件下蒸馏)。

6. 苯(C_6H_6)

普通苯含有少量水(约 0.02%)及噻吩(约 0.15%)。若需无水苯，可用无水氯化钙干燥过夜，过滤后压入钠丝。

无噻吩苯可根据噻吩比苯容易磺化的性质，用下述方法纯化：在分液漏斗中，将苯用相当其体积 10%的浓硫酸在室温下一起振摇，静置混合物，弃去底层的酸液，再加入新的浓硫酸，重复上述操作直到酸层呈无色或淡黄色，且检验无噻吩为止。分去酸层，苯层依次用水、10%碳酸钠溶液、水洗涤，再用无水氯化钙干燥，蒸馏，收集 80℃馏分备用。若要高度干燥的苯，可压入钠丝或加入钠片干燥。

噻吩的检验：取 5 滴苯放于小试管中，加入 5 滴浓硫酸及 1～2 滴 1%的 α,β-吲哚醌-浓硫酸溶液，振摇片刻，如呈墨绿色或蓝色，表示有噻吩存在。

7. 石油醚

石油醚是石油的低沸点馏分，是低分子量烃类的混合物，按沸程不同分为30～60℃、60～90℃、90～120℃类。主要成分为戊烷、己烷、庚烷，此外含有少量不饱和烃、芳烃等杂质。精制方法：在分液漏斗中加入石油醚及其体积1/10 的浓硫酸一起振摇，除去大部分不饱和烃。然后用 10%硫酸配成的高锰酸钾饱和溶液洗涤，直到水层中紫色消失为止，再经水洗，用无水氯化钙干燥后蒸馏。

8. *N*,*N*-二甲基甲酰胺[$HCON(CH_3)_2$]

N,*N*-二甲基甲酰胺(DMF)中主要杂质是胺、氨、甲醛和水。该化合物与水形成 $HCON(CH_3)_2 \cdot 2H_2O$，在常压蒸馏时有些分解，产生二甲胺和一氧化碳，有酸或碱存在时分解加快。精制方法：可用硫酸镁、硫酸钙、氧化钡或硅胶、4A 分子筛干燥，然后减压蒸馏收集 76℃/4.79kPa(36mmHg)馏分。如果含水较

多时，可加入1/10体积的苯，在常压及80℃以下蒸去水和苯后，用无水硫酸镁或氧化钡干燥，再进行减压蒸馏。精制后的二甲基甲酰胺有吸湿性，最好放入分子筛后，密封避光贮存。

9. 二甲亚砜（CH_3SOCH_3）

二甲亚砜(DMSO)是高极性的非质子溶剂，一般含水量约1%，另外还含有微量的二甲硫醚及二甲砜。常压加热至沸腾可部分分解。要制备无水二甲亚砜，可先进行减压蒸馏，然后用4A分子筛干燥；也可用氧化钙、氢化钙、氧化钡或无水硫酸钡来搅拌干燥4～8h，再减压蒸馏收集64～65℃/533Pa(4mmHg)馏分。蒸馏时温度不高于90℃，否则会发生歧化反应，生成二甲砜和二甲硫醚。

二甲亚砜与某些物质混合时可能发生爆炸(如高碘酸或高氯酸镁等)，应予以注意。

10. 二硫化碳（CS_2）

二硫化碳因含有硫化氢、硫黄等杂质而有恶臭味。一般有机合成实验中对二硫化碳要求不高，可在普通二硫化碳中加入少量研碎的无水氯化钙，干燥后滤去干燥剂，然后在水浴中蒸馏收集。

若要制得较纯的二硫化碳，则需将试剂级的二硫化碳用0.5%高锰酸钾水溶液洗涤3次，除去硫化氢，再用汞不断振荡除去硫，最后用2.5%硫酸汞溶液洗涤，除去所有恶臭(剩余的硫化氢)，再经氯化钙干燥，蒸馏收集。

11. 吡啶（C_5H_5N）

吡啶有吸湿性，能与水、醇、醚任意混溶。工业吡啶中除含水和胺杂质外，还有甲基吡啶或二甲基吡啶。工业规模精制吡啶时，通常是加入苯，进行共沸蒸馏。实验室精制时，可加入固体氢氧化钾或固体氢氧化钠。

分析纯的吡啶含有少量水分，但已可供一般应用。如要制得无水吡啶，可与粒状氢氧化钾或氢氧化钠先干燥数天，倾出上层清液，加入金属钠回流3～4 h，然后隔绝潮气蒸馏，可得到无水吡啶。干燥的吡啶吸水性很强，储存时将瓶口用石蜡封好。如蒸馏前不加金属钠回流，则将馏出物通过装有4A分子筛的吸附柱，也可使吡啶中的水含量降到0.01%以下。

12. 二氯甲烷（CH_2Cl_2）

二氯甲烷为无色挥发性液体，微溶于水，能与醇、醚混溶。与水形成共沸物，含二氯甲烷98.5%，沸点38.1℃。二氯甲烷中往往含有一氯甲烷、三氯甲烷和四氯甲烷等。纯化时，依次用浓度为5%的氢氧化钠溶液或碳酸钠溶液洗1次，再用水洗2次，用无水氯化钙干燥24 h，最后蒸馏，并在有3A分子筛的棕色瓶中避光储存。

13. 氯仿（三氯甲烷）（$CHCl_3$）

氯仿露置于空气和光照下，与氧缓慢作用，分解产生光气、氯和氯化氢等有毒物质。普通氯仿中加有0.5%～1%的乙醇作稳定剂，以便与产生的光气作用转变成碳酸乙酯而消除毒性。氯仿纯化方法有两种。

(1) 将氯仿与其 1/2 体积的水在分液漏斗中振摇数次，然后分出下层氯仿，用无水氯化钙干燥数小时后蒸馏。

(2) 依次用氯仿体积 5%的浓硫酸洗涤，分去酸层以后的氯仿用水、稀氢氧化钠溶液和水洗涤，干燥，然后蒸馏。馏出液装于棕色瓶内，贮存于阴暗处，以避免光照。

氯仿绝对不能用金属钠干燥，否则会发生爆炸。

14. 1,2-二氯乙烷($ClCH_2CH_2Cl$)

1,2-二氯乙烷为无色油状液体，有芳香味，与水形成恒沸物，沸点为 72℃，其中含 81.5%的 1,2-二氯乙烷。可与乙醇、乙醚、氯仿等相混溶，是结晶和提取时极有用的溶剂，比常用的含氯有机溶剂更为活泼。一般纯化可依次用浓硫酸、水、稀碱溶液和水洗涤，用无水氯化钙干燥或加入五氧化二磷分馏即可。

15. 四氯化碳(CCl_4)

微溶于水，可与乙醇、乙醚、氯仿及石油醚等混溶。四氯化碳含 4%二硫化碳，含微量乙醇。纯化时，可将 1000mL 四氯化碳与 60g 氢氧化钾溶于 60mL 水和 100mL 乙醇溶液，在 50～60℃时振摇 30min，然后水洗，再将此四氯化碳按上述方法重复操作一次(氢氧化钾的用量减半)，最后将四氯化碳用氯化钙干燥，过滤，蒸馏收集 76.7℃馏分。不能用金属钠干燥，因有爆炸危险。

16. 四氢呋喃(C_4H_8O)

四氢呋喃系具乙醚气味的无色透明液体，市售的四氢呋喃常含有少量水分及过氧化物。如要制得无水四氢呋喃，可与氢化铝锂在隔绝潮气和氮气气氛下回流(通常 1000mL 需 2～4g 氢化铝锂)，除去其中的水和过氧化物，然后在常压下蒸馏，收集 67℃的馏分。精制后的液体应在氮气氛中保存，如需较久放置，应加 0.025%的 4-甲基-2,6-二叔丁基苯酚作抗氧剂。当处理四氢呋喃时，应先用少量进行试验，以确定只有少量水和过氧化物，作用不致过于猛烈时方可进行。

四氢呋喃中的过氧化物可用酸化的碘化钾溶液来试验，如有过氧化物存在，则会立即出现游离碘的颜色，这时可加入 0.3%的氯化亚铜，加热回流 30min 后蒸馏，以除去过氧化物(也可以加硫酸亚铁处理，或让其通过活性氧化铝来除去过氧化物)。

17. 二氧六环[$O(CH_2CH_2)_2O$]

二氧六环能与水任意混合，常含有少量二乙醇缩醛与水，久贮的二氧六环可能含有过氧化物。二氧六环的纯化方法：在 500mL 二氧六环中加入 8mL 浓盐酸和 50mL 水，回流 6～10h，在回流过程中，慢慢通入氮气，以除去生成的乙醛。冷却后，加入固体氢氧化钾，直到不能再溶解为止，分去水层，再用固体氢氧化钾干燥 24h。然后过滤，在金属钠存在下加热回流 8～12h，最后在金属钠存在下蒸馏，加入钠丝密封保存。精制过的二氧六环应当避免与空气接触。

18. 甲苯($C_6H_5CH_3$)

甲苯不溶于水，可混溶于苯、醇、醚等多数有机溶剂。甲苯与水形成共沸物。甲苯中含甲基噻吩，处理方法与苯相同。因为甲苯比苯更容易磺化，用浓硫酸洗涤时温度应控制在30℃以下。

19. 正己烷(C_6H_{14})

无色易挥发液体，与醇、醚和三氯甲烷混溶，不溶于水。正己烷常含有一定量的苯和其他烃类，用下述方法进行纯化：加入少量的发烟硫酸进行振摇，分出酸，再加发烟硫酸振摇。如此反复，直至酸的颜色呈淡黄色。依次再用浓硫酸、水、2%氢氧化钠溶液洗涤，再用水洗涤，用氢氧化钾干燥后蒸馏。

20. 乙酸(CH_3COOH)

可与水混溶，在常温下是一种有强烈刺激性酸味的无色液体。将乙酸冻结出来可得到很好的精制效果。若加入2%～5%高锰酸钾溶液并煮沸2～6h更好。微量的水可用五氧化二磷干燥除去。由于乙酸不易被氧化，故常作氧化反应的溶剂。

十、常见有机物毒害性简介

1. 甲醇(CH_3OH)

甲醇蒸气与空气混合物爆炸极限6%～36.5%(体积分数)。甲醇能与水、乙醇、乙醚、苯、酮、卤代烃和许多其他有机溶剂相混溶，遇热、明火或氧化剂易燃烧。

甲醇有较强的毒性，对人体的神经系统和血液系统影响最大，它经消化道、呼吸道或皮肤摄入都会产生毒性反应。甲醇蒸气能损害人的呼吸道黏膜和视力。急性中毒症状有：头疼、恶心、视力模糊以致失明，最终导致呼吸中枢麻痹而死亡。慢性中毒反应为：眩晕、昏睡、头痛、消化障碍。甲醇摄入量超过4g就会出现中毒反应，误服超过10g就能造成双目失明，摄入量大造成死亡。致死量为30mL以上。甲醇在体内不易排出，会发生蓄积，在体内氧化生成甲醛和甲酸也都有毒性。

2. 乙醇(CH_3CH_2OH)

乙醇为一级易燃液体，其蒸气与空气可形成爆炸性混合物。遇明火、高热能引起燃烧爆炸。与氧化剂接触发生化学反应或引起燃烧。乙醇应存放在阴凉、通风处，远离火源。乙醇属微毒类，但麻醉作用比甲醇大。乙醇具有成瘾性，其通过口腔、胃壁黏膜吸入，对人体产生刺激作用，引起酩酊、睡眠和麻醉作用，可引起多发性神经病、心肌损害及器质性精神病等。皮肤长期接触可引起干燥、脱屑、皲裂和皮炎。

3. 乙醚($CH_3CH_2OCH_2CH_3$)

乙醚为一级易燃液体，其蒸气与空气可形成爆炸性混合物，遇明火、高热极易燃烧爆炸。与氧化剂能发生强烈反应，在空气中久置后能生成有爆炸性的过氧化物。乙醚蒸气比空气重，能在较低处扩散到相当远的地方，遇火源会着火回燃。乙醚沸点低、闪点低、挥发性大，贮存时要避免日光直射，远离热源，注意通风，并加入少量氢氧化钾，以避免过氧化物的形成。乙醚对人体有麻醉作用，当吸入含乙醚3.5%(体积分数)的空气时，30～40min就会失去知觉。

4. 丙酮(CH_3COCH_3)

丙酮蒸气与空气混合可形成爆炸性混合物，爆炸极限2.55%～12.8%(体积分数)。丙酮毒性较低，但长时期处于丙酮蒸气中也能引起不适症状。低蒸气浓度下会呈现头痛、昏迷等症状，脱离丙酮蒸气后恢复正常。

5. 苯(C_6H_6)

苯是一级易燃品。有毒，是一种致癌物质。苯的蒸气对人体有强烈的毒性，以损害造血器官与神经系统最为显著，病状为白细胞降低、头晕、失眠、记忆力减退等。长期接触苯会对血液造成极大伤害，引起神经衰弱综合征。苯可以损害骨髓，使红细胞、白细胞、血小板数量减少，并使染色体畸变，从而导致白血病，甚至出现再生障碍性贫血。苯可以导致大量出血，从而抑制免疫系统的功用。

6. 甲醛(HCHO)

甲醛是原浆毒物，能与蛋白质结合。甲醛在空气中浓度超过$0.1mg/m^3$会导致眼睛和黏膜细胞的伤害。在体内，甲醛可能导致蛋白质不可逆地与DNA键结。吸入高浓度甲醛后，会出现呼吸道严重刺激及支气管哮喘。皮肤直接接触甲醛，可引起皮炎、色斑、坏死。经常吸入少量甲醛，能引起慢性中毒，出现黏膜充血、过敏性皮炎等。动物实验显示暴露在大剂量的甲醛中会使得鼻子与喉咙致癌的概率增加。

7. 乙醛(CH_3CHO)

极易燃，其在低温下的蒸气也能与空气形成爆炸性混合物，遇明火、高热、氧化剂、易燃物、硫化氢、卤素、胺类、醇、酮等有燃烧爆炸危险。在空气中久置后能生成有爆炸性的过氧化物。受热可能发生剧烈的聚合反应。其蒸气比空气重，能在较低处扩散到相当远的地方，遇火源会着火回燃。低浓度乙醛引起眼、鼻及上呼吸道刺激症状，高浓度吸入尚有麻醉作用。其慢性中毒类似酒精中毒。

8. 乙腈(CH_3CN)

易燃，其蒸气与空气可形成爆炸性混合物，遇明火、高热或与氧化剂接触，有引起燃烧爆炸的危险。与硫酸、发烟硫酸、氯磺酸、过氯酸盐等反应剧烈。乙腈是一种神经性毒剂，可经皮肤、消化道吸收，其蒸气则可经呼吸道侵入体内。在体内的毒性主要有两个方面：(1)由解离出的氰基引起。(2)对神经系统的损伤作用。轻度中毒表现为头痛、恶心、胸闷及鼻咽、眼不适感；严重中毒前述症状明显加重，尚有意识不清、呕吐、昏迷。

9. 甲苯($C_6H_5CH_3$)

甲苯易燃，其蒸气与空气可形成爆炸性混合物。遇明火、高热极易燃烧爆炸。与氧化剂能发生强烈反应。流速过快，容易产生和积聚静电。其蒸气比空气重，能在较低处扩散到相当远的地方，遇明火会引着回燃。甲苯蒸气和空气形成爆炸性混合物，爆炸极限1.2%～7.0%(体积分数)。甲苯本身对人体只有轻微损害。但工业甲苯中经常掺有少量苯。

10. 氯苯(C_6H_5Cl)

氯苯易燃，遇明火、高热或与氧化剂接触，有引起燃烧爆炸的危险。具有中等毒性，对中枢神经系统有抑制和麻醉作用；对皮肤和黏膜有刺激性。接触高浓度可引起急性中毒，脱离现场，积极救治后，可较快恢复；慢性中毒常表现为眼痛、流泪、结膜充血等。氯苯对肝脏、肾脏及造血系统有不良影响。

11. 硝基苯($C_6H_5NO_2$)

遇明火、高热会燃烧、爆炸。与硝酸反应剧烈。硝基苯是剧毒性物质，通过呼吸道、消化道和皮肤侵入人体，主要作用于血液、肝及中枢神经系统，可使血红蛋白变为高铁血红蛋白，失去运输氧的能力，引起缺氧和皮肤黏膜青紫。口服15滴即可致死。硝基苯一旦污染水源，就会引起水质严重恶化，并严重影响水体自净能力。

12. 二氯甲烷(CH_2Cl_2)

遇明火、高热可燃。受热分解能发出剧毒的光气。若遇高热，容器内压增大，有开裂和爆炸的危险。与高浓度氧混合后形成爆炸性混合物。本品有麻醉作用，主要损害中枢神经和呼吸系统。

13. 三氯甲烷($CHCl_3$)

长期暴露在空气中可以燃烧，发出火焰或高温。在日光、氧气、湿气中，特别是和铁接触时，则反应生成剧毒的光气。在空气、水分和光的作用下，酸度增加，因而对金属有强烈的腐蚀性。有麻醉性，有毒，被认为是致癌物质。三氯甲烷主要作用于中枢神经系统，具有麻醉作用，对心、肝、肾有损害。接触皮肤有很强的脱脂作用。

14. 二硫化碳(CS_2)

极易燃，其蒸气能与空气形成范围广阔的爆炸性混合物。接触热、火星、火焰或氧化剂易燃烧爆炸。高度危险。受热分解产生有毒的硫化物烟气。二硫化碳是损害神经和血管的毒物，能使血液和神经中毒。它具有高度的挥发性和易燃性，使用时必须小心，避免接触其蒸气。

15. 正己烷(C_6H_{14})

极易燃，其蒸气与空气可形成爆炸性混合物。与氧化剂接触发生强烈反应，甚至引起燃烧。其蒸气比空气重，能在较低处扩散到相当远的地方，遇明火会引着回燃。正己烷属低毒类，但其毒性较新己烷大，且具有高挥发性、高脂溶性，并有蓄积作用。本品对中枢神经系统有轻度抑制作用，对皮肤黏膜有刺激作用。经口中毒摄入50g可致死。溅入眼内可引起结膜刺激症状。

16. 草酸(HOOCCOOH)

草酸对不锈钢有较强的腐蚀性。草酸有毒，对皮肤、黏膜有刺激及腐蚀作用，极易经表皮、黏膜吸收，其可以从血液中除去钙离子，引起心脏循环器官障碍，使肾脏梗死成尿毒症。

17. 二乙胺[$(CH_3CH_2)_2NH$]

极度易燃，具腐蚀性、强刺激性，可致人体灼伤。吸入本品蒸气或雾，可引起喉头水肿、支气管炎、化学性肺炎；高浓度吸入可致死。蒸气对眼有刺激性，可致角膜水肿。液体或雾引起眼刺激或灼伤。长时间皮肤接触可致灼伤。反复皮肤接触，可引起变应性皮炎。

18. 苯胺($C_6H_5NH_2$)

可燃，有毒，有致癌性。主要引起高铁血红蛋白血症、溶血性贫血和肝、肾损害。易经皮肤吸收。对环境有危害，对水体可造成污染。

19. 对甲苯胺(p-$CH_3C_6H_4NH_2$)

可燃，其粉体与空气混合，能形成爆炸性混合物。燃烧释放有毒氮氧化物烟雾。本品剧毒，与苯胺相同，吸收蒸气或经皮肤吸收会引起中毒，生成高铁血红蛋白，引起神经障碍及致癌作用。

20. 对硝基苯胺(p-$O_2NC_6H_4NH_2$)

遇明火、高热可燃。与强氧化剂可发生反应。受高热分解，产生有毒的氧化氮烟气。该品高毒，空气中容许浓度为 $5mg/m^3$。毒性比苯胺大，可引起比苯胺更强的血液中毒。可通过皮肤和呼吸道吸收，是一种强烈的高铁血红蛋白形成剂，引起中枢神经系统、心血管系统及其他脏器的损害。长期大量接触可引起肝损害。

21. 丙烯腈(CH_2═$CHCN$)

遇明火、高热易引起燃烧，并放出有毒气体。其蒸气与空气可形成爆炸性混合物，爆炸极限(25℃)为(3.05%～17.0%)±0.5%(体积分数)。与氧化剂、强酸、强碱、胺类、溴反应剧烈。在火场高温下，能发生聚合放热，使容器破裂。丙烯腈属于高毒类，进入人体后可引起急性中毒和慢性中毒。急性中毒临床症状为头痛、恶心、呕吐等；慢性毒性一般表现为神经衰弱综合征。丙烯腈可致接触性皮炎，愈后可有色素沉着。

22. 丙烯醛(CH_2 ═ $CHCHO$)

其蒸气与空气可形成爆炸性混合物，遇明火、高热极易燃烧爆炸。受热分解释出高毒蒸气。在空气中久置后能生成具有爆炸性的过氧化物。在火场高温下能发生聚合放热，使容器破裂。本品有强烈刺激性。吸入蒸气损害呼吸道，出现咽喉炎、胸部压迫感；大量吸入可致肺炎、肾炎及心力衰竭，可致死。液体及蒸气损害眼睛；皮肤接触可致灼伤。口服引起口腔及胃刺激或灼伤。

23. 间甲酚(m-$HOC_6H_4CH_3$)

遇明火、高热或与氧化剂接触，有引起燃烧爆炸的危险。属低毒类。本品对人体组织的腐蚀性很强，如不迅速完全除去，能引起灼伤。如接触眼，能引起角膜损伤，并影响视力。

24. 乙酰苯胺($CH_3CONHC_6H_5$)

明火、高热下可燃。受高热分解，产生有毒的氮氧化物。本品属低毒类。吸入对上呼吸道有刺激性。高剂量摄入可引起高铁血红蛋白血症和骨髓增生。反复接触可发生紫绀。对皮肤有刺激性，可致皮炎。能抑制中枢神经系统和心血管系统，大量接触会引起头昏和面色苍白等症。

十一、常用干燥剂的性能与应用范围

干燥剂	吸水作用	效能	干燥速度	备注
氯化钙	$CaCl_2 \cdot nH_2O(n=1,2,4,6)$	中等	较快	能与醇、酚、胺、酰胺及某些醛、酮形成配合物，因而不能用于干燥这些化合物。其工业品中可能含氢氧化钙和碱式氧化钙，故不能用于干燥酸类
硫酸钙	$2CaSO_4 \cdot H_2O$	强	快	中性，常与硫酸镁(钠)配合，作最后干燥之用
氧化钙	$CaO+H_2O \longrightarrow Ca(OH)_2$	强	较快	适于干燥低级醇类
硫酸镁	$MgSO_4 \cdot nH_2O(n=1,2,4,5,6,7)$	较弱	较快	中性，应用范围广，可代替 $CaCl_2$，并可用于干燥酯、醛、酮、腈、酰胺等不能用 $CaCl_2$ 干燥的化合物
硫酸钠	$Na_2SO_4 \cdot 10H_2O$	弱	缓慢	中性，一般用于有机液体的初步干燥
碳酸钾	$K_2CO_3 \cdot 0.5H_2O$	较弱	慢	弱碱性，用于干燥醇、酮、胺及杂环等碱性化合物；不适于酸、酚及其他酸性化合物的干燥
氢氧化钾(钠)	溶于水	中等	快	强碱性，用于干燥胺、杂环等碱性化合物；不能用于干燥醇、醛、酮、酸、酚等
金属钠	$Na+H_2O \longrightarrow NaOH+\frac{1}{2}H_2$	强	快	限于干燥醚、烃类中的痕量水分。用时切成小块或压成钠丝
五氧化二磷	$P_2O_5+3H_2O \longrightarrow 2H_3PO_4$	强	快	适于干燥醚、烃、卤代烃、腈等化合物中的痕量水分；不适用于干燥醇、酸、胺、酮等
分子筛	物理吸附	强	快	适用于各类有机化合物干燥

十二、常用物理常数

物理量	符号	常数
光速	c	$(2.99792458 \pm 0.00000001.2) \times 10^8$ m/s
阿伏伽德罗(Avogadro)常数	N	$(6.022045 \pm 0.000031) \times 10^{23}$/mol
摩尔气体常数	R	(8.31441 ± 0.00026)J/(mol·K)
玻耳兹曼(Boltzmann)常数	k	$(1.380662 \pm 0.000041) \times 10^{-23}$J/K

续表

物理量	符号	常数
理想气体标准状态摩尔体积	V_m	$(22.41383\pm0.00070)\times10^{-3}$ m³/mol
基本电荷(元电荷)	e	$(1.6021892\pm0.0000046)\times10^{-19}$ C
原子质量单位	u	$(1.6605655\pm0.0000086)\times10^{-27}$ kg
电子静止质量	m_e	$(9.109534\pm0.000047)\times10^{-31}$ kg
电子荷质比	e/m_e	$(1.7588047\pm0.0000049)\times10^{-11}$ C/kg²
质子静止质量	m_p	$(1.6726485\pm0.0000086)\times10^{-27}$ kg
中子静止质量	m_n	$(1.6749543\pm0.0000086)\times10^{-27}$ kg
法拉第常数(Farady)	F	(9.648456 ± 0.000027) C/mol
真空介电常数	ε_0	$(8.854187818\pm0.000000071)\times10^{-12}$ F/m²
普朗克(Planck)常数	h	$(6.626176\pm0.000036)\times10^{-34}$ J·s

十三、水在不同温度下的折射率、黏度、介电常数、饱和蒸气压

温度/℃	折射率 n_D	黏度 η/[10^3kg/(m·s)]	介电常数 ε	饱和蒸气压/kPa
0	1.33395	1.7702	87.74	0.6105
5	1.33388	1.5108	85.76	0.8723
10	1.33369	1.3039	83.83	1.2278
15	1.33339	1.1374	81.95	1.7049
20	1.33300	1.0019	80.10	2.3378
21	1.33290	0.9764	79.73	2.4865
22	1.33280	0.9532	79.38	2.6434
23	1.33271	0.9310	79.02	2.8088
24	1.33261	0.9100	78.65	2.9838
25	1.33250	0.8903	78.30	3.1672
26	1.33240	0.8703	77.94	3.3609
27	1.33229	0.8512	77.60	3.5649
28	1.33217	0.8328	77.24	3.7795
29	1.33206	0.8145	76.90	4.0052
30	1.33194	0.7973	76.55	4.2428
35	1.33131	0.7190	74.83	5.6229
40	1.33061	0.6526	73.15	7.3759
45	1.32985	0.5972	71.51	9.5832
50	1.32904	0.5468	69.91	12.334

十四、常用仪器使用方法索引

仪器名称	实验名称	页码
酸度计(pH 计)	实验三　醋酸解离常数的测定(pH 计法)	49
722 型分光光度计	实验四十六　邻二氮杂菲分光光度法测定铁	150
ZD-2 型自动电位滴定仪	实验四十九　水中 Cl^- 和 I^- 含量的连续测定(电位滴定法)	157
CHI660E 电化学工作站	实验五十　循环伏安法测定铁氰化钾的电极反应过程	161
UV-5500 型分光光度计	实验五十一　紫外-可见分光光度法测定苯甲酸离解常数 pK_a	165
F-4500 型荧光分光光度计	实验五十二　荧光光度分析法测定维生素 B_2	167
原子吸收分光光度计	实验五十三　火焰原子吸收法测定废水中的铜	168
原子发射光谱仪	实验五十四　原子发射光谱法测定水中的钙、镁离子	172
红外吸收光谱仪	实验五十五　聚乙烯和聚苯乙烯红外吸收光谱的测定	174
GC4000A 型气相色谱仪	实验五十六　气相色谱分析苯、甲苯、二甲苯混合物	176
阿贝折光仪	实验六十一　常压/减压蒸馏和折射率的测定	183
薄层色谱，柱色谱	实验六十三　色谱法分离不同染料	189
显微熔点仪	实验六十四　粗苯甲酸的重结晶和熔点的测定	194
氧弹量热计	实验九十一　燃烧热的测定	241
贝克曼温度计	实验九十五　凝固点降低法测定摩尔质量	253
乌氏黏度计	实验九十六　黏度法测分子量	257
差热分析仪	实验九十八　差热分析	263
自动指示旋光仪	实验一〇一　旋光度法测定蔗糖水解反应的速率常数	272
DDB-303A 型电导率仪	实验一〇二　电导法测定乙酸乙酯皂化反应的速率常数	275
比表面积及孔径分析仪	实验一一二　BET 容量法测定固体的比表面积	306

参 考 书 目

［1］ 南京大学无机及分析化学实验编写组．无机及分析化学实验．第 4 版．北京：高等教育出版社，2006.

［2］ 大连理工大学无机化学教研室．无机化学实验．第 2 版．北京：高等教育出版社，2004.

［3］ 华东理工大学无机化学教研组．无机化学实验．第 4 版．北京：高等教育出版社，2007.

［4］ 北京师范大学无机化学教研室等．无机化学实验．第 3 版．北京：高等教育出版社，2001.

［5］ 四川大学化工学院，浙江大学化学系．分析化学实验．第 3 版．北京：高等教育出版社，2006.

［6］ 成都科学技术大学分析化学教研组，浙江大学分析化学教研组．分析化学实验．第 2 版．北京：高等教育出版社，1989.

［7］ 华中师范大学，东北师范大学，陕西师范大学，北京师范大学．分析化学实验．第 3 版．北京：高等教育出版社，2001.

［8］ 武汉大学．分析化学实验．第 5 版．北京：高等教育出版社，2011.

［9］ 孙毓庆．分析化学实验．北京：科学出版社，2004.

［10］ 余振宝，姜桂兰．分析化学实验．北京：化学工业出版社，2006.

［11］ 蔡明招，刘建宇．分析化学实验．第 2 版．北京：化学工业出版社，2010.

［12］ 吴卫平，刘辉．定量化学分析与仪器分析实验．郑州：郑州大学出版社，2011.

［13］ 陈培榕，李景虹，邓勃．现代仪器分析实验与技术．北京：清华大学出版社，2006.

［14］ 王元兰．仪器分析实验．北京：化学工业出版社，2014.

［15］ 张晓丽．仪器分析实验．北京：化学工业出版社，2006.

［16］ 武汉大学化学与分析科学学院实验中心．仪器分析化学．武汉：武汉大学出版社，2005.

［17］ ［澳］威尔弗雷德 L. F. 阿玛瑞高，克里斯蒂娜 L. L. 柴．实验室化学品纯化手册．原著第 5 版．林英杰等译．北京：化学工业出版社，2007.

［18］ 程能林．溶剂手册．第 3 版．北京：化学工业出版社，2002.

［19］ 兰州大学，复旦大学．王清廉，沈凤嘉修订．有机化学实验．第 2 版．北京：高等教育出版社，1994.

［20］ 黄涛．有机化学实验．第 2 版．北京：高等教育出版社，1998.

［21］ 孙世清，王铁成．有机化学实验．北京：化学工业出版社，2010.

［22］ 马军营．有机化学实验．北京：化学工业出版社，2007.

［23］ 周科衍，高占先．有机化学实验教学指导．北京：高等教育出版社，1997.

［24］ 复旦大学等．物理化学实验．第 3 版．北京：高等教育出版社，2004.

［25］ 罗澄源．物理化学实验．第 3 版．北京：高等教育出版社，2004.

［26］ 赵振国．应用胶体与界面化学．北京：化学工业出版社，2008.

［27］ 北京大学化学系胶体化学教研室．胶体与界面化学实验．北京：北京大学出版社，1993.